2022
高技术发展报告

High Technology Development Report

中国科学院

科学出版社

北京

图书在版编目（CIP）数据

2022高技术发展报告／中国科学院编 .—北京：科学出版社，
2023.10
（中国科学院年度报告系列）
ISBN 978-7-03-075216-1

Ⅰ．①2… Ⅱ．①中… Ⅲ．①高技术发展–研究报告–中国–
2022 Ⅳ．①N12

中国国家版本馆 CIP 数据核字（2023）第 048393 号

责任编辑：杨婵娟 陈晶晶 ／ 责任校对：韩 杨
责任印制：师艳茹 ／ 封面设计：有道文化

科学出版社 出版
北京东黄城根北街 16 号
邮政编码：100717
http://www.sciencep.com
天津市新科印刷有限公司 印刷
科学出版社发行 各地新华书店经销
*
2023 年 10 月第 一 版 开本：787×1092 1/16
2023 年 10 月第一次印刷 印张：24 3/4 插页：2
字数：518 000
定价：188.00元
（如有印装质量问题，我社负责调换）

前　言

　　2021 年，面对新冠疫情和"百年未有之大变局"的深远影响，中国政府统筹疫情防控和经济社会发展，持续深入实施创新驱动发展战略，立足科技自立自强，着力强化国家战略科技力量建设，加强基础研究和关键核心技术攻关，在新冠疫苗和药物研发、载人航天、火星探测、资源勘探、能源工程等高技术领域取得一系列重大突破，有力地支撑了现代化产业体系构建和经济社会高质量发展。

　　《高技术发展报告》是中国科学院面向决策、面向公众的系列年度报告之一，每年聚焦一个主题，四年一个周期。《2022高技术发展报告》以"材料和能源技术"为主题，共分六章。第一章"材料技术新进展"，介绍金属材料、新型陶瓷材料、碳纤维材料、石墨炔、3D 打印材料、太赫兹量子级联激光器、材料信息学等方面技术的最新进展。第二章"能源技术新进展"，介绍油气开采、煤炭清洁高效利用、太阳能、风力发电、海洋能、先进核能、电化学储能、先进制氢、节能、新型电网、综合能源系统等方面技术的最新进展。第三章"材料和能源技术产业化新进展"，介绍半导体硅材料、低维碳材料、高端稀土功能材料、海洋工程重防腐材料、煤炭间接液化、煤制烯烃、核能、先进储能电池、压缩空气储能等方面技术的产业化进展情况。第四章"高技术产业国际竞争力与创新能力评价"，关注中国高技术产业国际竞争力和创新能力的演化。第五章"高技术与社会"，探讨了纳米生物安全性、中国科研人员参与"开放获取"、中国科技伦理教育、核电利用、美国材料基因组计划、开放科学的边界等社会公众普遍关心的热点问题。第六章"专家论坛"，邀请知名专家就新材料产业发展战略与创新、中国制造业高质量发展、"双碳"背景下创新政策范式转型、打造高能级创新联合体、"双碳"背景下氢燃料电池汽车发展、战略性新兴产业未来发展、"链时代"产业发展等重大战略和政策问题发表见解和观点。

　　《2022 高技术发展报告》是在中国科学院侯建国院长的指导和众多两院院士及有关专家的热情参与下完成的。中国科学院发展规划局、学部工作局、科技战略咨询研究院的有关领导和专家对报告的提纲和内容提出了许多宝贵意见，徐坚、赵黛青、高志前、王昌林、赵万里、吕薇等专家对报告进行了审阅并提出了宝贵的修改意见，在此一并表示感谢。报告的组织、研究和编撰工作由中国科学院科技战略咨询研究院承担。课题组组长是穆荣平研究员，成员有张久春、蔺洁、王婷、赵超、杜鹏、苏娜和王孝炯。

中国科学院《高技术发展报告》课题组

2022 年 12 月 30 日

目　录

前言 ························ 中国科学院《高技术发展报告》课题组　　i

第一章　材料技术新进展 ······································· 1

  1.1　金属材料技术新进展 ························· 孙宝德　　3
  1.2　新型陶瓷材料技术新进展 ········· 黄政仁　夏羽青　刘　岩　13
  1.3　碳纤维材料技术新进展 ········· 巨安奇　李坤明　朱美芳　20
  1.4　石墨炔技术新进展 ····················· 薛玉瑞　李玉良　31
  1.5　3D 打印材料技术新进展 ····· 戴圣龙　李兴无　张学军　陈冰清　41
  1.6　太赫兹量子级联激光器新进展 ············· 曹俊诚　韩英军　50
  1.7　材料信息学技术新进展 ···································

        ········· 田　原　孙　升　张金仓　黄加强　张统一　58

第二章　能源技术新进展 ······································· 69

  2.1　油气开采技术新进展 ························· 高德利　71
  2.2　煤炭清洁高效利用技术新进展 ········· 刘　永　邓蜀平　韩怡卓　78
  2.3　太阳能技术新进展 ····················· 沈文忠　王如竹　87
  2.4　风力发电技术新进展 ························· 胡书举　96
  2.5　海洋能技术新进展 ························· 史宏达　103
  2.6　先进核能技术新进展 ········· 闫雪松　陈良文　杨　磊　113
  2.7　电化学储能技术新进展 ················· 索鎏敏　李　泓　121
  2.8　先进制氢技术新进展 ········· 郭烈锦　刘茂昌　金　辉　131
  2.9　节能技术新进展 ················· 张振涛　李晓琼　越云凯　141
  2.10　新型电网技术新进展 ···································

        ········· 叶　华　韦统振　唐西胜　王一波　裴　玮　肖立业　149
  2.11　综合能源系统技术新进展 ········· 王成山　于　浩　徐宪东　159

第三章　材料和能源技术产业化新进展 ······························ 167

　3.1　半导体硅材料现状及产业化新进展 ····· 张果虎　肖清华　马　飞　169

　3.2　低维碳材料产业化新进展 ··········· 任文才　刘　畅　成会明　176

　3.3　高端稀土功能材料产业化新进展 ····· 廖伍平　杨向光　尤洪鹏　184

　3.4　海洋工程重防腐材料产业化新进展 ········· 侯保荣　王　静　190

　3.5　煤炭间接液化产业化新进展 ········· 相宏伟　杨　勇　李永旺　197

　3.6　煤制烯烃技术产业化新进展 ········· 沈江汉　叶　茂　刘中民　207

　3.7　核能技术产业化新进展 ··················· 叶奇蓁　苏　罡　213

　3.8　先进储能电池产业化新进展 ························· 黄学杰　220

　3.9　压缩空气储能技术产业化新进展

　　　 ········· 凌浩恕　郭　欢　周学志　徐玉杰　陈海生　227

第四章　高技术产业国际竞争力与创新能力评价 ···················· 235

　4.1　中国高技术产业国际竞争力评价 ········· 王雪璐　蔺　洁　237

　4.2　中国高技术产业创新能力评价 ····· 王孝炯　赵彦飞　张　潮　260

第五章　高技术与社会 ··· 281

　5.1　纳米生物安全性问题及应对策略 ········· 曹明晶　陈春英　283

　5.2　中国科研人员参与"开放获取"的现状、问题与对策 ···········

　　　 ····················· 卢阳旭　赵延东　290

　5.3　中国科技伦理教育的问题与趋势 ········· 张恒力　李　昂　298

　5.4　核电再次腾飞的挑战 ··················· 祁明亮　纪雅敏　306

　5.5　美国材料基因组计划的科学意义和政策含义 ···················

　　　 ··················· 杜　鹏　赵秉钰　沙小晶　314

　5.6　拓展开放科学的边界：从开放获取到开放社会 ··· 赵　超　杨　奎　321

第六章　专家论坛 ··· 329

　6.1　新材料产业发展战略与创新实践 ······· 林伟坚　黄庆礼　汪卫华　331

　6.2　中国制造业高质量发展现状与政策建议 ····· 王昌林　徐建伟　339

　6.3　"双碳"背景下创新政策范式转型与思考 ····················

　　　 ··················· 胡志坚　刘　如　陈　志　350

6.4　打造高能级创新联合体加快科技自立自强的思路与对策 ………… ………………………………………………… 尹西明　陈　劲　357

6.5　"双碳"背景下氢燃料电池汽车发展现状、挑战与政策建议……… ………………………………………… 赵冬昶　王建建　胡辰树　363

6.6　战略性新兴产业未来发展与政策建议 … 张振翼　钟　晨　张立艺　371

6.7　"链时代"产业发展的战略选择……………………………… 盛朝迅　377

CONTENTS

Introduction ·· i

Chapter 1 Progress in Material Technology ·· 1

    1.1 Metallic Materials Technology ·· 3

    1.2 New Ceramics Materials Technology ·· 13

    1.3 Carbon Fiber Materials Technology ·· 20

    1.4 Graphdiyne Technology ·· 31

    1.5 3D Printing Materials Technology ·· 41

    1.6 Terahertz Quantum Cascade Laser ·· 50

    1.7 Materials Informatics Technology ·· 58

Chapter 2 Progress in Energy Technology ·· 69

    2.1 Oil & Gas Exploitation Technology ·· 71

    2.2 Clean and Efficient Coal Utilization Technology ·· 78

    2.3 Solar Technologies ·· 87

    2.4 Wind Power Generation Technology ·· 96

    2.5 Ocean Energy Technology ·· 103

    2.6 Advanced Nuclear Energy Technology ·· 113

    2.7 Electrochemical Energy Storage Technology ·· 121

    2.8 Advanced Hydrogen Production Technology ·· 131

    2.9 Energy Conservation Technology ·· 141

    2.10 New Power Grid Technology ·· 149

    2.11 Integrated Energy System ·· 159

Chapter 3 Progress in Commercialization of Materials and Energy Technology ···167

3.1 The Current Situation and New Commercialization Progress of Semiconductor Silicon Materials ··· 169

3.2 Commercialization of Low-dimensional Carbon Materials ················· 176

3.3 Commercialization of Advanced Rare Earth Functional Materials ············ 184

3.4 Commercialization of Ocean Engineering Heavy Anti-corrosive Materials ··· 190

3.5 Commercialization of Indirect Coal-to-Liquid Technology ················· 197

3.6 Commercialization of Coal to Olefin Technology ························· 207

3.7 Commercialization of Nuclear Power Technology ························· 213

3.8 Commercialization of Advanced Battery for Energy Storage ··············· 220

3.9 Commercialization of Compressed Air Energy Storage Technology ········· 227

Chapter 4 Evaluation on High Technology Industry International Competitiveness and Innovation Capacity ·····················235

4.1 Evaluation on International Competitiveness of Chinese High Technology Industry ··· 237

4.2 The Evaluation of Innovation Capacity of Chinese High Technology Industry ··· 260

Chapter 5 High Technology and Society ·····························281

5.1 The Biosafety Issues of Nanomaterials and Coping Strategies ············· 283

5.2 Chinese Scientists' Participation in Open Access: Current Situation, Problems and Policy Suggestions ······························· 290

5.3 The Problems and Trends of Science and Technology Ethics Education in China ··· 298

5.4 The Challenges to Nuclear Power Redevelopment ······················· 306

5.5 The Scientific Significance and Policy Implications of the American Materials Genome Initiative ··· 314

5.6 Expanding the Boundary of Open Science: from Open Access to Open Society ··· 321

Chapter 6　Expert Forum　···329

6.1　New Material Industry Development Strategies and Innovation Practice······ 331

6.2　Status and Policy Suggestions of High-quality Development of China's
Manufacturing Industry ·· 339

6.3　Innovation Policy Paradigm Transformation and Thinking under the
Background of "Carbon Peaking and Neutrality Goals" ····················· 350

6.4　High-level Innovation Consortium for S & T Self-reliance and Self-
improvement ·· 357

6.5　Development Status, Challenges and Policy Recommendations of Hydrogen
Fuel Cell Vehicles under the Background of "Carbon Peaking and Neutrality
Goals" ·· 363

6.6　Future Development and Policy Suggestions for Strategic Emerging
Industries ·· 371

6.7　Strategic Choice of Industrial Development in "Chain Era" ················ 377

第一章

材料技术新进展

Progress in Material Technology

1.1 金属材料技术新进展

孙宝德

（上海交通大学）

金属材料在经济社会建设中发挥着不可替代的重要作用，支撑着航空航天、武器装备、能源动力、集成电路及芯片制造、轨道交通、船舶海洋等重点领域的发展，是保障国家安全和经济快速发展的重要基石。世界各国都重视金属材料的研发工作。下面主要从金属结构材料、金属功能材料、结构功能一体化金属材料、金属材料制备加工与装备、金属材料高效设计与精细制备技术等五个方面介绍金属材料的国内外新进展，并对其发展趋势进行展望。

一、国际新进展

1. 金属结构材料

金属结构材料是经济中的关键主干材料。目前，针对金属结构材料的研究主要集中在镁合金、铝合金、钛合金、高温合金、高性能钢、金属基复合材料、高熵合金、金属间化合物等材料体系。

美国劳伦斯伯克利国家实验室等发现了高屈服强度诱发晶界分层开裂增韧的新机制，获得了兼具极高屈服强度、极佳韧性、良好延展性的低成本超级钢[1]。俄罗斯联合发动机制造集团采用超高压变形方法，制备出超细晶粒钛合金，提高了钛合金发动机叶片的强度和使用寿命。美国爱达荷国家实验室开发出的"617 高温合金"，可在高达 950℃ 的条件下使用，这是美国在 2020 年之前的 30 年中首个添加到《ASME 锅炉和压力容器规范》（ASME Boiler and Pressure Vessel Code）中的新材料[2]。美国得克萨斯农工大学等机构开发出可用于核裂变与核聚变反应堆的高性能氧化物弥散强化合金，提高了合金的高温强度和抗溶胀性[3]。美国加利福尼亚大学伯克利分校等对中熵合金的短程有序结构进行可视化观测，发现调整热力工艺参数可改变纳米级的局部有序度，进而调整了合金的力学性能[4]。

2. 金属功能材料

金属功能材料是指具有特定光、电、磁、声、热、湿、气、生物等特性的金属材料，是能源、计算机、通信、电子等现代科学的基础。当前金属功能材料的研究和开发热点集中在信息材料、能源材料、催化材料、生物材料、磁性材料、非晶材料以及智能材料等领域。

韩国科学技术研究院利用半导体制造工程中使用的金属薄膜沉积工艺，掌握了氢燃料电池催化剂金属纳米粒子量产技术[5]。奥地利维也纳工业大学利用磁控溅射制备的薄膜 Heusler 合金热电材料，具有高达 5～6 的热电优值系数，显著提高了温差发电效率[6]。德国马克斯·普朗克研究所等开发出一种具有高机械强度、高拉伸延展性、低矫顽力、中等饱和磁化强度和高电阻率的多组元软磁合金，为解决金属材料机械性能与软磁性能之间的矛盾提供了重要思路[7]。

3. 结构功能一体化金属材料

结构功能一体化是金属材料发展的重要趋势，发展结构功能一体化器件是金属材料应用拓展的重要方向之一，金属构筑材料、金属超材料和金属含能材料是代表性的结构功能一体化金属材料。

金属构筑材料与传统材料的最大不同，在于其由大量含孔的微结构基元组合而成；微结构基元的多样性和可设计性，为轻质结构-功能一体化材料的发展开辟了新道路。在先进工程设计中，经常会同时考虑拓扑优化和含孔微结构，以获得更高效的轻量化效果。2022 年，德国西门子公司发布白皮书，提出面向高温应用的构筑材料（designed material）理念，并在燃气轮机高温部件中，通过构筑不同微结构的发汗冷却流道，大幅提升了冷却效能[8]（图 1）。

图 1　具有不同微结构冷却流道的高温合金构筑材料

超材料结构是由亚波长结构单元构成的具有超常物理特性的人工周期结构，可实现常规材料不具备的独特功能（如透波、隐形、负折射等）。金属是超材料最常用的材质。美国雷神公司开发出"透波率可控人工复合蒙皮材料"，该材料采用嵌入了可变电容的金属微结构频率选择表面，实现了材料透波特性的人工控制。

金属含能材料是指高能量密度金属材料。美国国防部高级研究计划局（DARPA）设立 Reactive Material Structures 项目，集中研究金属间化合物型（如 NiAl 型）和锆基非晶合金型金属含能材料。此外，美国哈佛大学在极高压环境下研制出小块金属氢，金属氢的爆炸威力相当于相同质量 TNT 炸药的 25～35 倍，是已知威力最强大的化学爆炸物。

4. 金属材料制备加工与装备

世界主要先进工业国家正在开展高端金属构件的数字化、智能化的加工制造技术的研究，如德国工业 4.0 战略计划、美国先进制造伙伴计划、日本超智能社会 5.0 战略、英国工业 2050 战略计划、韩国制造业创新 3.0 计划以及美国国家航空航天局（NASA）的材料与制造 2040 路线图。

韩国工业技术研究院提出压铸大数据分析平台的体系结构和系统模块，以实现中小型企业的工厂智能化。德国弗劳恩霍夫制造技术和先进材料研究所利用"数字孪生"方法为每个淬火前的铸件提供准确的状态描述，减少了铝合金压铸后的变形并进行了补偿[9]。美国肯塔基大学等基于人工智能与大数据，构建出具有传感、获取和学习能力的人机交互模型，实现了对 TIG 焊焊接接头熔深的智能控制。

2018 年美国发布的《先进制造业美国领导力战略》和 2019 年德国发布的《国家工业战略 2030》均把增材制造（俗称 3D 打印）列为战略性关键技术领域，其中金属 3D 打印技术是最重要的部分。香港城市大学创造性地提出一种 3D 打印策略，通过调控熔池中不同粉末的混合程度，研发出一种高强度、高塑性的钛合金。澳大利亚皇家墨尔本理工大学发现在 3D 打印过程中使用超声波，可使金属合金晶粒更紧密。美国马萨诸塞大学等利用激光 3D 打印技术制备出具有高强韧性力学性能及各向同性特征的双相纳米片层共晶高熵合金，并揭示了合金的强韧化机理。

5. 金属材料高效设计与精细制备技术

材料基因工程颠覆性地以数据为驱动将高效计算、高通量实验和大数据与人工智能技术有机融合，促进传统的试错模式向模型预测转化，极大地提升了研发速度，降低了成本，代表国际新材料的最新发展趋势。欧美等发达地区或国家近年建成数十个材料基因工程创新平台，全面展开了材料数据库建设，使材料研发模式开始发生变革，已设计出高性能高温合金、战斗机起落架用钢、苹果手表壳体专用铝合金等多类新型金属材料。

材料的原子制造是指在原子尺寸上直接将单个原子装配成纳米结构甚至微器件，并实现批量生产、满足所需要求的前沿制造技术，是突破当前科技前沿制造瓶颈的下一代制造技术，对未来科技发展和高端元器件制造具有重大意义。显微技术在分辨率、原位表征等方面的技术进步，为观察单个原子或原子单元在电子束作用下的动力学行为奠定了基础[10-12]。数字化技术的引入，有效地提高了可控电子束作用下原子行为操纵的精确度和可靠性[13]。

二、国内新进展

近年来，我国在金属材料领域取得一系列重要进展：建成全球门类最全、品种和产量规模第一的金属材料产业体系；基础研究水平显著提高；高端关键金属材料的制备和加工技术迈上新台阶。

1. 金属结构材料

我国已建成全球门类最全、品种与产量规模第一的金属材料产业体系，形成庞大的材料生产规模，钢铁、电解铝、原镁、有色金属、稀土金属等材料产量达到世界第一。

北京科技大学等研发出一种仅通过简单轧制和退火工艺即可获得高性能超细晶钢的工业化晶粒细化技术，并利用它制备出屈服强度达到 710 MPa、抗拉强度高达 2000 MPa、均匀真应变超过 45% 的超细晶钢[14]。宝武钢铁集团有限公司全球首发 QP 系列第三代汽车钢，为汽车厂提供了与现有热冲压钢同级别的冷冲压解决方案，可有效提升用户的生产效率，降低综合成本。

以上海交通大学、重庆大学、西安交通大学为代表的国内研究机构在稀土镁合金设计、铸造与变形工艺优化、微观变形与腐蚀机理等方面取得突出成绩。高性能轻质镁稀土合金材料已成功用于直升机关键复杂承力部件，20 余种镁合金材料列入国家标准牌号。

我国自行研制的新型高强韧铸造铝合金、第三代铝锂合金、高性能铝合金型材的性能均达到国际先进水平。与 2008 年发布的《变形铝及铝合金化学成分》（GB/T 3190—2008）相比，2020 年 3 月发布的《变形铝及铝合金化学成分》（GB/T 3190—2020）中新增加 29 个国产铝合金牌号。上海交通大学等开发的 SiC/Al、B_4C/Al、金刚石/Al 等增强类铝基复合材料已应用于"载人航天""探月工程""北斗导航"等国家重大工程任务中。

浙江大学等发现，与传统合金相比，高熵合金内部的各元素分布存在明显的浓度起伏，这对它的高强塑性起到决定性作用[15]。北京科技大学以等原子比高熵合金为模型合金，发现间隙原子的添加不仅能提高合金的强度，也能大幅度提高合金的塑性[16]。中国科学院金属研究所在具有面心立方结构的稳定单相 HEA 中，可控地引入了梯度纳米位错胞结构，制备出具有卓越强度和延展性的梯度纳米位错胞结构高熵合金[17]。

南京理工大学在聚片孪生 TiAl 单晶的可控制备、力学特性和强韧化机制研究上取得系列新进展。中国科学院金属研究所发现，受限晶体结构在具有极细晶粒的过饱和合金中可有效地抑制原子扩散，这为解决高温下金属中高原子扩散率带来的不稳定性提供了新方法[18]。

此外，西安交通大学等展示一种基于纳米尺度明显成分起伏与运动位错间相互作用的强化机制，并依此路径设计出新颖的高性能合金[19]。北京航空航天大学等研发出航空发动机高温金属结构材料与热障涂层，有效保障了我国航空发动机及船舰和电力用燃气轮机的发展。

2. 金属功能材料

我国的金属功能材料的发展已颇具规模，可满足国内大部分行业对金属功能材料质量和数量的要求。

金属信息材料已获得一批原创成果。超高纯金属靶材在大规模集成电路制造领域得到批量应用。电池材料、储氢合金、热电材料等新能源材料发展迅猛。高活性金属纳米催化剂、双金属、贵金属减量化等已取得较大进展。量大面广的金属生物材料及制品已逐步实现国产化。

中国科学院物理研究所等基于材料基因工程理念，开发出独特的高通量实验方法，实现了非晶合金的快速筛选，研制出高温高强非晶合金材料新体系[20]。拥有自主知识产权的万吨级非晶带材产业化生产线已建成。北京大学研发出一类亚纳米厚且高端卷曲的双金属钯钼纳米片材料，该材料具有卓越的氧还原反应电催化活性和稳定性，显著提升了锌空电池和锂空电池的性能[21]。西安交通大学等开发出一种基于铂基核壳结构的磷化和去磷化处理的全新应变调节方法，并使之用于筛选晶格应变，进而优化用于广泛反应的铂催化剂，以及潜在的其他金属催化剂的性能[22]。中国科学技术大学等利用高温硫锚定合成方法，制备出用于燃料电池的铂金属间化合物，并在质子交换膜燃料电池中获得很高的质量效率[23]。此外，我国在形状记忆合金、液态金属、磁致伸缩材料等金属智能材料领域亦取得系列重要进展。

3. 结构功能一体化金属材料

构筑材料、超材料和金属含能材料是结构功能一体化金属材料的主要材料类型。

我国在构筑材料的基础研究方面已开展大量的工作，与国外相比整体上处于"并跑"阶段。目前已制备出比刚度和比强度超过母材的金属构筑材料。多级构筑材料已成功集成到微型无人机机身，使机身减重约 65%，飞行时间提升约 40%[24]。

国内在超材料原理研究上与国际几乎同步，原创性提出多种超材料原理，在技术上已形成先发优势。清华大学正研究超材料与常规材料的融合问题。东南大学在国际上首先提出第三代信息超材料系统。

金属含能材料研究的特点是基础科学研究与技术应用研究相结合。北京理工大学研发的新型高熵合金，具有质量损伤少和穿透性能高等特点。国防科技大学等成功研制出一系列高强高释能金属含能材料。

4. 金属材料制备加工与装备

近年来，我国材料制备加工领域的技术装备化、装备智能化、构件精密化、复合结构设计与制备不断迈向新台阶，领域内越来越重视绿色智能制造，以促使材料制备与加工逐步向低能耗、少排放的方向发展。目前，材料制备加工的研究主要集中在智能热制造、增材制造和绿色制造等方面。

北京科技大学针对铸造、锻造和增材制造等典型热制造工艺，发展出基于集成计算材料工程、大数据分析、人工智能等前沿方法和技术的高效研发模式。

上海交通大学开展高温合金熔模铸造过程的集成计算，构建了全流程的误差流状态空间模型，建立了基于经验贝叶斯理论的制造质量动态评价方法，并通过历史检测数据与当前检测样本的信息融合，大幅提高铸件尺寸精度[25]。

运载火箭贮箱的智能焊接、汽车车身柔性焊装数字化工厂的总集成、船舶合拢管数字化制造等智能焊接技术及装备已广泛应用，解决了空天、高铁、舰船、核能等领域高端装备关键构件的高质量焊接问题。31 套智能焊接装备入选中国机械工程学会编写的《"数控一代"案例集》。

北京航空航天大学已建成世界最大的激光增材制造设备（最大成型尺寸达 7 m×4 m×3.5 m），完成了某大型飞机发动机钛合金 16 m³ 加强框工件的 3D 打印，达到国际领先水平。南京航空航天大学提出材料-结构-性能一体化增材制造（MSPI-AM）的整体概念，通过多材料布局和结构创新，一步制造一体式金属组件，以实现组件的高性能化和多功能化。

5. 金属材料高效设计与精细制备技术

我国在"十三五"期间通过设立国家重点研发计划专项，研发出一批相关的关键技术和装备，搭建了国家材料基因工程数据平台等基础设施，产出一批如非晶合金、高温合金设计等成果。

相较于传统宏观制造技术，原子制造技术是在原子尺度上实现原子操作的新制造技术，其许多现象用经典理论无法解释。原子制造技术中单原子、多原子相互作用规律及宏观尺度下原子技术的性能和量化都十分依赖基础理论研究[26]。2013 年天津大学微纳制造实验室提出制造发展历史的三个阶段[27]，论述了原子及近原子尺度制造的必然发展趋势，并开展纳米乃至原子尺度的材料去除的基础理论研究。2018 年，南京大学的原子制造创新研究中心开始原子机器材料与器件的研究。此外，2018 年，中国科学院启动"功能导向的原子制造前沿科学问题"的研究专项，该专项包含三个研究方向：低维材料和异质结构的原子尺度精准制造，原子尺度精准结构与性能的对应与调控关系，高品质异质结构信息器件的原子制造。随着机器学习、人工智能与大数据技术在原子制造技术领域的应用，在原子尺度上制造和大规模生产器件正在成为可能[26, 28]。

三、未 来 展 望

材料作为国民经济先导产业和高端制造及国防工业的重要保障，未来依然是科学研究的热点和各国战略竞争的焦点。航空航天、先进装备制造、新能源及交通运输等关键领域的发展，对先进金属材料提出了迫切需求。快速发展中的新一代信息技术、新能源技术、智能制造技术等新兴领域，既需要金属材料的支撑，也促进金属材料向数字化、智能化、绿色化、结构功能一体化等方向发展，催生更高效的材料设计与更精细的材料制造方法。

1. 数字化、智能化

新一轮科技革命和产业变革为材料的发展提供了机遇。金属增材制造集先进制造、智能制造、绿色制造、新材料、精密控制于一体，是世界各强国争相发展的战略制高点。应充分利用人工智能、大数据等信息化技术，以实现金属材料设计、制备与应用流程的精准控制。

2. 绿色化

应通过优化产业结构、提高工艺水平和完善技术装备,实现金属生产和加工过程的节能减排,减少废料,以达到提高生产效率、降低生产成本、提高安全性和减少环境污染的目的。应进一步提升金属资源的高效高值化和废弃金属材料的循环再造水平。应通过发展金属能源材料、金属催化材料等,支撑能源转型。

3. 结构功能一体化

在金属构筑材料与结构拓扑优化方面,随着构件服役环境变得愈加复杂,构件不同部位对材料提出了不同需求。未来,多材质金属构筑材料设计与制备将变得重要;以机器学习为代表的人工智能方法与结构拓扑优化的结合,将成为拓扑优化的新方向。在金属超材料方面,需要加速探索由超材料结构研究向大规模制造跨越的实现途径。在金属含能材料方面,需要突破高强度高活性金属的大尺寸成型和与批量化加工相关的制备技术。

4. 金属材料高效设计与精细制备技术

在材料基因工程方面,应建立以数据为核心的,融合高效计算、高通量实验和大数据技术的新型材料创新平台,突破跨尺度材料的建模与设计、跨时空尺度材料行为表征、数据驱动的多目标制造工艺优化设计等关键核心技术,构建出材料智能化设计开发、生产制造、工艺优化、安全服役等全链条协同创新理论。应集成高通量实验、机器人和 AI 分析技术,并通过设计面向未来的材料数据模型,构建标准体系,发展材料数据工厂,标准化地批量生产适合人工智能(AI-ready)的材料数据,并基于数据驱动实现材料的自主化筛选与优化,以缩短新金属材料的研发周期和降低研发成本。

应不断完善原子制造技术理论,并基于原子制造技术的设计原理和环境控制,开发适用于原子尺度的制造系统,以实现原子器件的制造;通过原子尺度的操作,以最终获得具有预期功能的微器件,实现原子制造技术的功能定制;建立原子级的环境服役表征及性能评价方法。

参考文献

[1] Liu L, Yu Q, Wang Z, et al. Making ultrastrong steel tough by grain-boundary delamination[J]. Science, 2020, 368(6497): 1347-1352.

[2] Office of Nuclear Energy of U. S. Department of Energy. 10 big wins for nuclear energy in 2020[EB/

OL］. https://www.energy.gov/ne/articles/10-big-wins-nuclear-energy-2020?s=09［2020-12-31］.

［3］ Kim H，Gigax J G，Ukai S，et al. Oxide dispersoid coherency of a ferritic-martensitic 12Cr oxide-dispersion-strengthened alloy under self-ion irradiation［J］. Journal of Nuclear Materials，2021，544：152671.

［4］ Zhang R，Zhao S，Chong Y，et al. Short-range order and its impact on the CrCoNi medium-entropy alloy［J］. Nature，2020，581：283-287.

［5］ Hong J，Bae J H，Jo H，et al. Metastable hexagonal close-packed palladium hydride in liquid cell TEM［J］. Nature，2022，603：631-636.

［6］ Hinterleitner B，Knapp I，Poneder M，et al. Thermoelectric performance of a metastable thin-film Heusler alloy［J］. Nature，2019，576：85-90.

［7］ Han L，Maccari F，Souza Filho I R，et al. A mechanically strong and ductile soft magnet with extremely low coercivity［J］. Nature，2022，608：310-316.

［8］ Siemens Energy. Designed materials for high-temperature applications［EB/OL］. https://assets.siemens-energy.com/siemens/assets/api/uuid：e7331017-990e-4e27-b473-bf6b73b786e6/Whitepaper-Designed-Materials-22-04_original.pdf?ste_sid=3eb12fe3d96d788075214179523f75c0［2022-09-01］.

［9］ Ebrahimi A，Fritsching U，Heuser M，et al. A digital twin approach to predict and compensate distortion in a high pressure die casting（HPDC）process chain［J］. Procedia Manufacturing，2020，52：144-149.

［10］ Kalinin S V. Scanning probe microscopy in US Department of Energy nanoscale science research centers：status，perspectives，and opportunities［J］. Advanced Functional Materials，2013，23（20）：2468-2476.

［11］ Ziatdinov M，Dyck O，Jesse S，et al. Atomic mechanisms for the Si atom dynamics in graphene：chemical transformations at the edge and in the bulk［J］. Advanced Functional Materials，2019，29（52）：1904480.

［12］ Huang P Y，Kurasch S，Alden J S，et al. Imaging atomic rearrangements in two-dimensional silica glass：watching silica's dance［J］. Science，2013，342（6155）：224-227.

［13］ Randall J N，Owen J H G，Fuchs E，et al. Digital atomic scale fabrication an inverse Moore's Law：A path to atomically precise manufacturing［J］. Micro and Nano Engineering，2018，1：1-14.

［14］ Gao J，Jiang S，Zhang H，et al. Facile route to bulk ultrafine-grain steels for high strength and ductility［J］. Nature，2021，590：262-267.

［15］ Ding Q，Zhang Y，Chen X，et al. Tuning element distribution，structure and properties by composition in high-entropy alloys［J］. Nature，2019，574：223-227.

［16］ Lei Z，Liu X，Wu Y. et al. Enhanced strength and ductility in a high-entropy alloy via ordered oxygen complexes[J]. Nature，2018，563：546-550.

[17] Pan Q，Zhang L，Feng R，et al. Gradient cell-structured high-entropy alloy with exceptional strength and ductility[J]. Science，2021，374（6570）：984-989.

[18] Xu W，Zhang B，Li X，et al. Suppressing atomic diffusion with the Schwarz crystal structure in supersaturated Al–Mg alloys[J]. Science，2021，373（6555）：683-687.

[19] Li H，Zong H，Li S，et al. Uniting tensile ductility with ultrahigh strength via composition undulation[J]. Nature，2022，604：273-279.

[20] Li M X，Zhao S F，Lu Z. et al. High-temperature bulk metallic glasses developed by combinatorial methods[J]. Nature，2019，569：99-103.

[21] Luo M，Zhao Z，Zhang Y. et al. PdMo bimetallene for oxygen reduction catalysis[J]. Nature，2019，574：81-85.

[22] He T，Wang W，Shi F. et al. Mastering the surface strain of platinum catalysts for efficient electrocatalysis[J]. Nature，2021，598：76-81.

[23] Yang C，Wang L，Yin P，et al. Sulfur-anchoring synthesis of platinum intermetallic nanoparticle catalysts for fuel cells[J]. Science，2021，374（6566）：459-464.

[24] Xiao R，Li X，Gao L B，et al. 3D printing of dual phase-strengthened microlattices for lightweight micro aerial vehicles[J]. Materials & Design，2021，206：109767.

[25] 汪东红，孙锋，疏达，等. 数据驱动镍基铸造高温合金设计及复杂铸件精确成形[J]. 金属学报，2022，58（1）：89-102.

[26] Fang F. Atomic and close-to-atomic scale manufacturing：perspectives and measures[J]. International Journal of Extreme Manufacturing，2020，2（3）：030201.

[27] 房丰洲. 工业转型升级如何突破：把握新一代制造技术发展方向[N]. 人民日报，2015-06-30（7）.

[28] Vasudevan R K，Laanait N，Ferragut E M，et al. Mapping mesoscopic phase evolution during e-beam induced transformations via deep learning of atomically resolved images[J]. npj Computational Materials，2018，4（1）：1-9.

1.1　Metallic Materials Technology

Sun Baode

（Shanghai Jiao Tong University）

The study of metals and their application needs stretches back centuries. Yet the increasing demands of space technology, defense, transportation, energy, electronics, marine, and other fields require innovative alloys and processing. With advances in economy and policy, numerous efforts have been pursued worldwide and a series of significant progress in the field has been made from countries including China. China has a complete and largest metal industry worldwide and has made significant breakthroughs in advanced metal preparation and processing. In addition, fundamental research capabilities are expanded at a faster pace. In this paper, the recent progress and research trends in metallic materials are briefly reviewed, focusing on metallic structural materials, metallic functional materials, structural-functional integrated materials, metallic material processing and equipment, efficient design, and precise fabrication technology of metallic materials.

1.2 新型陶瓷材料技术新进展

黄政仁[1] 夏羽青[1] 刘 岩[2]

（1.中国科学院宁波材料技术与工程研究所；
2.中国科学院上海硅酸盐研究所）

新型陶瓷材料与金属材料、高分子材料共同构成了支撑现代国民经济体系高效运行的材料基础。近几年来，以陶瓷材料 3D 打印为代表的陶瓷新型成型技术、以放电等离子烧结（spark plasma sintering，SPS）和闪烧（flash sintering，FS）为代表的新型烧结技术等的基础科学理论得到很大发展，带动了国内外陶瓷生产和工程应用的迅速发展。结合近年来陶瓷材料的基础研究及其产业发展情况，下面对新型陶瓷材料技术的国内外进展进行简要介绍并展望其未来。

一、国外进展

欧洲、美国、日本和俄罗斯等地区或国家在新型陶瓷的基础理论研究和产业化方面居于领先地位。过去的几年中，围绕新型陶瓷的基础理论研究主要集中在陶瓷材料的 3D 打印技术、高熵陶瓷、新型烧结技术等几个方面。在雄厚的基础研究加持下，欧洲、美国、日本等地区或国家从全球化的视角对新型陶瓷产业进行布局，目前在市场上有超过 150 家从事先进陶瓷制造的企业和原料粉体的供应商，其中超过 65% 的先进陶瓷产品由 7 家跨国公司生产制造。新型陶瓷产业的领跑公司包括日本的京瓷公司和永木精械株式会社（NGK）、美国的阔斯泰公司（Coors Tek）和康宁公司、英国的摩根先进材料公司、法国的圣戈班公司、德国的赛琅泰克公司等，传统的陶瓷生产大国包括日本、美国、德国、法国、英国、瑞典和意大利等[1]。

1. 陶瓷材料 3D 打印技术发展迅猛

传统的高性能陶瓷的制备大部分采用粉末冶金的方法，即通过模具压制的方法成型，少量采用湿法成型技术（如浇注、挤压、注射、流延等）。对于复杂形状和大尺寸的工程制品而言，成型技术一直是陶瓷材料制造技术的短板。起源于 20 世纪 80 年代美国和 90 年代德国的快速成型技术在近几年获得爆发式的发展，被赋予一个更加直观的名称：3D 打印技术。3D 打印技术包括多种成型技术，如熔融沉积成型（fused deposition modeling，FDM）、立体光刻技术（stereo lithography apparatus，SLA）、数字光处理（digital light processing，DLP）、选区激光烧结（selective laser sintering，SLS）、直接墨水书写（direct ink writing，DIW）等。3D 打印成型不像传统的陶瓷成型方法那样需要模具，而是基于离散－堆积原理，并借助计算机自动化控制，以材料逐层堆积的方式实现复杂零件快速制造的技术[2]；它具有远高于传统陶瓷成型方法的成型精度和制造效率，在航空航天、生物医疗、能源电子、汽车制造领域具有非常广阔的应用前景，是陶瓷制造技术的一次革命性变革。

近几年随着陶瓷材料 3D 打印技术的基础研究及设备研制不断取得巨大的进步，该技术正在进入工程应用领域。知名市场研究公司 Markets and Markets（M&M）发布的一份调查报告曾预计，3D 打印陶瓷市场的全球规模自 2016 年（2780 万美元）起以较高的复合年均增长率增长。3D 打印陶瓷市场份额最大的地区仍是北美，北美有望继续领跑；其次是欧洲，而亚太地区有望后来居上，并在未来几年里坐拥全球最高的增长率。3D 打印技术的市场包括 3D 打印用陶瓷粉末材料市场、3D 打印陶瓷产品市场以及相关设备、技术市场等，具有很大的发展潜力[3]。

2. 新型烧结技术研发获得重视

传统的陶瓷烧结需要在高温或者高温加高压的环境下进行，能耗高，与当今的绿色节能理念背离，因此，发展低温、节能的新型烧结技术是新型陶瓷领域探索的重要方向。多场耦合烧结技术是陶瓷材料新型烧结技术开发的一个重要方向，其中基于电场－热场－压力场耦合作用的放电等离子烧结技术和闪烧技术在近几年获得极大的关注；笔者采用 VOSviewer 软件对 2021 年以来材料领域发表的文章进行检索，发现该方向的研究文章数量在全部陶瓷材料研究论文中排名第二。

相比于传统的烧结技术，多场辅助烧结技术具有非常明显的优势：升温速度快，烧结温度低，烧结时间短，生产效率高，产品组织细小均匀，能保持原材料的自然状态，可得到高致密度的材料，也可以烧结梯度材料。采用放电等离子烧结技术可以制备大部分难以烧结的材料体系，目前已广泛应用在陶瓷、金属、金属基化合物、热电材料、磁性材料、纳米复合材料、非晶材料等多种新型材料的研制中。日本对放电等离子烧结技术研究比较深入，于 1988 年开发出第一台实用型的放电等离子烧结设备，目前已研制出三代放电等离子烧结设备，部分设备已投入工业化生产[4]；高压力和大电流是这类设备的发展方向。闪烧是由美国科罗拉多大学发明的一项快速烧结技术[5]，可利用电场与某些陶瓷的交互作用，在非常短的时间内（秒级）实现陶瓷的致密化过程，并取得非常明显的节能效果。闪烧对陶瓷类型有严格的要求，目前已应用在部分离子导电型陶瓷、绝缘陶瓷、半导体等材料体系的制备研究中[6]，该技术目前还处于实验室发展阶段，没有明确的工程化应用报道。

3. 新型陶瓷的开发、生产和应用进展迅速

欧洲、美国、日本等发达地区或国家非常重视先进陶瓷技术的产业化。例如，美国能源部和美国陶瓷协会联合资助并且实施了为期 20 年的美国先进陶瓷（包括激光透明陶瓷材料和透波材料技术等）发展计划，而美国国家航空航天局正在实施超高温陶瓷及复合材料制备技术研究计划。欧盟第六框架计划支持广泛的多域课题研究，其中有一些是专门针对高性能陶瓷及复合材料的先进制备技术。德国、法国、英国以航天应用为背景，加快实施超高温陶瓷及陶瓷基复合材料的研发计划[1]。

除了官方的导向，西方国家的商业公司也已形成完善的陶瓷产业化布局和较大的规模化生产，从基础技术研发、高端粉体生产、生产设备研发制造到工程化应用，形成了完整的产业化链条，其产品已广泛应用在军事、工业技术、节能环保、生物医疗等领域。这些商业公司牢牢把控住全球高端陶瓷产品的市场，如日本公司的氧化物粉体和氮化物粉体、法国公司的碳化硅粉体、日本公司的氮化硅陶瓷球、美国公司的透明陶瓷和环保陶瓷、德国公司的碳化硅部件等，都处于国际领先水平并占据同类产品市场的主导地位。借助全球新型陶瓷市场每年 7%～9% 的增长率[7]，欧洲、美国、日本的商业化陶瓷公司的规模发展非常迅速。日本的京瓷公司是全球最大的高技术陶瓷公司，其产品覆盖电子陶瓷、功能陶瓷、结构陶瓷、生物陶瓷等多个领域，在 2022 年销售额达到 141.5 亿美元[8]。

二、国内进展

1. 陶瓷技术基础研究进步巨大

近几年来，借助国家在科技方面的大量投入以及大量海外优秀人才的回归，我国高性能陶瓷的基础研究方兴未艾，基本与国际研究的平均水平处于并行阶段。Web of Science 核心数据库的检索结果显示，2018 年至今，中国在陶瓷领域发表论文数量居世界第一位，占 40% 左右，之后依次为美国、印度、德国、俄罗斯、日本、韩国、英国、巴西、法国。中国发表的论文中有不少发表在 *Science*、*Nature* 等顶尖期刊，这也说明我国在陶瓷的基础研究方面处于靠前国家行列。根据论文分析的结果，国内主要研究机构分别是哈尔滨工业大学、西安交通大学、中国科学院上海硅酸盐研究所、清华大学等。中国涉猎了几乎所有先进陶瓷材料的研究、开发和生产，某些先进陶瓷的理论研究和工程应用已达到国际先进水平。在国外发展非常迅速的陶瓷材料 3D 打印技术、陶瓷先进烧结技术、陶瓷计算科学、高熵陶瓷等领域，国内都有一批科研院校和研究所在从事相关研究。近年来，国内多项工作获得国际奖项，形成一定影响。例如，美国陶瓷学会的 Ross Coffin Purdy 奖，用于奖励在陶瓷领域最近两年出版的学术文献中做出最有价值贡献的作者，在全球每年只奖励 1 项研究成果[9]；在近 5 年的奖项中有 3 项由国内学者获得（其中 1 项与英国牛津大学合作），获奖人员分别是武汉理工大学的季伟[10]、西安交通大学的李飞[11] 和华南理工大学的褚衍辉研究员[12]。

2. 新型陶瓷助力国家重大工程应用

近年来，我国新型陶瓷的工程化取得很大进展，已在多项国家重大工程项目上实现应用，有力保障了国家重大科学项目的顺利实施。

中国科学院上海硅酸盐研究所研制出碳化物陶瓷、复合材料及各种先进涂层，助力我国航空航天领域的重大工程项目取得突破性进展；截至 2018 年，已累计研制出 400 余件不同规格的碳化硅光学部件，并在 23 颗卫星上获得工程应用，是目前国际上航天工程产品领域具备 1 m 以上口径碳化硅光学部件研制能力的两家机构之一[13]。黄政仁团队突破了大尺寸碳化硅光学部件的关键制备技术，打破了国际封锁。董绍明团队研制成功的碳化硅基复合材料镜筒，在高分二号、高景一号卫星上获得应用；相对于轻量化殷钢镜筒，取得减重 50%、相机结构稳定性提高 1 倍、成像响应时间缩短一半的优异效果，使我国卫星成像的分辨率首次达到亚米级[14]。此外，我国空间站系统也应用多项国产陶瓷及涂层材料。例如，中国科学院上海硅酸盐研究所研制的长寿命低比值无机热控涂层、耐高温隔热材料与组件、舱内通道照明和仪器仪表等多种载荷表面高辐射热控涂层、耐辐照舷窗玻璃、消杂散光涂层、不锈钢灰色化学转换热控涂层、钛合金微弧氧化涂层等十余种涂层与部件，应用于空间站问天号实验舱；研制的高温压电陶瓷，应用于搭载问天实验舱的长征五号 B 遥三运载火箭的遥测系统；研制的耐磨陶瓷涂层，应用于火箭发动机涡轮端密封动环[15]。

3. 陶瓷产业化发展迅猛

近年来，随着我国新型陶瓷基础研究的不断进步和相应市场需求的强劲增长，我国的陶瓷产业发展呈现良好态势。新型陶瓷逐渐扩大了应用领域，既广泛应用在传统的化工冶金、机械制造、电力电子、能源环保等领域，也大规模应用在航空航天、通信技术、生物医疗等尖端技术领域。一批产值几亿元到30多亿元的陶瓷上市公司［如潮州三环（集团）股份有限公司、中材高新材料股份有限公司、山东国瓷功能材料股份有限公司、风华高科股份有限公司、广东东方锆业科技股份有限公司、宜兴非金属化工机械厂有限公司等］相继出现，一批小型陶瓷生产加工企业也在快速成长。这些陶瓷企业涵盖粉体、设备、产品等产业链条，在我国已形成广东、江苏、山东、湖南、江西、浙江、河南、辽宁等陶瓷产业集群地[1]。

经过多年的发展，我国的部分陶瓷产品已具有国际竞争力，开始进入国外市场。以电子陶瓷产品为例，我国电子陶瓷市场规模已从 2014 年的 346.6 亿元增长至 2020 年的 756.4 亿元，年复合增长率超 13%，预计到 2023 年，我国电子陶瓷市场规模有望超过 1145 亿元[16]。目前山东国瓷功能材料股份有限公司生产的钛酸钡粉体已成功进入欧美市场。风华高科股份有限公司是国际上为数不多的集电子元器件、电子材料、电子专用设备"三位一体"的综合性企业。顺络电子股份有限公司的片式电感器和低温共烧陶瓷（LTCC）产品在国际上竞争优势明显。潮州三环（集团）股份有限公司、深圳市宇阳科技发展有限公司等陶瓷电子元器件行业中的龙头骨干企业在国际上也有一定影响力。

三、发展趋势与展望

以结构陶瓷、功能陶瓷等为代表的新型陶瓷材料发展非常迅速，在人类社会的工业化进程中将发挥更多的作用，在应对极端服役条件以及多功能化和小型化的需求方面，将扮演更加重要的角色。

1. 结构陶瓷：挑战更极端的服役环境

随着航天器飞行速度的提升，新型陶瓷产品在航空航天领域将面临更严苛的环境，使现有的陶瓷材料再一次面临挑战。例如，在耐高温方面，刘大响院士曾指出航空发动机燃烧室需要耐温 1450~1650℃的陶瓷基复合材料[17]；更高的耐热温度要求现有的陶瓷材料体系必须在组分设计和制备技术方面进行新的探索；同时，以高熵陶瓷为代表的新组分体系需要由实验室走向小规模工程应用。

2. 功能陶瓷：满足功能器件多功能化和微型化要求

通信终端设备的小型化和便携化，对高性能微波介电陶瓷提出更高的要求，随着电子产品的功能多样化、集成高度化、数字化及低成本化，电子陶瓷元器件必然向小型化、功能集成化、器件组合化及低成本化方向发展[17]。功能器件的微型化和集成化对功能陶瓷的性能参数提出了更高的需求，满足功能器件的微型化和集成化是功能陶瓷领域未来的重要研究方向。

3. 3D 打印技术将成为陶瓷成型技术的主流

随着 3D 打印技术的持续发展，3D 打印技术目前面临的一些基础科学问题将逐步得到解决，3D 打印技术将成为性能优异的复杂形状陶瓷成型技术的主流。现有的 3D 打印陶瓷成型技术未来将移植到太空或者海洋环境中，并实现在线制造。

参考文献

[1] 新之联伊丽斯（上海）展览服务有限公司. 中国先进陶瓷产业大全 2018[R]. 上海，2018.

[2] 杨勇，郭啸天，唐杰，等. 非氧化物陶瓷光固化增材制造研究进展及展望 [J]. 无机材料学报，2022，37（3）：267-277.

[3] 中国科学院上海硅酸盐研究所. 图文并茂！一网打尽陶瓷 3D 打印技术 [EB/OL]. http://www.sic.cas.cn/xwzx/kj/202008/t20200825_5674700.html[2020-08-25].

[4] 王庆福，张彦敏，国秀花，等. 放电等离子烧结技术的研究现状及进展 [J]. 稀有金属与硬质合金，2014，42（3）：44-47.

[5] Cologna M，Rashkova B，Raj R. Flash sintering of nanograin zirconia in <5s at 850℃ [J]. Journal of the American Ceramic Society，2010，93（11）：3556-3559.

[6] 傅正义，季伟，王为民. 陶瓷材料闪烧技术研究进展 [J]. 硅酸盐学报，2017，45（9）：1211-1219.

[7] 湖南贝哲斯信息咨询有限公司. 国外和国内先进陶瓷市场容量研究报告 [EB/OL]. https://business.sohu.com/a/588568631_121404369[2022-09-28].

[8] 日本京瓷. 京瓷经营数据：销售额＞归属于母公司所有者 [EB/OL]. https://guba.sina.com.cn/?s=thread&bid=23503&tid=26[2022-08-20].

［9］ 美国陶瓷学会 . Ross Coffin Purdy Award［EB/OL］. https://ceramics.org/awards/ross-coffin-purdy-award［2022-08-20］.

［10］ Ji W，Parker B，Falco S，et al. Ultra-fast firing：effect of heating rate on sintering of 3YSZ，with and without an electric field［J］. Journal of the European Ceramic Society，2017，37：2547-2551.

［11］ Li F，Cabral M J，Xu B，et al. Giant piezoelectricity of Sm-doped $Pb(Mg_{1/3}Nb_{2/3})O_3$-$PbTiO_3$ single crystals［J］. Science，2019，364（6437）：264-268.

［12］ Ye B L，Wen T Q，Huang K H，et al. First-principles study，fabrication，and characterization of $(Hf_{0.2}Zr_{0.2}Ta_{0.2}Nb_{0.2}Ti_{0.2})C$ high-entropy ceramic［J］. Journal of the American Ceramic Society，2019，102（7）：4344-4352.

［13］ 中国科学院上海硅酸盐研究所 . 先进碳化物陶瓷材料课题组简介 ［EB/OL］. http://www.sic.cas.cn/kybm/kybm3/yjly2/［2022-08-18］.

［14］ 中国科学院上海硅酸盐研究所 . 上海硅酸盐所荣获 2017 年度两项国家科技奖励 ［EB/OL］. http://www.skl.sic.cas.cn/yjdt/201803/t20180326_4983103.html［2021-01-11］.

［15］ 中国科学院上海硅酸盐研究所 . 上海硅酸盐所研制的多项关键材料成功应用于中国空间站问天实验舱发射任务 ［EB/OL］. http://www.sic.cas.cn/xwzx/kydt/202207/t20220726_6493760.html［2022-07-26］.

［16］ 朱宇平 . 新一代信息技术背景下我国电子陶瓷的发展机遇和挑战 ［J］. 新材料产业，2021，（6）：44-50.

［17］ 刘大响 . 一代新材料，一代新型发动机：航空发动机的发展趋势及其对材料的需求 ［J］. 材料工程，2017，45（10）：1-5.

1.2　New Ceramics Materials Technology

Huang Zhengren[1]，*Xia Yuqing*[1]，*Liu Yan*[2]

（1. Ningbo Institute of Material Science and engineering，Chinese Academy of Sciences；2. Shanghai Institute of Ceramics，Chinese Academy of Sciences）

Fine ceramics，together with metal and polymer constitute material foundation of modern national economy. During the recent years，fundamental researches of ceramics，such as 3D printing forming technology，spark plasma sintering and flash joining developed rapidly，and driven by basic researches，production and engineering applications of ceramic materials make great progress. In this paper，progress of fine ceramics technologies in recent years was summarized and development trend of ceramics materials was prospected from the angle of fundamental research and industrialization.

1.3 碳纤维材料技术新进展

巨安奇 李坤明 朱美芳[*]

（东华大学材料科学与工程学院）

碳纤维是一类以人造纤维或合成纤维为前驱体，经氧化、碳化处理后制得的含碳量高达 90% 以上的无机纤维材料，具有高强度、高模量、高导热等特性，广泛应用于航空航天、风电、体育休闲、汽车、建筑、电子电气等领域，被称为"21世纪新材料之王"与"黑色黄金"。碳纤维前驱体材料主要包括聚丙烯腈（PAN）、黏胶、沥青等，其中聚丙烯腈基碳纤维生产工艺简单、机械性能优异、应用范围广，经过几十年的发展已成为世界上最具代表性的碳纤维产品，占全球碳纤维市场的 90% 以上。下面重点简要介绍碳纤维材料技术的新进展及其未来发展趋势。

一、碳纤维技术及进展

（一）国际进展

20 世纪末日本东丽公司完成了 T800、T1000、T1100G 等高品质碳纤维的技术开发并实现了产业化，据报道，2019 年开始研究 T2000 级碳纤维（强度高达 60 GPa，为理论值的 33%）。同时各国在碳纤维技术发展方面均有较快发展，2018～2021 年碳纤维领域的国际最新技术进展如下。

1. 2018 年

德国西格里集团开发出大丝束碳纤维 Sigrafil 50 K，其强度为 4.80 GPa，模量为

---

[*] 中国科学院院士。

280 GPa，适用于航空航天领域[1]。美国国家可再生能源实验室以植物废弃物（如玉米秸秆和小麦秸秆）为原料，成功制造出丙烯腈，以进一步制备碳纤维并降低成本[2]。美国4M碳纤维公司采用等离子氧化技术制备的碳纤维，较传统氧化技术速度提高3倍，能耗降低2/3以上[3]。德国费劳恩霍夫应用聚合物研究所推出PAN基碳纤维原丝熔融纺丝新工艺ComCarbon，该工艺采用可熔融PAN基共聚物生产原丝，使成本降低60%[4]。日本东丽公司以纳米为单位控制纤维内部结构，让碳结晶在同方向整齐排列，从而研制出碳纤维M40X；M40X在全球首次兼顾模量与强度，弹性模量为377 GPa，拉伸强度为5.7 GPa，将用于航天领域[5]。韩国晓星集团研发出的24 K高强中模碳纤维，弹性模量为293 GPa，拉伸强度为6.12 GPa，高于T800（5.49 GPa），适用于航空主次结构件[6]。

2. 2019 年

美国佐治亚理工学院以PAN基碳纤维为原料制备出质量分数超过40%的纳米微晶纤维素（CNC）碳纤维，PAN/CNC基碳纤维拉伸强度为1.8～2.3 GPa，拉伸模量为220～265 GPa[7]。日本三菱重工业股份有限公司开发出的新型PAN基碳纤维，单根纤维直径最大可达10 μm，拉伸模量与拉伸强度可达240 GPa与4.2 GPa，可用于汽车与风电领域[8]。日本东丽公司研发出的世界首款具有连续、纳米/微米空隙结构的多孔碳纤维，用作气体分离膜的支撑材料，可减轻其质量，使其结构更紧凑，优化了分离效果和耐久性[9]。

3. 2020 年

日本东丽公司开发的新型高强度、高模量碳纤维，拉伸强度为4.8 GPa，拉伸模量为390 GPa，较以前的T700模量提升70%，可用于汽车轻量化[10]。美国赫氏有限公司推出两种PAN基碳纤维：HexTow®HM54型，拉伸强度为5171 MPa，拉伸模量为372 GPa，伸长率为1.3%，可应用在体育、航空航天和工业领域；HexTow®85型，具有优异耐烧蚀特性（碳含量仅为85%），强度与传统PAN基碳纤维相近，耐烧蚀性能与黏胶基碳纤维相仿，或可取代耐烧蚀领域的传统的黏胶基碳纤维[10]。

4. 2021 年

日本帝人株式会社研发出两款碳纤维中间材料——TENAX PW与TENAX BM，前者采用航空飞机强韧化技术制造，可提高材料强度；后者采用搭载于人造卫星的产品技术制造，具有良好的刚性、平直度、可操作性、稳定性和优异的阻尼减振特性，减振效果比日本帝人株式会社标准碳纤维预浸料强四倍。此两者可用于体育休闲领域[11]。日本帝人株式会社推出的碳纤维/聚苯硫醚单向预浸带，具有优异的阻燃性能和低烟排放性能，可用于飞机或铁路等内部结构；还具有吸水率低、抗蠕变性能优异、尺寸稳定性高等优点，可用于航空航天、石油能源等高要求领域[12]。位于美国的日本东丽子公司推出的新款预浸料 CMA 3900，与传统金属材质相比，大大降低了结构重量，已实现延长寿命及降低碳排放的目标[13]。

（二）国内进展

国内碳纤维发展较晚，但成绩较理想，近些年相继突破了 T300、T700、T800、T1000、CCM40J、CCM46J 等碳纤维制备技术的壁垒，已建立千吨级生产线。各大碳纤维企业在碳纤维技术发展方面均做出较大成绩，2018～2021 年碳纤维领域的国内最新技术进展如下。

1. 2018 年

中复神鹰碳纤维股份有限公司与东华大学联合开发的百吨级 T1000 碳纤维取得重要突破[14]。中国石化上海石油化工股份有限公司突破 48 K 大丝束碳纤维的聚合、纺丝、氧化碳化成套工艺技术，打破了国外技术封锁[15]。威海光威复合材料股份有限公司的干喷湿纺 CCF700S 纺丝速度达到国内最高的 500 m/min，CCM55J 通过了 863项目验收[16]。中国科学院宁波材料技术与工程研究所突破国产 M60J 级高强高模碳纤维关键制备技术，并于 2019 年底实现了小批量的稳定制备，该碳纤维拉伸强度为5.24 GPa，拉伸模量为 593 GPa[17]。中复神鹰碳纤维股份有限公司推出的 SYM40（M40 级）中强高模碳纤维产品，拉伸强度为 4.5 GPa，拉伸模量为 380 GPa[18]。

2. 2019 年

中国科学院山西煤炭化学研究所干喷湿纺制备 T1000 级超高强度碳纤维的技术取得重要突破，产品性能指标均达到业内先进水平；在碳纤维表面改性方面也取得新进展，建立了高模量碳纤维的连续化表面处理试验线[19]。威海光威复合材料股份有限公司的"高强型碳纤维高效制备产业化技术项目"通过专家鉴定，实现了 500 m/min原丝纺丝速度的稳定运行，产品各项性能指标及稳定性与国际 T700S 级碳纤维相当[16]。中复神鹰碳纤维股份有限公司和东华大学联合开发的 T1000 级超高强度碳纤维工程化关键技术通过鉴定，率先在国内实现了干喷湿纺 T1000 级超高强度碳纤维的工程化，涉及的专利"一种适用于干喷湿纺的高黏度纺丝原液的制备方法"荣获"2019 年度中国纺织行业专利金奖"[20]。中复碳芯电缆科技有限公司在碳纤维复合芯导线等碳纤维产品取得的开发成果，获得 2019 年首届协同创新碳纤维复合材料技术创新奖三等奖[21]。

3. 2020 年

由湖南大学牵头，中国航天科技集团航天材料及工艺研究所、湖南东映碳材料科技有限公司、中国石油化工股份有限公司长岭分公司、北京卫星制造厂、湖南长岭石化科技开发有限公司共同参与完成的"高导热油基中间相沥青碳纤维关键制备技术与成套装备及应用"项目荣获国家科学技术进步奖二等奖[22]。中国科学院宁波材料技术与工程研究所实现了超高模量（610 GPa）PAN 基碳纤维的连续稳定制备，突破了M65J 级碳纤维关键制备技术，使产品的拉伸强度和拉伸模量高达 3857 MPa 与639 GPa，带动了国内碳纤维的创新发展[23]。由中复神鹰碳纤维股份有限公司牵头，东华大学、江苏鹰游纺机有限公司共同参与开发的"百吨级超高强度碳纤维工程化关键技术"项目，获得 2020 年度中国纺织工业联合会科学技术进步奖一等奖[24]。

4. 2021 年

威海拓展纤维有限公司以现有高性能碳纤维产品为基础，采取产、学、研、用相结合的方式加大新技术、新工艺、新产品的开发力度，建立了湿法纺丝和干喷湿纺工艺相辅相成的技术发展体系，形成了"两高一低"的碳纤维系列产品，主要包括GQ3522（T300）、GQ4522（T700）、QZ5526（T800）、QM4535（M40J）、QM4050（M55J）等级别的碳纤维、经编织物和机织物等，公司获得 2021 年度中国纺织工业联合会产品开发贡献奖[25]。

二、碳纤维复合材料技术进展

（一）国际进展

碳纤维复合材料基体主要有树脂、金属、陶瓷、水泥、气凝胶等，其中树脂基碳纤维的复合材料占全部市场份额的 80% 以上。树脂基碳纤维复合材料的制备工艺主要包括混配模成型、预浸铺放、树脂传递模塑料成型工艺、预制体、真空灌注、缠绕拉挤和湿层合法等，其中，预浸铺放与缠绕拉挤占比超过 60%。2020 年以来，随着风电、气瓶应用的增长，缠绕拉挤技术第一的地位短期内不会改变。预浸铺放技术适用性最广、应用经验最成熟，可为其他技术的探索作铺垫。此外，预制体工艺近几年随着光伏炉所需碳 / 碳复合材料的飞速发展而成为主要工艺之一。

1. 2019 年

美国空军研究实验室与阿肯色大学、迈阿密大学合作开发的 3D 碳纤维 / 环氧树脂复合材料以及一种定制化的直接喷墨 3D 打印设备，可在战场或航空母舰上生产 3D 打印备件[26]。日本帝人株式会社研发的新型碳纤维增强双马来酰亚胺树脂预浸料，兼具高耐热性、高耐冲击性和尺寸稳定性等，适用于航空航天领域[27]。日本东丽公司研发的新型碳纤维增强塑料预浸料和新型预浸树脂系统（包括真空辅助、灌注基材树脂和高温炉中固化），可降低成本，用于制造飞机组件[28]。英国 ELG 碳纤维公司（ELG Carbon Fibre Ltd.）将船中碳纤维废料回收利用并成功用于制造碳纤维毡；此外，与哈德斯菲尔德大学铁路研究所合作，利用剩余和回收的碳纤维材料研发出世界首个碳纤维复合轨道转向架，该转向架具有轻质和更优异的垂直和横向刚度的优点[29]。

2. 2020 年

日本索尼公司与东丽公司合作推出的世界首款立体成型碳纤维机身笔记本电脑，重量约 958 g，可承受 127 cm 高度的掉落[30]。韩国三阳光学公司（Samyang Optics）首次在电影镜头外围材质中使用碳纤维，使其质量小于 1 kg[31]。德国 Carbon Mobile 公司推出的全球首款碳纤维制成的手机 Carbon 1 Mark Ⅱ，质量仅为 125 g[32]。

3. 2021 年

日本新能源产业技术综合开发机构开发的碳纤维增强预浸料片材，可在 30 s 内（当时世界上最短时间）固化并在室温下储存，未来可用在汽车领域[33]。英国威廉姆斯高级工程公司开发的碳纤维复合材料汽车双叉臂，采用再生碳纤维和 RraceTARK 工艺制造，在 90 s 内可成型[34]。日本东丽公司联合三井海洋开发株式会社共同开发的基于碳纤维增强塑料的 FPSO/FSO 修复技术，可用于海洋环境平台的加固修复[35]。日本东丽公司开发的直接胶带插入式注塑成型技术，可使碳纤维增强单向胶带在单一工艺中成型并沉积在注射成型模具中，可降低加工成本[36]。日本东丽公司开发的基于碳纤维复合材料的高导热技术，将碳纤维增强塑料散热性能提升至金属散热的水平，可用于电子领域[37]。

（二）国内进展

1. 2018 年

中国中车股份有限公司发布的新一代碳纤维地铁车辆"CETROVO"，采用大量碳纤维等先进的新材料,突破了碳纤维大型复杂件结构设计、制造成型等关键技术,综合节能 15% 以上[38]。精工控股集团有限公司研发的有效幅宽 1 m 的碳纤维微波石墨化生产线取得重大突破,可使处理后的 T300/T400 碳丝模量和强度均提高 10%～15%,对航空航天、国防军工等具有重大意义[39]。威海光威复合材料股份有限公司研制的 T700 级碳纤维产品通过航天火箭发动机应用验证,突破了国产干喷湿纺工艺碳纤维在重点武器型号等航天领域应用的技术瓶颈,打破了国外高性能碳纤维的长期垄断[40]。

2. 2019 年

全球首条全线路采用碳纤维复合导线的特高压输电线路在内蒙古正式投运,全长 14.6 km[41]。武汉地质资源环境工业技术研究院国内首辆采用碳纤维车身的氢能乘用车研制成功,实现了氢能在交通领域中应用的重大突破[42]。

3. 2020 年

三亚国际体育产业园体育场项目的索结构均采用碳纤维索,这是碳纤维首次用于大跨度的空间结构,实现了应用突破[43]。联想公司发布碳纤维制轻薄笔记本 YOGA Pro 13 s Carbon 2021,其重量仅 966 g[44]。

4. 2021 年

国内在山东聊城跨徒骇河大桥举行首座千吨级碳纤维斜拉索车行桥挂索仪式,该桥后于 2022 年通车[45]。港航集团所属珠江船务下属中威公司建造的国内首艘超过 40 m 全碳纤维结构的客轮"海珠湾"号在南沙小虎岛顺利下水,与传统铝合金船相比,"海珠湾"号节省燃油量 >30%,具有质量轻、强度高、航速快的特点[46]。中复碳芯电缆科技有限公司开发的光纤碳纤维复合芯导线、多股绞碳纤维复合芯导线与多股绞碳纤维复合材料绞合索,可用于电能传输领域[47]。

三、2022 年碳纤维复合材料技术最新进展

2022 年,国外在碳纤维复合材料技术方面取得一些最新进展。奥迪公司(德国)利用高压树脂传递模塑工艺,将柔性太阳能薄膜无缝集成在汽车纤维增强塑料组件中,实现了大批量应用[48]。Fibraworks GmbH 公司(德国)采用连续和超快速的缠绕工艺,实现了真正定制的多轴向热塑性交叉层层压板的大批量生产[48]。碳纤维循环示范项目由世界帆船信托基金会与国际体育联合会联盟共同运营,利用布里斯托大学

开发的高性能不连续纤维工艺，回收来自破损运动器材或报废碳纤维部件的纤维，并在新的运动器材中实现重复使用；在某些情况下，利用废旧碳纤维生产的新碳纤维预浸带比原始纤维有更好的效果[49]。英国国家复合材料中心与比利时 Synthesis 公司合作开发了树脂灌注闭环控制系统，通过液体树脂灌注工艺制造碳纤维增强聚合物和其他复合材料，能够实现无创、实时跟踪树脂流动、黏度和玻璃化转变温度，以及出口阀门的自动控制[50]。日本三井化学公司和微波化学公司开发的"利用微波的创新环保碳纤维制造技术"，通过采用微波加热 PAN 纤维原丝以及氧化、碳化的过程，减少了约 50% 的能源消耗[51]。英国国家复合材料中心与英国中小企业 B&M Longworth 公司（一家总部位于英国布莱克本的中小型企业）和 Cygnet Texkimp 公司（位于英国柴郡）合作，利用 DEECOM 工艺成功地从报废复合材料压力罐中回收了连续碳纤维[52]。美国波音公司与意大利康隆集团旗下的康隆 Ergos 公司合作，利用模压成型试验研制热塑性回收碳纤维复合材料的飞机侧壁板[53]。Airborne 公司（位于荷兰海牙）在现有铺丝、铺带技术的基础上推出的超越铺丝、铺带的自动铺层技术，能够实现充分自由的几何形态，真正做到可订制[54]。美国科罗拉多州立大学开发的无支撑碳纤维 3D 打印新技术，在打印过程中可使材料在挤出时固化，所制造的碳纤维增强材料具有高度定向性和优异的机械性能[55]。

四、未来发展趋势

自 2018 年以来，全球碳纤维的需求量不断增长。新冠疫情对很多产业产生不同程度的冲击，尤其使航空航天领域对碳纤维的需求量下降，但碳纤维在其他市场的增长势头强劲，尤其在风电领域的需求正盛，预计至 2030 年全球碳纤维的需求量将突破 30 万 t 大关。全球碳纤维产业的扩产计划正在不断推出，将不断提高碳纤维的总产量。国内碳纤维企业发展很快，万吨级碳纤维项目相继落地。碳纤维的技术研发保持高水准，在国际上，以日本东丽公司为例，其 T2000 级碳纤维具有十分可观的力学性能，预计不久会有新的突破；在国内，中复神鹰碳纤维股份有限公司、江苏恒神股份有限公司等碳企对于高性能碳纤维的研发正在火热进行，相信未来将实现高性能碳纤维的自主化，使技术达到国际碳纤维生产的水平。

目前我国的碳纤维在核心技术、产品质量和性价比上缺乏国际竞争力，与发达国家相比仍存在较大差距。最近几年，风电、光伏、压力容器等市场对碳纤维的需求不断提高，从而激发了碳企扩产。这就需要我国的碳纤维企业认识行业发展规律，并向国际先进同行学习，在降低成本、提高纤维性能和生产效率方面做出成绩，尤其要长期坚定不移地开展技术创新。全行业需要注重长期投资，并创新发展模式，促进企业与高校及科研院所形成更加紧密、高效的研发联盟，加强基础技术及工程技术的研发力度，开展"新一代碳纤维技术"的研发，打造具有国际水准的碳纤维产品。

参考文献

[1] 王召阳. SGL 集团开发出适用于航空航天领域的新型高性能碳纤维产品 [EB/OL]. https://www. sohu.com/a/225323490_313834 [2018-03-07].

[2] 孙念奴，刘洋. 科学家用植物制造碳纤维 有效降低成本与污染 [EB/OL]. https://baijiahao.baidu. com/s?id=1590566446352034557&wfr=spider&for=pc [2018-01-25].

[3] 4M. 美国 4M 碳纤维公司采用等离子氧化技术生产碳纤维 4M 碳纤维公司介绍 [EB/OL]. http:// www.360doc.com/content/18/0228/14/50320193_733157347.shtml [2018-02-28].

[4] 复材社. Fraunhofer 推出 PAN 基碳纤维原丝熔融纺丝新工艺 生产成本降低 60% [EB/OL]. http:// www.frpapp.com/hangyezixun/201804/25/8944.html [2018-05-11].

[5] 王欢. 日本东丽开发出新型碳纤维 强度提高 3 成 [EB/OL]. https://baijiahao.baidu.com/s?id=1617 544711228655475&wfr=spider&for=pc [2018-11-19].

[6] T 社定制. 韩国晓星开发高强中模碳纤维，强度高于 T800 [EB/OL]. https://www.tshe.com/posts/ e51b0aec [2019-01-07].

[7] 徐坚，聂铭歧，王熙大，等. 盘点！ 2019 全球先进纤维复合材料 30 大研发热点！[EB/OL]. http://www.360doc.com/content/20/0917/01/71590417_936133967.shtml [2020-09-17].

[8] 搜料资讯. 三菱化学开发 PAN 基碳纤维，最大厚度为 10 微米 [EB/OL]. https://www.soliao.com/ news/waichang/34651.html [2019-09-10].

[9] 纺织导报. 东丽研发出具有纳米级连续孔结构的多孔碳纤维 [EB/OL]. http://www.texleader.com. cn/article/30922.html [2019-12-12].

[10] 中国石墨碳素网. 2020 年国内外碳纤维及其复合材料技术领域重要进展：碳纤维制备技术篇 [EB/OL]. http://www.cbcie.com/news/982386.html [2020-12-29].

[11] 中国高新材料及高新技术. 帝人发布航空航天级碳纤维中间材料新牌号 [EB/OL]. https://new. materials.ltd/72293.html [2021-03-26].

[12] 复合材料网. 帝人公司向市场推出碳纤维 / 聚苯硫醚（PPS）热塑性单向预浸带 [EB/OL]. http://www.360doc.com/content/12/0121/07/4310958_978415530.shtml [2021-05-22].

[13] 钱鑫. 日本东丽 2021 年碳纤维技术领域重要进展 [EB/OL]. https://www.cnfrp.com/news/show-74287.html [2021-12-29].

[14] 单芳，陈悦. 我国完全自主研发百吨级 T1000 碳纤维生产线实现投产 [EB/OL]. http://pic. people.com.cn/n1/2018/0227/c1016-29837224.html [2018-02-27].

[15] 峰潮财经. 手套里暗藏"国之重器"？中国再破技术封锁，"黑黄金"走向量产 [EB/OL].

https://baijiahao.baidu.com/s?id=1720625704820597704&wfr=spider&for=pc[2022-01-03].

[16] 东方财富网. 光威复材分析报告（深度下）[EB/OL]. https://guba.eastmoney.com/news，cfhpl，961756592.html[2020-09-04].

[17] 宁波材料技术与工程研究所. 宁波材料所高强高模碳纤维研究取得进展 [EB/OL]. www.cas.cn/syky/201803/t20180314_4638348.shtml[2018-03-14].

[18] 搜狐新闻. 中复神鹰正式推出 SYM40（M40级）中强高模碳纤维产品 [EB/OL]. https://www.sohu.com/a/280843986_281035[2018-12-10].

[19] 中国纺织网. 我国干喷湿纺制备碳纤维技术取得进展 [EB/OL]. http://www.sjfzxm.com/difang/201901-24-532000.html[2019-01-24].

[20] 中复神鹰碳纤维. 中复神鹰 T1000 级超高强度碳纤维工程化关键技术通过鉴定 [EB/OL]. http://www.zfsycf.com.cn/#/newsContent?id=277[2019-12-06].

[21] 中国建材. 中复碳芯荣获首届协同创新碳纤维复合材料技术创新奖三等奖 [EB/OL]. http://www.zfcc-cable.com/gb2312/xwzx/gsxw/201905141359.html[2019-10-06].

[22] 湖南大学新闻网. 湖南大学 3 项成果获 2020 年度国家科学技术（进步）奖 [EB/OL]. http://eeit.hnu.edu.cn/info/1203/9054.htm[2021-11-04].

[23] 石墨烯联盟. 重大进展！宁波材料所成功突破国产 M65J 级高强高模碳纤维关键制备技术 [EB/OL]. https://www.163.com/dy/article/FFSA6A2L05119OAR.html[2020-06-24].

[24] 鹰游资讯. 再获一等奖｜中复神鹰/鹰游纺机碳纤维项目获"中国纺织工业联合会科技进步奖一等奖"[EB/OL]. http://www.zglcn.net/news/617680.htm[2020-12-24].

[25] 中国纺织网. 威海拓展荣获 2021 年度中国纺织工业联合会产品开发贡献奖 [EB/OL]. http://www.gwcfc.com/index.php?case=archive&act=show&t=wap&aid=511[2021-12-17].

[26] 工业和信息化部电子科学技术情报研究所. 美国开发出 3D 打印环氧树脂碳纤维复合材料 [EB/OL]. https://www.sohu.com/a/455482404_120415643[2021-03-13].

[27] 中国航空工业发展研究中心. 陈济桁 日本帝人公司开发新型耐热抗冲击预浸料 [EB/OL]. https://www.sohu.com/a/305335130_613206[2019-04-01].

[28] 碳纤维生产技术. 日本东丽开发新型树脂基碳纤维复合材料，主要用于制造飞机组件 [EB/OL]. http://m.xincailiao.com/news/app_detail.aspx?id=499836&ptype=1[2019-06-13].

[29] 前沿材料. 盘点！2019 全球先进纤维复合材料 30 大研发热点！[EB/OL]. https://zhuanlan.zhihu.com/p/511232259[2022-05-09].

[30] 搜狐新闻. VAIO 与东丽合作打造世界首款立体成型碳纤维机身笔记本电脑 [EB/OL]. https://www.sohu.com/a/451679081_100006061[2021-02-20].

[31] 中国国际复合材料展览会. 韩国三阳光学推出全球首款碳纤维电影镜头 [EB/OL]. https://www.sohu.com/a/367301438_281035[2020-01-16].

[32] IT 之家 . 世界首款碳纤维手机 Carbon 1 MK Ⅱ 开启预售：重 125g，799 欧元 [EB/OL]. https://baijiahao.baidu.com/s?id=1693113421440122975&wfr=spider&for=pc[2021-03-02].

[33] 中国复合材料学会 . 30 秒内完成固化并可在室温下储存的碳纤维预浸料来了 [EB/OL]. https://m.thepaper.cn/baijiahao_14301015[2021-08-31].

[34] CW. 复合材料终端应用市场之汽车工业 [EB/OL]. http://www.frpgd.com/index.php/News_detail_parent_1_category_57_item_2727.html[2021-12-09].

[35] 碳纤维复合材料 . 日本东丽公司碳纤维复合材料成功用于海洋环境平台加固修复 [EB/OL]. http://www.360doc.com/content/21/0108/23/72738858_955937925.shtml[2021-01-08].

[36] Carbontech. 日本东丽公司研发出可降低 CFRP 成本的新型加工技术 [EB/OL]. https://baijiahao.baidu.com/s?id=1691915207170970038&wfr=spider&for=pc[2021-02-17].

[37] 碳纤维复合材料 . 2021 年全球碳纤维及其复合材料技术领域重要进展——日本东丽年度进展 [EB/OL]. http://www.360doc.com/content/21/1229/09/72738858_1010835887.shtml [2021-12-29].

[38] 环球网科技 . 实拍中车新一代碳纤维地铁车辆 "CETROVO" [EB/OL]. https://www.sohu.com/a/256417954_162522[2018-09-27].

[39] 新浪军事 . 碳纤维技术再获突破 助力建造陆海空天先进武器 [EB/OL]. https://www.hongyantu.com/news/2667.html[2018-08-14].

[40] 中国国际复合材料展览会 . 光威复材 CCF700S（T700S）碳纤维通过航空火箭发动机应用验证 [EB/OL]. https://www.sohu.com/a/240438047_281035[2018-07-10].

[41] 中国新闻网 . 世界首条碳纤维复合导线特高压工程正式运行 [EB/OL]. https://baijiahao.baidu.com/s?id=1652862602283869134&wfr=spider&for=pc[2019-12-14].

[42] 中国新闻网，人民日报 . 中国首辆氢能碳纤维车身乘用车样车在 "中国光谷" 研制成功 [EB/OL]. https://www.xianjichina.com/news/details_104199.html[2019-03-21].

[43] 搜狐新闻 . 三亚市体育中心首次采用碳纤维拉索，坚朗五金助力腾飞 [EB/OL]. https://roll.sohu.com/a/535895246_121124360[2022-04-07].

[44] 快科技 . 联想 YOGA Pro 13s 2021 笔记本发布：碳纤维 +2.5 K 屏、仅重 966g[EB/OL]. https://baijiahao.baidu.com/s?id=1684870058771990197&wfr=spider&for=pc[2020-12-02].

[45] 聊城日报 . 国内首座千吨级碳纤维斜拉索车行桥挂索 聊城兴华路跨徒骇河大桥创多项第一 [EB/OL]. http://www.lcxw.cn/liaocheng/yw/20211213/9404.html[2021-12-13].

[46] 广东省人民政府国有资产监督管理委员会 . "海珠湾" 号顺利下水！珠江船务下属中威公司建造国内首艘总长超 40 米碳纤维高速客轮 [EB/OL]. http://gzw.gd.gov.cn/gkmlpt/content/3/3643/post_3643155.html#1333[2021-11-17].

[47] 赛奥碳纤维技术 . IM0094 2021 全球碳纤维复合材料市场报告（三）[EB/OL]. https://m.thepaper.cn/newsDetail_forward_18371953[2022-06-01].

[48] 赛奥碳纤维技术. NS1315 2022 年 JEC 复合材料创新奖揭晓：谁是赢家？[EB/OL] https://new. qq.com/omn/20220429/20220429A0A8NV00.html [2022-02-29].

[49] 搜狐新闻. 国际体育联盟联合运动器材供应商推动碳纤维组件再利用 [EB/OL]. https://www. sohu.com/a/545240776_121124370 [2022-05-09].

[50] 中国航空报. 英国国家复合材料中心与比利时合作开发树脂灌注闭环控制系统 [EB/OL]. https://baijiahao.baidu.com/s?id=1731152022683130664&wfr=spider&for=pc [2022-04-26].

[51] 搜狐新闻. 微波加热减少了碳纤维生产中的能源消耗 [EB/OL]. https://it.sohu.com/ a/547649531_121124370 [2022-05-16].

[52] 中国复合材料学会. 英国 NCC 从压力容器中回收再生连续碳纤维 [EB/OL]. https://m.thepaper. cn/newsDetail_forward_18452680 [2022-06-06].

[53] 中国复合材料学会. Cannon Ergos 与波音合作，使用回收碳纤维制造热塑性复合材料飞机侧壁 板 [EB/OL]. https://www.thepaper.cn/newsDetail_forward_18045449 [2022-05-11].

[54] 搜狐新闻. 荷兰 Airborne 公司推出超越铺丝铺带的自动铺层技术 [EB/OL]. https://www.sohu. com/a/544036104_121124370 [2022-05-05].

[55] 国际新闻. 美大学开发无支撑碳纤维 3D 打印新技术 [EB/OL]. https://www.chinacompositesexpo. com/m_cn/news.php?show=news_detail&c_id=244&news_id=12256 [2022-06-29].

1.3　Carbon Fiber Materials Technology

Ju Anqi，*Li Kunming*，*Zhu Meifang*
（College of Materials Science and Engineering，Donghua University）

Carbon fiber with a carbon content of more than 90% was prepared using artificial fiber or synthetic fiber as the precursors after stabilization and carbonization，which possesses high strength，high modulus，good thermal conductivity and has been widely used in aerospace，wind power，sports and leisure，automotive，construction，electrical and electronic fields，Moreover，carbon fiber was known as the "21st century king of new materials" and "black gold". Carbon fiber precursor materials mainly include polyacrylonitrile，viscose，pitch，etc. Among them，polyacrylonitrile-based carbon fiber has a simple production process and excellent mechanical properties. After decades of development，it has become the most representative carbon fiber product in the world，occupying more than 90% of the global carbon fiber market. In this paper, we summarized the development status of carbon fiber and its composites at home and abroad. Based on the development of the world's leading carbon fiber companies in recent years, the latest progress of high-performance carbon fiber and its composites was introduced from the aspects of properties and application fields. Finally, we discussed the future development trend of high-performance carbon fiber and its composites from the aspects of carbon fiber composite technology and progress, development policy, and the performance requirements.

1.4 石墨炔技术新进展

薛玉瑞[1,2] 李玉良[1,3*]

（1.中国科学院化学研究所；2.山东大学；3.中国科学院大学）

石墨炔是由碳碳炔键（sp 碳）将苯环（sp^2 碳）共轭连接形成二维平面网络结构的全碳纳米材料，是一个新的碳同素异形体。它是中国具有自主知识产权的新发现，引起了国际上的高度关注，中国在国际上一直引领该领域的发展[1-7]。在中国科学院科技战略咨询研究院、中国科学院文献情报中心与科睿唯安联合向全球发布的《2020研究前沿》报告中，"石墨炔研究"入选化学与材料科学领域 Top10 热点。石墨炔在合成方法学的建立、理论计算、结构表征，以及催化、能量转换与存储、电学、光学、信息、智能器件等众多领域具有巨大的应用潜力。在石墨炔领域，已取得一系列国际上高度关注的原创性研究成果和突破性进展，这些成就推动了碳材料科学的快速发展。下面将重点介绍近年来石墨炔材料新进展并展望其未来。

一、石墨炔的可控制备与结构

石墨炔独特的原子排布使其具有不同于传统碳材料的化学与电子结构（如 sp 和 sp^2 共杂化的二维网络结构、丰富的碳化学键、天然的孔洞结构和本征带隙以及可在任意基底表面低温可控生长等特征），导致传统碳材料单一的杂化和高温高压等制备

---

* 中国科学院院士。

方法的改变，使石墨炔在生长、组装和性能调控等方面表现出巨大优势和先进性，催生了材料研究的新概念、新现象和新知识。石墨炔是未来推动催化、能源、光电转换、智能信息及新模式能量转换和转化等领域创新性发展的关键材料。

在国内，2010 年中国科学院化学研究所在国际上首次利用化学合成的方法可控合成出大面积的石墨炔薄膜，并命名为"石墨炔"。石墨炔的成功制备结束了合成化学不能制备全碳材料的历史，开创了人工合成新型碳同素异形体的先例，开辟了碳材料研究的新领域。近年来，石墨炔合成方法学得到快速发展。例如，中国科学院化学研究所实现了单层石墨炔和全晶态石墨炔的可控制备，北京大学在石墨烯上实现了可控生长少层石墨炔，以及天津理工大学开展石墨炔多晶的研究，这些成果或研究完美诠释了石墨炔的 ABC 堆垛结构[2, 8, 9]。此外，北京大学实现了晶圆级尺度石墨炔的制备[10]。

在国际上，日本东京大学[11]和新加坡国立大学[12]利用两相界面法分别成功制备出晶态石墨炔，并揭示其晶体结构；美国科罗拉多大学[13]和韩国基础科学研究所[14]先后报道高晶化和多孔石墨炔的制备新方法；法国巴黎萨克雷大学报道用硅甲基保护的六乙炔基苯可控合成石墨炔的新方法[15]。

二、石墨炔基础与应用研究新进展

石墨炔在温和条件下可在任意基底表面原位生长的突出特点，大大弥补了传统碳材料在形貌、聚集态结构控制等方面的不足。例如，调控反应条件、基底种类等即可实现对微观形貌的调控，获得不同形态的石墨炔聚集态纳米结构（纳米线、纳米管、纳米墙等）；通过精准调控前体结构，还可以精确地控制石墨炔键合环境和杂原子修饰位置及数量，同时保持其共轭二维平面的完整性[2-7]。这些发现有力地推动了石墨炔科学的发展与进步，为石墨炔的实际应用拓展了一条崭新的途径。

在石墨炔的基础科学和应用等方面，科学家提出了诸多新概念，发现了一些新现象和新性质，为解决不同科学领域的瓶颈问题提出了新思路。

1. 石墨炔理论研究新进展

石墨炔材料在理论研究方面取得前所未有的突破。许多著名科学家通过理论计算、计算机模拟等发现，石墨炔在多领域具备传统碳材料所不具备的优势和应用潜力。

在国内，清华大学和北京大学首次确证了石墨炔的本征带隙和电子、空穴迁移率及力学性能等；北京航空航天大学证明石墨炔是二维二阶拓扑绝缘体[16]；香港科技大学预测在甲醇燃料电池中，石墨炔材料可抑制甲醇渗透，实现甲醇零渗透[17]；中国科学院物理研究所的理论计算结果显示，石墨炔薄膜优异的质子导电性和选择性可高效抑制溶性燃料分子的输运[18]；南京航空航天大学研究结果显示，石墨炔可实现高效海水淡化[19]；中国石油大学证明石墨炔对 CO_2 具有超高的渗透选择性[20]。2020年，北京大学成功实现石墨炔对锕系、镧系金属离子高选择性分离，拓展了核燃料循环关键分离过程的新方法[21]。

在国际上，德国科学家分别对石墨烯和石墨炔进行理论计算和模拟，其结果表明，石墨炔是迪拉克物质－本征半导体。美国麻省理工学院证明石墨炔可高选择性滤除海水中 99.7% 的氯化钠，可用于实现海水的高效淡化[22]。诺贝尔奖获得者 Geim 的研究结果显示，基于石墨炔的纳米多孔薄膜能够实现氢同位素气体分子的高选择性分离[23]。阿卜杜拉国王科技大学和东京大学、新加坡国立大学合作，利用石墨炔成功实现高选择性水脱盐[24]。

2. 石墨炔基多尺度催化剂

零价金属原子催化剂是零价金属原子在石墨炔上长期稳定存在的下一代催化剂，其稳定性源于零价金属原子与石墨炔间的不完全电荷转移和空间限域效应。零价原子催化剂改变了科学家对传统催化的机制、性质及性能的认识。科学家一直期待结构和组成明确的零价金属原子催化剂的出现。

在国内，2018 年，中国科学院化学研究所提出了不完全电荷转移和空间限域效应等新概念，在国际上首次实现对零价金属原子的高效锚定和活性组分的高度分散，高效解决了传统载体上金属单原子催化剂易迁移、聚集、电荷转移不稳定等瓶颈问题，实现了零价金属原子催化，建立了原子催化的新概念，为解决催化领域的关键科学问题提出了崭新的思路，此后又获得了系列原创性成果[25-29]。例如，针对如何实现常温常压下高效合成氨这一难题，中国科学院化学研究所和山东大学合作，成功制备出常温常压下具有变革性催化性能的石墨炔基零价钯、钼原子催化剂，并获得优异的法拉第效率和氨产率。据统计，目前合成氨产率最高的催化剂来自石墨炔体系。

原子催化剂的出现为发展新型高效催化剂开拓了新方向，催生了具有优异性能的石墨炔基异质结、量子点、团簇和无金属等多尺度催化剂[30-35]。例如，中国科学院化学研究所和山东大学联合提出的石墨炔高效诱导金属原子锚定－成核生长策略，能够精准可控合成异质结界面结构，实现了具有优异的光、电催化性能异质结催化剂的可控制备。石墨炔丰富的碳化学键非常有利于实现原子级别化学和电子结构的优化调控，在保留石墨炔基本框架和共轭体系的同时引入新活性位点，以获得性能优异的石墨炔基无金属催化剂。

在国际上，新加坡国立大学基于晶态氟取代石墨炔实现了高性能氧还原反应[14]；日本富山大学[36]和法国巴黎萨克雷大学[37]先后报道了基于石墨炔的异质结催化剂用于高效光催化制氢的研究成果。

3. 石墨炔在能量存储与转换领域的新进展

石墨炔的高导电性和本身富含炔键的独特结构，提供了更多的离子存储位点和更便捷的离子传输通道，改变了传统碳材料的电化学储能、离子存储和迁移的机制，有效地解决了电极材料导电性和稳定性差的瓶颈问题，提高了电池的性能。

在国内，中国科学院化学研究所和山东大学合作，针对锂离子电池中锂离子传输的迟滞严重限制其快速充电这一挑战，提出了"炔-烯互变"的新概念，从而改变了传统锂电快速充电的机制，建立了新的锂电快速充电模式，展现出优异的快速充电能力[38]。此外，石墨炔能够在硅、金属氧化物、有机分子等电极材料表面原位生长包覆形成稳定电极界面，可大大提升电池性能[2, 39]。香港城市大学利用氮掺杂石墨炔稳定界面 pH，获得了无枝晶高性能水相锌离子电池[40]。中国科学院青岛生物能源与过程研究所将石墨炔作为钙钛矿电池活性层的主体材料，成功实现电池性能的大幅度提升[41]。北京科技大学[42]利用石墨炔有效提高 SnO_2 和钙钛矿的匹配，从而提升了器件的综合性能。最近，中国科学院化学研究所利用石墨炔高效解决了甲醇燃料电池的甲醇渗透问题[43]。

在国际上，德国柏林洪堡大学成功在 Cu 集流体上原位生长出石墨炔包覆的硅纳米颗粒，从而制得高容量锂电负极[44]；印度科学院报道石墨炔能够显著提升甲醇燃料电池的电极性能[45]；阿卜杜拉国王科技大学基于石墨炔成功制备出高容量、高速率、高稳定性的镁电池正极材料（$Cu-MoS_2@HsGDY$）[46]。

4. 石墨炔在新模式能量转换领域的新进展

石墨炔的多孔结构和 sp 杂化碳原子网络，为离子、质子和原子的高密度输运提供了众多存储位点和快速扩散通道，也为新模式能量转换体系提供了材料基础和新的研究思路，相关研究已获得重要突破。

在国内，香港理工大学利用石墨炔"炔-烯互变"的性质，实现了高能量密度电能到机械能的高效转换[47]，创造出当时最接近哺乳动物生物肌肉能量密度的材料。北京理工大学基于石墨炔化学键转化（炔-烯转换）诱导气态水分子电子转移，获得感应电[48]。南开大学实现了超灵敏和飞瓦级超低能耗的石墨炔基人工突触制备，以及多种突触可塑性智能模拟[49]。北京科技大学基于 GDY/MoS_2 成功制备出具备电子和光电操作模式的多级存储状态的直接电荷俘获型存储器[50]。南开大学与深圳大学合作发现，石墨炔是一种可靠的克尔非线性光子二极管材料[51]。

在国际上，西班牙阿尔卡拉大学基于石墨炔构建的微型电动机，已成功应用于高灵敏、高选择性荧光探测[52]。

5. 石墨炔在生命科学领域的新进展

石墨炔具有优异的生物安全性和相容性，在生命科学领域已展现出巨大应用潜力，在多方面已取得重要进展。

在国内，国家纳米科学中心成功将钯基石墨炔用于肿瘤乏氧的生物催化治疗[53]，还利用石墨炔负载氧化铈和小分子核糖核酸（microRNA）改善肿瘤乏氧，以提升放疗效果[54]。国家纳米科学中心和东北大学合作，成功把氧化石墨炔基铁海绵用于光热治疗（photothermal therapy）和芬顿（Fenton）反应介导的联合肿瘤治疗[55]。浙江大学、国家纳米科学中心和中国科学院化学研究所合作，利用石墨炔在治疗白血病方面获得突破。此外，石墨炔在高效抑制植入物感染、协同抗菌、清除活性氧、高精度检测、细胞成像以及药物输送等方面，都展示出雄厚的应用潜力[56-58]。

在国际上，印度德里大学利用石墨炔，成功实现超低膜联蛋白 A2（ANXA2）癌症生物标志物的检测[59]；印度理工学院成功将石墨炔用于快速 DNA 测序[60]。

三、未 来 展 望

石墨炔是中国具有自主知识产权的新型碳纳米材料，其独特的电子和化学结构特征展示出物理和化学的新性质、新效应和新现象，并为众多领域的研究提供了新空间。石墨炔的深入研究及其关键科学问题的解决，为研制光学、电学、磁学、光电、催化、储能、智能器件，以及突破新模式能量转换技术提供了宝贵的材料和契机。

石墨炔理论研究与实验研究的结合，使科学家发现了石墨炔的新性质，提出了石墨炔科学的许多新概念和新知识，并利用许多创新的思路和理念，解决了诸多关键问题。与传统碳材料相比，石墨炔是一种很年轻的碳纳米材料，还有很多未知的知识需要探索。例如，需要探索如何实现石墨炔能带结构变化对性能的合理调控，认识石墨炔的光、电和磁本征性质的来源和转换，全面深入研究石墨炔在催化、能源、光电、信息智能、新模式能量转换和生命科学等领域应用的基础科学问题等。此外，认识石墨炔的新奇结构和性质，需要突破传统材料的常规认识和理解，以便创造出变革性新材料，推动我国材料科学与技术的发展。

参考文献

[1] Li G，Li Y，Liu H, et al. Architecture of graphdiyne nanoscale films[J]. Chemical Communications，2010，46：3256-3258.

[2] Fang Y，Liu Y，Qi L，et al. 2D graphdiyne：an emerging carbon material[J]. Chemical Society Reviews，2022，51：2681-2709.

[3] Zheng Z，Xue Y，Li Y. A new carbon allotrope：graphdiyne[J]. Trends in Chemistry，2022，4：754-768.

[4] Kong Y，Li J，Zeng S，et al. Bridging the gap between reality and ideality of graphdiyne：the advances of synthetic methodology[J]. Chem，2020，6：1933-1951.

[5] Zuo Z，Li Y. Emerging electrochemical energy applications of graphdiyne[J]. Joule，2019，3：899-903.

[6] Liu J，Chen C，Zhao Y. Progress and prospects of graphdiyne-based materials in biomedical applications[J]. Advanced Materials，2019，31（42）：1804386.

[7] Huang C，Li Y，Wang N，et al. Progress in research into 2D graphdiyne-based materials[J]. Chemical Reviews，2018，118：7744-7803.

[8] Yan H，Yu P，Han G，et al. High-yield and damage-free exfoliation of layered graphdiyne in aqueous phase[J]. Angewandte Chemie International Edition，2019，58：746-750.

[9] Gao X，Zhu Y，Yi D，et al. Ultrathin graphdiyne film on graphene through solution-phase van der Waals epitaxy[J]. Science Advances，2018，4：eaat637.

[10] Li J，Zhang Z，Kong Y，et al. Synthesis of wafer-scale ultrathin graphdiyne for flexible optoelectronic memory with over 256 storage levels[J]. Chem，2021，7：1284-1296.

[11] Sakamoto R，Fukui N，Maeda H，et al. Graphdiynes：the accelerating world of graphdiynes[J]. Advanced Materials，2019，31：1970297.

[12] Zeng J，Yang T，Lin S，et al. Cobalt（Ⅲ）corrole-tethered semiconducting graphdiyne film for efficient electrocatalysis of oxygen reduction reaction[J]. Materials Today Chemistry，2022，25：100932.

[13] Hu Y，Wu C，Pan Q，et al. Synthesis of γ-graphyne using dynamic covalent chemistry[J]. Nature Synthesis，2022，1：449-454.

[14] Liu X，Cho S M，Lin S，et al. Constructing two-dimensional holey graphyne with unusual annulative π-extension[J]. Matter，2022，5：2306-2318.

[15] Li J，Han X，Wang D，et al. A deprotection-free method for high-yield synthesis of graphdiyne powder with *in situ* formed CuO nanoparticles[J]. Angewandte Chemie（International Edition），2022，61：e202210242.

[16] Sheng X-L, Chen C, Liu H, et al. Two-dimensional second-order topological insulator in graphdiyne[J]. Physical Review Letters, 2019, 123: 256402.

[17] Shi L, Xu A, Pan D, et al. Aqueous proton-selective conduction across two-dimensional graphyne[J]. Nature Communications, 2019, 10: 1165.

[18] Xu J, Jiang H, Shen Y, et al. Transparent proton transport through a two-dimensional nanomesh material[J]. Nature Communications, 2019, 10: 3971.

[19] Qiu H, Xue M, Shen C, et al. Graphynes for water desalination and gas separation[J]. Advanced Materials, 2019, 31: 1803772.

[20] Zheng X, Ban S, Liu B, et al. Strain-controlled graphdiyne membrane for CO_2/CH_4 separation: first-principle and molecular dynamic simulation[J]. Chinese Journal of Chemical Engineering, 2020, 28: 1898-1903.

[21] Yuan T, Xiong S, Shen X. Coordination of actinide single ions to deformed graphdiyne: strategy on essential separation processes in nuclear fuel cycle[J]. Angewandte Chemie (International Edition), 2020, 59: 17719-17725.

[22] Yeo J, Jung G S, Martín-Martínez F J, et al. Multiscale design of graphyne-based materials for high-performance separation membranes[J]. Advanced Materials, 2019, 31: 1805665.

[23] Zhou Z, Tan Y, Yang Q, et al. Gas permeation through graphdiyne-based nanoporous membranes[J]. Nature Communications, 2022, 13: 4031.

[24] Shen J, Cai Y, Zhang C, et al. Fast water transport and molecular sieving through ultrathin ordered conjugated-polymer-framework membranes[J]. Nature Materials, 2022, 21: 1183-1190.

[25] Xue Y, Huang B, Yi Y, et al. Anchoring zero valence single atoms of nickel and iron on graphdiyne for hydrogen evolution[J]. Nature Communications, 2018, 9: 1460.

[26] Yu H, Xue Y, Hui L, et al. Graphdiyne-based metal atomic catalysts for synthesizing ammonia[J]. National Science Review, 2021, 8: nwaa213.

[27] Hui L, Xue Y, Yu H, et al. Highly efficient and selective generation of ammonia and hydrogen on a graphdiyne-based catalyst[J]. Journal of the American Chemical Society, 2019, 141: 10677-10683.

[28] Zou H, Rong W, Wei S, et al. Regulating kinetics and thermodynamics of electrochemical nitrogen reduction with metal single-atom catalysts in a pressurized electrolyser[J]. Proceedings of the National Academy of Sciences, 2020, 117: 29462-29468.

[29] Shi G, Xie Y, Du L, et al. Constructing Cu−C bonds in a graphdiyne-regulated Cu single-atom electrocatalyst for CO_2 reduction to CH_4[J]. Angewandte Chemie (International Edition), 2022, 61: e202203569.

[30] Fang Y, Xue Y, Li Y, et al. Graphdiyne interface engineering: highly active and selective ammonia synthesis[J]. Angewandte Chemie (International Edition), 2020, 59: 13021-13027.

[31] Fang Y, Xue Y, Hui L, et al. Graphdiyne@Janus magnetite for photocatalytic nitrogen fixation[J]. Angewandte Chemie (International Edition), 2021, 60: 3170-3174.

[32] Gu H, Zhong L, Shi G, et al. Graphdiyne/graphene heterostructure: a universal 2D scaffold anchoring monodispersed transition-metal phthalocyanines for selective and durable CO_2 electroreduction[J]. Journal of the American Chemical Society, 2021, 143: 8679-8688.

[33] Hui L, Zhang X, Xue Y, et al. Highly dispersed platinum chlorine atoms anchored on gold quantum dots for a highly efficient electrocatalyst[J]. Journal of the American Chemical Society, 2022, 144: 1921-1928.

[34] Li J, Gao X, Zhu L, et al. Graphdiyne for crucial gas involved catalytic reactions in energy conversion applications[J]. Energy & Environmetal Science, 2020, 13: 1326-1346.

[35] Zhao Y, Wan J, Yao H, et al. Few-layer graphdiyne doped with sp-hybridized nitrogen atoms at acetylenic sites for oxygen reduction electrocatalysis[J]. Nature Chemistry, 2018, 10: 924-931.

[36] Zhang L, Wu Y, Li J, et al. Amorphous/crystalline heterojunction interface driving the spatial separation of charge carriers for efficient photocatalytic hydrogen evolution[J]. Materials Today Physics, 2022, 27: 100767.

[37] Li J, Slassi A, Han X, et al. Tuning the electronic bandgap of graphdiyne by II-substitution to promote interfacial charge carrier separation for enhanced photocatalytic hydrogen production[J]. Advanced Functional Materials, 2021, 31: 2100994.

[38] An J, Zhang H, Qi L, et al. Self-expanding ion-transport channels on anodes for fast-charging lithium-ion batteries[J]. Angewandte Chemie (International Edition), 2022, 61: e202113313.

[39] Wang F, Zuo Z, Li L, et al. Graphdiyne nanostructure for high-performance lithium-sulfur batteries[J]. Nano Energy, 2020, 68: 104307.

[40] Yang Q, Li L, Hussain T, et al. Stabilizing interface pH by *N*-modified graphdiyne for dendrite-free and high-rate aqueous Zn-ion batteries[J]. Angewandte Chemie (International Edition), 2022, 61: e202112304.

[41] Li J, Jiu T, Chen S, et al. Graphdiyne as a host active material for perovskite solar cell application[J]. Nano Letters, 2018, 18: 6941-6947.

[42] Zhang S, Si H, Fan W, et al. Graphdiyne: bridging SnO_2 and perovskite in planar solar cells[J]. Angewandte Chemie (International Edition), 2020, 59: 11573-11582.

[43] Wang F, Zuo Z, Li L, et al. Large-area aminated-graphdiyne thin films for direct methanol fuel cells[J]. Angewandte Chemie (International Edition), 2019, 58: 15010-15015.

［44］ Huang J，Martin A，Urbanski A，et al. One-pot synthesis of high-capacity silicon anodes via on-copper growth of a semiconducting，porous polymer［J］. Natural Sciences，2022，2：e20210105.

［45］ Irfan D，Catalan Opulencia M J，Jasim S A，et al. Systematically theoretical investigation the effect of nitrogen and iron-doped graphdiyne on the oxygen reduction reaction mechanism in proton exchange membrane fuel cells［J］. International Journal of Hydrogen Energy，2022，47：17341-17350.

［46］ Zhuo S，Huang G，Sougrat R，et al. Hierarchical nanocapsules of Cu-doped MoS_2@H-substituted graphdiyne for magnesium storage［J］. ACS Nano，2022，16：3955-3964.

［47］ Lu C，Yang Y，Wang J，et al. High-performance graphdiyne-based electrochemical actuators［J］. Nature Communications，2018，9：752.

［48］ Chen N，Yang Y，He F，et al. Chemical bond conversion directly drives power generation on the surface of graphdiyne［J］. Matter，2022，5：2933-2945 .

［49］ Wei H，Shi R，Sun L，et al. Mimicking efferent nerves using a graphdiyne-based artificial synapse with multiple ion diffusion dynamics［J］. Nature Communications，2021，12：1068.

［50］ Wen J，Tang W，Kang Z，et al. Direct charge trapping multilevel memory with graphdiyne/MoS_2 Van der Waals heterostructure［J］. Advanced Science，2021，8：2101417.

［51］ Wu L，Dong Y，Zhao J，et al. Kerr nonlinearity in 2D graphdiyne for passive photonic diodes［J］. Advanced Materials，2019，31：1807981.

［52］ Yuan K，de la Asunción-Nadal V，Li Y，et al. Graphdiyne micromotors in living biomedia［J］. Chemistry: A European Journal，2020，26：8471-8477.

［53］ Liu J，Wang L，Shen X，et al. Graphdiyne-templated palladium-nanoparticle assembly as a robust oxygen generator to attenuate tumor hypoxia［J］. Nano Today，2020，34：100907.

［54］ Zhou X，You M，Wang F，et al. Multifunctional graphdiyne-cerium oxide nanozymes facilitate MicroRNA delivery and attenuate tumor hypoxia for highly efficient radiotherapy of esophageal cancer［J］. Advanced Materials，2021，33：e2100556.

［55］ Min H，Qi Y，Zhang Y，et al. A graphdiyne oxide-based iron sponge with photothermally enhanced tumor-specific Fenton chemistry［J］. Advanced Materials，2020，32：2000038.

［56］ Wang R，Shi M，Xu F，et al. Graphdiyne-modified TiO_2 nanofibers with osteoinductive and enhanced photocatalytic antibacterial activities to prevent implant infection［J］. Nature Communications，2020，11：4465.

［57］ Kong Y，Li X，Wang L，et al. Rapid synthesis of graphdiyne films on hydrogel at the superspreading interface for antibacteria［J］. ACS Nano，2022，16：11338-11345.

［58］ Gao N，Zeng H，Wang X，et al. Graphdiyne：a new carbon allotrope for electrochemiluminescence［J］.

Angewandte Chemie（International Edition），2022，61：e202204485.

[59] Chauhan D，Kumar Y，Chandra R，et al. 2D transparent few-layered hydrogen substituted graphdiyne nano-interface for unprecedented ultralow ANXA2 cancer biomarker detection[J]. Biosensors & bioelectronics，2022，213：114433.

[60] Kumawat R L，Pathak B. Electronic conductance and current modulation through graphdiyne nanopores for DNA sequencing[J]. ACS Applied Electronic Materials，2021，3：3835-3845.

1.4 Graphdiyne Technology

Xue Yurui[1,2]，*Li Yuliang*[1,3]

（1. Institute of Chemistry，Chinese Academy of Sciences；2. Shandong University；
3. University of Chinese Academy of Sciences）

As an emerging carbon material containing sp and sp^2 hybridization， graphdiyne （GDY）has many outstanding characteristics， and represents a trend in the development of carbon materials. The unique chemical and electronic structures endow GDY with fascinating properties， including rich chemical bonds， highly conjugated and super-large π structures， uniformly distributed natural pores and uneven surface charge distribution， etc. GDY has entered a period of rapid development and demonstrated the characteristics of transformative materials in many fields including energy， catalysis and photoelectricity， new-model energy conversion， life science and so on. New concepts， new properties and new knowledge from GDY have rapidly promoted the development of graphdiyne science in recent years， and produced many exciting results in fundamental and applied science. As one of the frontiers of chemistry and materials science， graphdiyne research has been selected as the Top 10 Research Fronts in chemistry and materials science in the "Research Fronts 2020"， jointly released to the world by Clarivate and the Chinese Academy of Sciences. In this article， we systematically summarize some new progress in the graphdiyne research and discuss the prospects for this booming research area.

1.5　3D 打印材料技术新进展

戴圣龙　李兴无　张学军　陈冰清

（北京航空材料研究院）

与传统的机械加工等"减材制造"技术不同，3D 打印技术是基于离散/堆积原理，通过材料的逐渐累积来实现制造的技术，因而又被称为增材制造技术[1]。3D 打印技术已发展近 40 年，在航空航天、轨道交通、医疗仪器、新材料、新能源等战略性新兴产业领域已展示出重大价值和广阔的应用前景，是世界先进制造领域发展最快、技术研究最活跃、关注度最高的学科方向之一[2,3]。欧美等发达地区或国家十分重视 3D 打印技术的发展，密集出台了相关技术路线图/战略报告，以指引该技术的发展[4,5]。材料是 3D 打印技术发展的核心和关键，既决定了 3D 打印技术的发展方向，也决定了 3D 打印技术的应用趋势。3D 打印技术具有特殊性，对材料行业依赖性较高；原材料制备技术、3D 打印设备的构造和成型工艺以及 3D 打印产品的性能等，都和材料密切相关[6]。下面将重点介绍 3D 打印材料技术领域的最新进展并展望其未来。

一、3D 打印材料的范畴及分类

按照材料类别不同，3D 打印材料可分为金属材料、有机高分子材料、无机非金属材料和生物材料[7-10]。金属 3D 打印材料包括钛合金、铝合金、高温合金、钢和硬质合金等，已广泛应用于航空、航天、汽车、模具、医学等领域。有机高分子 3D 打印材料包括专用光敏树脂、黏合剂、催化剂、蜡材以及高性能工程塑料与弹性体等。无机非金属 3D 打印材料包括氧化铝、氧化锆、碳化硅、氮化铝、氮化硅等。生物 3D 打印材料以新型可植入生物材料为原材料，包括不同软硬程度的器官和组织的模拟材料等。

按照形态不同，3D 打印材料可划分为粉末/颗粒材料、丝材材料、带材/片材材料和液体材料等[7]。粉末/颗粒 3D 打印材料包括金属材料、有机高分子材料、无机非金属材料等；丝材 3D 打印材料包括金属材料、有机高分子材料等；带材/片材 3D 打印材料包括金属材料、有机高分子材料、无机非金属材料等；液体 3D 打印材料包括有机高分子材料、无机非金属材料等。

二、国外发展现状

欧美等发达地区或国家已形成涵盖装备、材料和工艺的完整 3D 打印产业链，在生产 3D 打印设备的同时，积极研发打印材料，已开始在陶瓷材料、金属材料、复合材料以及生物材料等方面开展研发和产业化工作[11]。

1. 非金属 3D 打印材料技术

目前国外从事非金属 3D 打印的组织机构主要包括美国斯特拉塔西斯（Stratasys）公司、3D 系统（3D Systems）公司和科里奥斯（Coriolis）复合材料公司、法国埃赛（Air-celle）公司和三维陶瓷科技（3D CERAM SINTO）公司、意大利机器人（Roboze）公司、荷兰皇家帝斯曼（DSM）公司、德国易欧司（EOS）公司和宝马汽车及其他车厂等企业，以及美国劳伦斯利弗莫尔国家实验室、麻省理工学院、艾奥瓦州立大学、莱斯大学和英国格拉斯哥大学、谢菲尔德大学、牛津大学等研究机构。已制备的 3D 打印材料包括尼龙材料、树脂材料、光敏材料、聚醚醚酮（PEEK）材料、陶瓷材料、生物材料、形状记忆材料、碳纤维增强材料等。

德国宝马电动汽车 i3 采用 3D 打印技术制备碳纤维车身（图 1），可使汽车车身减重 40%[12]。

(a) 3D打印碳纤维车身　　　　　　　　　(b) 车身组装图

图 1　3D 打印碳纤维复合材料[12]

英国格拉斯哥大学受自然界中蜂巢、海绵和骨骼等多孔结构的启发，开发出一种基于 3D 打印的碳纳米管塑料材料，比传统材料具有更高的韧性和强度，且更智能——能够感知自身结构的健康状况（图 2）[13]。

英国谢菲尔德大学开发出一种复合纤维 3D 打印技术，先采用类似基于复合材料 3D 打印的片状层压方法，用黏合剂和聚合物粉末选择性打印出不连续的碳纤维片；然后对其进行压缩、加热和后处理，最终开发出具有 1.5% 孔隙率、97 MPa 抗拉强度、15% 纤维体积含量和 8.9 GPa 弹性模量的不连续碳纤维增强聚合物复合材料部件。该部件的力学性能优于此前最先进的 3D 打印部件（图 3）[14]。

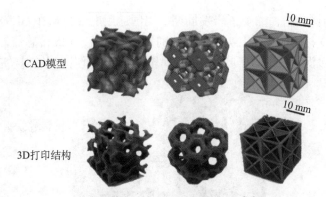

图 2　3D 打印的纳米工程设计图[13]

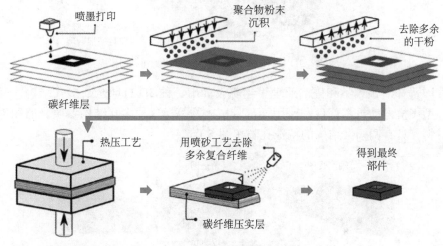

图 3　复合纤维 3D 打印流程图[14]

2. 金属 3D 打印材料技术

金属 3D 打印材料技术是 3D 打印技术最前沿的部分之一，在航空航天、医疗等领域应用迅速扩大，未来具有很大的发展潜力，其主要研究对象包括高性能钛合金、高温合金、超高强度钢、铝合金等传统材料，以及铜合金、复合材料、梯度材料、非晶合金、高熵合金等新材料。国外 3D 打印金属零件在航空、航天、汽车、模具、医疗等领域均实现了应用。

美国通用电气公司、美国普拉特－惠特尼集团公司、英国罗尔斯·罗伊斯公司、法国赛峰公司等国际航空发动机公司针对钛合金、镍基高温合金、钛铝金属间化合物等材料，采用 3D 打印技术制备喷嘴、叶片、机匣等零件并实现了应用，减少了零件

数量，提高了结构效率，缩短了研发周期。美国通用电气公司在 GE9X 发动机中应用
7 类共 304 个 3D 打印的零件，7 类零件分别是燃油喷嘴、T25 传感器外壳、热交换器、
颗粒分离器、5 级涡轮低压转子叶片、6 级涡轮低压转子叶片以及燃烧室混合器（图 4）。

1个T25传感器外壳

16个颗粒分离器

228个5级、6级涡轮
低压转子叶片

1个热交换器

28个燃油喷嘴和
燃烧室混合器

图 4　3D 打印技术在 GE9X 发动机中的应用

美国普林斯顿大学和佐治亚理工学院设计出一种 3D 打印全新多孔结构，有望应
用于轻型飞机发动机零部件和医用面部骨植入物等。这种多孔结构参照骨骼和木材等
天然材料，具有调幅微结构的特殊孔隙（图 5）[15]。

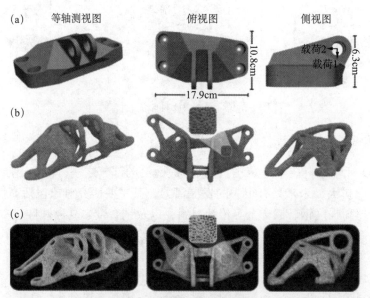

(a)　等轴测视图　　俯视图　　侧视图

10.8cm

载荷2
载荷1

6.3cm

17.9cm

(b)

(c)

图 5　喷气发动机支架调幅微结构设计[15]

（a）设计对象和边界条件；（b）嵌入理想调幅架构的材料构型；（c）含调幅微结构的制造部件

三、国内发展现状

国内开展 3D 打印技术研究的时间基本与世界同步，目前开展 3D 打印技术研究的单位也很多，几个领先的单位的工作各有特色，在钛合金材料 3D 打印、大型承力构件 3D 打印等研究领域处于国际领先地位[16-19]。

1. 非金属 3D 打印材料技术

国内从事非金属 3D 打印材料研究的包括清华大学、西安交通大学、华中科技大学等高校以及北京隆源自动成型系统有限公司、陕西恒通智能机器有限公司、湖南华曙高科技股份有限公司等企业，进行了光敏树脂、塑料、尼龙粉末、覆膜砂、陶瓷等 3D 打印材料的开发，部分已实现商品化。湖南华曙高科技股份有限公司、华中科技大学及北京隆源自动成型系统有限公司进行了尼龙粉末、覆膜砂 3D 打印材料的产业化开发（图 6），并已在汽车缸体、缸盖等复杂零件的铸造方面进行了成功应用[12]。

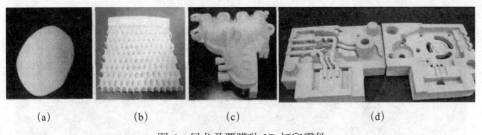

(a)　　　　　(b)　　　　　(c)　　　　　　　(d)

图 6　尼龙及覆膜砂 3D 打印零件

（a）（b）尼龙 3D 打印零件；（c）（d）覆膜砂 3D 打印零件

四川大学首次通过 SLS 加工制备出传统加工方法难以制备的形状复杂的 PA11/$BaTiO_3$ 压电功能制件[20]，该制件具有良好的尺寸精度，如图 7 所示。

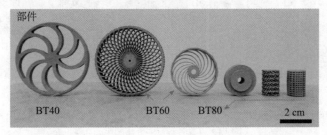

图 7　3D 打印的 PA11/$BaTiO_3$ 压电功能制件[20]

BT40、BT60、BT80 分别表示 $BaTiO_3$ 含量为 40 wt%①、60 wt%、80 wt%

① wt% 表示质量分数。

2. 金属 3D 打印材料技术

国内各企业、高校和研究机构针对金属 3D 打印材料技术开展了大量研究工作，制备的零件在航天、航空等领域实现了应用。

西安铂力特增材技术股份有限公司、鑫精合激光科技发展（北京）有限公司、中航迈特粉冶科技有限公司等企业以及西北工业大学、北京航空航天大学等高校采用 TC4 钛合金、AlSi10Mg 铝合金，以及 GH4169、GH3536、GH3625 高温合金等具有成熟牌号的材料，针对航空、航天极端复杂的精密构件加工制造问题，开展了复杂薄壁、中空点阵、镂空减重、复杂内流道、多部件集成等复杂结构 3D 打印技术的研究，制备出多种航空、航天领域复杂精密结构件。

除企业和高校之外，北京航空材料研究院、北京航空制造工程研究所、中国科学院理化技术研究所等研究机构也在开展 3D 打印技术的研究，在材料成型工艺、后处理工艺、检测评价等方面开展了大量的研究工作。中国科学院理化技术研究所建立了液态金属与非金属的复合式 3D 打印技术，图 8 为以低熔点金属和硅橡胶为墨水的复合式打印过程及其打印结构，采用这种方法可打印平面和立体结构（如三层 LED 立体电路）[21]。

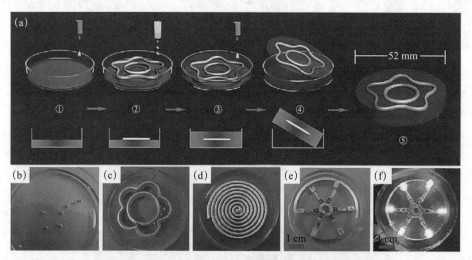

图 8　以低熔点金属和硅橡胶为墨水的复合式打印[21]

（a）以低熔点金属和硅橡胶为墨水的复合式打印过程；（b）～（d）以低熔点金属和硅橡胶为墨水复合式打印的结构；（e）（f）以复合式打印方法制作的立体电路

北京航空材料研究院针对航空航天先进金属材料的 3D 打印技术也开展了丰富的

研究工作，在 3D 打印领域的研究涵盖了粉末、成型工艺、热处理、表面工程、无损检测、力学性能、物理冶金、失效分析等 3D 打印全过程，具有显著的专业集成优势；在陶瓷颗粒增强金属基复合材料、Nb-Si 基超高温结构材料、高熵合金、梯度材料、TiAl 金属间化合物材料等 3D 打印新材料[22-24]，以及多种复杂结构 3D 打印工艺研究等方面取得多项成果；采用激光选区熔化成型技术制备出航空发动机、飞机、火箭发动机、导弹上的多种零件，包括飞机上的支架结构、航空发动机的燃油喷嘴和火焰筒等结构，如图 9 所示。

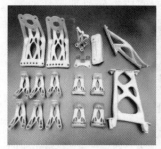  

(a) 支架　　　　　　　(b) 燃油喷嘴　　　　　　(c) 火焰筒

图 9　北京航空材料研究院采用激光选区熔化成型技术制备的零件

四、我国 3D 打印材料技术的展望

总体来讲，我国在 3D 打印材料的性能水平、制备能力、产能以及打印工艺水平、打印零件的批产能力等方面，与国外基本处于相当水平，但在 3D 打印专用新材料研制和新型 3D 打印成型技术开发等前沿领域，创新能力还需要不断提升。我国 3D 打印材料技术未来主要任务包括以下几个方面。

1. 进一步扩大 3D 打印材料种类

传统材料主要基于锻造、铸造等传统制备方法而设计，而 3D 打印要求材料的室温塑性高、热裂纹敏感性低。因此，需要针对现有成熟材料，进行筛选、成分优化和成型工艺优化，完善现有可打印材料的基本性能，评估可使用 3D 打印工艺的材料范围，解决目前不可打印材料的技术难题，实现材料的真正可用性。以上研究主要涉及高性能钛合金、铝合金、高强度钢、钴基及镍基高温合金等金属材料，以及高强度工程塑料、光敏树脂、高性能陶瓷等非金属材料。

同时，现有金属和非金属材料已经不能满足未来高端装备的需求，需要基于 3D

打印自身的工艺特点，开发具有更高性能的新型材料及与之适应的 3D 打印工艺，包括新型复合材料、混合材料、高熔点合金、高熵合金、非晶材料、梯度材料、稀贵材料等，尽可能多地实现不同材料的 3D 打印成型，以满足未来高端装备的应用需求。

2. 加快 3D 打印生物材料发展

现有 3D 打印生物材料无法实现仿生、模块化和自生长等功能，需要多个学科和领域的专家学者共同努力。针对功能复杂的器官和组织，需实现不同的组织之间、组织与神经、细胞与基质之间的信息交流及营养物质的输送；需对细胞存活率、打印时间及打印的分辨率综合考虑，对复杂器官进行模块化处理，以形成统一标准；需使 3D 打印技术制备的组织器官能够随生命体的生长而生长[25]。

3. 加快推进国家级 3D 打印数据平台的建设

加快推进国家级 3D 打印材料-设计-装备-工艺-性能数据库的建设，完善相关数据的云端存储及调用，以实现全流程数据共享。设计的数据库应能全面记录 3D 打印产品的信息，实现工艺过程数据的可追溯性和工艺过程信息的全面管理；同时，可通过数据分析、统计处理、可视化图形分析等功能，分析 3D 打印产品性能与多种工艺因素之间的关系；最后，可实现 3D 打印智能化管理，并针对特定产品和设计，直接提供全流程最佳制造工艺。

4. 建立完善的 3D 打印材料缺陷检测方法与质量控制标准

3D 打印材料产业化逐渐成熟，需建立健全的检测与技术标准。集 3D 打印全产业链力量，共同推动 3D 打印材料缺陷检测方法与质量控制标准的建立，这对于我国 3D 打印行业未来的发展具有重要的意义。

参考文献

[1] 张学军，唐思熠，肇恒跃，等. 3D 打印技术研究现状和关键技术 [J]. 材料工程，2016，44（2）：122-128.

[2] 卢秉恒. 增材制造技术：现状与未来 [J]. 中国机械工程，2020，31（1）：19-23.

[3] 孟伟. 3D 打印技术及应用趋势分析 [J]. 科技创新与应用，2021，11：146-148.

[4] Getme A S, Patel B. A review: bio-fiber's as reinforcement in composites of polylacticacid（PLA）[J]. Materials Today: Proceedings, 2020, （26）: 2116-2122.

[5] 祁萌，李晓红. 国外军事强国增材制造技术发展策略分析 [J]. 国防制造技术，2018，9（3）：4-7.

［6］ 王维．3D 打印材料发展现状研究［J］.新材料产业，2019，2：7-11.

［7］ 杨延华．增材制造（3D 打印）分类及研究进展［J］.航空工程进展，2019，10（3）：309-318.

［8］ 于云，史廷春，孙芳芳，等．典型无机非金属材料增材制造研究与应用现状［J］.材料导报，2016，21；119-129.

［9］ Gao Y H，Bi X C，Liu Y，et al. Study on mechanical properties of 3D printed rock mass samples with photo sensitive resin material［J］. IOP Conference Series：Earth and Environmental Science，2021，643（1）：12-69.

［10］ 宗学文，周升栋，刘洁，等．光固化 3D 打印及光敏树脂改性研究进展［J］.塑料工业，2020，48（1）：12-17.

［11］ 温斯涵，李丹．3D 打印材料产业发展现状及建议［J］.新材料产业，2019，2：2-6.

［12］ 黄卫东．材料 3D 打印技术的研究进展［J］.新型工业化，2016，6（3）：53-70.

［13］ Ubaid J，Schneider J，Deshpande V S，et al. Multi functionality of nano engineered self-sensing lattices enabled by additive manufacturing［J/OL］. Advanced Engineering Materials，2022. doi.org/10.1002/adem. 202200194.

［14］ Karas B，Smith P J，Fairclough J P A，et al. Additive manufacturing of high density carbon fibre reinforced polymer composites［J］. Additive Manufacturing，2022，58：103044.

［15］ Senhora F V，Sanders E D，Paulino G H，et al. Optimally-tailored spinodal architected materials for multiscale design and manufacturing［J］. Advanced Materials，2022，34：2109304.

［16］ 顾波．增材制造技术国内外应用与发展趋势［J］.金属加工：热加工，2022，（3）：1-16.

［17］ 彭先和，胡孝勇，左华江，等．高分子材料 3D 打印技术的研究进展［J］.化工新型材料，2022，50（1）：238-241.

［18］ 顾冬冬，张红梅，陈洪宇，等．航空航天高性能金属材料构件激光增材制造［J］.中国激光，2020，47（5）：1-24.

［19］ 刘梦梦，朱晓冬．3D 打印成型工艺及材料应用研究进展［J］.机械研究与应用，2021，4（34）：197-202.

［20］ 陈宁，夏和生，张杰，等．聚合物基微纳米功能复合材料 3D 打印加工的研究［J］.高分子通报，2017，10：41-51.

［21］ 王磊．液态金属 3D 打印技术［J］.科学，2022，74（2）：27-30.

［22］ 刘伟，李能，周标，等．复杂结构与高性能材料增材制造技术进展［J］.机械工程学报，2019，55（20）：128-159.

［23］ Li N，Huang S，Zhang G D，et al. Progress in additive manufacturing on new materials：a review［J］. Journal of Materials Science & Technology，2019，35：242-269.

［24］ Li N，Liu W，Xiong H P，et al. *In situ* reaction of Ti-Si-C composite powder and formation mechanism of laser deposited Ti6Al4V/（TiC+Ti$_3$SiC$_2$）system functionally graded material[J]. Materials & Design，2019，183：108155.

[25] 王阮彬，程丽乾，陈凯 . 高分子材料在 3D 打印生物骨骼及支架中的应用与价值 [J]. 中国组织工程研究，2022，26（4）：636-643.

1.5 3D Printing Materials Technology

Dai Shenglong，*Li Xingwu*，*Zhang Xuejun*，*Chen Bingqing*
（Beijing Institute of Aeronautical Materials）

The basic concept and process advantages of 3D printing technology as well as the category and classification of 3D printing materials are introduced here. Furtherly，this paper also summaries the latest domestic and international development of 3D printing material，including the types and applications of non-metallic and metallic 3D printing materials. On this basis，the current level and future tasks of 3D printing material technology in china is analyzed，including further expanding 3D printing material varieties，accelerating the development of 3D printing biomaterials，promoting the development of national-level 3D printing data platform and establishing defect detection methods and quality control standards for 3D printing materials.

1.6 太赫兹量子级联激光器新进展[①]

曹俊诚 韩英军

（中国科学院上海微系统与信息技术研究所）

太赫兹量子级联激光器是能带工程与新型信息功能材料相结合的杰出成果。它具有体积小、功率高、频谱宽等优点，其辐射波长位于微波和红外之间，涵盖了众多气

---

① 本研究由国家重大科研仪器研制项目（61927813）资助。

体、分子化合物以及凝聚态物质的频谱特征，在天文观测、公共安全、生物医药等领域有重大应用前景。随着太赫兹研究的深入和实用需求的增加，太赫兹量子级联激光器在器件性能、频梳操作和新技术等方面都取得快速发展。下面将重点介绍其在国内外的发展现状并展望未来。

一、国际新进展

量子级联激光器依靠子带间的载流子跃迁，可在光子能量较低的中红外至太赫兹波段实现激光辐射。第一个基于Ⅲ-Ⅴ族半导体材料的太赫兹量子级联激光器于 2002 年研制成功[1]。近年来，随着对新结构和新材料的不断探索，国外太赫兹量子级联激光器在如下方面有了新进展。

1. 器件性能出现跨越式的提高

在工作温度方面，由于太赫兹激光的光子能量小（10 meV），高温乃至室温量子级联激光器的研制极具挑战。在最初的十多年间，器件只能工作在液氦或液氮制冷的温度范围；到 2019 年，L. Bosco 等艰难地将器件工作温度提高到 210 K（−63℃），使其达到热电制冷的范围；在 2021 年，A. Khalatpour 等将器件的工作温度大幅提高至 250 K（−23℃）[2]，让人类看到实现室温太赫兹量子级联激光器的希望。工作温度的提高得益于新的有源区设计。激光器在 230 K 的热电制冷条件下，可提供数十毫瓦的峰值输出功率，实现了远红外室温相机成像，这将大大推进太赫兹量子级联激光器的实用化。

在辐射功率方面，多模激光器的最高功率达到 2.4 W[3]，而此前单模激光器的功率长期处于百毫瓦水平。2018 年，C. A. Curwen 等在垂直腔面发射激光器中观察到单模输出，峰值功率达到 1.35 W。2020 年，理海大学（Lehigh University）和桑迪亚国家实验室（Sandia National Laboratories）的研究人员采用锁相阵列，进一步将单模脉冲功率提高到 2.03 W[4]，该研究采用短腔纵向耦合方案，有效提高了辐射效率，实现了每个电子产生 115 个光子的微分量子效率。

在频率调谐方面，太赫兹量子级联激光器主要通过改变与激光腔长相关的参数来实现大范围的连续调节，如利用渐逝边缘场耦合和外腔结构分别实现了 330 GHz 和 162 GHz 的单模连续调节。但这些方法受到模式跳变的影响。2019 年，C. A. Curwen 等采用具有超表面材料的垂直腔表面发射结构，利用短外腔有效地增加了自由光谱范围，避免了模式跳变；并以 3.47 THz 为中心，实现了单模 650 GHz、最大 880 GHz 的连续调谐[5]。这种方法在实现高达 25% 的大比例调谐的同时，还提供了良好的光束质量。

2. 小型太赫兹光频梳得到快速发展

基于量子级联激光器的小型化太赫兹光频梳于 2014 年研制成功,但其性能受到了色散的影响。最初的色散补偿采用啁啾波导结构,随后又尝试采用在激光器背面集成 Gires-Tournois 干涉仪和外腔调制等方法。2021 年,A. D. Gaspare 等以单层石墨烯光栅门控调制器件作为无源色散补偿器,研制出具有 98 个等距光学模式的光频梳,将频梳光谱覆盖范围拓宽到太赫兹水平,达到 1.2 THz[6]。

光频梳最重要的特征是光学模式之间有紧密的相位关系,对其进行研究需要精确的相位测量和调控方法。移波干涉傅里叶变换光谱可用于测试光频梳梳齿之间的相位关系,但其实时性受到机械部件扫描速度的限制。F. Cappelli 等在 2019 年提出的一项新技术,依靠多外差检测方案,能够实时跟踪光频梳发射模式的相位,并对光频梳的性能进行更准确的评估[7]。同年,L. Consolino 等进一步实现了对光频梳模式间距和频率偏移的独立控制[8],使频梳的每个发射模式都表现出亚赫兹的相对频率稳定性和高度相干性。该技术为计量级用途奠定了基础。

室温工作的太赫兹光频梳有更加广阔的应用场景。2019 年,美国西北大学(Northwestern University)报道一种室温太赫兹半导体光频梳的实现方法[9],该方法利用激光材料的非线性,使中红外激光与中红外光频梳在量子级联激光器中产生差频,并在 2.2~3.3 THz 之间产生 5 条间距为 245 GHz 的梳状线。

3. 新技术促进了研究领域的拓展

太赫兹量子级联激光器主要基于 GaAs 材料体系制造,而 GaN 和 ZnO 材料比 GaAs 材料具有更大的光学声子能量,可显著提高器件的预期工作温度。2011 年,W. Terashima 等报道了 GaN 基太赫兹量子级联激光器的荧光发射,但相应的激光器的研制一直未获成功。近期,ZnO 材料的研究取得进展。2021 年,苏黎世联邦理工学院(ETH Zurich)、维也纳技术大学(TU Wien)和蔚蓝海岸大学(Université Côte d'Azur)的研究人员在 ZnO 基量子级联结构中首次观察到太赫兹电致荧光[10],该器件采用四阱量子级联结构,其发光中心频率为 8.5 THz。新成果是向研制出 ZnO 基太赫兹激光器迈出的重要一步。

量子级联激光器对器件制作过程中产生的缺陷非常敏感,这些缺陷会导致器件间产生频率差异。2020 年,南洋理工大学(Nanyang Technological University)和利兹大学(University of Leeds)的研究人员成功研制出具有前所未有的稳定性和制造可重复性的新型太赫兹拓扑激光器[11],该研究采用基于谷霍尔效应的拓扑光子结构,并利用拓扑边缘状态制造出三角形谐振腔，使器件呈现出多模工作方式，且其激光频率不受缺陷引入的影响。新成果证明了拓扑保护的稳健性，并为研究太赫兹拓扑光子学打开了大门。

太赫兹量子级联激光器具有超短的皮秒量级的载流子寿命，以及实现高速调制的潜力。传统的电子调制方法受到了寄生阻抗的限制。A. Dunn 等在 2020 年报道的一种全新的声波调制方法[12]，利用飞秒激光激发的声波脉冲来扰动激光器的能带结构，从而实现了对激光辐射强度的高速调制，使调制时间降低至约 800 ps，最大调制深度达到 6%。

二、国内新进展

太赫兹量子级联激光器的研究在国内发展迅速。自 2008 年太赫兹量子级联激光器在国内研制成功以来[13]，已覆盖了 2～5 THz 的频谱范围，并应用于多个领域。近年来的新进展主要体现在以下几个方面。

1. 器件性能

我国自主研发的器件性能显著提高，器件的输出功率逐渐逼近国际最高水平。在多模激光器方面，2020 年，Z. Y. Tan 等采用大功率有源区和光耦合方案，将激光的输出功率提高至瓦的水平，并在脉冲工作模式下，使激光器的中心频率达到 4.28 THz，峰值功率达到 1.4 W[14]。该研究利用由两个对称离轴抛物面镜组成的固定光学耦合结构，提供了两束平行的太赫兹光束，从而提高了器件的有效功率。

在单模激光器方面，F. Y. Zhao 等在 2019 年研制出的一种金属条纹采样布拉格光栅分布反馈式太赫兹量子级联激光器，在脉冲工作模式下，实现了 186 mW 的单模峰值功率[15]。K. Wang 等在 2022 年报道的一种新型的复合激光谐振腔结构，进一步提高了出射效率，使单模脉冲峰值功率达到 224 mW[16]。该结构将有源分布式布拉格反射器和光栅耦合器集成到激光脊条中，其反射器具有高反射率和极窄带宽，保证了单模发射，其耦合器则实现了高辐射效率、高光束质量和几乎单向发射的良好性能。

2. 小型光频梳技术

在色散补偿方面，H. Li 等在 2019 年设计的基于多层石墨烯反射器的复合腔结构[17]，利用石墨烯饱和吸收特性，生成太赫兹脉冲，实现了被动锁相，以及太赫兹量子级联激光器的无源梳齿模式运行。该结构采用由石墨烯和硅透镜形成的 GTI 反射镜，以补偿激光增益介质的色散，使得光频梳的梳齿模式增加，光脉冲宽度达到

16 ps。

在双光梳技术方面，Z. P. Li 等在 2019 年研究双射频注入技术时[18]，利用微弱射频注入信号显著提高了双光梳的性能，使光频梳带宽从 86 GHz 拓展到 166 GHz，梳齿线宽从 1.14 MHz 降低到 490 kHz。在此基础上，H. Li 等在 2020 年提出的一种基于双光梳技术的紧凑型太赫兹光谱仪[19]，将两个光频梳面对面放置，并利用其中一个光频梳实现了多外差自检测，获得了不同载波频率下的多个双光梳光谱。该系统简单稳定，没有传统光谱仪中的移动部件，为系统小型化提出了新方案。

3. 新器件的研制

主振子功率放大器结构能够兼顾单模性能、高功率输出和优异的远场分布。2016 年，H. Zhu 等率先将该结构引入太赫兹量子级联激光器中；2018 年，利用低反射率耦合光栅优化光场分布，从而将激光器单模脉冲功率提升至百毫瓦水平；2020 年，H. Q. Zhu 等利用该结构进一步提升器件功率，使脉冲峰值功率达到 253 mW，发散角缩小至 $6 \times 16°$ [20]。

在器件调控方面，2020 年，H. Q. Zhu 等采用新型的阵列光栅，实现了对激光的偏振调制[21]。该研究将鱼骨型阵列光栅与主振子功率放大器结构相结合，通过引入单向光栅阵列和正交光栅阵列，实现了线偏振度 97.5% 的偏振光出射和圆偏振度 99.3% 的偏振光出射。该器件还具有均匀的圆偏振度和较小的单瓣远场分布。

三、展　望

太赫兹量子级联激光器的最新进展令人鼓舞，显示了其作为光源和计量工具在太赫兹应用中的巨大潜力。其未来展望如下。

太赫兹量子级联激光器面临的主要挑战是研制出可室温工作的器件，以及提高连续波工作的器件性能以及频谱覆盖范围。对于 GaAs 材料而言，新的有源区设计有助于减少热激发漏电流，提高量子效率。低损耗波导材料、超表面结构和新型光子晶体的探索将为提高器件性能开辟新的途径。另外，量子模拟和人工智能方法将助力新器件的设计。ZnO 和 GaN 具有提高工作温度和拓展光谱范围的优势，有望实现激光辐射。Si 基非极性材料中的电子-声子相互作用较弱，有利于提高器件温度特性。GeSi 材料中已能够观察到子带间电致荧光现象[22]，尽管其发光波长位于中红外波段，但也为研制太赫兹器件提供了借鉴。对于量子点等纳米材料而言，制备级联结构面临着挑战，但也是研制高温器件的另一项选择。

太赫兹量子级联激光器具有超快的增益恢复时间，这使光频梳超短脉冲操作变得困难。研究产生光频梳及脉冲的新机制与新方法有助于解决这一难题。同时，高功率、低噪声的光频梳技术和双光梳技术也值得关注。对于多模太赫兹激光器的锁相技术而言，射频注入、相位种子、石墨烯饱和吸收反射器等已被证明能够产生皮秒至几十皮秒的脉冲。近期，一种基于子带间极化激元的太赫兹反射镜在大的动态范围内实现了稳定的光频梳[23]，为实现可集成的饱和吸收反射器提供了新方案。另一种在量子级联激光器中产生光频梳的机制被称为谐波梳[24]，它依赖激光光谱范围内的高次谐波发射，并利用谐波锁模，有望实现超高速脉冲发射。最近在环形腔已观察到具有耗散孤子波形的光频梳行为[25]，这也为探索复杂非线性系统中的光频梳和观察超快脉冲过程提供有趣的视角。

利用拓扑光子技术可实现光的单向传播和对缺陷的免疫，以及传统光电子器件难以达到的性能。拓扑保护有助于研制稳健的激光器阵列[26]；利用高阶拓扑绝缘体模型，有望实现相位相关的点发射激光源；通过增益和损耗的设计，还可构建非厄米系统，用于新型拓扑光电子器件的研制和拓扑物理的研究。

太赫兹量子级联激光器的发展将进一步带动相关领域的研究，特别是高分辨光谱、高光谱成像以及太赫兹通信等的研究。与近场显微镜相结合，太赫兹量子级联激光器还可将太赫兹检测缩小至纳米尺度，并用于材料科学和生物医药等领域的基础研究中。

参考文献

［1］ Kohler R，Tredicucci A，Beltram F，et al. Terahertz semiconductor-heterostructure laser［J］. Nature，2002，417：156-159.

［2］ Khalatpour A，Paulsen A K，Deimert C，et al. High-power portable terahertz laser systems［J］. Nature Photonics，2020，15：16-20.

［3］ Li L H，Chen L，Freeman J R，et al. Multi-Watt high-power THz frequency quantum cascade lasers［J］. Electronics Letters，2017，53：799-800.

［4］ Jin Y，Reno J L，Kumar S. Phase-locked terahertz plasmonic laser array with 2 W output power in a single spectral mode［J］. Optica，2020，7：708-715.

［5］ Curwen C A，Reno J L，Williams B S. Broadband continuous single-mode tuning of a short-cavity quantum-cascade VECSEL［J］. Nature Photonics，2019，13：855-860.

［6］ Di Gaspare A，Pogna E A A，Salemi L，et al. Tunable，grating-gated，graphene-on-polyimide terahertz modulators［J］. Advanced Functional Materials，2020，31：2008039.

［7］ Cappelli F，Consolino L，Campo G，et al. Retrieval of phase relation and emission profile of quantum cascade laser frequency combs［J］. Nature Photonics，2019，13：562-569.

[8] Consolino L，Nafa M，Cappelli F，et al. Fully phase-stabilized quantum cascade laser frequency comb[J]. Nature Communications，2019，10：2938.

[9] Lu Q Y，Wang F H，Wu D H，et al. Room temperature terahertz semiconductor frequency comb[J]. Nature Communications，2019，10：2403.

[10] Meng B，Hinkov B，Biavan N M L，et al. Terahertz intersubband electroluminescence from nonpolar m-plane ZnO quantum cascade structures[J]. ACS Photonics，2021，8：343-349.

[11] Zeng Y Q，Chattopadhyay U，Zhu B F，et al. Electrically pumped topological laser with valley edge modes[J]. Nature，2020，578：246.

[12] Dunn A，Poyser C，Dean P，et al. High-speed modulation of a terahertz quantum cascade laser by coherent acoustic phonon pulses[J]. Nature Communications，2020，11：835.

[13] Cao J C，Li H，Han Y J，et al. Terahertz quantum cascade laser at 3.39 THz[J]. Chinese Physics Letters，2008，25：953-956.

[14] Tan Z Y，Wang H Y，Wan W J，et al. Dual-beam terahertz quantum cascade laser with 1 W effective output power[J]. Electronics Letters，2020，56：1204-1205.

[15] Zhao F Y，Li Y Y，Liu J Q，et al. Sampled grating terahertz quantum cascade lasers[J]. Applied Physics Letters，2019，114：141105.

[16] Wang K，Bai H Z，Yu C R，et al. Independent control of mode selection and power extraction in terahertz semiconductor lasers[J]. ACS Photonics，2022，9：1973-1983.

[17] Li H，Yan M，Wan W J，et al. Graphene-coupled terahertz semiconductor lasers for enhanced passive frequency comb operation[J]. Advanced Science，2019，6：1900460.

[18] Li Z P，Wan W J，Zhou K，et al. On-chip dual-comb source based on terahertz quantum cascade lasers under microwave double injection[J]. Physical Review Applied，2019，12：044068.

[19] Li H，Li Z P，Wan W J，et al. Towards compact and real-time terahertz dual-comb spectroscopy employing a self-detection scheme[J]. ACS Photonics，2020，7：49-56.

[20] Zhu H Q，Zhu H，Yu C R，et al. Modeling and improving the output power of terahertz master-oscillator power-amplifier quantum cascade lasers[J]. Optics Express，2020，28：23239-23250.

[21] Zhu H Q，Zhu H，Wang K，et al. Terahertz master-oscillator power-amplifier quantum Cascade laser with controllable polarization[J]. Applied Physics Letters，2020，117：021103.

[22] Dehlinger G，Diehl L，Gennser U，et al. Intersubband electroluminescence from silicon-based quantum cascade structures[J]. Science，2000，290：2277-2280.

[23] Mezzapesa F P，Viti L，Li L H，et al. Terahertz frequency combs：chip-scale terahertz frequency combs through integrated intersubband polariton bleaching[J]. Laser & Photonics Reviews，2021，15：2000575.

［24］Wang F H，Pistore V，Riesch M，et al. Ultrafast response of harmonic modelocked THz lasers［J］. Light，2020，9：51.

［25］Piccardo M，Schwarz B，Kazakov D，et al. Frequency combs induced by phase turbulence［J］. Nature，2021，582：360.

［26］Contractor R，Noh W，Redjem W，et al. Scalable single-mode surface emitting laser via open-Dirac singularities［J］. Nature，2022，608：692.

1.6　Terahertz Quantum Cascade Laser

Cao Juncheng，*Han Yingjun*

（Shanghai Institute of Microsystem and Information Technology，Chinese Academy of Sciences）

Terahertz quantum cascade lasers are one of the outstanding achievements in the combination of energy band engineering and novel information functional materials. They have the advantages of small size，high power and wide bandwidth；and their emission frequencies located at the region between optics and microwaves include different spectral features of many gases，molecular compounds and condensed matter materials. They show great promise for the applications in astronomical observation，public safety and biomedicine. With the increasing demand from research and practical applications，terahertz quantum cascade lasers undergo rapid development in the device performance，comb operation and new technologies. In this paper，the latest status and future prospects of these lasers are presented.

1.7 材料信息学技术新进展

田 原[1] 孙 升[1] 张金仓[1] 黄加强[2] 张统一[1,2*]

[1.上海大学；2.香港科技大学（广州）]

材料创新可极大地推动现代科学发展与技术变革，解决国家和社会的重大需求，保障人民福祉与生命健康。传统材料研发的试错法，开发周期长且实验成本高，难以满足社会高速发展对高性能材料的需求。人工智能、机器学习的快速发展为新材料的全流程研发提供了契机，带来了专家和数据双驱动材料研发的新范式，催生了材料信息学这一新研究领域。材料信息学以材料科学与工程为中枢，数据为第一要素，将信息学、概率统计学原理应用于材料创新，加速了材料科学技术和工业制造的全流程创新。下面重点介绍材料信息学技术的最新进展并展望未来。

一、国际新进展

材料信息学技术包括在材料研发中综合使用的材料数据库、人工智能算法和相关软件、材料数据共享协作网络以及集材料发现－设计－部署于一体的设计应用系统和平台。

1. 材料数据库及共享平台

材料数据库是材料信息学技术的基础，是利用数据驱动的材料设计方法加速新材料研发的基石。世界各国都在积极建设和发展材料高质量专用数据库，搭建智能数据库共享平台。

德国新材料发现实验室（Novel Materials Discovery Laboratory，NOMAD）正在建设基于 FAIR（Findable，Accessible，Interoperable，and Reusable，即可查询、可获取、可互操作和可重复使用）理念的新型数据基础设施。NOMAD 可接收几十种主流计算数据的上传，并对不同来源的数据进行标准化，以实现材料数据的融合共享。德国无机晶体结构数据库（Inorganic Crystal Structure Database，ICSD），存储了实验测量的无机晶体结构信息 26 万多条。Materials Project、AFLOW 和开放量子材料数据库

（Open Quantum Materials Database，OQMD）是基于量子力学第一性原理计算的开放性数据库，具有对收录数据进行检测和筛选的功能。Materials Project 目前存储 70 多万条材料数据，包括 14 万多条无机化合物数据、6 万多条分子数据、53 万多条纳米孔隙材料数据，以及 9 万多条能带结构、弹性张量等性能数据。AFLOW 数据库目前存储了以金属材料为主的 350 多万种材料的 7 亿多条性能计算数据。OQMD 以钙钛矿材料为主，存储了 102 万多种材料的热力学和结构性能数据。日本国立材料科学研究所（NIMS）开发的综合性材料数据库（NIMS Materials Database，MatNavi），包含合金、陶瓷、聚合物、超导材料等实验数据。2022 年，美国材料与试验协会（American Society for Testing and Materials）国际增材制造卓越中心（AM CoE）和 21 个创始成员宣布正式启动 AM CoE 材料数据和标准化联盟（CMDS）计划，并建立了材料数据共享库，旨在联合增材制造领先企业以整合和制定增材制造材料数据标准。

世界各国在发展高质量材料专业数据库时，也发展相应的管理硬件和软件，统一数据标准，建设智能数据共享平台。美国国家标准与技术研究院研发的材料数据管理系统，通过建立个性化数据模板并支持跨库联合搜索，促进材料数据共享和支持材料数据再利用。美国 Globus 数据库共享平台基于材料数据库管理技术和传输标准设计，以保证各地分散数据的接入、上传、发布与共享，同时实现数据的自动收集与利用、软件集成、在线计算和数据挖掘。

2. 材料数据人工智能算法

材料信息学技术的核心是利用智能化技术和工具从数据中挖掘材料性能与特征变量之间的关系。随着机器学习的飞速发展，迁移学习、强化学习、深度学习、物理信息神经网络[1, 2]等新的人工智能技术不断应用于材料信息学中。例如，在物理和化学定律的范围内进行数据增强，以及在已有知识的约束范围内模拟数据和迁移学习，可解决材料高质量数据稀缺的问题；利用深度卷积神经网络－高斯混合模型分析 STEM 图像，可提取原子缺陷的类别[3]；利用物理知识特征化，可生成缺陷结构的最小描述，并确定 2D 材料中的最佳点缺陷[4]。机器学习引导的数据生成器可用于数据增强；模型迁移学习基于 NCM 阴极大数据与富锂阴极小数据的相似特征，可用于研究富锂阴极行为[5]。自动编码网络已用于优化 3D 晶体结构，并预测其能量、带隙、力学性能、折射率和介电常数[6]。真实与模拟数据相结合，可增强训练数据；融合由物理机制模拟的图像信息和由生成对抗网络提取真实图像中的图像信息，可生成合成数据[7]。流模型（real-NVP）可作为归一化流生成器[8]，变分自动编码器（VAE）可作为数据增强的生成模型[9]，来解决小数据的问题。

3. 材料优化设计系统

自"材料基因组计划"（Materials Genome Initiative，MGI）实施以来，各国都在大力推进材料优化设计系统建设，如日本的信息集成材料研究计划[10]、欧盟的新型材料发现[11]、法国的从材料到创新（Vom Materials Zur Innovation）[12]、中国的材料科学数据共享网络①和韩国的创新材料发现[13]等。韩国科学技术院在 2018 年发布"KAIST 的未来报告"[14]，其中材料与分子建模、成像、信息学和集成（M3I3）被选为材料科学与工程领域的唯一项目。2019 年，KAIST 启动两个全球奇点项目，其中M3I3[15]旨在通过材料建模、成像和机器学习实现多尺度"结构–性能"和"加工–性能"关系的无缝集成，已在可充电电池材料中得到成功应用。

4. 材料优化设计算法

优化设计基于性能预测模型，借助科学决策算法，推荐最佳材料成分与工艺条件，从而优化了实验与设计。基于高斯过程的贝叶斯优化方法，可利用上置信界算法指导实验设计，高效确定电池快速充电方式[16]并延长电动车电池寿命。基于平衡开发与探索贝叶斯优化的主动学习方法和利用高斯过程回归模型预测材料性能，高效发现了最大带隙或最接近 1.1 eV 的带隙结构[17]。利用贝叶斯多元自适应回归样条（BMARS）和贝叶斯加性回归树（BART）自适应地进行实验设计，在模拟研究和材料科学案例研究上，都展示出更高的搜索效率和稳定性，对自主材料研究的实验设计具有重要意义[18]。

二、国内新进展

我国材料信息学技术在材料数据库建设和共享、材料基因组平台建设、材料数据挖掘技术研究等方面都有较快的发展，取得一系列创新性成果。

1. 数据库建设和共享

自 20 世纪 80 年代后期至今，国内各科研院所和高校构建了许多不同规模的材料数据库。中国科学院金属研究所的"材料学科领域基础科学数据库"，集成了实验测量的数万条金属和无机非金属材料数据，涉及材料的电、力、热学等性能。中国科学院物理研究所针对电池材料，建立了无机晶体化合物离子迁移势垒数据库；启动了Atomly 项目，Atomly 数据库目前包含 30 余万种无机材料及其结构信息、6 万多种热

---

① http://www.materdata.cn/。

力学相图，可实现数据快速搜索可视化、高通量第一性原理计算、数据驱动材料设计、人工智能材料性质的智能预测等功能。

21世纪初，我国启动了科学数据共享工程，以整合分散在全国各地的数据资源。北京科技大学承建的材料科学数据共享网，涵盖全国30多家单位的包括能源材料、有色金属材料等12个材料体系的数据资源，以及60多万条实验测量数据。国家材料环境腐蚀平台建成工业环境腐蚀数据、材料数据（高温材料、锅炉材料等）、专题数据（钢筋混凝土等）等数据子库。2016年，我国将"材料基因工程专用数据库和材料大数据技术"列入国家重点研发计划，由北京科技大学等13家单位联合承建"材料基因工程数据库"。目前该数据库已收集70多万条材料数据（包括催化材料、特种合金等各类材料体系数据），包含高通量第一性原理计算软件、数据挖掘系统、材料设计工具等，集数据库与应用软件为一体，支持自定义数据存储和计算结果自动解析。上海大学建立上海MGI数据平台，已建成包括黑色金属、熔盐、金属凝固、疲劳失效、金属基复合材料、陶瓷涂层、特殊钢等40余个各类材料数据的数据库平台，同时集成了10余种机器学习模块。固体润滑国家重点实验室开发的"润滑材料科学数据库管理系统"（LMSDMS），以最大并集的思路实现了聚合物、金属、陶瓷、碳基等润滑材料共26个子库的科学数据录入、检索、统计等功能。北京工业大学[19]设计并推出的合金类材料数据库建设方案，包括数据库建模、信息管理系统开发和数据库应用三个方面，收集了包括材料成分、晶体结构、制备工艺、材料性能在内的多方面数据，可将数据项之间的科学逻辑关联起来以提高数据的可利用性。

材料基因工程相关的标准制定获得快速推进。在"中国材料与试验团体标准"（CSTM）框架下，"材料基因工程数据通则"（T/CSTM 00120—2019）于2019年正式发布，成为材料基因工程的首部标准。通则标准兼顾材料数据的专用性与通用性，对材料科学在数据驱动模式下对数据的需求进行科学分类，规定材料基因工程数据库中收录的数据的内容，适用于所有材料基因工程数据库及其中收录的数据。

2. 材料基因工程关键技术与平台

为推动中国版"材料基因组计划"，上海大学于2014年率先成立材料基因组工程研究院。2016年，中国启动"材料基因工程关键技术与支撑平台"国家重点研发计划专项，部署了"基于材料基因组技术的全固态锂电池及关键材料研发"等40个重点研究任务。至今，中国在材料基因工程领域投入的资金超过30亿元，众多科研院所和高校都积极参与到材料基因工程领域，极大地推动了中国材料基因工程的关键技术与平台的发展，并在新材料研发、性能优化、工程化及产业化等方面都取得一批创新性研究成果[20]。例如，通过高通量实验快速筛选研发出高温、高强度的非晶合金材料新体系[21]。

各地通过设立重大科技专项,加大对材料基因组工程的资金投入,促进了材料信息学技术的研发。深圳市启动了材料基因组大科学装置平台项目,以建设材料基因组综合性公共平台;该平台包括高通量制备、表征、中子谱仪和计算与数据库平台,可覆盖材料研发全链条流程。北京市建立了材料基因工程高精尖创新中心,旨在面向电池和催化等多种材料,建设高通量计算、高通量合成与表征、专用数据库三大研发平台,实现材料研发时间和成本双减半的目标。2018 年,云南省在"云南省稀贵金属材料基因工程"重大科技专项的支持下,借助稀贵金属新材料的产业优势,进行创新体系建设、关键技术与产业化攻关;2022 年已基本实现全链条的创新布局,基本建成用于加速稀贵金属新材料研发的公共平台 3 个和专业研发平台 5 个,实现了 10 多种稀贵金属新材料的研发及产业化,累计经济效益超过 20 亿元。

3. 专家知识指导下的材料机器学习方法

1)适用于材料数据量少且有噪声特性的机器学习方法

由于实验观测和测量技术的限制,以及材料实验和计算的昂贵花费,与传统机器学习方法的应用对象不同,材料数据多为有噪声小数据。有噪声小数据限制了传统的机器学习方法的应用,因而需要发展面向材料科学领域的专家知识指导下的机器学习新方法。

上海大学研究发展出了线性回归树分类器(Tree-Classifier for linear regression,TCLR)[22]、高斯过程回归树分类器[23]和多晶粉末 X 射线衍射图谱的全谱线拟合算法和软件(WPEM)[24]。其中,WPEM 可对混合多晶系的 X 射线衍射图进行全谱线分解和拟合,精确和定量测定各个晶系晶格常数、峰形及各个晶系体积分数,其拟合精度优于主流 X 射线精修商用拟合软件(如 Fullprof、TOPAS 等)。上海大学还以样品大小和预缺口长度相关的混凝土强度小数据为例,阐述了如何将统计学习与专业知识相结合来处理小样本数据[25],基于领域知识,提出了混凝土尺寸依赖的强度正态分布模型和尺寸及预缺口长度依赖的强度正态分布模型,正确分析了试件尺寸和预缺口长度相关的混凝土名义强度的小样本数据。

2)材料性能多目标优化设计的机器学习方法

合金材料"成分-性能"关系隐蔽且复杂,采用传统经验试错方法难以设计出满足性能要求的合金。材料应用对材料的多种性能指标同时提出高要求,然而材料的一些性能往往此消彼长,传统的设计方法无法同时改善材料的多种性能。基于数据驱动,发展材料多目标性能协同提升的机器学习方法,可以实现逆向设计并加速开发能够同时满足不同性能要求的材料。例如,北京科技大学谢建新团队开发出机器学习合金成分逆向设计系统，其既可以由材料成分预测材料性能，又可以根据性能需要对材料成分进行逆向设计。在此基础上，他们开发出一种极限抗拉强度为 775 ± 10 MPa、电导率为 $48.0\% \pm 0.5\%$ 的新型铜合金[26]，合成出三种高极限抗拉强度、高延伸率和高断裂韧性的铝合金[27]，并利用构建的多目标效能函数来设计合金成分，并迭代优化铜合金的性能，获得了具有优异抗拉强度和电导率的铜合金[28]。魏清华等[29]利用正则化线性回归方法、随机森林算法和人工神经网络对钢材的四种力学性能进行多目标机器学习，采用一组特征变量来描述这四种目标函数，同时预测出钢材的包括疲劳强度、拉伸强度、断裂强度和硬度在内的力学性能。陈逸飞等[30]建立了工艺参数与合金性能的机器学习模型，并通过帕累托优化方法，实现了稀土镁合金强度与塑性的同步优化。

3）可解释性机器学习模型

材料性能具有影响变量众多、构效关系复杂的特点。机器学习基本上是"黑盒模型"，欠缺对材料性能内在物理机制的揭示，因而需要建立物理可解释性的机器学习模型。

Weng 等利用符号回归，确定了一个与离子半径相关的描述符 μ/t，构建出钙钛矿析氧反应催化活性与该描述符之间的构效关系式，成功地合成出 4 种催化活性超过典型的氧化物钙钛矿催化剂的新型高催化活性氧化物钙钛矿催化剂[31]。Ouyang 等采用基于压缩感知原理的符号回归算法 SISSO，建立了描述和预测各种材料性质的显式数学表达式，已用于钙钛矿材料、拓扑绝缘体、催化材料、超导等数据驱动建模和新材料的研发[32]。Jiang 等运用数据挖掘的策略，揭示了影响多晶金属屈服强度的关键物理量及其机制，再结合遗传编程，建立了屈服强度、关键物理量和晶粒尺寸之间的新 Hall-Petch 模型，实现了以关键物理量的计算代替实验拟合的方法，直接预测多晶金属的屈服强度[33]。

三、未来趋势

高通量计算与高通量实验的飞速发展导致材料数据呈现爆发式增长，为数据库建设、数据驱动加速材料的研发和设计奠定了基础。未来需要强化材料数据的标准化和规范化、数据共享和材料智能设计计算平台的建设。

1. 加强材料数据库的建设和管理

材料信息学技术以数据为第一要素，目前数据基础设施的建设处于初级阶段，还不完善。未来需要加大对基础设施的投入，加速开发并创建模块化、集成化、自动化的数据管理工具和平台，集成现有的基础设施，提倡跨学科或不同材料类别的数据相关工具共享。

需要制定统一的数据交换标准与协议，整合分散各地的数据库。充分利用现有数据资源建立起国家数据共享体系，建立公共服务平台，以实现数据库之间的数据共享。应开展从实验设备到数据库的自动化数据工作流试点。

需要根据材料数据稀疏、高维且有噪声的特点，规范获取数据的测试和计算方法，发展数据质量评估和控制技术，建设高质量数据库。应通过国家级重大专项，推动材料信息学技术的创新基础设施的建设和在满足国家重大需求的材料研发中的运用。

2. 发展材料信息学专用算法和建设材料智能设计计算平台

针对材料数据量少且有噪声的特点，需要结合材料知识，大力发展深度学习和模型自动化构建、性能优化空间搜索等材料人工智能技术，构建可解释性机器学习模型，揭示材料性能提升的内在物理机制。应构建传统材料计算方法和人工智能结合的适用于复杂跨尺度系统模拟的新一代模拟计算方法和软件，促进材料计算方法和软件的革新。

需要建设若干跨学科研究中心。通过顶端设计，建立人工智能专家和材料领域专家融合的工作团队，大力开发适用于材料信息学技术的机器学习技术，对材料信息学的特征工程、机器学习模型、优化设计算法等关键技术进行智能化管理，按照软件标准进行开发并以软件形式呈现，以便实现网络共享。在软件开发时要做到软件功能模块化、软件数据访问标准化，并进行单元测试和应用测试，撰写详尽的软件使用手册，使材料信息学新技术、新方法在软件平台上易于集成和具有适用性。

材料信息学技术在从材料研发到工业应用的任何一环都能发挥变革性的作用，将极大地促进我国材料强国的建设。

参考文献

[1] Karniadakis G E, Kevrekidis I G, Lu L, et al. Physics-informed machine learning[J]. Nature Reviews Physics, 2021, 3（6）: 422-440.

[2] Raissi M, Perdikaris P, Karniadakis G E. Physics-informed neural networks: a deep learning framework for solving forward and inverse problems involving nonlinear partial differential equations[J]. Journal of Computational Physics, 2019, 378: 686-707.

[3] Kalinin S V, Dyck O, Balke N, et al. Toward electrochemical studies on the nanometer and atomic scales: progress, challenges, and opportunities[J]. ACS Nano, 2019, 13（9）: 9735-9780.

[4] Frey N C, Akinwande D, Jariwala D, et al. Machine learning-enabled design of point defects in 2D materials for quantum and neuromorphic information processing[J]. ACS Nano, 2020, 14（10）: 13406-13417.

[5] Hong S, Liow C H, Yuk J M, et al. Reducing time to discovery: materials and molecular modeling, imaging, informatics, and integration[J]. ACS Nano, 2021, 15（3）: 3971-3995.

[6] Court C J, Yildirim B, Jain A, et al. 3-D inorganic crystal structure generation and property prediction via representation learning[J]. Journal of Chemical Information and Modeling, 2020, 60（10）: 4518-4535.

[7] Ma B, Wei X, Liu C, et al. Data augmentation in microscopic images for material data mining[J]. npj Computational Materials, 2020, 6（1）: 125.

[8] Ohno H. Training data augmentation: an empirical study using generative adversarial net-based approach with normalizing flow models for materials informatics[J]. Applied Soft Computing, 2020, 86: 105932.

[9] Ohno H. Auto-encoder-based generative models for data augmentation on regression problems[J]. Soft Computing, 2020, 24（11）: 7999-8009.

[10] National Institute for Materials Science. "Material Research by Information Integration" Initiative（MI^2I）[EB/OL]. https://www.nims.go.jp/MII-I/en/[2022-09-10].

[11] European Commission. Horizon 2020: novel materials discovery[EB/OL]. https://cordis.europa.eu/project/id/951786[2020-10-01].

[12] Bundesministerium fur Bildung und Forshung. Vom Material zur Innovation（From Material to Innovation）[EB/OL]. https://www.bmbf.de/SharedDocs/Publikationen/de/bmbf/5/31015_Vom_Material_zur_Innovation.pdf?__blob=publicationFile&v=5[2022-09-10].

[13] Korea Science Foundation. Creative Materials Discovery Program[EB/OL]. https://nrf.re.kr/biz/info/notice/list?biz_no=305[2021-11-09].

[14] Korea Advanced Institute of Science and Technology. 2031 KAIST Future Report[R]. KAIST, 2018.

[15] Korea Advanced Institute of Science and Technology. Opening new horizons for humanity[EB/OL]. https://www.nature.com/articles/d42473-020-00132-w[2022-08-08].

[16] Attia P M, Grover A, Jin N, et al. Closed-loop optimization of fast-charging protocols for batteries with machine learning[J]. Nature, 2020, 578（7795）: 397-402.

[17] Bassman L, Rajak P, Kalia R K, et al. Active learning for accelerated design of layered materials[J]. npj Computational Materials, 2018, 4（1）: 74.

[18] Lei B, Kirk T Q, Bhattacharya A, et al. Bayesian optimization with adaptive surrogate models for automated experimental design[J]. 计算材料学（英文）, 2021, （1）: 12.

[19] Song X, Liu D, Liu X, et al. Development of database and information management system for data-driven materials design[J]. SCIENTIA SINICA Technologica, 2020, 50（1674-7259）: 786.

[20] 宿彦京, 付华栋, 白洋, 等. 中国材料基因工程研究进展[J]. 金属学报, 2020, 56（10）: 1313-1323.

[21] Li M, Zhao S, Lu Z, et al. High-temperature bulk metallic glasses developed by combinatorial methods[J]. Nature, 2019, 569（7754）: 99-103.

[22] Cao B, Yang S, Sun A, et al. Domain knowledge-guided interpretive machine learning: formula discovery for the oxidation behavior of ferritic-martensitic steels in supercritical water[J]. Journal of Materials Informatics, 2022, 2（2）: 4.

[23] 张统一, 曹斌, 元皓, 等. 一种高斯过程回归树分类器多元合金异常数据识别方法[P]: 中国, 2022105297201. 2022.

[24] 张统一, 曹斌, 冯振杰, 等. 一种基于统计建模的粉末X光衍射图期望最大化算法全谱线拟合方法[P]: 中国, 202210408314X. 2022.

[25] Wang J, Jia J, Sun S, et al. Statistical learning of small data with domain knowledge: sample size- and pre-notch length-dependent strength of concrete[J]. Engineering Fracture Mechanics, 2022, 259: 108160.

[26] Wang C, Fu H, Jiang L, et al. A property-oriented design strategy for high performance copper alloys via machine learning[J]. npj Computational Materials, 2019, 5（1）: 87.

[27] Jiang L, Wang C, Fu H, et al. Discovery of aluminum alloys with ultra-strength and high-toughness via a property-oriented design strategy[J]. Journal of Materials Science & Technology, 2022, 98: 33-43.

[28] Zhang H, Fu H, Zhu S, et al. Machine learning assisted composition effective design for precipitation strengthened copper alloys[J]. Acta Materialia, 2021, 215: 117118.

[29] Wei Q, Xiong J, Sun S, et al. Multi-objective machine learning of four mechanical properties of steels[J]. Science China Technological Sciences, 2021, 51（6）: 722-736.

[30] Chen Y, Tian Y, Zhou Y, et al. Machine learning assisted multi-objective optimization for materials processing parameters: a case study in Mg alloy[J]. Journal of Alloys and Compounds, 2020, 844: 156159.

[31] Weng B, Song Z, Zhu R, et al. Simple descriptor derived from symbolic regression accelerating the discovery of new perovskite catalysts[J]. Nature Communications, 2020, 11（1）: 3513.

[32] Curtarolo S, Ahmetcik E, Scheffler M, et al. SISSO: a compressed-sensing method for identifying the best low-dimensional descriptor in an immensity of offered candidates[J]. Physical Review Materials, 2018, 2（8）: 83802.

[33] Jiang L, Fu H, Zhang H, et al. Physical mechanism interpretation of polycrystalline metals' yield strength via a data-driven method: a novel Hall–Petch relationship[J]. Acta Materialia, 2022, 231: 117868.

1.7 Materials Informatics Technology

Tian Yuan[1], Sun Sheng[1], Zhang Jincang[1], Huang Jiaqiang[2], Zhang Tongyi[1,2]

[1. Shanghai University; 2. The Hong Kong University of Science and Technology (Guangzhou)]

Material innovations substantially foster scientific breakthroughs and technological revolutions, satisfy the nation's critical demands, and enhance the welfare of people. The conventional research and development (R&D) of materials relys on time-consuming and costly trial-and-error methods, hardly fulfilling the increasing demands of high-performance materials from the fast development of economics. The flourishing artificial intelligence and machine learning provide unprecedented opportunities for the whole materials development continuum, leading to the new paradigm of data-driven material R&D together with the new research area-materials informatics. The domain knowledge of materials science and engineering is the hub of materials informatics, while data is the top-notch element in materials informatics. By applying the principles of informatics and statistics to material innovations, materials informatics accelerates the innovations in the whole materials development continuum from the discovery of novel materials to industrial deployment. Herein, we review the recent progress and offer our perspectives of materials informatics.

第二章

能源技术
新进展

Progress in
Energy Technology

2.1 油气开采技术新进展

高德利 *

[中国石油大学（北京）]

石油与天然气工程（简称油气工程）是围绕石油、天然气等能源矿藏的钻探、开采及储运而实施的知识、技术和资金密集型系统工程，是油气勘探开发不可或缺的重大工程。显然，油气开采是油气工程的核心业务之一。着眼于非常规、深层、海洋（特别是深水领域）及老油田等难开采油气资源领域，下面将总结阐述国内外油气开采技术重要新进展，并展望其未来发展的主要需求与趋势。

一、国外发展现状

1. 非常规油气开采技术

水平井与丛式水平井是国内外非常规油气高效开发的主流工程模式，其技术关键在于提高其导向钻井与多级压裂改造的安全高效作业效能[1]。

在水平井导向钻井方面，既要不断提高大位移水平钻井作业的极限能力，又要持续推动"一趟钻"作业关键技术的进步。"一趟钻"作业是一种理想的安全高效定向钻井作业，可以实现一次下井作业连续钻完同一尺寸井眼的全部进尺。为不断提高水平井导向钻井的"一趟钻"作业能力，国外对高效聚晶金刚石复合片（polycrystalline diamond compacts，PDC）钻头、导向钻具、钻井液及钻井参数等关键技术持续开展学科交叉研究，并保持领先水平。截至 2022 年，国外规模化水平井"一趟钻"作业可打完 3000 m 长度的水平段，个例已超过 5000 m[1,2]。

在非常规油气水平井多级压裂改造技术方面，北美提出了全油气田丛式水平井高效开发理论，可以做到小井距与密井网一次布井到位以及一次布缝到位的工厂化立体压裂，主体采用"密切割＋暂堵转向＋强加砂"多级压裂工艺，使井距从 400 m 缩小到 76 m（普遍 <200 m），簇间距范围从 40～25 m 缩小到 15～6 m，加砂强度由 1.49 t/m 提高到 4.46 t/m，以确保非常规油气田的高效开采[3]。在密切割条件下，采用缝口暂堵压裂工艺以改善多簇均衡进液，并利用光纤、微地震、示踪剂等多种监测手段不

---

* 中国科学院院士。

断完善压裂工艺技术。采取以"滑溜水压裂液为主体、本地化石英砂为主流"的降本措施，使桶油成本降至可盈利范围。同时，多级压裂水平井试井分析技术也取得重要进展，所建立的水平井试井分析方法可计算与解释多级压裂裂缝的平均导流能力和裂缝有效半长参数[4]。

2. 深层油气开采技术

深层是指埋深超过 4500 m 的油气藏。国外深层油气开发主要集中在 4500～6000 m 范围，而且以常规注水开发方式为主。开采技术进步主要体现在深井工程方面[5]：研发出 15 000 m 钻机、140 MPa 高压管汇及 3500～9000 m 自动化钻井；研发出系列高性能异形齿 PDC 钻头[6]、高温大扭矩螺杆钻具、耐温 204℃ 完井测试工具等；水基钻井液可耐温 260℃、密度为 2.45 g/cm³，油基钻井液可耐温 310℃，水泥浆可耐温 240℃，酸液可耐温 180℃；耐温为 125～175℃ 的随钻测井系列仪器可替代电缆测井，随钻测量仪可耐温 200℃，高造斜率（每 30 m 12°～15°）旋转导向装置可耐温 175℃，连续波传输速率达到 12 bps。

在深层油气藏压裂改造方面，美国相关公司研制的铝合金桥塞[7]，可耐温 177℃、耐压 80 MPa；开发的连续管耐高温高压配套管内封隔器（胶筒耐温 >150℃），适用于高温高压油气藏多层多段改造与重复压裂控制；压裂液体系已由常规压裂液发展到加重压裂液，装备由 3 缸泵发展到 5 缸泵，泵压由 105 MPa 提高到 140 MPa。

3. 海洋油气开采技术

海洋油气勘探开发正在从浅水区（水深小于 300 m）向次深水区（水深介于 300～500 m）、深水区（水深介于 500～1500 m）及超深水区（水深超过 1500 m）加速推进，相应的油气田开采工程及其关键技术在国内外备受关注[8]。在深水油气田开采方面，水下生产系统具有占用平台面积小、可有效减轻平台负荷、海洋环境不敏感及可靠性高等优势，在国内外已得到规模化推广应用[9]。迄今，全球已有 50 多个深水油气田应用了水下生产系统，遍及北海、墨西哥湾、巴西等主要海洋深水油气产区，最大水深已达 2943 m（墨西哥湾的 Peidido 项目）。全球水下生产系统的集成制造长期被欧美公司垄断。按照控制方式，水下生产控制系统可分为全液压式、电液复合式和全电式三种，其中，电液复合式水下生产控制系统的应用最为广泛，具有适用范围大、作业环境温度低及油气产物温度高等特点。对于超深水和长距离回接的深水油气田而言，液压动力会在长距离输送过程中发生严重损失，影响控制的效果。为此，Cameron 公司率先研发出全电式水下生产控制系统，并在荷兰 K5F 油气田首次采用；该系统具有响应迅速、控制距离长、零污染等优点，已成为深水油气田水下生产系统的主要发展方向。

智能完井是生产系统优化控制与油气田高效开发的关键核心技术之一，在海洋和陆地油气开采中都有良好的应用前景，国外研发的智能完井技术系统代表目前国际水平[10, 11]，整体上领先国内约 10 年。同时，国外相关公司在海上智能油田与无人值守生产平台建设方面，已成功应用数字孪生技术，在国内外备受关注。

4. 国外老油田提高采收率技术

国外老油田提高采收率技术以气驱和热采为主，化学驱因具有成本高、适应性不够广泛等特点而应用规模有限。美国和加拿大的气驱项目启动较早，混相驱和非混相驱提高采收率技术非常成熟，一直处于领先地位。针对流度比高和波及效率低的问题，国外发展了气 / 水交替注入、泡沫驱、聚合物辅助 CO_2 驱、纳米颗粒增效 CO_2 驱等技术[12]。气体辅助重力驱油技术通过模拟稠油蒸汽辅助重力驱油，充分利用油藏流体的自然分离优势（密度差）为原油提供重力稳定驱替，已在多个试验区获得成功。热采仍然是稠油油藏最有效的提高采收率技术，目前研究重点是开发注入过热蒸汽辅助重力泄油、溶剂辅助 SAGD 等新技术[13]。纳米材料特殊的小尺寸效应，使纳米流体驱油及辅助驱油技术获得广泛关注。国外用于提高石油采收率（enhanced oil recovery，EOR）的纳米材料包括金属氧化物、有机颗粒及无机颗粒三类，研究重点是改变润湿性、流度比，降低界面张力，已开展初步的矿场试验，并获得比较显著的提高石油采收率的效果[14]。

二、国内新进展

1. 非常规油气开采技术

中国拥有储量巨大的非常规油气资源，近年来在各油气田建立了相应的开发试验区。以丛式水平井大型化设计、"一趟钻"作业与丛式水平井随钻防碰、多级压裂完井等为代表的先进技术与装备，不断取得新进展，有效促进了非常规油气资源的安全高效开发[1, 3, 15]。在页岩气工程中，中国不断提高规模化水平井"一趟钻"作业能力，目前"一趟钻"作业打完的水平段长度已达 1500 m 左右，个例超过 2000 m。此外，国内开发出 5000、6000、7000 等型号的电驱压裂装备，以及可溶桥塞、可溶延时趾端滑套、可溶球座等系列压裂工具，为高效压裂改造工程提供了新的技术装备条件。在非常规油气井增产改造工艺方面，国内开发出致密储层渗吸模拟实验装置，以及有利于基质改性、强化渗吸与增能的纳米变黏压裂液体系，形成了以"极限射孔限流 +

双暂堵分流＋无级变黏携砂多尺度裂缝支撑"为基本特征的三位一体压裂施工控制模式；开发出基于诱导应力分布的水平井分段多簇缝网优化设计方法（簇距加密到6～10 m，每段3～6簇），以及强加砂、饱充填、高导流压裂工艺技术（最大加砂强度为5.3 t/m），使石英砂比由2018年的52.9%提高到2021年的76.5%。

基于复杂缝网形态及渗流特征，国内发明了多级压裂水平井缝间不规则产液的水平井试井分析方法，它可用于诊断水平井分段产液特征，为在试井中评价水平井产液剖面提供了新途径。针对大型蓄能压裂和水平井重复压裂，国内提出了基于应力敏感和非线性渗流的非常规油气藏数值模拟方法，并在开发设计中取得良好的应用实效[4]。

2. 深层油气开采技术

中国深层油气资源丰富，主要分布在塔里木盆地、四川盆地等，是中国油气增储上产的重要领域之一。近年来，中国在超深层油气开采方面取得了技术突破[16, 17]，实现了从陆相碎屑岩油气田向深层碳酸盐岩油气田开发的跨越。取得的主要技术进展包括[18, 19]：开发出多元约束岩溶相控建模与多尺度复合介质耦合数值模拟技术与软件产品，使油气产量预测符合率由47.6%提高到85.1%；研制出国际首台9000 m四单根立柱钻机，制备出耐温≥236℃、密度≥2.87 g/cm^{3}的水基钻井液体系，耐温≥240℃的水泥浆体系，耐温180℃的酸液体系，以及耐温超过185℃的随钻测量仪器；形成了超深水平井定向钻井与深穿透靶向酸压新技术，并成功建成上百口超深井，其中顺北56X水平井完钻井深达9300 m（垂深8087.94 m，闭合距1348.65 m）；发展出深层油气完井测试与生产技术，使深层油气藏得以高效开发和生产；开发出以"井筒疏通与大修"为核心的老井解堵复产稳产技术，使解堵的有效率达到90%以上。在深层油气井筒完整性科学评价与设计控制方面，开发出140 MPa井口装置和高性能油套管；经过不断完善长裸眼高密度固井技术，高温高压及高含硫深井超深井的井筒完整性得到明显改善；形成了相关的系列技术规范与行业标准。

3. 海洋油气开采技术

在海洋油气开采方面，中国在南海东部最早采用水下生产系统对流花11-1油田（水深310 m）进行高效开发，目前已形成了自主开发综合作业的能力。例如，流花16-2油田群于2022年1月全面投产，是中国首个独立开发的水下整装深水油田，采用水下生产系统（26口井）与浮式生产储卸（Floating Production Storage and Offloading, FPSO）油船开发模式。通过项目实施，中国掌握了海上油田网互联超远距离电潜泵控制、水下采油树高效安装控制等关键技术，实现了500 m水深级自营油田的安全高效开发。

近年来，中国在水下生产系统技术装备国产化方面不断取得新进展[9, 20]，在自主研制水下生产系统关键设备的同时，逐步建立起相应的配套技术体系。研制完成的 1500 m 水深级电液复合式控制模块工程样机，得到挪威船级社和德国劳氏船级社的认证。2022 年 6 月 6 日，首套国产化水下采油树在南海莺歌海海域完成海底安装，采油树保护罩顺利安装到位，这标志着中国首套国产水下采油树取得成功。此外，还研发出适用于水深 3000 m、压力等级 103 MPa、可悬挂 3 层套管、总悬挂能力达 56 454.1 kN 的深水水下井口系统。这些成就标志着中国在深水油气田开采技术与装备国产化方面取得重要进展。

2021 年 6 月 25 日，南海"深海一号"气田正式投产，这是中国首个自营的 1500 m 超深水大气田，标志着中国深水油气田开发实现了从水深 300 m 到 1500 m 的历史性跨越。

4. 老油田开采与提高采收率技术

中国老油田提高采收率技术以精细水驱、化学驱、热采及气驱等驱油技术为主。针对高含水油田面临的油水关系复杂、采收率低的难题，胜利油田公司创新了薄互层和深层高效测调细分注水技术，实现了薄互层和深层油藏的精细、高效注水，使覆盖注水储量达 33 亿 t，分注率和层段合格率分别提高 14.8% 和 16.2%。

聚合物驱在中国取得巨大成功，但应用中会出现剖面反转、低效循环、剪切降解等难题。针对这些技术难题，国内创新了"新型聚驱大幅度提高原油采收率关键技术"，发明了多层精细控制多介质分注技术、单油砂体靶向调堵控制低效循环技术、抗剪切星型聚合物驱油技术，即在扩大层间、层内、微观波及体积等三个方面同步发力，实现了技术原理和思路由提高驱油效率为主向强化波及体积为主的转变，在原来基础上使采收率提高超过 4 个百分点，规模区块采收率指标和应用范围双破世界纪录。

低渗透油藏具有孔喉尺寸小和比表面积大的特点，常规化学驱油体系因黏度高、吸附损失大而难以奏效，而纳米材料因具有优异的渗透特性及抗吸附、智能找油等作用，有望成为提高采收率的颠覆性技术[21]。气驱是低渗/特低渗油藏提高采收率的重要手段，其中的 CO_2 驱和烃气驱已形成较成熟的配套技术，空气驱在矿场试验中也取得较好的效果[22]。此外，纳米黑卡具有超强的楔形渗透与乳化降黏作用，使大庆、胜利、塔河等油田的稠油降黏率普遍高于 95%，有望在稠油冷采中进行推广应用。

三、未来展望

放眼全球，可供人类开发利用的油气资源仍十分丰富，但容易开采油气的时代已接近尾声，全球油气行业将长期面对油气难开采问题的困扰和挑战[23]。非常规油气资源具有"数量大、品质差、难开采"的基本特征，是全球战略性的接替能源。国内可供开发利用的油气资源大多为非常规、深层（或深地）、深水（或深海）等复杂油气藏，其勘探开发具有很大的难度，面临着诸多挑战。超深层（油气藏埋深>6000 m）、超深水（海洋水深>1500 m）、依赖长水平段水平井开采的非常规（测深>6000 m）等难开采油气资源，对超深钻采工程提出了重大需求，使其面临着前所未有的技术挑战。同时，老油田开采后期的进一步挖潜与提高采收率问题，仍是国内外关注的重大难题之一。

着眼于能源领域低碳绿色转型、数字化升级等基本发展趋势，未来油气开采技术既要满足复杂油气藏绿色高效开发的重大需求，又要不断提高油气工程信息化与智能化程度及技术水平。例如，非常规能源矿藏原位转化与绿色高效开采、高温高压测量与安全控制等问题[24]，以及钻井与完井、油气藏增产改造与动态监控、油气生产与安全高效作业等工程环节的信息化与智能化问题[25]，在国内外将备受关注。

参考文献

[1] 高德利.非常规油气井工程技术若干研究进展[J].天然气工业，2021，41（8）：153-162.

[2] 刘克强."一趟钻"关键工具技术现状及发展展望[J].石油机械，2019，47（11）：13-18.

[3] 雷群，管保山，才博，等.储集层改造技术进展及发展方向[J].石油勘探与开发，2019，46（3）：580-587.

[4] 汪洋，程时清，秦佳正，等.超低渗透油藏注水开发诱导动态裂缝开发理论及实践[J].中国科学：技术科学，2022，52（4）：613-626.

[5] 罗鸣，冯永存，桂云，等.高温高压钻井关键技术发展现状及展望[J].石油科学通报，2021，6（2）：228-244.

[6] Rahmani R，Pastusek P，Yun G，et al. Investigation of PDC cutter structural integrity in hard rocks[J]. SPE Drilling & Completion，2021，36（1）：11-28.

[7] 刘传友，夏红刚，李翠平，等.压裂工具与技术新进展及发展建议[J].石油矿场机械，2022，51（6）：66-75.

[8] 高德利.深海天然气及其水合物开发模式与钻采技术探讨[J].天然气工业，2020，40（8）：169-176.

[9] 李志刚，安维峥.我国水下油气生产系统装备工程技术进展与展望[J].中国海上油气，2020，32（2）：134-141.

[10] Javaheri M，Tran M，Buell R S，et al. Flow profiling using fiber optics in a horizontal steam injector with liner-deployed flow control devices[J]. SPE Journal，2021，26（5）：3136-3150.

[11] Safari M，Ameri M J，Gholami R，et al. Water coning control concurrently with permeability estimation using Ensemble Kalman Filter associated boundary control approach[J]. Journal of Petroleum Science and Engineering，2021，203：108590.

[12] Massarweh O，Abushaikha A S. A review of recent developments in CO_2 mobility control in enhanced oil recovery[J]. Petroleum，2022，8（3）：291-317.

[13] Liu Z，Liang Y，Wang Q，et al. Status and progress of worldwide EOR field applications[J]. Journal of Petroleum Science and Engineering，2020，193：107449.

[14] Davoodi S，Al-Shargabi M，Wood D A，et al. Experimental and field applications of nanotechnology for enhanced oil recovery purposes：a review[J]. Fuel，2022，324：124669.

[15] 周福建，苏航，梁星原，等. 致密油储集层高效缝网改造与提高采收率一体化技术 [J]. 石油勘探与开发，2019，46（5）：1007-1014.

[16] 马永生，黎茂稳，蔡勋育，等. 中国海相深层油气富集机理与勘探开发：研究现状、关键技术瓶颈与基础科学问题 [J]. 石油与天然气地质，2020，41（4）：655-672，683.

[17] 苏义脑，路保平，刘岩生，等. 中国陆上深井超深井钻完井技术现状及攻关建议 [J]. 石油钻采工艺，2020，42（5）：527-542.

[18] 李阳，康志江，薛兆杰，等. 碳酸盐岩深层油气开发技术助推我国石油工业快速发展 [J]. 石油科技论坛，2021，40（3）：33-42.

[19] 孙金声，刘伟. 我国石油工程技术与装备走向高端的发展战略思考与建议 [J]. 石油科技论坛，2021，40（3）：43-55.

[20] 李中，谢仁军，吴怡，等. 中国海洋油气钻完井技术的进展与展望 [J]. 天然气工业，2021，41（8）：178-185.

[21] 侯吉瑞，闻宇晨，屈鸣，等. 纳米材料提高油气采收率技术研究及应用 [J]. 特种油气藏，2020，27（6）：47-53.

[22] 袁士义，王强，李军诗，等. 提高采收率技术创新支撑我国原油产量长期稳产 [J]. 石油科技论坛，2021，40（3）：24-32.

[23] 冯浩，虞燕丽. 加大科技创新与投资力度 推进非常规能矿绿色高效开发：访中国科学院院士、中国石油大学教授高德利 [J]. 中国电业与能源，2022，（6）：6-7.

[24] 高德利，毕延森，新保安. 中国煤层气高效开发井型与钻完井技术进展 [J]. 天然气工业，2022，42（6）：1-18.

[25] 高德利，张广瑞，王宴滨. 中国海洋深水油气工程技术与装备创新需求预见及风险分析 [J]. 科技导报，2022，40（13）：6-16.

2.1 Oil & Gas Exploitation Technology

Gao Deli
（China University of Petroleum，Beijing）

Petroleum and natural gas engineering（referred to as "oil & gas engineering"）is a kind of knowledge-technology-capital intensive system engineering implemented for the drilling, exploitation, storage and transportation of energy mineral resources such as oil & gas, which is an indispensable major engineering in exploration and development of oil & gas resources. Obviously, oil & gas exploitation is one of its core businesses. Focusing on the unconventional, deep, offshore（specially in deepwater field）, and maturing oil & gas resources that are difficult to exploit, this report summarizes, analyzes, and briefly illustrates the main developing status of relevant oil & gas exploitation technologies abroad and their some significant advances in China in recent years, and forecasts the main demands and developing trend of relevant technologies at home and abroad in future. Particular attention should be paid to the green and high-efficient development of the oil & gas resources difficult to exploit, and the technological innovation and breakthrough in ultra-deep drilling & production engineering should be positively promoted for the mineral resources.

2.2 煤炭清洁高效利用技术新进展

刘　永　邓蜀平　韩怡卓
（中国科学院山西煤炭化学研究所）

煤炭是我国的主体能源和重要工业原料，以煤为主的能源结构在一定时间内不会发生改变。然而，煤炭作为一种高碳能源，其利用过程中存在的效率与环境问题日益凸显，高效、清洁、低碳转化利用煤炭已成为全社会的共识。

煤炭高效清洁利用是我国能源安全与可持续发展的基本战略，也是实现"碳达峰、碳中和"目标愿景的重要途径。世界上以煤为燃料或原料的国家都很重视煤炭的高效清洁利用。我国国内科研院所、高校、企业围绕煤炭清洁高效利用开展了大量的基础研究及技术示范，取得了一批有影响力的技术成果，有力支撑了我国煤基产业链的绿色低碳转型。总体来看，近年来国内外煤炭清洁高效利用的技术创新的主要方向集中在高效燃煤发电、煤炭分级分质利用和煤炭清洁转化等领域[1]。

一、国外技术研发进展

世界范围内，燃烧发电仍是煤炭的主要利用方式。近期爆发的俄乌冲突严重影响了世界能源市场，部分欧洲国家考虑重新启用煤电，以应对短期内的能源短缺问题[2]。鉴于燃煤发电的重要性，欧洲、美国、日本均在积极推进超高参数超超临界发电技术、煤与生物质共燃技术、新型燃煤发电技术等先进工艺的研发与应用。

1. 超高参数超超临界发电技术

超高参数超超临界发电技术是世界燃煤发电技术发展的重点。欧洲、美国、日本陆续提出各自的超超临界发电技术研发计划，如欧洲先进超超临界发电计划（AD700）、美国 700℃ 等级超超临界机组研究计划（AD760）、日本先进超超临界压力发电计划（700℃ A-USC）等[3]。目前上述研究计划在高温材料和关键部件上已取得一系列重大突破[4-6]，但受到材料成本、关键设备制造等因素的影响，尚未见到国外 700℃ 等级超超临界示范机组进入商业化运营的相关报道。

2. 煤与生物质共燃技术

推进煤与生物质、光伏、风电等可再生能源耦合，能够实现以更灵活、更清洁的方式生产电力。其中，煤与生物质共燃技术在英国、美国、芬兰、丹麦、德国等国家已成功开展商业化应用，示范电厂最大装机容量超过 1000 MW，生物质掺烧比例达到 10%～35%[7, 8]。欧洲大型燃煤机组耦合生物质发电技术大多采用直燃耦合的方式，英国的大型燃煤电厂已率先实现从生物质掺烧发电向生物质燃料纯烧的转换[9]。

3. 新型燃煤发电技术

美国、欧洲、日本在推进整体煤气化联合循环（IGCC）技术研发的基础上，把新型燃煤发电技术扩展至整体煤气化燃料电池发电（IGFC）技术，以大幅度提高能效，同时实现污染物及 CO_2 的近零排放。美国能源部（DOE）及日本新能源产业技术综合开发机构（NEDO）投入巨额资金，支持 IGFC 技术的研发和应用示范[10]。2021年日本 NEDO 提出开发燃煤锅炉混氨 / 纯氨燃烧技术，计划到 2050 年部署 10～20 台纯氨燃料发电设备、20~40 台高氨燃料发电设备[11]。

此外，国外也在不断探索拓展煤基材料的生产和应用。2021 年美国 DOE 计划投入 1570 万美元，用以支持石墨烯、负极碳材料、煤基泡沫碳等高性能煤基材料的开发，进一步提升煤炭的利用价值[12]。

二、国内技术研发发展

我国高度重视煤炭清洁高效利用的技术研发及应用。"十二五"以来，科学技术部、中国科学院及重点企业陆续布局了多项涉及煤炭清洁高效利用的战略先导专项及重点研发计划，取得了许多突破性进展，部分技术成果已处于世界领先水平。

1. 先进燃煤发电技术

我国已建成全球最大的清洁高效煤电产业体系[3]。2021 年底，全国在运行的百万千瓦超超临界燃煤发电机组共计 160 台，超过其他国家的总和，供电煤耗低至 264 g/（kW·h）。目前国内先进燃煤发电技术的发展前沿包括 700℃超超临界发电技术、IGCC/IGFC 技术等。

1）700℃超超临界发电技术

我国于 2010 年正式启动 700℃超超临界发电技术研究。首个关键部件验证试验平台于 2015 年 12 月建成投运，已完成一系列核心材料及关键高温部件的长时间验证试验[13]。受制于镍基材料的成熟度低及高成本，我国 700℃超超临界发电技术的工业化应用尚有较多问题需要解决，与国外相比仍存在较大差距[1]。

2）IGCC/IGFC 技术

华能集团建成国内首套 250 MW IGCC 示范电站，年最长运行时间超过 5500 h，最高负荷达 265.9 MW，排放达到天然气发电水平，发电效率较同容量常规发电技术提高 4%～6%，这标志着我国 IGCC 关键技术已达国际先进水平[14]。我国 2017 年启动"二氧化碳近零排放的煤气化发电技术"国家重点研发计划，较早布局 IGFC 技术的研发与示范[10]。国家能源集团北京低碳清洁能源研究院完成了 1 kW 和 5 kW 测试平台的调试、试车及电堆 / 模块的长周期稳定性实验，并于 2020 年 10 月在宁夏实现国内首套 20 kW 级 IGFC 系统的成功试车[15]。

2. 先进循环流化床燃烧技术

经过多年的发展，我国循环流化床（CFB）锅炉技术的开发应用已达到世界先进水平。东方电气集团东方锅炉股份有限公司自主开发及制造的 600 MW 等级超临界循环流化床锅炉在四川和山西投入商业化运营[16]，正在进行 660～1000 MW 超超临界 CFB 锅炉的产业化应用，同时积极探索燃煤机组耦合太阳能的"光煤互补"技术。中国科学院工程热物理研究所在超临界 CFB 锅炉的气固流动均匀性、气态污染物原始排放协同控制、超低排放条件下的燃料适应性等方面开展一系列基础研究，相关研究成果已应用于超临界 CFB 锅炉方案设计的优化[17]。

3. 煤 +N 共燃技术

1）煤 + 生物质共燃技术

煤与生物质共燃是有效降低燃煤发电碳排放的可行路径，包括直燃耦合、间接耦合和并联耦合。我国燃煤耦合生物质发电发展较为缓慢，仅在个别机组进行了示范性改造，部分示范机组（如山东十里泉发电厂、国电集团宝鸡第二发电有限责任公司等）因成本问题已停止运行[8]。目前我国煤与生物质共燃发电的技术水平与国外相比有较大差距，需要突破生物质与煤混合燃烧特性研究、高性能煤粉 / 生物质燃烧器研发设计、受热面沾污腐蚀、制粉系统的优化及匹配等技术瓶颈[18,19]。

2）煤 + 氨共燃技术

全球范围内将氨作为燃料的研究仍处于起步阶段。国家能源投资集团有限责任公司所属烟台龙源电力技术股份有限公司研发的燃煤锅炉混氨燃烧技术，在国际上率先以 35% 高掺烧比例在 40 MW 燃煤锅炉上实现了混氨燃烧的工业应用，并开发出可灵活调节的混氨低氮粉煤燃烧器，完成氨煤混燃技术的整体性研究，为更高等级燃煤锅炉混氨燃烧系统的工业化应用奠定了基础[20]。

3）煤 + 固体有机废弃物共燃技术

固体有机废弃物传统焚烧处理方式存在投资大、能耗高、污染重等问题。相比之下，煤与固体有机废弃物共燃技术具有处理效率高、成本低、污染低等优势，受到业内重点关注。国内科研机构针对煤与固体有机废弃物共燃技术的研究，主要采用数值模拟或小型试验方法，集中在燃烧特性、燃烧动力学、污染物形成机理等领域[1,21,22]。一些发电企业利用循环流化床锅炉机组开展煤与固体有机废弃物共燃发电技术的应用试验，实践表明，固体有机废弃物与煤耦合共燃可满足燃烧的要求，具有良好的燃烧稳定性，对锅炉机组的安全运行未产生不利影响[23]。

4. 煤热解

我国低阶煤热解技术开发近年来取得一系列突破性进展，代表性工艺有陕西延长石油（集团）有限责任公司的粉煤加压热解 - 气化一体化技术（CCSI）、中科合成油工程股份有限公司的温和加氢热解技术等，均已进入工业示范阶段。

CCSI 技术将粉煤热解与粉焦气化结合，并在一个反应器内完成，实现了煤焦油收率高和粉焦高效转化的目的。利用该技术已建成一套万吨级工业化试验装置，并通过了由中国石油和化学工业联合会组织的科技成果鉴定[24]。应用该技术的陕西延长石油（集团）有限责任公司的榆林年产 800 万 t CCSI 产业示范项目列入国家《煤炭深加工产业示范"十三五"规划》，一期工程于 2022 年 6 月建成投产[25]。

中国科学院山西煤炭化学研究所/中科合成油工程股份有限公司研发成功温和加氢热解技术。该技术兼具煤直接液化和间接液化的优点，具有工程化难度低、能效高、油品质量优良等技术优势。2019 年，研发团队在万吨级中试装置上完成了以哈密煤为原料的连续稳定性试验，在 4～6 MPa、400～440℃的温和加氢条件下，煤的质量转化率达到 88.5%。

目前粉煤热解发展的主要技术瓶颈包括如下几种：热解油、气、煤尘的在线分离，粉焦的钝化、储运和大规模应用，下游产品的精细化加工，以及热解污水/废水的处理等。

5. 煤炭分质分级利用

煤炭分质分级利用是国内煤炭清洁高效利用技术研究的热点之一。2012 年，中国科学院启动战略性先导科技专项"低阶煤清洁高效梯级利用关键技术与示范"，提出了适合我国资源特征的高能效、低污染、低排放的低阶煤综合利用解决方案[26]。

2017 年，陕西煤业化工集团有限责任公司的榆林化学年产 1500 万 t 煤炭分质清洁高效转化示范项目正式启动建设。该项目集成耦合了煤炭中低温热解、煤焦油加氢、半焦（煤）气化、合成气制乙二醇/甲醇、甲醇制烯烃等多种先进技术，以实现煤的分质分级转化利用。2022 年 7 月，该项目一期一阶段基本建成[27]，已进入试生产阶段。

6. 煤间接液化

煤间接液化的核心是费托合成技术。中国科学院山西煤炭化学研究所/中科合成油工程股份有限公司、中国科学院大连化学物理研究所、山东兖矿集团有限公司等均已研发出具有自主知识产权的费托合成技术。

国家能源集团宁夏煤业有限责任公司的年产 400 万 t 煤间接液化项目，采用中国科学院山西煤炭化学研究所/中科合成油工程股份有限公司开发的高温浆态床煤间接液化合成油技术，在 2021 年实现全年运行负荷 100%～105%，日产量最高达到 1.21 万 t。按照当前油价估算，2022 年实现盈利水平大幅提升。山东兖矿集团有限公司自主开发出新型高温费托合成技术，于 2018 年建成年产 10 万 t 工业示范装置，实现了连续运行，已通过科技成果鉴定以及 72 h 满负荷运行考核[28]。

中国科学院山西煤炭化学研究所开发的Ⅱ代钴基固定床费托合成技术，已完成国内首套年产 5 万 t 工业示范装置，在 95.6% 负荷下通过了中国石油和化学工业联合会组织的 72 h 现场标定（图 1）。最新研发的Ⅲ代催化剂提高了 50% 以上的性能，单套反应器设计产能为年产 10 万～15 万 t，达到国际先进水平。中国科学院大连化学物理研究所研发成功钴基浆态床合成气制油技术，与陕西延长石油（集团）有限责任公司合作建成工业示范装置，于 2020 年 7 月实现 100% 负荷运行，2022 年通过了中国石油和化学工业联合会组织的 72 h 考核标定[29]。

图 1　中国科学院山西煤炭化学研究所年产 5 万 t 钴基固定床费托合成工业示范装置

7. 煤气化

煤气化是煤炭清洁高效利用的龙头技术。我国煤气化技术在基础研究、技术开发、产业应用等方面取得长足进步，在核心技术和煤气化能力上均处于国际领先地位，彻底摆脱了大型煤气化技术对国外进口的依赖。

华东理工大学和山东兖矿集团公司联合开发的 4000 t 级多喷嘴对置式水煤浆气化装置，于 2021 年 9 月在内蒙古一次投料成功。该装置设计最大产气量为每小时 24.75 万 Nm^3（标准立方米）的有效气（$CO+H_2$），是当前世界上在运单炉产气量最大的气化炉[30]。

航天长征化学工程股份有限公司自主开发的航天粉煤加压气化技术，已经形成

1000 t、2000 t 和 3000 t 级的系列化产品。2021 年首台 3500 t 航天炉在山东一次点火投料成功，日处理粉煤量为世界最大级别[31]。航天炉在山西晋煤华昱煤化工有限责任公司和中化吉林长山化工有限公司的成功应用，表明航天炉对无烟煤、褐煤等煤种也具备安全、清洁、高效的转化能力[32, 33]。

清华大学山西清洁能源研究院联合山西阳泉煤业（集团）有限责任公司自主研发的晋华炉 3.0 系列，率先提出水冷壁气化室和辐射废锅一体化的气化炉结构，在国内多项大型煤化工项目中得到应用。2021 年 6 月，新疆天业（集团）有限公司的晋华炉 3.0 气化装置连续稳定运行超过百天，打破了同类型气化炉运行的世界纪录[34]。

三、发 展 趋 势

综上所述，我国在煤炭清洁高效利用领域自主研发的许多关键技术已实现重大突破，部分技术达到世界领先水平，实现了从"跟跑"、"并跑"到"领跑"的跨越。但仍有一些技术与国外相比存在差距，如超高参数超超临界发电、煤与生物质掺烧等。随着"构建以新能源为主体的新型电力系统"这一重大部署的持续推进，燃煤发电将通过灵活性燃料替代和深度调峰两大发展路径，逐步实现由主体电源向调峰电源和应急电源转变，需要突破低负荷下稳定燃烧、热电解耦、脱硫脱硝低温运行、控制系统优化协调以及低成本大规模储能调频、智慧电力输配等一系列关键核心技术并以此作为支撑和储备。可以预见，煤炭清洁高效利用在较长一段时间内仍是我国重点布局的科研方向。充分利用煤炭资源的特点，以热解/气化/燃烧为先导技术，通过耦合光伏、风电、氢能、核能等低碳能源，部署碳捕集、利用与封存（CCUS），建立以电力、清洁燃料和高附加值化学品及材料为终端产品的分质多联产系统，以实现大幅度减污降碳的目的，是我国煤炭利用技术未来的主要发展趋势。

参考文献

[1] 岑可法.煤炭高效清洁低碳利用研究进展[J].科技导报，2018，36（10）：66-74.

[2] 国际能源网.欧盟为何又重启煤电[J].电力设备管理，2022，（12）：271-272.

[3] 王倩，王卫良，刘敏，等.超（超）临界燃煤发电技术发展与展望[J].热力发电，2021，50（2）：1-8.

[4] Shingledecker J P. The US DOE/OCDO A-USC materials technology R&D program[J]. Materials for Ultra-Supercritical and Advanced Ultra-Supercritical Power Plants，2017，2：689-713.

[5] Fukuda M. Advanced USC technology development in Japan[J]. Materials for Ultra-Supercritical and Advanced Ultra-Supercritical Power Plants，2017，2：733-754.

［6］ Di Gianfrancesco A，Blum R. 24-A-USC programs in the European Union［J］. Materials for Ultra-Supercritical and Advanced Ultra-Supercritical Power Plants，2017，2：773-846.

［7］ 郭慧娜，吴玉新，王学斌，等 . 燃煤机组耦合农林生物质发电技术现状及展望［J］. 洁净煤技术，2022，28（3）：12-22.

［8］ 杨卧龙，倪煜，雷鸿 . 燃煤电站生物质直接耦合燃烧发电技术研究综述［J］. 热力发电，2021，50（2）：18-25.

［9］ 毛健雄，郭慧娜，吴玉新 . 中国煤电低碳转型之路——国外生物质发电政策/技术综述及启示［J］. 洁净煤技术，2022，28（3）：1-11.

［10］ 安航，周贤，彭烁，等 . 煤气化燃料电池发电技术研究进展［J］. 热力发电，2021，50（11）：20-26.

［11］ 岳芳，秦阿宁 . 日本 NEDO 资助氢冶金和氨燃料技术开发［EB/OL］. https://www.sohu.com/a/521723355_121124569［2022-02-10］.

［12］ 中科院文献情报先进能源知识资源中心 . 美国能源部（DOE）报告：DOE 投入 1570 万美元开发煤炭新用途［EB/OL］. https://www.las.ac.cn/front/product/detail?id=aca31c21d6f7e674749676478d29287f&year=all［2022-04-24］.

［13］ 钟犁 . 700 ℃ 验证试验平台建设项目通过专家鉴定［EB/OL］. https://news.bjx.com.cn/html/20171025/857342.shtml［2017-10-25］.

［14］ 孙旭东，张博，彭苏萍 . 我国洁净煤技术 2035 发展趋势与战略对策研究［J］. 中国工程科学，2020，22（3）：132-140.

［15］ 国家能源集团 . 低碳院自主研发国内首套 20 kW 级 IGFC 系统试车成功［EB/OL］. https://www.ceic.com/gjnyjtww/chnjcxw/202010/14c19935c4fe45a6917369a3387d4676.shtml［2020-10-22］.

［16］ 何维，朱骅，刘宇钢，等 . 超超临界发电技术展望［J］. 能源与环保，2019，41（6）：77-81.

［17］ 中国科学院工程热物理研究所 . 超临界 CFB 锅炉气固流动均匀性研究取得新进展［EB/OL］. http://www.etp.ac.cn/xwdt/kydt/202008/t20200817_5655764.html［2020-08-17］.

［18］ 李少华，刘冰，彭红文，等 . 燃煤机组耦合生物质直燃发电技术研究［J］. 电力勘测设计，2021，（6）：26-31.

［19］ 王一坤，邓磊，贾兆鹏，等 . 燃煤机组大比例直接耦合生物质发电对机组影响研究［J］. 热力发电，2021，50（12）：80-91.

［20］ 陆成宽 . 我国成功研发燃煤锅炉混氨燃烧技术［N］. 科技日报，2022-01-25，1 版 .

［21］ 赵鹏勃，李楠，袁野，等 . 垃圾衍生燃料耦合燃煤流化床燃烧特性研究［J］. 动力工程学报，2019，39（9）：752-757.

［22］ 刘典福，孙雍春，周超群 . 垃圾衍生燃料在流化床焚烧时 NO 和 N_2O 排放特性研究［J］. 现代化工，2018，38（4）：182-185.

[23] 李治强. 电厂循环流化床锅炉固废协同处理探讨 [J]. 中国设备工程，2021，6：225-226.

[24] 化化网煤化工. 延长石油粉煤热解 CCSI 技术通过技术鉴定 [EB/OL]. https://www.sohu.com/a/136076252_367891 [2017-04-24].

[25] 王向华，杨晓梅. 全球规模最大煤基乙醇项目在陕建成 [N]. 陕西日报，2022-07-01，4 版.

[26] 卫小芳，王建国，丁云杰. 煤炭清洁高效转化技术进展及发展趋势 [J]. 中国科学院院刊，2019，34（4）：409-416.

[27] 亚化咨询. 榆林化学 180 万吨 / 年乙二醇工程完成 97%！预计 7 月底整体中交 [EB/OL]. https://view.inews.qq.com/a/20220415A0802D00 [2022-04-15].

[28] 李军，高艳，孙瑞华，等. 直击煤化工高质量发展之路 [N]. 中国化工报，2019-04-23，7 版.

[29] 中化新网. 炭载钴基浆态床合成气制油技术通过科技成果鉴定 [EB/OL]. http://www.ccin.com.cn/detail/1b276819361059bdeded8e09ff709513 [2022-05-19].

[30] 王辅臣. 煤气化技术在中国：回顾与展望 [J]. 洁净煤技术，2021，27（1）：1-33.

[31] 中国运载火箭技术研究院. 喜报！3500 吨超大型航天炉投产！粉煤日处理量级别世界最大 [EB/OL]. https://baijiahao.baidu.com/s?id=1717567367988992055&wfr=spider&for=pc [2021-11-27].

[32] 石化联合会煤化工专委会. "航天炉无烟粉煤清洁高效转化技术"通过石化联合会组织的科技成果鉴定 [EB/OL]. https://www.sohu.com/a/416334883_99896823 [2020-09-03].

[33] 田庄. 航天工程："航天方案"助力产业低碳前行 [N]. 中国化工报，2022-09-30，40 版.

[34] 李影. 稳定运行超百天 国之重器"晋华炉3.0"再创佳绩 [N]. 山西经济日报，2021-06-20，1 版.

2.2　Clean and Efficient Coal Utilization Technology

Liu Yong，*Deng Shuping*，*Han Yizhuo*
（Institute of Coal Chemistry，Chinese Academy of Sciences）

Clean and efficient utilization of coal is one of the main tasks of China's energy strategy at present，and it is also an important way to achieve Chinese government's "carbon emission peak and carbon neutrality" objective. This report briefly introduces the progress and industrial demonstration of coal clean and efficient utilization technologies worldwide，such as high-efficiency coal-fired power generation，coal grading utilization，clean coal conversion，etc.in recent years. At last，the development trend of coal clean and efficient utilization technologies has been proposed.

2.3　太阳能技术新进展

沈文忠　王如竹

（上海交通大学）

　　太阳能技术主要是指人类主动利用太阳能资源，并将其作为一种有效的能源形式用于生活和生产的技术。太阳能资源总量巨大且分布广。按照原理与技术的不同，太阳能技术主要分为两大类：光热技术与光伏技术。太阳能光热技术（包括光热发电）将太阳辐射能转换为热能并加以利用，主要包括光热转换和热能利用。太阳能光伏技术的核心器件是太阳电池，太阳电池利用半导体材料的光伏效应与半导体器件工艺来发电。下面将重点介绍该技术的发展现状并展望其未来。

一、国际新进展

（一）太阳能光热技术

　　世界各国，特别是欧美等发达地区或国家纷纷制定政策规划以推进太阳能的利用。例如，欧盟 2020 战略（Europe 2020 Strategy）提出：到 2020 年可再生能源占总能耗的 20%，其中太阳能热利用达到 12 Mt 油当量[①]，2010～2020 年太阳能热利用的年增长率为 23.1%；太阳能热发电达 15 GW，发电量为 43 TW·h，2010～2020 年太阳能热发电的年增长率为 31.1%。美国能源部于 2008 年启动 SunShot Initiative[1]，为太阳能热发电技术提供支持。2010～2020 年，欧盟启动了太阳能中温集热技术的工业应用——太阳能锅炉，以及太阳能区域供热。目前太阳能与热泵的结合，以及规模化储热为太阳能光热技术新的前沿。

1. 太阳能光热利用

　　太阳能光热利用是以热能转换为主的太阳能转换和利用过程，主要涉及太阳能中低温热利用（如太阳能生活热水和供暖）和太阳能中温热利用（工业加热）等。2020年全球太阳能集热器装机容量已达 501 GW，其主体用在太阳能生活热水、建筑采暖、

---

　　① 吨油当量（ton of oil equivalent，TOE）是指 1 t 原油所含的热量（约为 42 GJ），一般用作各种能源的计量单位。

工业过程加热以及太阳能海水淡化领域。近期国际主要进展包括太阳能中温集热、太阳能空调与热泵、太阳能蓄热以及光伏和光热（PV/T）集成技术。

（1）太阳能中温集热技术，主要是利用太阳能获得 80～250℃ 的热能，涉及以下几个方面：①真空管中温集热涂层技术，可使 150℃ 的集热效率达 45%；②菲涅耳透镜线聚焦技术，可产生 200℃ 左右的热能；③槽式集热器线聚焦技术，可产生 200℃ 以上的热能。用于中高温热发电（槽式和菲涅耳式）的太阳能集热器正通过降低集热管的成本来扩大其工业应用的范围。

（2）太阳能空调与热泵技术，主要包括溴化锂－水吸收式制冷、硅胶－水吸附式制冷、氨－水吸收式制冷，以及利用干燥剂除湿的除湿制冷[2]。太阳能低温干燥储粮技术、太阳能中央空调、住宅用空调制冷/供热系统已有应用。近几年，太阳能集热器与蒸汽压缩式热泵结合的直膨式太阳能热泵发展迅速，已用于生活热水建筑供暖领域。随着光伏市场和产品的发展，光伏直驱的直流空调制冷系统已形成规模化应用。

（3）太阳能蓄热技术。相变储热（PCM）已经形成潜在的市场，基于吸附和吸收过程储热的化学蓄热是目前国际储热研究的热点。

（4）PV/T 技术。光伏电池板在吸收太阳光的过程中会导致电池板升温，从而降低太阳能电池板的发电效率。为解决这个问题，已开发出以 PCM 或者直接流体冷却的 PV/T 技术。PV/T 技术不仅提高了 PV 的发电效率，而且可把回收的热能用于生活热水或建筑采暖领域。此外，与 PV/T 结合的发电直接驱动蒸汽压缩式热泵系统已形成市场，可为建筑物供热水和供暖。

2. 太阳能热发电技术

太阳能热发电主要采用聚焦集热技术，以产生驱动热力机所需的高温液体或蒸汽，进而实现发电。聚光太阳能热发电（concentrated solar power，CSP）根据聚焦技术不同可分为槽式、塔式、碟式和线性菲涅耳式发电技术。槽式热发电已有多年商业运行经验，塔式发电已证明商业运行的可行性。太阳能热发电的热功转换部分与常规火力发电机组相同，均有成熟的技术可利用，特别适宜大规模使用。2020 年全球 CSP 发电容量已经达到 6.2 GW[3]。

（1）槽式热发电系统具有相对简单的结构，可经串、并联排列，构成较大容量的热发电系统，已实现商业化应用。随着技术不断发展，这类系统已把效率由初始的 11.5%（1984 年由美国 Luz 公司创造）提高到现在的 15% 以上，发电成本由 26.3 美分/（kW·h）降到 8.5 美分/（kW·h）。[3]

（2）塔式太阳能热发电可实现高聚光比，其中央集热接收器（吸热器）可在 500～1500℃ 的温度范围内运行，非常有助于提高发电效率。塔式系统从光到电的年平均效率已提高到 20%。传统的中央集热接收器具有低于 600℃的技术温度，热力循环效率约为 40%；在较高温度下，其熔盐工质变得不稳定；使用固体颗粒作为熔盐工质，可使中央集热接收器具有最高超过 1000℃的技术温度，并把循环效率提高到 50% 以上[4]。

（3）线性菲涅耳式光热发电系统具有结构相对简单、成本低、风阻小等优势，可经串、并联排列，构成较大容量的热发电系统。它可获得比槽式聚焦更高的温度，以及更高的发电效率。

近些年，光伏电站的成本降低给太阳能光热电站的发展带来很大冲击。随着光伏和风电容量的增大，规模化储能已成为其发展的关键。太阳能热发电具有大规模储热能力，因而获得重视。此外，与太阳能热发电相对应的泵热（pumped heat）及电加热相变储热发电（卡诺电池）已成为新热点。

（二）太阳能光伏技术

太阳能光伏产业主要涉及光伏材料、太阳电池与组件、光伏逆变器、光伏系统集成技术等[5]。其核心器件是太阳电池，已商业化的太阳电池主要是晶体硅太阳电池与薄膜太阳电池。目前太阳电池研发的热点是效率超过 25% 的高效晶体硅太阳电池和效率超过 30% 的钙钛矿薄膜 / 晶体硅叠层太阳电池[6]。

1. 效率超过 25% 的高效晶体硅太阳电池

晶体硅太阳电池具有制造成本低、材料稳定性好和制造工艺成熟等优点，过去 40 年一直是太阳能光伏产业的主要电池产品，2021 年市场占比超过 95%。目前光伏市场的主流产品是 1989 年澳大利亚新南威尔士大学（UNSW Australia）提出的晶体硅钝化发射极和背面电池（passivated emitter and rear cell，PERC）[7]。2022 年 6 月，PERC 电池的量产平均效率已达 23.5%。随着 PERC 电池的效率逐渐接近极限，太阳能光伏技术的开发热点目前集中在更高效的日本三洋公司①20 世纪 90 年代提出的非晶硅 / 晶体硅异质结（Si heterojunction，SHJ）[8] 和德国弗劳恩霍夫太阳能系统研究所（Fraunhofer ISE）2013 年提出的隧穿氧化钝化接触（tunnel oxide passivated contact，TOPCon）[9] 太阳电池方面。TOPCon 电池采用超薄 SiO_x 和掺杂多晶硅钝化结构，可有效实现电子的选择性接触；而 SHJ 电池具有电子与空穴全面选择性接触和异质界面两大优异特性。日本钟化公司（Kanaka）保持着单结晶体硅太阳电池效率的世界纪录；他们采用 SHJ 技术，利用美国阳光电力（SunPower）公司提出的全背电极（interdigitated back contact，IBC）构型，在 2017 年实现了 26.7% 的电池效率[10]。德国哈梅林太阳能研究所（ISFH）采用 TOPCon 技术和 IBC 构型，在 2019 年实现了

---

① Sanyo，现已并入松下（Panasonic）。

26.1% 的电池效率[11]。

2. 效率超过 30% 的钙钛矿薄膜 / 晶体硅叠层太阳电池

碲化镉（CdTe）和铜铟镓硒（CIGS）薄膜太阳电池曾经是世界各国重点开发的光伏技术。近年来，随着晶体硅太阳电池性价比的不断提高，国际上很多薄膜电池公司已放弃相关的产业化工作。目前仅有美国第一太阳能公司（First Solar）在大规模生产 CdTe 薄膜电池，近两年年产量超过 5 GW，2022 年底达到 9 GW。太阳能光伏技术的研发热点集中在日本东京大学 2009 年提出的钙钛矿薄膜太阳电池[12]、美国麻省理工学院 2015 年提出的钙钛矿薄膜 / 晶体硅叠层太阳电池[13]，以及韩国庆熙大学 2015 年提出的钙钛矿 / 钙钛矿薄膜叠层太阳电池[14]。钙钛矿结构材料是一类具有 ABX_3 分子结构的化合物，具备很高的吸收系数、陡峭的吸收边及较宽的可调带隙范围的优点。钙钛矿太阳电池效率已从 3.8% 提高至 25.7%[6]。目前其科研热点主要在效率、稳定性和大面积产业化方面，其中无机取代有机、锡元素取代铅元素是解决钙钛矿稳定性和毒性最有效的方法，已成为新趋势。

同时，钙钛矿独特的晶体结构和光电特性使其非常适合于构造叠层太阳电池。钙钛矿薄膜 / 晶体硅叠层太阳电池利用不同带隙的材料吸收不同能量的光子，以充分利用太阳光，未来有望突破晶硅单结电池的效率极限。基于细致平衡理论的预测，1.12 eV 带隙的硅与 1.72 eV 带隙的钙钛矿组合，可使电池达到 43% 的极限效率[15]。该技术现阶段的研发主要集中在优化材料制备工艺、减少寄生吸收和反射损失等方面。钙钛矿薄膜 / 晶体硅叠层太阳电池的效率已从 13.7% 快速提升至 31.3%[6, 16]。英国牛津光伏公司从 2020 年开始启动 250 MW 钙钛矿薄膜 / 晶体硅叠层太阳电池量产的项目，2020 年 12 月小面积（1 cm²）电池效率达到 29.52%[17]，并于 2022 年 6 月使其叠层太阳电池在 274 cm² 有效面积上实现了认证 26.8% 的效率。2022 年 7 月，瑞士洛桑联邦理工学院和瑞士电子与微技术中心共同创造了 31.3% 的钙钛矿薄膜 / 晶体硅叠层太阳电池认证效率的世界纪录[16]。钙钛矿薄膜 / 晶体硅叠层太阳电池技术必将成为学术界和产业界的研发热点。

二、国内新进展

"双碳"目标为我国太阳能技术的发展和应用提供了极佳机会。

（一）太阳能光热技术

太阳能热利用可更多更好地为建筑物供热（热水、采暖），有更多机会成为工业热能的重要组成部分。随着我国可再生能源比例的不断提高，与大规模储热结合的太阳能热发电以及基于储热发电的卡诺电池开始成为研究热点，高参数热发电系统可以显著提高热力发电的效率。

2020年底，全球太阳能集热器产量已达到501 GW，其中中国产量占70%以上。2020年中国累计新增太阳能集热容量为17.5 GW，在全球大幅领先，其中建筑业增量由于房地产业的压缩而放缓，工业加热有所增长。我国在太阳能中温集热器的研发方面处于领先地位，真空管集热器从质量到成本均领先世界，已大量出口欧洲、美国等地区或国家。基于太阳能中温集热技术的新突破，以及太阳能热利用的变温特性，上海交通大学已开发出介于单双效之间的变效溴化锂-水吸收式空调，实现了热能利用效率的最大化。"十二五"期间骨干太阳能企业生产的太阳能中温集热器的集热效率已达40%以上（集热温度为150℃），太阳能热利用行业推进了一批太阳能锅炉的实际应用[18]。

在中低温热利用领域，太阳能热泵及PV/T集热系统，太阳能中温集热及其工业应用，以及与各类太阳能热源温度匹配的太阳能制冷技术是研发热点。一批太阳能热利用企业在推进太阳能中温工业应用、跨季节储热、太阳能与热泵结合等方面进行大量的研发，促进了行业发展。为充分利用太阳能以满足西藏和新疆的供热需求，以PCM60为代表的水合盐蓄热近期获得较快发展，已形成产业[19]。太阳能跨季节储热+地源热泵系统是将太阳能光热技术、浅层地源热技术和水体或土壤储热技术有效融合的一种新型清洁采暖方案。利用大型蓄水池的超大规模跨季节储热，已在西藏获得实际应用。此外，格力电器股份有限公司于2014年开始形成并量产光伏电池直流空调能源综合系统。

在太阳能热发电研究和开发领域，近年来我国已形成一批骨干企业。《2021中国太阳能热发电行业蓝皮书》指出[20]，为促进太阳能光热发电的全产业链发展，全面提升核心竞争力，太阳能热利用行业成立了太阳能光热联盟，已构建包括原材料、重大装备制造、系统集成与项目建设的产业技术创新链。全国光热电站总装机容量达到520 MW，几乎涵盖所有太阳能热发电技术。2021年以来有一批商业化的光热电站投入运行，如中广核德令哈50 MW槽式光热电站、中控德令哈50 MW熔盐塔式光热电站、兰州大成敦煌50 MW熔盐线性菲涅耳式光热电站等。其中，中广核德令哈光热电站是中国首个大型商业化槽式光热电站，采用槽式导热油集热技术路线，配套9 h熔融盐储热，可实现24 h连续稳定发电；中控德令哈50 MW熔盐塔式光热电站装机容量为50 MW，配置7 h熔盐储能系统，镜场采光面积达54.27万m^2，设计年发电量为1.46亿kW·h；兰州大成敦煌50 MW熔盐线性菲涅耳式光热电站集热器的设计出口温度为550℃，配置15 h储热系统，正常天气可实现24 h连续发电，是世界首座投入商业化运营的 50 MW 熔盐线性菲涅耳式光热电站。2021 年这些太阳能光热电站均执行 1.05 元 /（kW·h）的上网电价。

（二）太阳能光伏技术

从 2005 年以来，我国光伏产业一直迅猛发展。近 5 年世界 80% 以上的太阳电池都产自我国，预计短期内我国作为太阳电池第一大国的地位不会改变，优势会越来越大。随着电池效率要求的提高，近年晶体硅太阳电池经历了从多晶硅到单晶硅的转变。2022 年我国主流的 PERC 单晶硅太阳电池的产量将超过 200 GW，平均转换效率可达 23.0%～23.5%，规模和电池效率都处在国际领先水平，其中，隆基绿能科技股份有限公司（简称"隆基绿能"）在 2019 年创造了 24.06% 的世界纪录。目前，一些骨干的光伏企业将 25% 效率的晶体硅太阳电池的规模化生产作为突破的重点。在高效的 SHJ 和 TOPCon 太阳电池结构概念方面，我国的骨干光伏企业已全面掌握相关技术。目前这两种电池效率的世界纪录分别为隆基绿能和晶科能源股份有限公司 / 苏州中来光伏新材股份有限公司在 2022 年创造的经过第三方认证的 26.81% 和 26.1%；与 IBC 构型结合的高效电池产业化也在快速推进。我国 SHJ 和 TOPCon 太阳电池产量在 2022 年达到 10 GW，产能接近 50 GW，未来 3 年的年均增长率预计为 40%～50%。此外，光伏产业通过 10 多年的高质量发展，已涌现出一批能够提供高效太阳电池生产装备和各种原副材料的产业链配套公司，太阳能光伏产业是我国为数不多的具有国际竞争优势的战略性新兴产业。

在钙钛矿薄膜和钙钛矿基叠层太阳电池研发方面，我国高校和企业研究机构也取得不错的成绩。2022 年，南京大学研发的钙钛矿叠层太阳电池的认证效率达到 28%[6]，这是目前全钙钛矿叠层电池的世界最高效率，此外，该实验室组件的认证效率达到 21.7%[21]，全钙钛矿叠层柔性器件认证效率达到 24.4%[22]。在产业界看好的钙钛矿薄膜 / 晶体硅叠层太阳电池方面，2021 年，南开大学在晶体硅 SHJ 金字塔绒面上实现了 27.48% 的串联效率[23]。2022 年，北京大学通过组合 TOPCon 结构晶体硅电池与钙钛矿太阳电池，实现了 27.6% 的串联效率[24]。目前我国在钙钛矿基叠层太阳电池领域取得的进展将助力中国在全球光伏行业继续保持竞争力。

三、发展趋势及展望

太阳能热利用正向高效、低成本方向发展。太阳能中温利用的关键是在不同工业部门拓展其应用，提供适当的太阳能锅炉解决方案，以实现太阳能高效集热系统与化石燃料结合利用的一体化。一个新趋势是太阳能集热系统与高温热泵的结合，以实现中高温工业供热，替代煤锅炉和燃气锅炉。中温太阳能集热器和各类吸收或吸附制冷机的有机组合，是太阳能空调的一个发展方向。太阳能热利用产业的拓展还需要开展更多的其他领域（如太阳能海水淡化和空气取水）的研发。太阳能蓄热技术的突破可为太阳能热利用带来新的商机。

太阳能热发电的发展方向如下：高反射率、高耐久性的反射材料，高性能涂层的反射器或接收器，高温、高效率的太阳能接收器材料和设计，新型高温传热流体，高温、低成本储热材料和系统，高效率电力循环，创新的、低耗水热电站运行和维护技术，高度自动化的生产设施和设备，快速的现场安装和最小的整地技术，新型 CSP 元件及系统等。槽式集热器成本目前已经下降至 235 美元 /m^2。经过场地、集热系统、蓄热、发电循环等的全方位创新，太阳能热发电全球平准发电成本（levelized cost of electricity，LCOE）在 2010～2020 年从 0.340 美元/（kW·h）降至 0.108 美元/（kW·h）［约合 0.702 元人民币 /（kW·h）］[25]。目前多数商业化塔式光热电站以熔融盐为传热介质，其运行温度多限制在 565℃。配备超临界二氧化碳（sCO_2）动力循环的光热发电系统涡轮机可在约 700℃ 的温度下运行，热效率近 50%，远高于传统光热发电系统的 35%～40% 水平。这种高参数光热发电动力循环技术（如超临界二氧化碳布雷顿循环）已成为国内外光热发电的研究前沿。

以晶体硅太阳电池为代表的太阳能光伏技术在高效太阳电池结构和工艺方面经过多年的优化，再加上已达到 1 TW 的大规模应用，使太阳能光伏电站成本在 10 多年的时间里降低 90% 以上。相应地，国际光伏发电投标度电价格在 2017～2021 年最低分别达到 1.97 美分/（kW·h）、1.79 美分/（kW·h）、1.69 美分/（kW·h）、1.31 美分/（kW·h）和 1.04 美分/（kW·h），低于煤电价格。目前，光伏产业链的发展路线已清晰，大规模生产的晶体硅太阳电池效率要求达到 25%～27%，其开发热点是 SHJ 和 TOPCon 双面电池。这两种高效电池基于 n 型单晶硅片。n 型磷掺杂大尺寸单晶硅片技术的前景较为明朗，晶体硅材料更多采用低成本硅烷流化床法的颗粒硅技术，如再配合采用高效逆变和智能跟踪系统，预计未来 2～3 年内可以实现低于 1 美分/（kW·h）的 LCOE。因此，可再生的太阳能光伏发电将成为地球上最便宜的能源，引领全球能源革命，中美两国已在 2021 年宣布，未来 20～30 年光伏发电将成为本国最大的电力来源，占比达到 40% 左右。

钙钛矿薄膜 / 晶体硅叠层太阳电池具有更高的理论效率上限，且可继承传统硅电池的产业化优势，其下一步的研究方向是：为实现大规模的制造，刮涂法、狭缝涂布法、喷墨印刷法和真空蒸发法等是可靠的选择；关于钙钛矿薄膜 / 晶体硅叠层太阳电池的户外稳定性，可以沿用单结钙钛矿太阳电池的优化手段；考虑到叠层太阳电池的双面性质与单结晶硅不同，叠层的电流密度被子电池最小值所限制，因此在叠层太阳电池制造和组件安装之前，就必须将电流密度不匹配降到最低。可以肯定的是，效率超过 30% 的钙钛矿薄膜 / 晶体硅叠层太阳电池将推动光伏产业的可持续发展，并为全球碳中和做出贡献。

参考文献

[1] US Department of Energy. Multi Year Program Plan 2008-2012[EB/OL]. https://www1.eere.energy. gov/solar/pdfs/solar_program_mypp_2008-2012.pdf[2008-04-15].

[2] Wang R，Ge T. Advances in Solar Heating and Cooling[M]. Cambridge：Elsevier/Woodhead Publishing，2016.

[3] REN21 Secretariat. Renewables 2021 Global Status Report[EB/OL]. https://www.ren21.net/gsr-2021/ [2022-07-20].

[4] Joseph S，Levi I，Ranga P. Technical challenges and opportunities for concentrating solar power with thermal energy storage[J]. Journal of Thermal Science and Engineering Applications，2013，5（2）：021011.

[5] 沈文忠. 太阳能光伏技术与应用[M]. 上海：上海交通大学出版社，2013.

[6] Shen W Z，Zhao Y X，Liu F. Highlights of mainstream solar cell efficiencies in 2021[J]. Frontiers in Energy，2022，16：1-8.

[7] Green M A. The passivated emitter and rear cell（PERC）：from conception to mass production[J]. Solar Energy Materials and Solar Cells，2015，143：190-197.

[8] 沈文忠，李正平. 硅基异质结太阳电池物理与器件[M]. 北京：科学出版社，2014.

[9] Feldmann F，Bivour M，Reichel C，et al. Passivated rear contacts for high-efficiency n-type Si solar cells providing high interface passivation quality and excellent transport characteristics[J]. Solar Energy Materials and Solar Cells，2014，120：270-274.

[10] Yoshikawa K，Kawasaki H，Yoshida W，et al. Silicon heterojunction solar cell with interdigitated back contacts for a photoconversion efficiency over 26%[J]. Nature Energy，2017，2：1-8.

[11] Hollemann C，Haase F，Schäfer S，et al. 26.1%-efficient POLO-IBC cells：quantification of electrical and optical loss mechanisms[J]. Progress in Photovoltaics：Research and Applications，2019，27：950-958.

[12] Kojima A，Teshima K，Shirai Y，et al. Organometal halide perovskites as visible-light sensitizers for photovoltaic cells[J]. Journal of the American Chemical Society，2009，131：6050-6051.

[13] Mailoa J，Bailie C，Johlin E，et al. A 2-terminal perovskite/silicon multijunction solar cell enabled by a silicon tunnel junction[J]. Applied Physics Letters，2015，106：121105.

[14] Heo J H，Im S H. $CH_3NH_3PbBr_3$-$CH_3NH_3PbI_3$ perovskite-perovskite tandem solar cells with

exceeding 2.2 V open circuit voltage[J]. Advanced Materials, 2016, 28: 5121-5125.

[15] Yu Z, Leilaeioun M, Holman Z. Selecting tandem partners for silicon solar cells[J]. Nature Energy, 2016, 1: 16137.

[16] 奚霞. 31.3%！钙钛矿 / 硅叠层太阳电池新世界效率记（纪）录 [EB/OL]. http://news.sohu.com/a/564823282_121124363[2022-07-07].

[17] Oxford PV. Oxford PV hits new world record for solar cell[EB/OL]. https://www.oxfordpv.com/news/oxford-pv-hits-new-world-record-solar-cell[2020-12-21].

[18] Zhao B C, Li T X, Gao J C, et al. Latent heat thermal storage using salt hydrates for distributed building heating: a multi-level scale-up research[J]. Renewable and Sustainable Energy Reviews, 2020, 121: 109712.

[19] 中竞集团. T160 太阳能中温集热器. http://www.jointeam6.com/?page_id=1070[2022-12-30].

[20] 国家太阳能光热产业技术创新战略联盟，中国可再生能源学会太阳能热发电专业委员会，中关村新源太阳能热利用技术服务中心. 2021 中国太阳能热发电行业蓝皮书 [R]. 北京，2021.

[21] Xiao K, Lin Y H, Zhang M, et al. Scalable processing for realizing 21.7%-efficient all-perovskite tandem solar modules[J]. Science, 2022, 376: 762-767.

[22] Li L, Wang Y, Wang X, et al. Flexible all-perovskite tandem solar cells approaching 25% efficiency with molecule-bridged hole-selective contact[J]. Nature Energy, 2022, 7: 708-717.

[23] Li Y C, Shi B A, Xu Q J, et al. Wide bandgap interface layer induced stabilized perovskite/silicon tandem solar cells with stability over ten thousand hours[J]. Advanced Energy Materials, 2021, 11: 2102046.

[24] Wu Y, Zheng P, Peng J, et al. 27.6% perovskite/C-Si tandem solar cells using industrial fabricated TOPCon device[J]. Advanced Energy Materials, 2022, 12: 2200821.

[25] IRENA. Renewable Power Generation Costs in 2020[EB/OL]. https://www.irena.org/-/media/Files/IRENA/Agency/Publication/2021/Jun/IRENA_Power_Generation_Costs_2020.pdf[2022-06-28].

2.3　Solar Technologies

Shen Wenzhong，*Wang Ruzhu*
（Shanghai Jiao Tong University）

Solar technologies include conventional solar thermal applications, solar thermal power technologies and photovoltaic technologies. In conventional solar thermal applications, medium temperature solar collector（80～250℃）, solar thermal energy storage technologies as well as solar air conditioning and photovoltaic-thermal hybrid systems have achieved significant progress in recent years. United States and European countries are leading countries in developing advanced solar thermal power technologies, however, the new progress in China is significant in developing various solar thermal power plants. The global levelized cost of electricity（LCOE）of solar thermal power generation decreased from US $0.340/（kW·h）in 2010 to US $0.108/（kW·h）in 2020. Chinese researchers have worked actively and made great contributions in solar air conditioning and refrigeration technologies, while Chinese companies have also made substantial progress in developing cost-effective technologies on middle temperature solar boilers for industry uses. The universal application of solar photovoltaic depends on the conversion efficiency of solar cells and the cost of the required materials. The rapid progress of current photovoltaic R&D and material science greatly promote the development of this cost-competitive renewable energy technology. During the past 5 years, Chinese photovoltaic industry has dominated the high-efficient crystalline silicon solar cells with the world's lowest bid price for large-scale photovoltaic plant reached US 1.04cents/（kW·h）in 2021 and expected to be below US 1cent/（kW·h）within 2-3 years. The international photovoltaic community is now pursuing >25%-efficient passivated contact silicon solar cells and >30%-efficient perovskite/silicon and perovskite/perovskite tandem solar cells.

2.4　风力发电技术新进展

胡书举

（中国科学院电工研究所）

　　风能是近年来技术最为成熟、发展最迅速的可再生能源之一，受到世界各发达国家的重视。我国风能资源丰富[1]，据估算，我国陆地 80 m、100 m、120 m 和 140 m 高度的风能资源技术开发量分别为 32 亿 kW、39 亿 kW、46 亿 kW、51 亿 kW；中国近海风能资源按照水深和离岸距离两种方式估算，水深 5～50 m 海域风能资源技术开发量为 4.0 亿 kW，其中水深 5～25 m 海域风能资源技术开发量为 2.1 亿 kW，水深 25～50 m 海域风能资源技术开发量为 1.9 亿 kW；离岸距离 50 km 以内海域风能资源技术开发量为 3.6 亿 kW，其中离岸距离 25 km 海域以内风能资源技术开发量为 1.9 亿 kW，离岸距离 5～50 km 海域技术开发量为 1.7 亿 kW。[1] 风能的利用主要是发电，近年来风力发电技术已取得显著进步，下文简要介绍风力发电技术的国内外新进展并展望其未来。

一、国际新进展

风电作为现阶段发展最快的可再生能源之一，在全球电力生产结构中的占比正在逐年上升。目前全球已有 90 多个国家建设了风电项目，这些项目主要集中在亚洲、欧洲、美洲。巨大的市场需求推动风电技术不断创新，风电的应用呈现出大型化、智能化的发展趋势。根据全球风能理事会（Global Wind Energy Council，GWEC）发布的 2022 年版《全球风电报告》（Global Wind Report 2022）[2]，2021 年，全球新增风电装机 93.6 GW，较 2020 年下降 1.8%，其中陆上风电新增装机容量为 72.5 GW，海上风电新增装机容量为 21.1 GW；截至 2021 年底，全球风电累计装机容量达到 837 GW，同比增长 12.4%，其中陆上累计装机容量达到 780.3 GW，海上风电累计装机容量达到 57.2 GW。

1. 风电机组大型化趋势明显

在海上大功率风电机组方面，全球风电发达国家竞相加大该领域的投入，美国通用电气公司（GE）、西门子歌美飒（Siemens Gamesa）、维斯塔斯（Vestas）等企业正在开发 15 MW 级海上风电机组，预计 2024 年实现商业化。GE 的 Haliade-X 系列风电机组单机容量已从 2020 年的 12 MW，提高到 2021 年的 14 MW；机组叶片长度为 107 m，风轮直径为 220 m，总高度达 260 m，已开展运行测试。西门子歌美飒公司发布单机容量 14 MW（最高可达 15 MW）的海上机组，叶片长度为 108 m，风轮直径为 222 m，扫风面积约为 3.9 万 m^2，预计 2024 年投入商用。维斯塔斯公司发布 V236-15 MW 海上风电机组，叶片长达 115.5 m，扫风面积超过 4.3 万 m^2，总高度达 280 m。据全球风能理事会预测，2030 年海上风电机组单机容量可达 20 MW，风轮直径达 275 m 以上。漂浮式风电机组开始应用示范，单机最大容量为 9.5 MW。截至 2021 年底，全球共有 56.6 MW 的漂浮式海上风电装机并网。欧美多个国家级实验室建立了风电机组传动链地面测试系统，这类系统最大驱动能力达 15 MW，具备海上全工况模拟能力；德国弗劳恩霍夫研究所和亚琛工业大学、美国国家可再生能源实验室

（NREL）和克莱姆森大学等，在加载系统以及电网模拟等方面进行了较深入的研究，已取得前期成果。

2. 海上风电开发利用成为新的增长点

近年来全球海上风电已呈现由近海到深远海、由单一风电到风电和氢等多种能源综合开发利用等特点。德国、英国等海上风电领先国家已率先布局深远海风电。截至 2020 年，欧洲在运的多个 400 MW 及以上海上风电场离岸距离均在 100 km 以上，其中英国已核准的 Dogger Bank 是目前世界上离岸距离最远的风电场，其离岸距离最远处为 290 km。为降低建设成本和提高系统可靠性，欧盟提出全新计划的"欧洲海上风电母线"（European Offshore Busbar），旨在为海上风电场建立专用的北海风电枢纽系统，预计在 2035 年建成海上三端直流电网，在 2050 年建成海上直流母线。多国进行了基于海上风能、太阳能、波浪能、氢能等的多能互补系统的布局及应用示范，全球首个海上风电制氢项目——荷兰 PosHYdon 氢能试点项目于 2021 年正式投产；荷兰皇家壳牌公司全球最大的海上制氢项目 NortH2，预计在 2040 年实现 10 GW 海上风电装机、年产 80 万 t 制氢的目标；法国能源巨头道达尔（Total）公司发起综合利用浮式海上风电、波浪能、氢能等多种能源形式为海洋油气平台供电的项目。

3. 新型大功率风电整机与部件创新更加广泛[3]

随着设计、工艺、制造水平的提升及应用方式的多样化，新型技术路线、未来可替代现有产品并提供更优解决方案的风能转换与利用技术在国际上被广泛研究。欧盟 Deepwind 项目和美国桑迪亚国家实验室（Sandia National Laboratories，SNL）已对大型海上漂浮式垂直轴风电机组开展深入研究。欧盟 Innwind 项目面向 20 MW 级目标研究设计了多风轮风电机组，丹麦维斯塔斯研制出 4 风轮风电机组样机并开展了试验研究。关于新型叶片、轻量化发电机、新型支撑结构与基础等部件的创新研究更加广泛。国外多家机构或企业（如德国 SkySails、意大利 KiteGen、荷兰 KitePowerSystem 等）还探索了高空风电等新型技术，风能制热等非电利用技术研究也得以开展。

4. 风电基础性、支撑性技术不断进步

风电机组整机仿真技术涉及气动、机械、电气控制等复杂多学科的交叉融合[4]，国际上引领主要技术的机构有美国国家可再生能源实验室、丹麦技术大学（Technical University of Denmark，DTU）等，主要软件包括 HAWC2、FAST、Bladed 等。风电规模的不断增大及海上风电的加快发展，迫切需要创新风电机组和风电场数字化技术；美国 GE 公司将数字孪生应用于风电场，有效提高了风电场发电量，降低了运维

成本，延长了风电场寿命，增强了电网协调能力。在风电回收利用方面，大多数风电机组部件（如塔筒、齿轮箱和发电机）均可回收，但机组叶片却由于构成成分中复合材料的独特性而难以回收，国外正在开展回收利用技术的研究。

二、国内新进展

我国是世界上规模最大的风电市场，累计装机和新增装机容量多年保持世界第一。2021年，我国风电新增并网装机4757万kW，为"十三五"以来年投产的第二多，其中陆上风电新增装机3067万kW，海上风电新增装机1690万kW；从新增装机分布看，中东部和南方地区占比约61%，"三北"地区占39%，风电开发布局得以进一步优化。截至2021年底，我国风电累计装机3.28亿kW，其中陆上风电累计装机3.02亿kW，海上风电累计装机2639万kW[5]。国内风电产业从研发、建设到运维，已建立起较为完备的产业链，风电产业技术创新能力也得以快速提升，已形成大兆瓦级风电整机、关键核心大部件自主研发制造能力，建立了具有国际竞争力的风电产业体系，我国风电机组产量已占据全球2/3以上的市场份额，我国作为全球最大风机制造国的地位得以巩固和加强。

1. 大功率风电机组技术水平明显提升

在海上大功率风电机组方面，近年来国内各整机企业相继投入该领域的开发，显著提高了装备技术水平；多家企业面向海上应用推出了10 MW以上机型，不断缩小与国际先进水平的差距[6]。2020年，东方电气风电股份有限公司10 MW海上机组试验运行，明阳智慧能源集团股份公司发布11 MW海上机组；2021年，明阳智慧能源集团股份公司、中国船舶集团海装风电股份有限公司发布16 MW级海上机组；2022年，东方电气13 MW风电机组下线，叶片长度达到103 m；2022年11月，新疆金风科技股份有限公司与三峡集团合作研发的GWH252-16 MW海上风电机组下线，风轮直径为252 m，叶轮扫风面积约5万m²[7]。国内针对漂浮式风电机组的研发起步较晚，2021年，国内第1台5.5 MW漂浮式海上风电机组试运行。国内尚无国家级大型风电机组传动链测试平台，部分整机商所建的试验系统主要用于机组的功率拖动测试，其测试功率等级为8 MW左右，且不具备全部工况模拟功能；部分整机企业正在建设16 MW级功能更先进的传动链地面测试平台。

2. 海上风电加速发展并实现规模领先

在海上风电开发利用方面，我国海上风电装机在2021年底已位居世界第一，从区域布局上看，江苏、广东、福建、浙江、辽宁等省份已实现百万千瓦装机，江苏省海上风电累计装机容量超过千万千瓦[8]。从政策来看，海上风电政策体系正在逐步完善，开发建设管理进一步规范。从成本来看，中国海上风电经过多年发展实现了成本下降，目前全国海上工程造价在 14 000～18 000 元/kW，海上风电将全面进入平价时代，在"十四五"期间海上风电存在 1000～2000 元/kW 的降本空间。从技术装备来看，我国已建成从整机装备制造、基础施工到风机吊装等的成熟产业链，足以支撑每年千万千瓦级海上风电产业的发展。当前并网项目海上风电主流机型的容量超过 6 MW，2021 年 6.0～7.0 MW（不含 7.0 MW）风电机组的新增装机容量占海上新增装机容量的 45.9%。海上柔性直流输电工程取得突破，亚洲首座海上换流站建成投运，"三峡引领号""中船扶摇号"两座漂浮式的样机工程落地。已建成的海上风电项目以离岸距离小于 50 km、装机容量为 200～400 MW 的近海项目为主，未来将加快向深远海发展。我国在海岛可再生能源多能互补系统方面已开展示范探索，以海上风电为主构建海洋可再生能源多能互补供能系统的探索刚起步，正在探索采用风能、海洋能、太阳能等清洁能源作为海上渔业生产、油气平台以及无电岛屿的电力来源。

3. 开始探索新型大功率风能利用技术

国内已有多家机构开始对不同技术路线的风能技术开展探索研究。新型风电利用形式包括高空风电、聚风式风电等，但基本都处于起步阶段，在性能、可靠性、经济性等方面与国外相比还有较大差距，"十三五"期间科技部立项支持开展兆瓦级新型风电技术路线的探索研究。风能直接转换为热能的研究刚起步。

4. 风电基础性、支撑性技术具备一定的积累

国内部分研究机构和企业在突破国外软件垄断方面进行一系列努力，已形成一定的技术积累，但在技术成熟度方面与国外商业软件还有差距。目前我国风电数字化程度低，尚未建立风电机组和风电场数字化的统一标准和技术体系，仅初步开发出如 EnOS、"风云集控"等从开发到生产管理的数字平台。未来 5～10 年，退役机组将逐年显著增加，叶片等部件回收利用的相关研究已得到更多的关注。

三、发展展望

全球风能理事会市场信息（GWEC Market Intelligence）平台预计[2]，在当前的政策环境下，2022～2026 年全球风电将新增装机 557 GW，年均新增装机不少于 110 GW。2022～2026 年全球陆上风电有望新增装机 466 GW，复合年均增长率将达

到 6.1%。2022～2026 年，全球海上风电有望新增装机 90 GW 以上，复合年均增长率
将达到 8.3% 以上。

作为全球最大的陆上风电市场，预计"十四五"期间我国的陆上风电发展将进一
步加快。国家"十四五"规划中的可再生能源发展战略已为落实"碳达峰、碳中和"
目标铺平道路，近期实施的电力市场改革有助于推动以可再生能源为基石的能源革命。
我国将成为最大的海上风电市场，2022～2026 年有望新增海上风电装机 45.6 GW。

根据国家发展和改革委员会、国家能源局等九部门联合印发的《"十四五"可再
生能源发展规划》[9]，"十四五"期间我国将坚持生态优先、因地制宜、多元融合的发
展方针，在"三北"地区优化推动风电和光伏发电基地化和规模化开发，有序推进海
上风电基地建设[8]。相关举措包括：优化近海海上风电布局，鼓励地方政府出台支持
政策，积极推动近海海上风电规模化发展；开展深远海海上风电规划，完善深远海海
上风电开发建设管理，推动深远海海上风电技术创新和示范应用，探索集中送出和集
中运维模式，积极推进深远海海上风电降本增效，开展深远海海上风电平价示范；探
索推进具有海上能源资源供给转换枢纽特征的海上能源岛建设示范，建设海洋能、储
能、制氢、海水淡化等多种能源资源转换利用一体化设施；加快推动海上风电集群化
开发，重点建设山东半岛、长三角、闽南、粤东和北部湾五大海上风电基地。

"十四五"期间我国风电关键技术突破展望如下。

1. 超大型、高可靠性海上风电机组与关键部件研制技术

面向 15 MW 级及以上海上风电机组技术的应用需求，突破整机轻量化设计集成
技术、超长叶片设计技术、新型发电机与变流技术、先进控制技术，解决整机集成、
超长叶片设计制造、全国产化主控技术等问题。

开展超大功率整机集成开发及叶片、齿轮箱、发电机、变流器等关键部件的研制，
在基础理论、方法及先进控制、材料等方面深入研究，同时在大型主轴承、主控可编
程逻辑控制器（PLC）及变流器功率器件等方面加强自主研发力度并加快进度[10]。

2. 海上风电汇集、输电技术与关键装备

面向海上风电大规模汇集与远距离输送需求，突破系统设计、自主关键装备研制
技术，解决低成本、高效率汇集、输送及稳定运行控制问题。

开展海上风电开发利用需要进行顶层设计和规划，结合我国不同海域环境、海况
及电网条件，研究突破多种典型系统（近、中、远海）设计、系统高效/稳定/安全
运行技术，实现换流站、变换器、海缆等关键装备的自主研制，从海上风电场设计、
装备自主研制、送出通道集约化、运维智能化等多个方面尽快降低海上风电开发成本

并实现平价上网。

3. 风电自主设计技术与工具软件开发

面向我国风电领域设计、仿真工具软件缺乏等"卡脖子"的问题，结合我国风电开发的资源、环境条件，需要自主研发风资源评估、风电场设计、风电机组仿真分析工具软件，整合国内优势单位和资源，组织多学科力量开展风电自主设计工具软件的攻关，以形成持续支持、产品升级迭代的机制，尽快建立我国风电的自主设计体系。

4. 大功率风电装备试验测试技术与公共测试平台

我国大功率海上风电装备测试技术严重滞后于机组研发的进度，缺乏传动链等地面公共试验平台，海上风电测试标准不完善，亟须建设功率风电装备试验测试技术与公共测试平台，加快研发超大型风电设备地面和现场试验测试技术，健全海上风电标准体系。

参考文献

[1] 朱蓉，王阳，向洋，等. 中国风能资源气候特征和开发潜力研究 [J]. 太阳能学报，2021，42（9）：409-418.

[2] 全球风能理事会（GWEC）. 2022 年全球风能报告（Global Wind Report 2022）[R]. Brussels，2022.

[3] Watson S，Moro A，Reis V，et al. Future emerging technologies in the wind power sector：a European perspective[J]. Renewable and Sustainable Energy Reviews，2019，113：109270.

[4] Veers P，Dykes K，Lantz E，et al. Grand challenges in the science of wind energy[J]. Science，2019，366（6464）：eaau2027.

[5] 国家能源局. 国家能源局 2022 年一季度网上新闻发布会文字实录 [EB/OL]. http://www.nea.gov.cn/2022-01/28/c_1310445390.htm[2022-01-28].

[6] 全球风能理事会（GWEC）. 2022年全球海上风电报告（Global Offshore Wind Report 2022）[R]. Brussels，2022.

[7] 中国长江三峡集团有限公司. 全球单机容量最大 16 兆瓦海上风电机组下线 [EB/OL]. https://www.ctg.com.cn/sxjt/xwzx55/ttxw15/1389729/index.html[2022-11-23].

[8] 中国可再生能源学会风能专业委员会. 中国风电产业地图 2021[R]. 北京，2022.

[9] 国家发展和改革委员会，国家能源局，财政部，等. "十四五"可再生能源发展规划 [R]. 北京，2021.

[10] 刘吉臻，马利飞，王庆华，等. 海上风电支撑我国能源转型发展的思考 [J]. 中国工程科学，2021，23（1）：149-159.

2.4　Wind Power Generation Technology

Hu Shuju

（Institute of Electrical Engineering，Chinese Academy of Sciences）

In recent years，China's wind power industry has developed rapidly and the technical level has been significantly improved. Wind power has become one of the important supporting forces to achieve "Carbon Peaking and Neutrality Goals". The recent progress in the field of wind power at home and abroad from the aspects of the trend of large-scale wind turbines，the development and utilization of offshore wind power，the innovative exploration of new wind power，and the basic and supporting technologies of wind power are introduced in this paper，and the future industrial development and technologies is looked forward to be broken through.

2.5　海洋能技术新进展

史宏达

（中国海洋大学工程学院）

　　煤炭、石油等传统化石燃料储量有限且严重污染环境。为缓解传统能源供需的紧张关系，全球一直致力于寻求可替代传统能源的可再生清洁能源。海洋能作为可再生清洁能源，因其分布广、储量巨大受到世界各海洋国家的重点关注。我国海洋能资源丰富，具有极大的开发潜力[1]。"十二五"以来我国对海洋能的研发投入不断增加，海洋能发电技术的整体研发水平显著提升。下面重点介绍世界海洋能技术的研究新进展并展望其未来发展趋势。

一、国内外新进展

1. 潮汐能

　　在国际上，英国是较早研究潮汐发电的国家，其正在苏格兰北部彭特兰湾

（Pentland Firth）建造的 MeyGen 潮汐能项目（MeyGen tidal energy project）是全世界最大的潮汐能发电计划。2016 年投入了首台涡轮机组。2017 年 2 月，英国亚特兰蒂斯（Atlantis）公司的第一台 AR1500 潮流能发电装置布放在 MeyGen 项目基地，8 月部署了第 3 台 HS-1500 涡轮机[2]，2017 年 3 台涡轮机均正常运行，发电总量超过 700 MW·h。MeyGen 潮汐能项目未来完成后将有 269 台潮汐涡轮机，足以供应苏格兰 175 000 户家庭用电。2017 年 8 月，MeyGen 潮汐能项目的所有机组创下潮汐能发电站月发电量 2200 MW 的新世界纪录。2021 年，苏格兰轨道海洋动力（Orbital Marine Power）公司（一般称为 Orbital 公司）正式推出浮动式 O2 潮汐能发电平台，如图 1 所示。O2 是一个 2 MW 级别的海上发电装置，重达 680 t，长约 74 m，使用两个 10 m 的 1 MW 转子涡轮机；运行方式与一般的潮汐能设备有所不同，设备锚泊在潮汐波动大的海域与河流中，并利用底部的转子旋转发电，年发电量可满足 2000 户英国家庭的需求，预测每年可抵消约 2200 t CO_2 排放。与拦坝式潮汐能发电方案相比，O2 更具成本优势。

图 1　Orbital 公司 O2 潮汐能发电平台

　　日本和英国非常类似，属于海洋岛屿性国家。据 2022 年 4 月的《日本经济新闻》报道，利用波浪和潮汐发电的海洋能开发正在日本普及，日本九州电力系统企业在 2022 年度开始大规模潮汐发电的验证试验，以降低成本。在潮汐发电领域，日本九州电力系统的九电未来能源公司（位于福冈市）从 2022 年开始在长崎县五岛市进行输出功率为 1000 kW 级的试验。

　　我国自 1958 年开始研究开发利用潮汐能，于 20 世纪 60 年代开始建设潮汐电站，至 1985 年先后建成沙山、岳浦、白沙口、江厦等约 40 座潮汐电站，这些电站均属小型潮汐电站。由于种种原因，大部分潮汐电站已关闭，截至 2020 年还在运行的仅有 2 座，均位于浙江省境内，如表 1 所示[3,4]。

表 1　国内目前正在运行的潮汐电站

站名		江厦	海山
所在地		浙江温岭	浙江玉环
装机容量 /kW	现有	4100	250
	设计	3000	150
平均潮差 /m		5.08	4.91
投产时间		1980 年 5 月	1975 年 12 月

2022 年 5 月 30 日，国家能源集团龙源浙江温岭潮光互补型智能光伏电站实现全容量并网发电，该项目依托温岭江厦潮汐试验电站，在库区约 2000 亩①水面上安装了 18.5 万余块光伏发电组件，建成全国首座潮光互补型智能光伏电站并实现全容量并网发电，开创了潮汐与光伏完美协调发电的新能源综合运用新模式。

2. 潮流能

在国际上，随着潮流能发电技术的不断发展，各国开展了一些潮流能项目，其中欧洲国家起到主导作用。英国 Orbital 公司研发的 O2 机组于 2017 年 10 月至 2018 年 10 月在欧洲海洋能源中心（European Marine Energy Centre）示范运行，总发电量达到 3.2 GW·h。2019 年，由英国 MCT 有限公司设计建造的 SeaGen 潮流能水轮机被拆除。这是首个完全退役的商业化、规模化潮流能水轮机，首次采用双轮机结构，单转子的额定功率达 500 kW，总额定功率为 1 MW[5]。截至 2019 年底，欧洲潮流能总装机容量达到 27.7 MW，潮流能发电能力大幅提升，发电量增加 15 GW·h，总发电量达 49 GW·h[6]。

目前国际上潮流能发电技术已进入大型化和规模化发展阶段，加拿大政府向新斯科舍省（Nova Scotia）可持续海洋能源（SME）公司提供 2850 万美元，支持加拿大第一个漂浮式潮流能阵列项目。SME 公司在加拿大 Grand 海峡（位于新斯科舍省）安装的 PLAT-I 四台潮流能涡轮机已投入运行。2019 年 2 月，该发电机组首次发电，是目前在新斯科舍省唯一运行发电的潮流能系统[7]。这是加拿大政府有史以来最大的一次潮流能项目投资，旨在支持可再生能源的技术创新。2020 年 7 月，欧洲海洋能源中心与韩国海洋科学技术研究院（KIOST）达成协议，帮助 KIOST 开发测试能力达 4.5 MW 的潮流能试验场[8]。

在我国，潮流能资源较丰富，水平轴潮流能发电技术近年取得巨大进步。2018 年，浙江大学与国电联合动力技术有限公司联合承担的"2×300 kW 潮流能发电工程样机产品化设计与制造"项目的工程样机成功下海并发电，首次实现 270° 变桨技术，

---

① 1 亩 ≈ 666.67 m²。

使整机转换效率接近 40%。2020 年，该项目 650 kW 机组（图 2）由浙江大学完成年度测试和验收，是目前国内单机功率最大的机组，年发电量超过 36 万 kW·h。通过该项目，我国掌握了大型潮流能机组高效高可靠性的集成设计方法及捕能单元、半直驱传动结构、电液变桨系统等关键技术。除了高等学校和科研院所，不少企业也研发潮流能水轮机。浙江舟山联合动能新能源开发有限公司开展了 LHD 海洋潮流能发电项目[9]。2016 年，该项目首期安装的总功率为 1 MW 的机组下海发电，至 2019 年 8月 26 日连续发电并网运行 27 个月；2018 年 11 月与 12 月，该项目的 LHD 新型发电机组 G 模块与 LHD 第三代水平轴式模块化发电机组相继投入运行，使 LHD 海洋潮流能发电项目投运总装机容量达到 1.7 MW[10]。2019 年 7 月，哈尔滨电气集团有限公司的 600 kW 坐底式潮流发电机顺利通过验收，成为我国拥有完全自主知识产权的最大功率的潮流能发电机组[11]。2020 年 6 月 29 日，国内首个具备公共测试和示范功能的潮流能试验平台——舟山潮流能示范工程的 450 kW 水平轴式水轮机正式实现双向并网互通[12]。大型化潮流能发电装备的成功示范及应用极大地推动了海洋可再生能源技术的发展，对实现"碳达峰、碳中和"及国家海洋强国战略等具有重大的经济和社会意义。

图 2　浙江大学研制的潮流能机组

3. 波浪能

在国际上，2019 年 1～10 月，美国能源部为下一代海洋能源设备的项目资助4990 万美元，共资助 16 个项目，其中 12 个项目涉及的企业和高校有振荡电力（Oscilla Power）公司、阿塔吉斯能源（Atargis Energy）公司、哥伦比亚电力技术公司、夏威夷大学马诺阿分校、缅因大学、德州农工大学的大学城研究中心等。其中，Oscilla Power 公司的 Triton 装置是一种高效的多模式点吸收器，具有多模式能量捕捉、高效能捕捉和转换（平均效率 >75%）、低成本"拖曳"安装、高生存能力和可靠性等优点。Atargis Energy 公司研发出一种摆线波能转换器（CycWEC）[13]。CycWEC 直径为 12 m，翼弦长 5 m，翼跨 60 m，最大发电总功率为 2.5 MW；经过优化后，在年平均波浪功率 30 kW/m 的波浪气候条件下，平均可将 38% 的波浪能转化为电能，使年发电量达到约 5.4 GW·h。

在我国，波浪能装置整机转换效率已达 15%～20%，能量转换系统已达 80% 以上，波浪能技术与国外处于"并跑"水平。我国波浪能资源能量密度较低，大部分海域的能流密度仅为 2～10 kW/m，远低于欧美等地区或国家 30～90 kW/m 的能流密度[14]，因此，需要进一步提高波浪能装置的能量转换效率，提升装置的发电量。2018 年以来，中国科学院广州能源研究所在大型漂浮式波浪能捕获发电技术方面取得新进展，先后研发出两台 500 kW 波浪能发电平台——"舟山号""长山号"，以及260 kW 的海上可移动能源平台——"先导一号"[15]［图 3（a）］。"先导一号"利用海底电缆成功并入三沙市永兴岛电网，成为海岛电力能源的一个重要补充，使我国成为全球首个在深远海布放波浪能发电装置并成功并网的国家[16]。中国科学院广州能源研究所研发的鹰式装置，将波浪能转换设备与半潜船相结合，可适应不同海域条件，有利于规模化阵列布置，如与养殖网箱、旅游平台相结合［图 3（b）、图 3（c）］，可实现集多功能于一体的智能海上漂浮式波浪能利用装置，为漂浮式波浪能发电装置的商业化奠定了坚实的理论和实践基础。

（a）"先导一号"

（b）"澎湖号"

（c）"闽投1号"

图 3　中国科学院广州能源研究所的系列化波浪能装置

中国海洋大学在波浪能利用方面有深厚的技术积累，尤其在振荡浮子式波浪能装置的阵列化布置以及多自由度获能方面取得巨大进展。前期中国海洋大学已完成组合型振荡浮子装置（图4）的两次海试，取得良好的效果，为振荡浮子装置的阵列化应用提供了宝贵的参考。目前已完成新型的多自由度波浪能发电装置"浪灵"的设计，可实现垂荡、纵荡、纵摇三个自由度上的运动，明显提高了发电效率。

(a) 10 kW装置　　　　　　　　　(b) 100 kW装置

图4　中国海洋大学的组合型振荡浮子装置

4. 温差能

在国际上，根据目前研究进展，海洋温差能开发利用的发展方向主要包括装置的大型化、更高效的热力循环和温差能的综合利用。其中，随着大口径冷海水管制造、海上浮式工程技术等的不断突破，国际温差能技术的大型化趋势愈发明显。韩国于2019年成功研制出兆瓦级温差能发电机组，在韩国东海成功进行海试，通过了性能评估测试，在24.8℃和6.1℃的温差下，使输出功率达到338 kW[17]；此外，计划于近两年在太平洋塔拉瓦岛（Tarawa）建设完成1 MW海洋温差能电站。法国已启动10 MW级示范电站建设，美国、日本也开展了10 MW级海洋温差能的研究。

在国内，2019年自然资源部第一海洋研究所在对温差能发电热力循环的研究中发现，贫氨溶液在喷射、引射过程中存在复杂的汽化相变和热能、动能交换，贫氨溶液支路中存在着可回收利用的压力能。因此，在对贫氨溶液在喷射与引射过程中的热动耦合进行研究的基础上，该研究所构建出由换能器、透平、引射器回收贫氨溶液压力能的三种热力循环模型，在回收热能的同时利用了系统的压力能，从而提高了系统的能量利用效率。

5. 盐差能

在国际上，盐差能技术的重要进展近几年未见报道。在我国，盐差能技术处于原理研究阶段。中国海洋大学开展了 100 W 缓压渗透式盐差能发电关键技术的研究。2018 年，中国科学院理化技术研究所江雷院士团队周亚红博士与吉林大学姜振华教授研究团队合作，成功制备出系列表面电荷密度和孔隙率可调控的大面积 3DJanus 多孔膜。在电场或化学梯度场下，该 3DJanus 多孔膜在高盐环境下具有离子电流整流特性和阴离子选择性，可用于盐差能发电，并展现出卓越的性能；在模拟海水 / 淡水盐度差条件下，其功率密度可达 2.66 W/m^2，而在 500 倍浓度梯度下功率密度更是高达 5.1 W/m^2 [18]。

总体上看，我国盐差能技术目前仍处于实验室阶段。渗透膜、压力交换器等关键技术和部件的研发水平仍需突破。尤其是渗透膜，其成本占盐差能发电装置总成本的 50% ～ 80%，实现低成本专用膜的规模化生产是盐差能技术的发展重点。

二、发 展 趋 势

在海洋能利用方面，欧洲和美国是全球海洋可再生能源技术和产业的领军者，在海上风能、波浪能和潮流能能场分析、发电技术和装备、标准制定等方面领先。英国、法国、日本等已开展深海动态锚泊、深海漂浮发电平台等关键技术的研发，以谋求开发更丰富的深远海海洋能资源。我国潮汐能、潮流能技术处于世界先进水平，海上风能规模名列前茅，波浪能技术与国外处于"并跑"水平，但温差能、盐差能和多能互补利用等技术刚起步，能源捕获和转换效率低，能源接驳、中继缺乏有效手段，总体与欧美有一定差距。

1. 潮汐能

目前潮汐能传统拦坝式电站向更大装机规模发展。虽然在资源一定时，只有更大的电站装机规模才会产生更高的经济效益，但它对当地生态环境的影响也不容忽视。国际上在研究一些生态友好型的潮汐能利用方式，试图通过新的潮汐能利用方式来解决传统拦坝式潮汐能电站长期运行对周边生态环境产生影响的问题；环境友好型潮汐能技术已经成为新的研究方向[4]。

2. 潮流能

潮流能发电技术的装置形式已逐渐趋同，国际潮流能技术主要以 3 叶片水平轴水下潮流发电机组为代表，因此，未来的技术方向也将聚焦到这种形式上。目前有待解决的有潮流能机组传动系统及密封单元可靠性、整机安全性、低成本运维等问题[19]。

此外，在潮流能规模化利用方面，要实现大批量潮流能机组的并网运行控制以及发电厂管理，还需要在电厂管理的控制系统和软件方面取得持续性的进展。特别是对于水下系统而言，设备的安全性问题及运行故障变得更加难以监控和预测。因此，对于大型潮流能发电机组及规模化发电厂，数字孪生技术的开发及相关数字孪生系统的建设变得尤为重要[20]。

3. 波浪能

由于技术成熟度不一致，波浪能发电技术距离实现商业化仍有很长一段路要走。针对以往装置的发电效率低、适应性差、生存时间短等不足，全球一直致力于装置技术与开发手段的创新研究。未来的波浪能发电技术研究不再仅限于单一的装置发电，而是逐步转向多自由度、阵列化发电，多能互补耦合发电和多功能综合平台利用等[16]。此外，成本也是波浪能大规模利用的一项重要考量指标[21]，目前波浪能发电成本远高于火电甚至海上风电的成本，通过扩大装机规模、提高装置发电效率等方式降低成本，是波浪能未来发展的必然。

4. 温差能

海洋油气作业工程平台是温差能利用的天然海上载体。目前，海洋温差能利用的研究主要聚焦在如何与现有离岸或近岸海洋工程平台相结合。但温差能系统的安装是否会对油气平台产生安全性影响或带来安全性隐患，目前国际上对此还尚无充分的研究或论证，这也是目前制约温差能发展的一个重要瓶颈问题。中国温差能发电技术研究起步较晚，装机容量也较小，目前还处于试验验证的阶段，下一步的研究方向应在实海况运行方面[20]。

5. 盐差能

盐差能的利用从发展趋势看，首先应突破高效正渗透和电渗析膜组件技术，以提高膜组能量密度、运行稳定性和使用寿命；其次是研究盐差能发电系统与公用电网和用户衔接的问题，以保证电网与用户用电的稳定性；再次是从环保的角度提出对策，以推动压差发电技术的发展；最后是拓展应用领域，从海水拓展到其他卤水领域，以便在多领域取得突破。盐差能技术面临着挑战与机遇，有很大的提升空间。随着膜技术的发展以及工业对新能源的迫切需求，盐差能发电技术的新成果将不断涌现[18]。

三、展　　望

在中国，由于起步晚等多种原因，海洋能尚未形成产业化规模；相较于其他能源领域，海洋能开发的技术还有进步的空间，其产业链条有较多不完善之处。但在某些应用场景下，海洋能的地位不可替代，海洋能的利用还需要国家政策的持续支持。

在国家政策的积极引导下，我国的海洋能利用技术将持续进步，装置的转换效率不断提高。不久的将来，潮流能、波浪能、温差能装置的单机装机容量将突破 1 MW。采用与其他海洋工程耦合等手段，海洋能利用的可靠性将不断增强、开发成本不断降低。未来的能源结构布局中，海洋能具有广阔的应用前景。

参考文献

[1] 王项南，麻常雷."双碳"目标下海洋可再生能源资源开发利用 [J]. 华电技术，2021，43（11）：91-96.

[2] Sangiuliano S J. Turning of the tides：assessing the international implementation of tidal current turbines[J]. Renewable and Sustainable Energy Reviews，2017，80：971-989.

[3] 罗云霞，毛丁文，杨丽，等. 基于粒子群算法的海山潮汐电站优化调度研究 [J]. 浙江水利水电学院学报，2021，33（6）：31-36，60.

[4] 刘伟民，刘蕾，陈凤云，等. 中国海洋可再生能源技术进展 [J]. 科技导报，2020，38（14）：27-39.

[5] Ocean Energy Europe. Ocean energy key trends and statistics 2019[R]. Brussels：Ocean Energy Europe，2019.

[6] Elghali S E B，Benbouzid M E H，Charpentier J F. Marine tidal current electric power generation technology：state of the art and current status[C]//2007 IEEE International Electric Machines & Drives Conference. IEEE，2007，2：1407-1412.

[7] 王世明，李森森，李泽宇，等. 国际潮流能利用技术发展综述 [J]. 船舶工程，2020，42：23-28，487.

[8] 周逸伦，张亚群，吴明东，等. 海洋波浪潮流能实验场发展现状及建议 [J]. 新能源进展，2021，9（2）：169-176.

[9] Si Y L，Liu X D，Wang T，et al. State-of-the-art review and future trends of development of tidal current energy converters in China[J]. Renewable and Sustainable Energy Reviews，2022，167：112720.

[10] 张继生，汪国辉，林祥峰. 潮流能开发利用现状与关键科技问题研究综述 [J]. 河海大学学报（自然科学版），2021，49（3）：220-232.

[11] 中国电器科学研究院股份有限公司. 我国最大潮流能发电机组研制成功 [J]. 环境技术，2020，38（1）：4-5.

[12] 陆延，赵建春，蔡丽，等. 潮流能并网发电示范项目选址研究——以舟山兆瓦级潮流能示范项目为例 [J]. 海洋技术学报，2020，39（4）：77-85.

[13] Siegel S G. Numerical benchmarking study of a cycloidal wave energy converter[J]. Renewable Energy，2019，134：390-405.

[14] 孟忠良. 水平转子波浪能发电装置宽频捕能机理研究 [D]. 山东大学博士学位论文，2021.

[15] 赵裕明. 海浪能量三自由度并联转换装置机构学研究 [D]. 燕山大学博士学位论文，2020.

[16] 路晴，史宏达. 中国波浪能技术进展与未来趋势 [J]. 海岸工程，2022，41（1）：1-12.

[17] Ko D H, Ge Y Z, Park J-S, et al. A comparative study of laws and policies on supporting marine energy development in China and Korea[J]. Marine Policy，2022，141：105057.

[18] 张仂，孟兴智，潘文琦. 盐差能利用趋势 [J]. 盐科学与化工，2021，50（4）：1-3.

[19] Fraenkel P L. Marine current turbines: pioneering the development of marine kinetic energy converters[J]. Proceedings of the Institution of Mechanical Engineers，Part A：Journal of Power and Energy，2007，221（2）：159-169.

[20] 崔琳，李蒙，白旭. 海洋可再生能源技术现状与发展趋势 [J]. 船舶工程，2021，43（10）：22-33.

[21] Shao Z X, Gao H J, Liang B C, et al. Potential, trend and economic assessments of global wave power[J]. Renewable Energy，2022，195：1087-1102.

2.5 Ocean Energy Technology

Shi Hongda
（College of Engineering，Ocean University of China）

The traditional fossil fuels such as coal and oil are limited and seriously pollute the environment during the utilization. In order to alleviate the relation between supply and demand of traditional energy，deal with the energy crisis and severe environmental problems，researchers have been committed to seeking renewable and clean energy that can replace traditional energy. As a kind of renewable and clean energy，ocean energy has attracted the attention of researchers because of its wide distribution and huge reserves. This paper summarizes the new progress of marine renewable energy technologies such as tidal energy，wave energy and ocean thermal energy since 2018， analyzes the challenges of developing the marine energy, and discusses the future development trend of marine energy technology based on the current status and difficulties of marine energy technology.

2.6　先进核能技术新进展

闫雪松　陈良文　杨　磊

（中国科学院近代物理研究所）

核能是一种安全、清洁、低碳、高能量密度、经济的战略能源，是实现我国未来能源可持续发展的战略选择之一。核能的可持续发展与核安全是保障国家总体安全的战略性需求，是国家科技水平和综合国力的重要标志。核能包括裂变能和聚变能等，裂变能技术已发展比较成熟，在全球已大规模应用并正在酝酿新的革新，而聚变能技术仍处于研发阶段。下面主要介绍部分先进核能技术的最新进展并展望其未来发展趋势。

一、引　　言

核能指核反应过程中原子核释放的巨大能量。铀等重核发生裂变释放的能量为裂变能，氘、氚等轻核发生聚变释放的能量为聚变能。目前裂变能正在被广泛利用，聚变能正在持续研发。

裂变能自 20 世纪 50 年代开始逐渐成为人类文明发展的重要能源。据世界核协会（World Nuclear Association，WNA）提供的数据，2019 年核电占全球发电量的 10.3%。据中国核能行业协会统计，2022 年中国（不含台湾地区）核能发电量占全国发电量的 4.98%。2021 年 9 月，中共中央、国务院发布《关于完整准确全面贯彻新发展理念做好碳达峰碳中和工作的意见》，明确我国需要"积极安全有序发展核电"。随着我国核电装机容量的持续增加，对核燃料的需求不断增大，使得铀资源保障的风险和不确定性不断增加。同时乏燃料的持续增加，其安全处理处置将成为影响核电可持续发展的瓶颈，发展快中子堆是解决核能可持续发展问题的关键[1-8]。

113

聚变能具有固有的安全性、环境的友好性、燃料的丰富性，是人类最理想的洁净能源，但实现可控核聚变需要满足苛刻的条件，其面临的工程技术的挑战很大。目前，可控核聚变的实现方案有磁约束和惯性约束等途径，世界各国正在联合建造的托卡马克国际热核聚变实验堆（ITER），有望解决聚变反应堆的工程可行性和商用可行性等问题[1,4]。

二、国内外相关研究进展

目前核裂变燃料循环有两种模式：一是"一次通过"的开路模式，二是后处理的闭式循环模式。"一次通过"的开路模式对反应堆产生的乏燃料不进行处理而直接进行地质处置，该方法相对简单经济，但浪费铀资源且存在安全和环境问题。后处理的闭式循环模式是对乏燃料进行处理，回收可用核素，只将少量高放裂变产物进行固化和地质处理，在提高铀资源利用率的同时可减少放射性废物[3]。图 1 为核裂变能战略发展示意图，横轴为系统乏燃料放射毒性去除率，纵轴为天然铀燃烧利用率。未来先进核裂变能发展方向位于图的右上角，即铀资源利用率高且放射毒性很小。目前商用核电站常用压水堆"一次通过"的开路模式，具有约 0.6% 天然铀燃烧利用率并会产

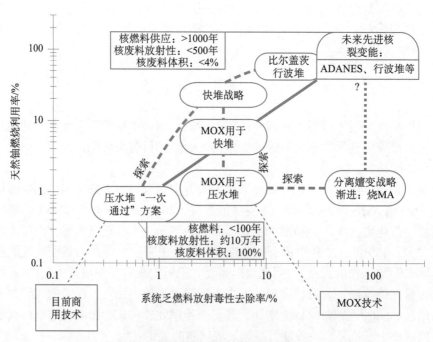

图 1　先进核裂变能战略发展示意图

生大量具有强烈放射毒性的乏燃料。压水堆的铀钚复用策略，利用后处理从乏燃料中提取可用的铀和钚，然后制备混合氧化物燃料元件（MOX）并用于压水堆，这样做可将铀的利用率提高到约1%。随着快堆技术的发展，利用先进乏燃料后处理技术和分离嬗变策略，将乏燃料中的铀、钚以及次锕系元素（MA）等核素提取后制成燃料元件，再放入快堆或传统的加速器驱动次临界系统进行多次重复使用，可使铀资源的利用率提高到40%～60%，未来核裂变能发展方向包括行波堆、加速器驱动先进核能系统（ADANES）[9-12]、熔盐堆[13]等。目前研究较多的聚变堆方案包括托卡马克磁约束聚变堆和惯性约束聚变堆等[1, 4]。

下面对国内外的热堆、快堆、加速器驱动次临界系统、乏燃料后处理、聚变堆相关研究进展进行简要介绍。

1. 先进压水堆和小型模块堆

1）先进压水堆[1, 2, 5]

截至2023年1月，全球现役核电机组438台，总装机容量为394.3 GW[8]。目前压水堆占主导地位，负荷因子不断提高。核电机组延寿已成为发展趋势，美国大多数核电机组已申请延寿到60年。未来第三代先进压水堆技术将成为主流技术。

我国"华龙一号"和"国和一号"压水堆均已通过国际原子能机构的相关审查，"华龙一号"已实现工程示范。

2）小型模块堆[1, 2]

小型模块堆（单机容量300 MW）具有布置紧凑、系统简化、非能动安全、换料周期长、投资低且经济性好等优点，能够满足灵活发电需求。截至2020年，全球已有超过70种不同的设计和概念。俄罗斯KLT-40S浮动反应堆已投运；阿根廷CAREM-25即将进入样机运行；美国Kilopower、日本MRX、韩国SMART等正在部署。

中国多模块化小型堆示范工程ACP100已开建，预计2026年建成。

2. 钠冷快堆和铅基快堆

1）钠冷快堆[14]

钠冷快堆具有中子性能优、导热性好、重量轻等优良特性，是较为成熟的快堆选型之一。至2021年，全球已建成各类钠冷快堆20多座。俄罗斯BN-600和BN-800示范快堆正在运行；印度PFBR将继续延期；美国、日本计划推动的钠冷快堆将于2024年动工。

中国在钠冷快堆领域取得突破性成果。中国实验快堆（CEFR）于2010年首次实现临界并满功率稳定运行 72 h；中国示范快堆（CFR600）2017 年启动建设，预计 2023 年建成。

2）铅基快堆 [10, 12]

铅基快堆具有冷却剂沸点高、化学惰性、热容大、自然循环能力强等优良特性，固有安全性高。俄罗斯 BREST-OD-300 正在建设中，计划 2026 年建成；欧洲计划在 2030 年完成 ELSY 示范堆和 ALFRED 示范堆的建设；美国有铅基反应堆的设计方案。

中国在铅基快堆领域也取得突破性进展。首座铅铋零功率堆"启明星Ⅲ号"于 2019 年实现首次临界；国家重大科技基础设施——加速器驱动嬗变研究装置（CiADS）的铅铋次临界堆正在设计建造中，预计 2027 年建成。

3. 高温气冷堆和钍基熔盐堆

1）高温气冷堆 [15]

高温气冷堆是石墨慢化氦气冷却的反应堆，具有固有安全性、模块化设计和多用途等特性，德国、美国、日本等开展了大量的研究。目前日本计划重启高温气冷堆，用于发电和制氢。英国计划到 2030 年建成示范堆。

我国于 2000 年建成 10 MW 高温气冷试验堆；高温气冷堆示范工程于 2012 年开工建设，在 2021 年首次并网发电。

2）钍基熔盐堆 [13]

熔盐堆具有固有安全性、结构紧凑、地理适应性强、常压工作和高温输出等突出优点。国际上提出多种钍基熔盐堆的概念设计，包括法国 MSFR、俄罗斯 MOSART、日本 Fuji-MSR、加拿大 IMSR 等。

中国科学院于 2011 年部署钍基熔盐堆核能系统战略先导专项；世界首座 2 MW 钍基熔盐实验堆于 2018 年在国内开工建设。

4. 加速器驱动次临界系统 [9-12]

加速器驱动次临界系统（Accelerator Driven Sub-critical System，ADS）是核废料安全处置的最有效技术途径之一，也是一种核电生产装置，被国际原子能机构（International Atomic Energy Agency，IAEA）列为优先发展的先进核能系统之一。目前，国际上尚未有建成的 ADS 装置，ADS 装置正处于从关键技术攻关逐步转入系统集成研究的阶段。

中国在加速器驱动先进核能系统领域取得重要进展。中国科学院于 2011 年启动 ADS 先导专项，基于传统 ADS 的不足，提出 ADANES 及其核燃料闭式循环概念；预计这些成果未来可实现核燃料的高效利用（>95%）和使最终处置后的核废料的放射性寿命由数十万年缩短到约 500 年，并与现有核能产业进行有效衔接。ADANES 由燃烧器和乏燃料再生组成，集嬗变、增殖和产能于一体。在 ADANES 方面，我国已建成国际首台超导直线加速器原型样机并首次实现 10 mA 连续波质子束的加速；原创性提出颗粒流靶概念并建成 ADS 颗粒流靶原理样机和超高功率密度束流耦合颗粒流靶原理样机；建成大型铅铋回路综合研究平台；与中国原子能科学研究院合作，建成首台 ADS 专用次临界 / 临界双模运行铅基零功率装置"启明星 Ⅱ 号"。

目前 ADS 燃烧器——CiADS 是国家"十二五"重大科技基础设施，于 2021 年开工建设，预计 2027 年建成。CiADS 建成后将是世界上首个兆瓦级加速器驱动次临界系统原理验证装置，使我国率先全面掌握加速器驱动次临界系统涉及的关键技术及系统集成和运行的经验，为我国率先掌握加速器驱动次临界系统集成和核废料嬗变技术提供条件支撑，同时为我国在未来设计建设加速器驱动嬗变工业示范装置奠定基础。

5. 乏燃料后处理 [2, 3, 5, 16]

乏燃料后处理的工艺方法一般可分为湿法后处理和干法后处理两大类。目前湿法的 PUREX（萃取法回收铀和钚）流程较为成熟，主要处理商用堆卸出的乏燃料，并为热堆和快堆生产 MOX 燃料。干法后处理采用熔盐或液态金属为介质，在高温下进行分离操作；常采用电解精炼、金属还原萃取、沉淀分离以及挥发分离技术。

目前国际提出了"先进后处理"的概念，主要是在改进 PUREX 流程的基础上，进一步分离次锕系元素与长寿命裂变产物；改进后的流程包括美国的 UREX+（提取铀和其他元素）流程、法国的 COEX（共同提取铀和钚）流程、日本的 NEXT（综合湿法后处理）流程。未来的趋势为开发湿法与干法结合的流程。

我国乏燃料后处理能力相对较弱，早期在西北建设动力堆乏燃料后处理中试厂，并于 2010 年热试成功；2010 年后启动了后处理国家重大科技专项，自主研发大型后处理厂。

与传统后处理策略不同，中国 ADANES 及其核燃料闭式循环中的乏燃料循环再生流程，仅移除乏燃料中的挥发性裂变产物和中子毒物稀土元素，而保留次锕系元素等大部分乏燃料。剩余乏燃料被制成再生核燃料并在 ADS 中进行嬗变、增殖和产能。这种策略可避免大量强酸性高放废液的产生，减少核废物总量及放射性对环境的污染，工艺流程简单，不存在裂变材料的富集。目前该流程已完成原理可行性的试验验证，正在进行工艺参数探索。

6. 磁约束装置 [1, 4]

磁约束试验装置——托卡马克是国际聚变研究重点关注的对象。目前世界上建造和运行了 3 个接近聚变堆的大型托卡马克——欧洲联合环、美国 TFTR 和日本 JT-60，已将聚变三乘积提高到约 1.5×10^{24} eV/（s·m），使聚变能量增益大于 1.25。ITER 于 2006 年启动实施，有望为商用聚变堆的建造奠定可靠的科学和工程技术基础。

我国已建成装置"环流器一号"M（HL-1M）和"环流器二号"A（HL-2A），其中 HL-1M 的实验研究数据已列入 ITER 实验数据库。我国还建成并运行了世界第二大超导托卡马克装置 HT-7 和世界首个全超导大型托卡马克装置 EAST，其中 EAST 是 ITER 稳态物理最重要的前期实验平台，运行后不断刷新核聚变研究的世界纪录。

7. 惯性约束装置[1, 4]

惯性约束聚变是另一条获取可控热核聚变的途径，以激光或者粒子束作为加热与压缩燃料靶丸的驱动源。20 世纪 80 年代以来，各国先后建立了一批不同规模的激光驱动器，如美国 NIF、法国 LMJ、中国神光 -Ⅲ。这些装置从事大量靶物理研究、驱动器研究、制靶技术研究和各种点火方式研究等，目标是实现惯性约束聚变点火演示。2022 年 NIF 宣称获得"燃烧等离子体"，以及创纪录的 1.35 MJ 的聚变能（接近点火所需的 1.9 MJ 能量）。

我国的神光 -Ⅲ 在 2014 年投入使用，2015 年实现了 15 倍压缩比，中子产额达到 2.8×10^{12}，这一产额数据仅次于 NIF。

三、我国先进核能技术发展趋势

快堆技术是未来核裂变能发展的重要方向，到 2030 年左右将有部分成熟技术推向市场。钠冷快堆技术是成熟度相对较高的堆型之一，中国示范快堆预计 2023 年建成投产，将验证其安全性和经济性。铅冷快堆技术的研究装置 CiADS 将于 2027 年建成，预计 2030 年后百兆瓦级的铅冷快堆将实现示范应用。高温气冷堆是发展核能综合利用以及内陆核电的重要选择之一，示范工程在首次并网发电后正在向满功率推进。钍基熔盐实验堆预计 2023 年开展最终调试，到 2030 年左右基本完成 TMSR 工业示范堆建设。通过 CiADS 和乏燃料再生循环平台的建设和运行，ADANES 相关技术将逐步取得突破并进行完善，预计 2035 年左右实现示范应用。在乏燃料的后处理方面，需要稳步推进湿法后处理工艺流程的研发，并积极探索先进干法后处理流程，预计 2035 年实现示范应用。

在各种聚变堆方案中，托卡马克装置的热核聚变堆发展较为迅速，ITER 计划将集成当今国际可控磁约束聚变研究的主要科学和技术成果，全面验证聚变和平利用的科学可行性和工程可行性。我国在积极参加 ITER 计划的同时，也在积极筹划设计和建造以获取聚变能源为目标的下一代中国聚变工程实验堆（CFETR）。CFETR 将着力解决 ITER 和聚变示范堆之间存在的物理与工程技术难题，以实现我国磁约束聚变研究的跨越式发展，为我国 2050 年前后独立自主建设聚变电站奠定坚实的基础。同时，我国应鼓励尽快实现激光驱动、Z 箍缩驱动等惯性约束聚变的点火，推动惯性约束聚变裂变混合堆的关键技术的研究和实验研究堆的建设。

四、思考和建议

未来核能技术的可持续发展，需在确保安全经济的前提下解决核燃料的持续稳定供应和乏燃料的安全处理处置。实现安全性与经济性的优化平衡是先进核电技术发展面临的现实挑战，相关思考和建议如下。

第一，结合"双碳"目标的重大战略需求，加快制定有关我国先进核能技术可持续发展的中长期规划，做好顶层设计。应围绕核电技术装备的优化升级，加快推进自主先进压水堆核电技术的开发和应用，开展小型模块化反应堆的示范建设。

第二，加强先进核能技术的创新研发，推进钠冷快堆示范工程，积极发展 CiADS 铅冷快堆技术和钍基熔盐堆技术，以实现快堆与压水堆的匹配发展。积极研发乏燃料湿法后处理、干法后处理等技术，并基于新兴化学、物理和物理化学方法，研究新型分离方法，探索先进闭式燃料循环技术。

第三，积极参与 ITER 计划，积极推进 CFETR 主机关键部件的研发。鼓励激光驱动、Z 箍缩驱动等多种聚变实现途径的研究，推进惯性约束聚变裂变混合堆等实验研究堆的研究和建设。

参考文献

[1] 杜祥琬 . 核能技术发展战略研究［M］. 北京：机械工业出版社，2021：1-38.

[2] 张廷克，李闽榕，尹卫平 . 中国核能发展报告（2021）［M］. 北京：社会科学文献出版社，2021：1-31.

[3] 韦悦周，吴艳，李辉波 . 最新核燃料循环［M］. 上海：上海交通大学出版社，2016：1-26.

[4] 中国核学会，中国核科技信息与经济研究院 . 2049 年中国科技与社会愿景：核能技术与清洁能源［M］. 北京：中国科学技术出版社，2020：47-162.

[5] 中国工程院"我国核能发展的再研究"项目组 . 我国核能发展的再研究［M］. 北京：清华大学出版社，2015：222-350.

[6] 杜祥琬，叶奇蓁，徐銤，等 . 核能技术方向研究及发展路线图［J］. 中国工程科学，2018，20（3）：17-24.

［7］ 荣健，刘展 . 先进核能技术发展与展望［J］. 原子能科学技术，2020，54（9）：1638-1643.

［8］ World Nuclear Association. World Nuclear Power Reports & Uranium Requirements［EB/OL］. https://world-nuclear.org/information-library/facts-and-figures/world-nuclear-power-reactors-and-uranium-requireme.aspx［2023-02-12］.

［9］ Yang L，Zhan W L. A closed nuclear energy system by accelerator-driven ceramic reactor and extend AIROX reprocessing［J］. Science China-Technological Sciences，2017，60（11）：1702-1706.

［10］ Yan X S，Yang L，Zhang X C，et al. Concept of an Accelerator-Driven Advanced Nuclear Energy System［J］. Energies，2017，10：944.

［11］ Yan X S，Zhang X C，Zhang Y L，et al. Conceptual study of an accelerator-driven ceramic fast reactor with long-term operation［J］. International Journal of Energy Research，2018，42（4）：1693-1701.

［12］ 詹文龙，杨磊，闫雪松，等 . 加速器驱动先进核能系统及其研究进展［J］. 原子能科学技术，2019，53（10）：1809-1815.

［13］ 徐洪杰，戴志敏，蔡翔舟，等 . 钍基熔盐堆和核能综合利用［J］. 现代物理知识，2018，3（4）：25-34.

［14］ 徐銤，杨红义 . 钠冷快堆及其安全特性［J］. 物理，2016，45（9）：561-568.

［15］ 张作义，吴宗鑫，王大中，等 . 我国高温气冷堆发展战略研究［J］. 中国工程科学，2019，21（1）：12-19.

［16］ 林如山，何辉，唐洪彬，等 . 我国乏燃料干法后处理技术研究现状与发展［J］. 原子能科学技术，2020，54：115-125.

2.6 Advanced Nuclear Energy Technology

Yan Xuesong，*Chen Liangwen*，*Yang Lei*
（Institute of Modern Physics，Chinese Academy of Sciences）

Nuclear energy is a safe，clean，low-carbon and economic energy，and it is one strategic choice to solve the sustainable development of energy in the future. Nuclear energy mainly includes fission energy and fusion energy. Fission energy technology，which is relatively mature，is used widely and the relevant further innovation is developing vigorously，while fusion energy technology is still in the research and development stage. This paper mainly introduces the latest progress and development trend of some advanced nuclear energy technologies. It is suggested to actively promote the development of independent advanced pressurized water reactor nuclear power technology, to accelerate the innovation of advanced nuclear fission energy technologies such as fast reactors in order to solve the problems of nuclear fuel proliferation and radionuclide transmutation, to actively develop advanced spent fuel reprocessing technology and closed cycle, and to explore approaches to nuclear fusion energy.

2.7　电化学储能技术新进展

索鎏敏　李　泓

（中国科学院物理研究所）

储能技术是能源革命的关键支撑技术，可为未来构建以新能源为主体的新型电力系统提供重要的支撑。它是智能电网的重要组成部分和关键支撑技术，能够为电网运行提供调峰、调频、备用、黑启动、需求响应支撑等多种服务，以提高传统电力系统的灵活性、经济性和安全性。它能够显著提高风、光等可再生能源的消纳水平，支撑分布式电力及微网，推动主体能源由化石能源向可再生能源更替。同时，它还是电动汽车、电动轮船、电动飞机、轨道交通、智能建筑、通信基站、数据中心、工业节能、机器人、智能制造、国家安全的共性支撑技术。中关村储能产业联盟、光大证券等机构认为 2030 年储能预期市场将超过万亿元。目前，欧洲、美国、日本、韩国和澳大利亚等发达地区和国家都很重视储能技术的发展。下面重点介绍储能技术中的电化学技术的新进展并展望其未来发展趋势。

一、国外新进展

从应用场景来区分，电化学储能技术通常可分为三类：单次储能时长半小时以内的短时高频储能技术，4 h 以内的中短时长储能技术，以及 4 h 以上的超长时间储能技术。

1. 短时高频储能技术

1）高功率电容器技术

国外的研究主要集中在日本、韩国、美国等国家[1, 2]。美国麦克斯维尔（Maxwell）公司的高功率电容器，标称的最大功率密度达到 17.8 kW/kg，循环寿命为 100 万次，质量能量密度为 7.1 W·h/kg。日本捷时雅公司的子公司 JM Energy 的 CPP3300S 混合型电容器，循环寿命能达到 100 万次，质量能量密度和最大比功率分别为 13 W·h/kg 和 10.5 kW/kg。这类电容器用于电网储能存在比能量偏低、成本过高的缺点。高比能量、高功率、长寿命和低成本兼具的超级电容器是目前的研究热点。

2）高功率电池储能技术

国外锂电池厂家及下游关联企业积极布局高功率电池储能技术，具有代表性的企业有美国 A123 系统公司、韩国三星 SDI（SAMSUNG SDI Co., LTD.）公司、韩国 LG 化学公司、美国特斯拉（Tesla）公司。特斯拉公司于 2020 年 9 月发布无极耳新型 4680 型电池，以提高充放电峰值功率；此外，还参与了南澳洲储能项目。在高频率电池方面，国际代表公司为美国 A123 系统公司和日本东芝公司。日本东芝公司 2019 年宣布，新一代高功率锂离子电池已达到 138 W·h/kg，可实现 10 C 充放电。在储能领域，高功率电池的研究热点为低成本且在高倍率充放条件下具有较长寿命的电池。

3）高功率飞轮技术

欧美的飞轮储能单机已应用于动态不间断电源、车辆制动能量回收储存等领域。在较大规模应用方面，美国已建成 20 MW 飞轮储能阵列调频电站。美国、德国、日本、韩国正在开发基于高温超导磁悬浮的飞轮储能技术，在把每天的系统损耗降低到 1%～10%，储能容量增加到 100～1000 kW·h，成本降低到充放电循环成本与其他技术成本相比具有优势后，有望在风力及太阳能发电中实现工业化应用。

2. 中短时长储能技术

1）锂离子电池系统集成

高效率、高安全、长寿命、低成本是电池技术的发展趋势[3]。目前世界上用于储能的锂离子电池主要是磷酸铁锂体系和三元体系电池。磷酸铁锂电池循环寿命长、安全性高，但低温性能差。三元电池寿命相对短、安全性差，但低温性能和倍率好。锂离子电池单个储能电站规模已达到 100 MW·h 以上，如特斯拉公司 2017 年开始运行的 Hornsdale 项目，装机规模达 100 MW/129 MW·h；美国加利福尼亚州 2020 年装机容量为 100 MW/400 MW·h 的电池储能系统；澳大利亚昆士兰的 100 MW/150 MW·h

电池储能电站；NHOA 公司 2022 年在西澳大利亚州部署采用磷酸铁锂电池的一个 100 MW/200 MW·h 电池储能系统。国外已有多个储能项目采用 1500 V 耐压等级电池系统，其热管理以风冷为主、液冷为辅。高度集成且具有广泛的环境适应性的高效率集成技术，结合云技术、大数据技术等的智能管理系统，以及智能传感、智能预测预警和安防技术是未来需要突破的方向。

2）高安全长寿命固态锂离子储能电池

固态锂离子电池在长寿命和安全方面具有很大的发展潜力[4, 5]。世界上针对储能开发的固态锂离子电池非常少。固态锂离子储能电池需要突破由实验室研究到产业化生产的系列关键技术，打通从固体电解质材料、固态柔性电解质膜、固态电池制备到储能模块化的构建和系统集成的全工艺流程，降低固态电池界面阻抗，构筑稳定的活性颗粒与电解质以及电极与电解质层的固/固界面，提高倍率性能，降低制备成本。

3）钠离子储能电池技术

近年来钠离子电池受到国内外学术界[6, 7]和产业界的广泛关注。从 2020 年开始，美国及欧盟在其储能电池研究计划中，均将钠离子电池的基础研究及其先进制造技术纳入重点支持项目。此外，大量传统锂电池企业及研究机构也在进行钠离子电池技术的研究及产业布局。目前钠离子储能电池已从实验室走到实用化应用的关键阶段，正处在多种材料体系电池并行发展的状态。未来需要在不同的应用场景形成不同的钠离子电池体系，完成其低成本实用化技术的开发及产业链布局，开展其目标领域的示范应用及后续的市场推广。

4）高安全低成本水系电池储能技术

水系二次金属离子电池采用水作为基础溶剂构成水系电解液，并以此为基础搭配可嵌入式电池电极或金属电极。目前水系金属离子电池按照技术分类可以分为水系锂离子电池、水系钠离子电池、水系锌离子电池、水系混合锂钠离子电池以及水系锂离子混合超级电容器等。储能领域对占地面积要求不高，但对成本要求较高，对安全性要求特别高。水系二次金属离子电池无重金属元素，有望成为储能领域最合适的储能器件[8, 9]。目前水系二次金属离子电池以锂钠混合离子电池为主，体系由以锰酸锂为主的含锰过渡金属氧化物正极、硫酸钠电解液以及碳复合氧化物磷酸钛钠负极组成，从事该类技术路线的主要是美国的 Aquion Energy 公司，其公布的信息显示：目前技术水系的比能量小于 30 W·h/kg，循环寿命可以实现 3000 周左右。尽管水系电池具有安全、绿色、低成本的天然优势，但传统水系金属离子电池在电化学性能方面存在明显不足，主要表现为输出电压不高（<1.5 V），能量密度低，电池实际工作寿命较短，电池贮存性能较差等问题，因而一直无法得到大规模应用。因此，从技术经济性和技术先进性角度考虑，未来水系金属离子电池技术需要通过水系电解液的宽电位化

和由此带来的能量密度和电压的提升来降低成本，需要进一步增加电池循环寿命来实现电池长寿命稳定运行和低度电成本，需要在材料层面上继续寻找适合大规模生产和制备的关键材料体系，以最终制备出有绝对竞争力的低成本、长寿命、高可靠的水系金属离子储能电池。

5）液态金属电池

近年来国外围绕液态金属电池的材料、器件与应用开展了大量研究。美国率先提出液态金属电池储能新技术，在新型电池材料体系、创新反应机制以及电池放大与成组等方面取得系列进展，相关公司正在积极推进液态金属电池储能技术的产业化。在电池界面动态特性模拟与调控方面，目前德国等国家正在围绕低成本钠基液态金属电池的静态储能技术开展研究，致力于发展低成本可持续钠－锌储能电池的关键技术，并推动其实际应用在规模储能领域。

6）其他新型中长时间储能技术

锂硫电池[10, 11]和钠硫电池[12]的研究不断深化，在极性硫载体及催化效应、多硫化物动力学行为等方向取得显著进展，目前聚焦于高性能硫复合正极与锂/钠负极设计及固态电解质等。Al/Mg/Zn等多价离子电池[13]具有显著的资源成本优势，在新型电解液与正极材料方面取得明显进展，但面临循环稳定性差、动力学缓慢等挑战，需要在高能正极、电解液与电池结构设计等方面取得突破。双离子电池[14]在高容量合金化与非锂（钠、钾、钙等）负极、高电压/高浓度电解液等方面取得较大进展，其高容量、高稳定的正负极材料及高性能电解液的开发是研究热点。

3. 超长时间储能技术

1）液流电池储能技术

近年来，液流电池储能技术得到高度关注[15]。英国、美国、日本、德国等国家相继开展液流电池技术的研究与产业化开发工作。日本的住友电工集团开展了包括 17 MW/51 MW·h 在内的多项兆瓦级储能商业化示范，英国的 Invinity 公司、德国的 Fraunhofer UMSICHT、美国的西北太平洋国家实验室和 UNIEnergy Technology（UET）等企业与研究机构等也在积极探索应用的新模式。目前，全钒液流电池[16]技术已处于商业化示范阶段，其可靠性得到验证，但仍存在初次投资成本较高、商业回报周期长、盈利模式不清晰等问题。

2）压缩空气储能

压缩空气储能适合大规模储能。德国 Huntorf 电站、美国 Mcintosh 电站装机分别为 290 MW 和 110 MW，分别在 1978 年和 1991 年投入商业运营，至今虽然运行顺利，但存在依赖地下储气洞穴和化石燃料以及系统效率相对较低等技术瓶颈。为解决上述问题，世界各国发展了绝热压缩空气储能、液态空气储能、等温压缩空气储能和超临界压缩空气储能等新型压缩空气储能技术。美国和北爱尔兰正在加紧建设更大规模的2700 MW/48 h 和 330 MW 的压缩空气储能电站。

3）中高温储热技术

中高温储热技术在太阳能热发电、工业余热利用和清洁能源供暖方面有广泛的应用前景。目前国际上已有 20 多座商业化运行的太阳能热发电电站（总装机容量达到400 万 kW 以上）采用大容量的中高温熔盐储热技术。广泛采用太阳盐和 Hitec 盐配方的中高温熔盐储热技术存在熔点高、分解温度低的缺陷。因此，开发低熔点、高分解温度的宽液体温度范围熔盐成为国际研究的热点。在混合熔盐中添加二氧化硅、碳等纳米粒子来提高混合熔盐的比热和储热密度，也是国际研究的前沿。

4）冰蓄冷技术

冰蓄冷技术利用水的凝固储存冷量，具有蓄冷密度大、成本低、循环寿命长等优点；在建筑空间制冷、工艺冷却等领域，在为大规模消纳富余电能、在用户侧平抑电网峰谷差、提升制冷系统性能等方面发挥了重要作用。2000 年初，日本在传统冰球和盘管冰蓄冷技术基础上提出流态化冰浆技术，并迅速开展技术验证和产业化示范，取得了很好效果，将冰蓄冷技术的系统效率和负荷响应性能提升到新高度。然而，现有的冰浆技术为保障系统的稳定性，在制冷剂循环和水循环之间增加了载冷剂循环，从而导致换热损失，降低了系统能效。因此，更加高效和稳定的冰浆制取技术成为国际研究的前沿和热点。

5）其他长时间储能技术

近年来，国际上热泵储能、重力储能、固态储热等多种新型超长时间尺度储能技术快速发展。例如，基于热力学过程的热泵储能技术最近受到美国、英国、德国等国的重视，并加大了研发投入的力度；瑞士提出并发展了基于混凝土砖块储存势能的重力储能系统；英国、沙特阿拉伯、德国等国系统地开展了固态储热技术。基于机械、热力学、物理学、化学和电化学等学科，发展长时间、高密度、高效率、低成本和高安全性的新型超长时间尺度储能技术，是未来长时间储能技术发展的主要趋势。

二、国内新进展

中国重视发展储能技术，经过多年的努力，近几年在以下电化学储能技术领域取得一些新进展。

1. 短时高频储能技术

1）高功率电容器技术

2016 年，工业和信息化部颁布《工业强基工程实施指南（2016—2020 年）》，将超级电容器列为重大工程和重点领域急需的核心基础零部件。国内已有包括中国中车集团有限公司、南通江海电容器股份有限公司、上海奥威科技开发有限公司、烯晶碳能电子科技无锡有限公司等优秀电容器企业，所研制的产品涵盖 $10 \sim 60$ W·h/kg 的功率范围，可满足电网调频、风电调控、能量回收等多种储能用途。

2）高功率飞轮技术

国内飞轮技术的研究兴起于 20 世纪 90 年代。国内知名高校和研究所等主要研究飞轮储能系统单机部件的关键技术、飞轮储能系统的集成及其电网应用，设计并研制各种技术路线的试验系统和工程样机（功率范围为 $30 \sim 1000$ kW、能量范围为 $0.5 \sim 50$ kW·h）。我国在复合材料飞轮、高速电机、磁悬浮等飞轮储能单机研究领域取得进展，推动了国内飞轮储能技术的进步。然而，在飞轮储能阵列以及并网技术方面，国内的研究成果多数为理论仿真分析，需要加大投入力度开展实证研究。

2. 中长时间储能技术

1）锂离子储能电池

"十三五"期间，我国在锂离子电池储能方面取得重要的进展，攻克了全生命周期阳极锂离子补偿技术难题，开发出循环寿命超 12 000 次的长寿命电池单体。在系统集成与管理方面，国内突破传统电池被动均衡的方法，提出并实现了锂补偿电池模块的动态均衡策略，使控制静态压差达到 $3 \sim 5$ mV；开发出高精度 SOC[①] 算法（误差为 5%），实现了复杂电、热条件下模块内电池单体的动态一致性；在大规模储能系统层面，开发出适用于百兆瓦时级大规模电池储能电站的统一调度与控制系统，使全功率响应时间达到 200 ms，储能电站跟踪误差小于 2% 的额定功率。由宁德时代新能源科技股份有限公司承建的福建晋江的 108 MW·h 储能电站投入运行，其整体技术水平居国内外行业领先地位。

2）固态锂离子储能技术

"十三五"期间，我国已掌握一套独特的固态电池的核心材料、规模化生产工艺，建成储能应用的管理控制系统，形成固态储能系统的模块化构建能力，并在全球首次研制出 100 kW·h 级能量型和功率型的储能用固态锂电池模组。此外，完成了固态储能电池模块多维度安全性解决方案的设计及验证。总体而言，我国在固态储能锂离子

---

① SOC（state of charge），指电池荷电状态。

电池领域具有很强的科技创新能力和市场竞争力。

3）钠离子储能电池技术

我国的钠离子电池无论从综合性能还是从产业化速度来看，都处于国际前列，拥有核心技术和自主知识产权；2021年6月率先在国际上建成1 MW·h钠离子电池储能示范电站，掌握了关键材料及电芯的批量化生产工艺并进行生产验证，已初步具备产业化条件。目前发展钠离子储能电池的主要挑战是建设完整的上下游产业链，进一步提升电池的综合性能并降低成本。

4）液态金属电池

"十三五"期间，我国在液态金属电池的关键材料与技术研发方面取得系列进展，构建出国际领先的研发与分析平台，设计出高比能电极体系，开发出容量200 Ah、循环寿命1.0万次的液态金属电池，实现了由"跟跑"到"并跑"的进步。然而，液态金属电池仍需突破高温封装技术，实现高比能与长寿命特性的兼顾，并进一步验证大容量电池的长效服役能力。

5）水系电池储能技术

目前国内水系二次离子电池以锂钠混合离子电池为主，体系主要由以锰酸锂为主的含锰过渡金属氧化物正极、硫酸钠电解液以及碳复合氧化物磷酸钛钠负极组成，采用该技术路线的有恩力能源科技有限公司和贲安能源科技江苏有限公司等，比能量为25 W·h/kg左右。此外，国内对水系锂离子电池、水系钠离子电池、水系钾离子电池和水系锌离子电池均有大量研究，其中水系锌离子电池有初创公司尝试产业化，但目前无商业化产品的报道。在水系离子电池技术储备和研究基础方面我国所处的阶段为"并跑"阶段。

总体而言，在中长时间储能技术方面我国已拥有较好的研究基础与人才队伍，基础与应用资源得到大幅优化，先进材料开发与新机制等基础研究取得了大量原创性成果，并在诸多方向达到或接近国际最高水平；在优势技术方向已催生创新型公司或完成示范。

3. 超长时间储能技术

1）高效压缩空气储能技术

我国在"十三五"期间突破了100 MW级先进压缩空气储能系统关键技术，效率提高了15%，单位成本下降30%以上，在系统动态优化设计与控制、宽负荷组合式压缩机、高负荷轴流膨胀机和蓄热换热器等方面实现了根本性技术跨越和提升。

2）储热储冷技术

国内在蓄热方面开发出系列低成本、低熔点、高分解温度的硝酸熔盐，在光热发电供热以及电供热等领域进行了示范应用，但储热温度限于 600℃以下。国内也进行了高温混合氯化和碳酸熔盐的研发，但所开发的氯化盐腐蚀严重，碳酸熔盐因含有碳酸锂而具有较高的成本。因此，需要开发低成本、低腐蚀、超高温熔盐和高温高效换热器等关键技术。在蓄冷方面，国内学者攻克了过冷水稳定换热技术、高效促晶技术、冰晶防传播技术等系列关键技术，在冰浆制备和大容量蓄冷应用领域成为国际重要的技术力量。在蓄冷方面，需要进一步优化系统流程，大幅度提升冰浆系统的能效和规模。

3）新型液流电池技术

国内在液流电池的基础研究和工程化用方面均取得系列进展，实施了近 40 项应用示范，推进了液流电池在发电侧、输配电侧及用户侧的广泛应用，并牵头制定液流电池国际标准。我国在"十三五"期间部署了 10 MW 全钒液流电池技术的研发和示范，取得重要进展，目前正在建设全球最大的 200 MW/800 MW·h 全钒液流电池储能电站。全钒液流电池虽然已商业化，但其最初投资成本相对较高。可见，提高电池功率密度、降低成本、发展新体系是液流电池储能技术进一步发展的关键。

4）新型超长时间储能技术

在热泵储能、重力储能、固体颗粒储能等新型超长时间尺度储能技术方面，我国处于起步阶段，虽然在相关基础理论研究方面取得一定进展，但仍需要在压缩膨胀机、高温储热器、重力储能控制器等关键技术上取得从零到一的突破。

三、未来发展趋势和展望

针对储能不同的重要应用场景，在电化学储能领域，未来需要解决以下 3 个方面的重大技术瓶颈问题。

1. 短时高频储能技术

目前短时高频储能技术的综合技术经济性还不够理想，未来需要开发低成本、高安全、适应高频次快速响应的新型功率型储能技术和混合储能技术，具体包括：高功率锂离子电池、高功率钠离子电池、电池电容、钠离子电容、超级电容器、飞轮储能等高功率储能本体技术及其与能量型储能技术组合的储能技术。

2. 中长时间尺度储能技术

面向电网调峰等应用场景的中长时间电化学储能系统存在燃烧爆炸的安全隐患，未来需要重点发展能显著提升安全性和能量效率的储能技术，推动新原理、新概念、新途径、新材料、新设计的研究。应重点突破固态锂离子电池、固态钠离子电池、室温钠离子电池技术、水系二次离子电池和液态金属电池以及其他新型储能技术，构建从关键核心材料、储能单体到储能系统集成等具有完全自主知识产权的全流程技术方案和全制造产业链。

3. 超长时间尺度储能技术

面向气候与地域敏感的可再生能源的大规模接入、电网调峰等应用场景，现有各类储能技术在超过 4 h 的时间尺度运行时，还难以与抽水蓄能展开竞争。未来需要开发不受地理限制、大规模、长时间、低成本、高安全的超长时间高效储能技术，解决制约长时间尺度的关键技术难题，重点研究压缩空气、液流电池、熔盐储热、冰储冷等长时间、低成本且规模达到吉瓦时级的储能系统，以实现储能时长大于 10 h，全生命周期系统能量成本低于 0.8 元 /（W·h），储能系统成本低于 0.6 元 /（W·h），度电成本低于 0.2 元 /（kW·h），预期服役寿命大于 30 年的发展目标。

此外，还需要进一步发展储能型锂离子电池的以下关键支撑技术：产品寿命的精准预测和早期预警技术，产品的智能传感、智能安防技术，生产制造过程中的在线检测技术，产品的高精度离线检测技术，产品的模组和系统集成技术，产品的服役、梯级利用、再生、回收、检测的全流程标准化体系，产品的智能制造及碳足迹分析技术等。

参考文献

[1] Futaba D N, Hata K, Yamada T, et al. Shape-engineerable and highly densely packed single-walled carbon nanotubes and their application as super-capacitor electrodes[J]. Nature Materials, 2006, 5 （12）: 987-994.

[2] Sharma P, Bhatti T S. A review on electrochemical double-layer capacitors[J]. Energy Conversion and Management, 2010, 51（12）: 2901-2912.

[3] Armand M, Tarascon J M. Building better batteries[J]. Nature, 2008, 451（7179）: 652-657.

[4] Manthiram A, Yu X, Wang S. Lithium battery chemistries enabled by solid-state electrolytes[J]. Nature Reviews Materials, 2017, 2（4）: 16103.

[5] Li M, Liu T, Shi Z, et al. Dense all-electrochem-active electrodes for all-solid-state lithium batteries[J]. Advanced Materials, 2021, 33（26）: e2008723.

[6] Yabuuchi N, Kubota K, Dahbi M, et al. Research development on sodium-ion batteries[J]. Chemical Reviews, 2014, 114（23）: 11636-11682.

[7] Pan H, Hu Y S, Chen L. Room-temperature stationary sodium-ion batteries for large-scale electric energy storage[J]. Energy & Environmental Science, 2013, 6（8）: 2338-2360.

［8］ Suo L M, Borodin O, Gao T, et al. "Water-in-salt" electrolyte enables high-voltage aqueous lithium-ion chemistries［J］. Science, 2015, 350（6263）: 938-943.

［9］ Li W, Dahn J R, Wainwright D S. Rechargeable lithium batteries with aqueous-electrolytes［J］. Science, 1994, 264（5162）: 1115-1118.

［10］ Bruce P G, Freunberger S A, Hardwick L J, et al. Li-O$_2$ and Li-S batteries with high energy storage［J］. Nature Materials, 2012, 11（1）: 19-29.

［11］ Manthiram A, Fu Y, Chung S-H, et al. Rechargeable lithium-sulfur batteries［J］. Chemical Reviews, 2014, 114（23）: 11751-11787.

［12］ Delmas C. Sodium and sodium-ion batteries: 50 years of research［J］. Advanced Energy Materials, 2018, 8（17）: 1703137.

［13］ Canepa P, Gautam G S, Hannah D C, et al. Odyssey of multivalent cathode materials: open questions and future challenges［J］. Chemical Reviews, 2017, 117（5）: 4287-4341.

［14］ Wan F, Zhang L, Dai X, et al. Aqueous rechargeable zinc/sodium vanadate batteries with enhanced performance from simultaneous insertion of dual carriers［J］. Nature Communications, 2018, 9: 1656.

［15］ Chen H S, Cong T N, Yang W, et al. Progress in electrical energy storage system: a critical review［J］. Progress in Natural Science-Materials International, 2009, 19（3）: 291-312.

［16］ Skyllas-Kazacos M, Chakrabarti M H, Hajimolana S A, et al. Progress in flow battery research and development［J］. Journal of the Electrochemical Society, 2011, 158（8）: R55-R79.

2.7　Electrochemical Energy Storage Technology

Suo Liumin, *Li Hong*

（Institute of Physics, Chinese Academy of Sciences）

Electric energy storage technology is the key technology to support the electricity revolution and the development of renewable energy. Energy storage is the core technology for application scenarios including electrical vehicles, electrical ships, electrical airplanes, railways, smart architecture, communication stations, internet data centers, robots, intelligent manufacturing, and so on. This paper summarizes the progress of electric energy storage technologies in China and the world and gives its perspective on future development.

2.8　先进制氢技术新进展

郭烈锦*　刘茂昌　金　辉

（西安交通大学动力工程多相流国家重点实验室）

氢能是一种绿色低碳、高热值、应用广泛的二次能源，作为一种理想的能源载体，被誉为 21 世纪的"终极能源"。建立以氢电为主体、氢电协同的新型二次能源供给体系，是以可再生能源为一次能源主体的可持续的能源供给体系未来发展的必然选择。因此，氢能研究的两大任务包括：利用氢能，实现化石能源向清洁零碳排放的低成本高效率利用体系的平稳转变；利用氢能，大幅度提高可再生能源在一次能源中的占比，并使之成为核心主体能源，同时实现可再生能源的低成本、连续稳定、高效率的转化、存储和大规模广泛应用。完成这两大任务的关键和先决条件是掌握有效的氢能制备技术。氢能的制取方法包括电解水制氢、矿物燃料制氢、生物质制氢、太阳能光电 / 光催化制氢、其他含氢物质制氢等，其核心都是输入和利用一次能源，从含氢的化合物（如水）中去获取氢气。下面将重点介绍先进制氢技术的新进展并展望未来。

一、国际重大新进展

氢能技术的发展关乎全球可再生能源的变革，其研究一直是各国能源研究的热点。发展氢能已成为全球共识。2021 年国际能源署[1]（International Energy Agency，IEA）发布的多篇关于全球氢能产业的报告显示，2018～2021 年，全球共有 16 个国家将氢能纳入国家能源发展战略。把氢能纳入国家能源发展战略，抢占氢能技术领域的前沿和制高点，是各主要国家可持续发展战略中的关键。

1. 以化石能源为一次能源，通过直接热裂解和蒸汽重整制氢

以煤、石油及天然气为一次能源和部分原料，采用高温催化分解的方式，将化石能源直接裂解来制取氢气，是目前大型制氢系统制氢采用的主要方式。2019 年，美国明尼苏达大学的 Jane H. Davidson 等[2]以氧化铈为催化剂，采用固定床反应器，在

---

*　中国科学院院士。

1274 K 条件下，使 CH$_4$ 转化率达到 36%，H$_2$ 选择性为 90%。2021 年，俄罗斯科学院化学物理问题研究所的 S. V. Gorbunov 等[3] 采用镍基催化剂，利用 Pd-Ru 合金箔膜反应器进行石油气水蒸气重整制取高纯氢研究，在 773～823 K 条件下，使 H$_2$ 的转化率达到 80%，产氢速率达 1.3 mmol/min/g 催化剂。此外，超临界水煤气化技术以其高效节能低碳的特性，在打破传统煤炭转化利用技术现存的局限性和实现煤炭物质与能源的梯级转化利用方面，已成为世界煤炭转化利用技术未来改革的重要方向。以美国、日本、韩国为主要代表的国家正在积极开展超临界水煤炭气化制氢技术的相关机理的实验研究。

2. 可再生能源制氢

目前可再生能源直接制氢技术主要包括：光催化直接分解水制氢、光电化学直接分解水制氢、太阳能光伏电解水制氢、生物质气化制氢、微生物发酵制氢及太阳能热化学分解水制氢等。光催化/光电化学直接分解水制氢研究近年来取得长足进步，是国际研究的热点。

光催化直接分解水制氢利用太阳光激发半导体光催化剂产生电子和空穴对，进而使水分子在光催化剂表面分解生成氢气。2021 年，日本东京大学 Domen 教授团队[4] 实现了 100 m^2 规模化太阳能光催化分解水制氢，使能量转化效率达到 0.76%。光电化学直接分解水制氢与光催化直接分解水制氢在基本原理方面相近，主要区别是光电化学反应中的氧化反应和还原反应分别发生在两个宏观尺度的光阳极和光阴极表面。常见的光电极材料有 WO$_3$、Fe$_2$O$_3$、BiVO$_4$、ZnO 等。2021 年，美国加利福尼亚理工学院的 Nathan S. Lewis 等[5] 制备出 p-InP/P 光电极，该电极在 18 mA/cm^2 的电流密度下，可保持高达 285 h 的稳定性。

太阳能光伏电解水制氢把光伏电池和电解水装置连接在一起，可实现太阳能到电能再到氢能的转换。通过太阳电池将光能转换为电能以参与电解水制氢，实现了电能至氢能的转换、存储和使用。2022 年，韩国国立蔚山科学技术研究院的 Jae Sung Lee 等[6] 开发出一种有机异质结组成的异质串联有机光伏器件，使太阳能制氢效率达到 10%。

生物质气化制氢利用生物质的气化反应裂解制得氢气，主要利用生物炼制以及农业生产过程中产生的许多生物质废弃物（如藻类、农业秸秆等）。相较于传统处理技术，生物质气化制氢可直接用湿生物质进料，无须进行干燥预处理，具有反应效率高、产物氢气含量高、低污染性等优势。2020 年，西班牙研究学者 M. Belen García-Jarana[7] 在连续反应器中研究纤维素超临界水气化制氢过程，结果表明：提高操作体系温度是提高制氢效率和转化率的有效手段；采用合适的进料浓度与使用催化剂，可

提高气体产物中的 H_2 产率。

微生物制氢利用某些微生物的代谢过程来生产氢气。光合细菌在厌氧光照的条件下，可将光能转化为生物化学能，进而将 H^+ 还原成氢气。2021 年，法国斯特拉斯堡大学的 Barbara Ernst 等[8] 采用中空纤维膜组件，开发出液 / 气膜生物反应器以增强发酵过程，使产氢率达（106.5 ± 10.6）mL/h，且表现出良好的稳定性。

太阳能热化学分解水制氢以水为原料，利用光热转化和热化学循环分解水来制取氢气。在光热技术与热化学反应的耦合体系中，太阳能聚光系统是重要的组成部分，包括多碟式太阳能聚光系统、抛物面槽式聚光系统、线性菲涅耳聚光系统以及塔式聚光系统等。伊朗德黑兰大学的 Bahram Ghorbani 等[9] 通过优化抛物面碟形太阳能聚光器的尺寸和孔腔，使孔腔反应温度达 1800 K，系统保持长时间高效运行。

3. 多种一次能源耦合制氢

在多种一次能源耦合制氢方面，目前研究比较多的是采用光热技术去耦合化石能源制氢、耦合生物质气化制氢和耦合光催化分解水制氢等。

与太阳能热化学分解水制氢类似，含有光热转化技术的多种一次能源耦合制氢反应体系也采用类似的聚光器。2019 年，法国国家科学研究中心 PROMES 实验室的 Srirat Chuayboon 等[10] 利用太阳能聚光器，以氧化铈网状多孔泡沫为催化剂，进行太阳能驱动的天然气重整，实现了 900～1050℃ 的目标温度，使太阳能转化为燃料的能量转换效率达到 5.22%。

二、国内重大新进展

2022 年 3 月，国家发展和改革委员会和能源局联合印发《氢能产业发展中长期规划（2021—2035 年）》[11]，明确氢能是战略性新兴产业的重点方向，是构建绿色低碳产业体系、打造产业转型升级的新增长点。构建清洁化、低碳化、低成本的多元制氢体系，对我国未来可再生能源供给模式的建立具有极其重要的作用。我国制氢技术发展迅速，在多个方向已处于世界前列乃至领先地位。

1. 以化石能源为一次能源制氢

在以化石能源为一次能源制氢方面，近年来我国比较突出的成果是超临界水蒸煤制氢技术。西安交通大学动力工程多相流国家重点实验室的郭烈锦团队历经 25 年的持续攻关，对中国各地的多种典型煤种（如哈密褐煤、伊民褐煤、神木烟煤、红柳林煤和准东煤等）开展了系统深入的超临界水蒸煤制氢理论与试验的研究[12, 13]。

在超临界水蒸制氢产业化方面，郭烈锦团队成功构建出一套五模块并联的超临界水蒸煤气化制氢反应系统，将加料、气化、除渣工艺集成一体；与传统煤气化制氢相比，从源头上抑制了污染物生成，无须进行除尘和脱硫脱硝且不需要额外增加碳捕集与封存（carbon capture and storage，CCS）的设备与能耗，即可自然完成高纯 CO_2 的富集，为 CO_2 的进一步资源化利用打下坚实基础。所构建的连续生产的小型示范试验样机，采用以超临界水相完全还原气化煤为核心的新型高效气化制氢完整流程工艺，已累计运行两万余小时，完成了长时间连续稳定生产的检验验证。与其他制氢技术相比，超临界水煤制氢的成本可降低到 0.58 元 /Nm³，远低于传统方法（图 1），为大规模和低成本制氢提供了切实可行的方法。此外，该研究团队还提出了基于超临界水蒸煤制氢发电供热和制氨制高纯 CO_2 的多联产技术与工艺流程[14]（图 2），实现了大规模低成本制氢；进一步结合终端部门，可满足传统能源产业的升级和新产业发展的需求，完善和优化整个煤炭能源与化工产业链。

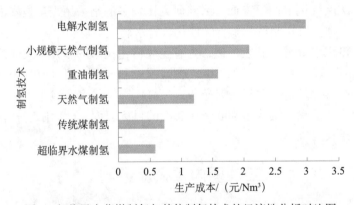

图 1　超临界水蒸煤制氢与其他制氢技术的经济性分析对比图

注：图中上面四种技术测算规模为每小时 1000 Nm³ 氢气；下面两种技术测算规模为每小时 10 万 Nm³ 氢气。

2. 可再生能源制氢

在光催化直接分解水制氢方面，郭烈锦团队[15]制备出一种基于硼掺杂、氮缺陷的二维（2D）C_3N_4 纳米片，并用于光催化全解水研究，使光氢转化效率达到 1.16%。在光热技术耦合催化分解水制氢方面，郭烈锦团队[16]利用太阳能聚光器，以 P25 为光催化剂，实现了 36 个太阳光强度下的制氢，使产氢速率达到 235.8 μmol/h（是非聚光条件下的 1212 倍），这充分体现了光热耦合效应的巨大优势。此外，该团队以 CdZnS 为负载型光催化剂，构建出 218 m² 平板式太阳能光催化分解水制氢示范系统

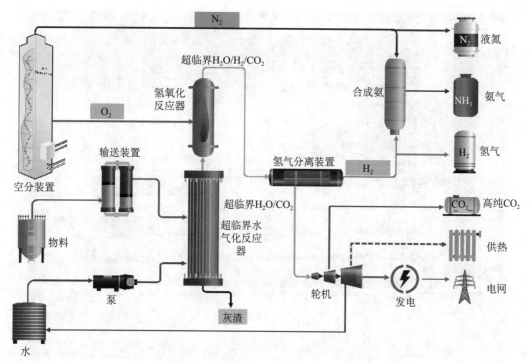

图 2 超临界水蒸煤制氢发电供热和制氨制高纯 CO_2 的多联产系统示意图[14]

（图 3），实现了光催化反应体系与光催化反应器的高效耦合以及系统的集成优化，使产氢量达 1000 L/d，氢气纯度达 98.2%。

在生物质气化制氢方面，2020 年郭烈锦团队[17]试验了玉米秸秆的超临界水气化，结果表明：较高的反应温度、较长的反应时间和较低的原料浓度有利于改善生物质的反应性能。2021 年该团队[18]采用 CeO_2-ZrO_2 共沉淀催化剂，开展超临界水中木质素和纤维素的气化研究；通过加入 CeO_2-ZrO_2，在较低温度下显著改变了催化效果，从而提高了气化效率和产氢能力，把纤维素在 500℃下气化的产氢率提高 2.5 倍以上，达到 8.50 mol/kg。

在微生物发酵制氢方面，2022 年，朱明军等[19]利用热厌氧菌和生物炭对甘蔗渣的制氢性能进行研究，发现采用热厌氧菌可使产氢量提高 95.31%，如再添加生物炭，可进一步提高 158.10%。

在太阳能热化学分解水制氢方面，2021 年，南京航空航天大学的宣益民团队[20]采用 Cu/Zn/Zr 氧化物催化剂，使太阳能到化学能转换效率达到 45.6%，产氢速率达到 1.51 mL/g_{cat}/s。

图 3　平板式太阳能光催化分解水制氢示范系统航拍照片

在太阳能光伏电解水制氢方面，2022 年云南大学的刘世熙团队[21] 制备出蜂窝状多孔 $Co_2P/Mo_2C@NC$ 催化剂，并使之与砷化镓太阳能电池组件结合，用于分解水制氢，实现了 18.1% 的太阳能氢能转化效率。郭烈锦团队针对实际中非稳态、高分散的太阳辐射特点，研制出太阳能全光谱利用的氢热电多联产集成一体化装置（图 4）。该装置基于聚光分频原理，将光催化分解水制氢和光伏电解反应进行耦合，并通过对制氢体系内工质流动、传热、传质、化学反应和太阳能辐射等的多场／多尺度优化调控，实现了不同时间尺度的能量动态平衡和系统高效运行。经第三方认证，该聚光分频太阳能氢热电多能互补综合利用系统的太阳能到氢能转换效率达到 25.2%。基于该系统，进一步在新疆塔城启动太阳能氢／热／电／淡水多联产大型工业示范系统，占地 5000 m^2，集成太阳能制氢、热电联产、盐碱水淡化多个模块，可完全自持式连续运行，设计年产氢 50 万 Nm^3，2022 年已经完成一期工程建设（图 4）。

(b) 双轴追踪多能输入输出控制单片机

(a) 太阳能全光谱聚光分频氢热电多能流输出系统单元设计及串并联　　(c) 串并联多模组多能互补调控平台

(d) 太阳能氢/热/电/淡水多联产大型工业示范

图 4　聚光分频太阳能氢热电多能互补综合利用系统及其输出与多维变工况控制平台和太阳能氢/
热/电/淡水多联产大型工业示范

3. 多种一次能源耦合制氢

在光热技术耦合化石能源制氢方面，中国科学院工程热物理研究所的金红光团队[22]通过优化反应器，使 CH_4 转化率高于 99%，H_2 产率高于 99%；如利用聚光太阳能光热集成系统，可使热化学转化太阳能为化学能的转换效率高达 46.5%。

在太阳能聚光供热耦合生物质气化制氢方面，西安交通大学采用太阳能聚焦供热耦合超临界水生物质气化系统，使生物质在较低温度下完全气化并实现高效耦合。图 5 是直接太阳能供热耦合生物质超临界水气化制氢中试试验系统，其生物质浆料处理量达 1 t/h。

图 5　直接太阳能供热耦合生物质超临界水气化制氢中试试验系统

三、未来展望

氢能技术是全球能源与可持续发展战略的核心与关键，也是当前世界科技竞争与发展的热点，其研究涉及多个学科。中国、美国、欧洲、日本等国家或地区在该领域各有所长，加强国与国之间的交流合作，有利于氢能技术的快速发展。氢能技术的发展关乎我国能源的供给安全与能源供给体系的变革转型，更关系到"双碳"目标和未来可持续发展战略的实现，因此离不开政府、科研院所乃至全社会的大力支持，需要持续投入人力、物力，也需要凝聚全社会的集体智慧。

特别需要指出，氢能技术不仅需要从能量和物质的物理、化学等变化以及材料科学的角度进行深入系统的研究与开发，还需要从有助于实现能量和物质高效无害化耦合转化的工程科学、系统科学及其交叉集成的角度，并结合应用场景，开发工程化、规模化的系统与装置，创造新的生产工艺及技术。特别需要高度重视能源的能量属性与物质属性，从分析能量流与物质流的传输流程出发，系统深入研究能源（能量及物质）在传输与转化过程中发生的有效能损失与物质有害化转化，这样才可能在能量与物质转化和传输的关键点上力争取得真正有益的突破。

参考文献

[1] IEA. Global Hydrogen Review 2021［R］. Paris，2021.

[2] Fosheim J R, Hathaway B J, Davidson J H. High efficiency solar chemical-looping methane reforming with ceria in a fixed-bed reactor［J］. Energy，2019，169：597-612.

[3] Didenko L P, BabakV N, Sementsova L A, et al. Production of high-purity hydrogen by steam

reforming of associated petroleum gas in membrane reactor with industrial nickel catalyst[J]. Membranes and Membrane Technologies, 2021, 11（5）: 336-344.

[4] Nishiyama H, Yamada T, Nakabayashi M, et al. Photocatalytic solar hydrogen production from water on a 100-m^2 scale[J]. Nature, 2021, 598: 304-307.

[5] Yu W, Richter M H, Buabthong P, et al. Investigations of the stability of etched or platinized p-InP （100）photocathodes for solar-driven hydrogen evolution in acidic or alkaline aqueous electrolytes[J]. Energy & Environmental Science, 2021, 14: 6007-6020.

[6] Kim Y K, Lee T H, Yeop J, et al. Hetero-tandem organic solar cells drive water electrolysis with a solar-to-hydrogen conversion efficiency up to 10%[J]. Applied Catalysis B: Environmental, 2022, 309: 121237-121245.

[7] García-Jarana M B, Portela J R, Sánchez-Oneto J, et al. Analysis of the supercritical water gasification of cellulose in a continuous system using short residence times[J]. Applied Sciences, 2020, 10: 5185-5201.

[8] Renaudie M, Clion V, Dumas C, et al. Intensification and optimization of continuous hydrogen production by dark fermentation in a new design liquid/gas hollow fiber membrane bioreactor[J]. Chemical Engineering Journal, 2021, 416: 129068-129080.

[9] Mehrpooya M, Tabatabaei S H, Pourfayaz F, et al. High-temperature hydrogen production by solar thermochemical reactors, metal interfaces, and nanofuid cooling[J]. Journal of Thermal Analysis and Calorimetry, 2021, 145: 2547-2569.

[10] Chuayboon S, Abanades S, Rodat S. Syngas production via solar-driven chemical looping methane reforming from redox cycling of ceria porous foam in a volumetric solar reactor[J]. Chemical Engineering Journal, 2019, 356: 756-770.

[11] 国家发展和改革委员会, 国家能源局. 氢能产业发展中长期规划（2021—2035 年）[R]. 北京, 2022.

[12] Sun J, Feng H, Xu J, et al. Investigation of the conversion mechanism for hydrogen production by coal gasification in supercritical water[J]. International Journal of Hydrogen Energy, 2021, 46: 10205-10215.

[13] Wang R, Lu L, Zhang D, et al. Effects of alkaline metals on the reactivity of the carbon structure after partial supercritical water gasification of coal[J]. Energy & Fuels, 2020, 34: 13916-13923.

[14] Guo L, Ou Z, Liu Y, et al. Technological innovations on direct carbon mitigation by ordered energy conversion and full resource utilization[J]. Carbon Neutrality, 2022, 1: 4-25.

[15] Zhao D M, Wang Y Q, Dong C L, et al. Boron-doped nitrogen-deficient carbon nitride-based Z-scheme heterostructures for photocatalytic overall water splitting[J]. Nature Energy, 2021, 6:

88-397.

[16] Ma R, Sun J, Li D H, et al. Exponentially self-promoted hydrogen evolution by uni-source photo-thermal synergism in concentrating photocatalysis on co-catalyst-free P25 TiO_2[J]. Journal of Catalysis, 2020, 392: 165-174.

[17] Wang C, Jin H, Feng H, et al. Study on gasification mechanism of biomass waste in supercritical water based on product distribution[J]. International Journal of Hydrogen Energy, 2020, 45: 28051-28061.

[18] Cao C, Xie Y, Li L, et al. Supercritical water gasification of lignin and cellulose catalyzed with co-precipitated CeO_2-ZrO_2[J]. Energy & Fuels, 2021, 35: 6030-6039.

[19] Huang J R, Chen X, Hu B B, et al. Bioaugmentation combined with biochar to enhance thermophilic hydrogen production from sugarcane bagasse[J]. Bioresource Technology, 2022, 348: 126790-126799.

[20] Yu X X, Yang L L, Xuan Y M, et al. Solar-driven low-temperature reforming of methanol into hydrogen viasynergetic photo-and thermocatalysis[J]. Nano Energy, 2021, 84: 105953-105962.

[21] Sun P L, Zhou Y T, Li H Y, et al. Round-the-clock bifunctional honeycomb-like nitrogen-doped carbon-decorated Co_2P/Mo_2C-heterojunction electrocatalyst for direct water splitting with 18.1% STH efficiency[J]. Applied Catalysis B: Environmental, 2022, 310: 121354-121365.

[22] Ling Y Y, Wang H S, Liu M K, et al. Sequential separation-driven solar methane reforming for H_2 derivation under mild conditions[J]. Energy & Environmental Science, 2022, 15: 1861-1871.

2.8　Advanced Hydrogen Production Technology

Guo Liejin, *Liu Maochang*, *Jin Hui*
(State Key Laboratory of Multiphase Flow in Power Engineering,
Xi'an Jiaotong University)

Hydrogen energy is a kind of secondary energy with abundant sources, green, low carbon, high calorific power, and wide application. Hydrogen is an ideal energy carrier in the future, it is known as the "ultimate energy" in the 21st century. The energy supply system with hydrogen as the core energy carrier is an ideal solution for the future renewable energy supply system. Currently, we pay a lot of attention to the transition from fossil fuel to renewable energy system, especially on the transformation, storage and utilization of renewable energy with hydrogen as an intermedia. Among them, the methods for producing hydrogen involving water electrolysis, reformation of fossil fuels, biomass, photoelectrocatalysis/photocatalysis, and hydrogen production from other hydrogen-containing materials, have been extremely widely studied. As the establishment of hydrogen energy system relies on hydrogen production from primary energy source, this paper discusses the current situation and tendency of hydrogen energy production technology using hydrogen as an intermedia to convert the primary energy sources directly, and then gives an overall consideration on the remaining scientific and engineering challenges facing the hydrogen energy production technology.

2.9 节能技术新进展

张振涛 李晓琼 越云凯

（中国科学院理化技术研究所）

节能技术是涵盖工业、交通、建筑、农业等国民经济各领域能源节约关键技术的总称，也是实现"双碳"目标、推进供给侧结构性改革、提高综合科技实力、培育绿色新动能的关键措施。节能技术的开发与利用受到世界各主要国家的重视。"十三五"以来，我国在节能领域取得长足发展，单位 GDP 能耗下降 14%，累计节能 7.1 亿 tce，占全球节能量 1/2 左右[1]，火电、水泥、交通等重点耗能行业的技术装备水平显著提升，已进入世界先进行列。下面重点介绍各主要领域节能技术的发展现状并展望未来。

一、国外发展现状

1. 重点工业节能

钢铁、有色金属、水泥、石化等流程工业具有强耦合性、高复杂度和规模化特征，是能耗和污染最显著的源头。近年来发达国家在重点流程工业节能方面取得明显进展，主要体现在新工艺开发、节能改造、废材回收和余热利用等方面。

在钢铁及有色金属方面，日本年钢产量保持在 1 亿 t 左右，吨钢能耗最低，是国际钢铁能耗的"标杆"。日本最早推出氧气顶吹转炉炼钢法，提出氧气转炉工艺废气回收技术、多孔顶枪技术及副枪动态控制技术等多项创新性技术。近年来，日本基于顶底复吹转炉技术开发出铁水脱磷和熔融还原技术，进一步提高了钢铁冶炼搅拌效率，使生产率和质量大幅提升[2]。美国废钢积蓄量大，建立了一系列废钢采集、回收、储存、运输、转化处理系统，大幅增强了其竞争优势。

在水泥方面，欧洲水泥协会 2020 年发布了碳中和路线图，着眼于在产业链的每个阶段（熟料、水泥、混凝土、建筑和碳化）采取行动以减少 CO_2 排放，计划到 2030 年吨熟料 CO_2 排放量从 783 kg 下降至 472 kg，到 2050 年实现净零排放。2021 年，美国波特兰水泥协会发布碳中和路线图，描绘了包括熟料生产、水泥制造运输、建筑环境建设和使用混凝土作为碳汇在内的美国水泥、混凝土价值链"净零计划"，阐述每一环节的实现途径和经济模型。

在石油化工方面，日本 JFE 化学公司笠冈工厂以焦油、粗苯为主要原料进行焦油蒸馏和轻质芳烃 BTX 生产，采用夹点技术对蒸馏系统进行改造，通过余热回收年节能约 25 000 GJ。德国第二大褐煤电厂 Niederaussem 电站先利用氢电解技术制备氢气，再使之与废气中的 CO_2 合成出甲醇，最后生产出甲醚，从而大幅降低了电厂能耗和运营成本。

2. 交通运输节能

全球约 21% 的 CO_2 排放来自交通运输行业，经验表明，欧美的交通运输行业碳达峰均晚于工业、建筑业和商业等行业。

交通运输占美国温室气体排放比例最大，美国政府一方面致力于提高传统汽车燃油效率，另一方面积极推动纯电动车、插电式混动车及燃料电池电动汽车的推广应用。在汽车核心部件发动机节能方面，美国致力于通过提高增压直喷机型应用比例和小型化、减少泵气损失、采用精确热管理及电控策略等来降低发动机的油耗。2018年，美国通用汽车公司、福特汽车公司联合开发出的全球首款 10 挡纵置自动变速器已实现车型搭载。欧洲最新法规要求，以 2021 年为基准，到 2030 年，新轿车、新厢式货车和新卡车的减排目标分别为 37.5%、31% 和 30%。欧洲九国合作的电动汽车项目（JOSPEL）已开发出用于电动车的新型节能气候控制系统；该系统通过焦耳热效应辐射供暖和珀尔帖效应制冷，使汽车空调节能超过 57%；此外，通过采用轻量化技术和新型玻璃设计还可以额外节能 3%[3]。海运领域的节能船舶已超过 4259 艘，约占全球船队总吨位的 20.4%；目前船舶节能装置主要包括螺旋桨导流罩、舵球、旋翼风帆、风筝及空气润滑系统等。

政策驱动促使低碳绿色交通成为共识。2018 年巴黎颁布《巴黎大区能源与气候规划》，提出到 2050 年实现 100% 可再生能源和零碳的发展目标，支持建设更适合步行、骑行和公共交通的城市基础设施[4]。2021 年发布的《东京净零排放战略》，提到零排放车辆在新车销售中占比达 50% 及 2050 年实现净零排放的规划愿景[5]。

3. 公民用建筑节能

公民用建筑节能领域，国际新进展主要集中在维护结构性能提升、能源系统运行效率提升、清洁能源与可再生能源应用等方面。

世界绿色建筑委员会（World Green Building Council）发布全球《净零碳建筑承诺》，主张减少或补偿建筑的零排放，以实现到 2030 年建筑部门排放量减半的目标[6]。美国在 2020 年明确了建筑相关的节能战略，规范新建筑采用现代能源，支持建筑物的效率提升和高性能电气化。德国政府制定严格的建筑围护结构热工指标，其门窗建筑节能体系及技术在欧洲以至全世界都处于领先地位，注重提高隔热、安全性、经济性等综合性能。近年来，动态玻璃、电致变色玻璃、热致性玻璃、气凝胶玻璃等新型玻璃因具有特殊性质受到广泛关注[7]。日本 2021 年发布《2050 年碳中和住宅·建筑的对策与实施方法》，进一步推进建筑领域温室气体的减排，提出 2030 年以后的新建住宅的节能性能达到零能耗住宅（Zero Energy Home，ZEH）标准，其他建筑节能性能达到零能耗建筑（Zero Energy Building，ZEB）标准[8]。

4. 农业农村节能

农业既是温室气体主要排放源，也可作为强大碳汇。农业农村节能不仅有助于减缓气候变化，还可有效提升地力和保障粮食稳产增产。

目前，农业农村节能发展较为领先的国家和组织有欧盟、美国、澳大利亚、日本等，其发展政策主要包括：制定强约束性政策、推进新型农业种植模式、增加技术研发投入和提供充足的财政预算等[9]。欧盟要求 2030 年有机农业面积至少达到农业土地总面积的 25%，德国则进一步要求扩大至 30%[10]。挪威、西班牙、日本等渔业大国明确提出海洋捕捞和水产养殖减排目标，对渔具渔船提出了燃油电力降耗节能的要求[11]。美国近年来农业政策侧重点趋向清洁能源利用。2022 年，美国农业部斥资 1000 万美元启动农村清洁能源试点计划，计划开发不超过 2 MW 的可再生能源（太阳能、地热能、微型水电和生物质能等）项目。明尼苏达州最大电力合作社康纳索斯能源（Connexus Energy）公司于 2019 年建成该州第一个大型太阳能加储能项目

Ramsey，该项目可为 1/3 的明尼苏达人口供电；进一步通过智能化产品远程跟踪用电、供暖和耗水情况并及时调节，实现了节能降耗。此外，光伏农业（Agri-PV）在欧洲逐渐站稳脚跟，德国、意大利正开展大规模试点建设。

二、国内发展现状

我国经济高质量发展和能源结构转型攻坚对节能工作提出了更高的要求，也推动了我国节能技术的发展。

1. 重点工业节能

工业是国民经济的主体和核心增长引擎。我国工业产值占世界总量约 30%。从 2012 年到 2021 年，我国全部工业增加值由 20.9 万亿元增长到 37.3 万亿元，年均增长超 6%，远高于同期全球工业增加值 2% 左右的年均增速。

2021 年工业和信息化部组织编制的《国家工业节能技术推荐目录》包括重点工业行业节能改造技术、重点用能设备节能等 8 大类 69 项工业节能技术。换热式两段焦炉、铜冶炼连续吹炼、原油直接裂解制烯烃等一批先进节能技术进展明显，重点行业节能装备普及率大幅提升。

"十三五"期间，钢铁行业提前完成 1.5 亿 t 去产能目标，1000 m³ 以上大型高炉比重由 21% 上升至 50%。DP 系列废钢预热连续加料输送设备大幅降低了能耗，缩短了电炉冶炼周期，减少了烟气排放。铝电解槽节能改造、铝冶炼节能改造、600 kA 级超大容量铝电解槽技术实现了铝电解槽内负压分布均匀性，使铝电解的集气率达 99.6%，污染物实现超低排放标准。水泥建材行业新型干法水泥熟料产量比重由 39% 上升至 99%。

基于边缘计算的流程工业智能优化控制技术崭露头角，该技术集成了数据感知、数据处理、在线建模、在线优化和智能控制等方法，可针对不同生产流程建立最佳节能调控模型。此外，高参数热泵，碳捕集、利用与封存（CCUS）和 CO_2 储能等新兴技术也在工业相关部门进行了应用推广。

2. 交通运输节能

交通运输是国民经济中的关键性产业和基础服务性行业。据统计，我国交通运输 CO_2 排放总量从 2005 年的 3.4 亿 t 增长到 2019 年的 11.5 亿 t，2020 年由于新冠疫情影响回落至 10.2 亿 t，约占全国终端碳排放的 15%[12]。其中，道路交通碳排放约占 84%，航空、水上运输约 15%，铁路交通约占 1%[13]。"十三五"期间，我国基本建成低碳高效综合交通运输体系，行业绿色节能发展取得较大进展。

我国建成"五纵五横"综合运输大通道，形成由铁路、公路、水路、民航、管道等多种方式组成的综合交通基础设施网络。大宗货物和中长途货物"公转铁""公转水"发展迅速，2021年铁路客运量同比增长18.5%，货运量同比增长4.9%，呈显著增长趋势[14]；沿海集装箱运输量同比增长约3%，至2021年底，沿海省际运输700国际标准集装箱以上集装箱船共计322艘、78.8万国际标准集装箱，水运船舶大型化趋势明显[15]。

交通运输单位工作量能耗总体持续下行。2021年，单位运输综合能耗4.07 t标准煤/百万换算吨公里，同比下降7.29%；营运货车、船舶、民航单位运输能耗分别降低6.6%、7.7%、3.1%。我国大力发展电动汽车、混合动力和氢燃料电池等汽车节能技术，重点包括动力总成优化、车辆轻量化、降低摩擦损失和替代燃料。目前，混动汽车主要采用P1+P3架构双电机方案，典型代表是比亚迪汽车DM-i插电式混合动力产品[16]，其发动机热效率达43%，混合动力专用变速箱的变速器采用单级减速器，传动效率高。

我国新能源汽车保有量世界第一，市场占有率持续攀升。截至2021年底，我国新能源汽车保有量达784万辆，占汽车总量的2.6%，同比增长59.25%[17]。新能源汽车普及速度逐年上升，锂电池技术、热管理技术、控制技术相关研究较为火热。

3. 公民用建筑节能

近年来我国建筑节能技术发展迅速，包括相变储能材料和环保建筑材料应用[18]、分布式能源、热泵供热技术、新能源开发利用、源网荷储一体化等[19]。

2021年，中国科学院理化技术研究所研发的基于复合增焓的能源塔热泵系统，为南方冬季低温高湿区域供热及区域微能源提供了新的技术路径，实现了−15℃以下供热，使性能系数（coefficient of performance，COP）提升15%以上，已应用在北京金茂绿建科技有限公司青岛金茂府Ⅲ期建筑供暖项目上。智慧能源管理技术给建筑节能注入新动力，综合管控分布式可再生能源发电系统、储能系统、空气源热泵热水系统、空调系统，实现了建筑节能综合管理和"源网荷储一体化"协同运行。

建立自上而下的行业标准也是民用建筑节能的重要抓手。江苏省2018年发布《低碳城市评价指标体系》（DB32/T 3490—2018），率先探索出一条绿色建筑发展道路，其绿建标识项目的建筑面积累计达3.33亿 m^2，位列全国第一[20]。重庆提出到2025年城镇新建建筑中绿建面积占比达到100%，实现超低能耗建筑示范应用。

4. 农业农村节能

我国农业温室气体排放量占全球农业总排放量比重约为 12%，我国是第二大农业排放国。2022 年 1 月，国务院发布《关于做好 2022 年全面推进乡村振兴重点工作的意见》，提出要推进农业农村绿色发展，建设国家农业绿色发展先行区，研发应用减碳增汇型农业技术[21]。

农村综合废物资源化利用取得较大进展。2015～2017 年，中央财政共投资近 60 亿元，建设大型沼气项目 1423 处、生物天然气试点项目 64 处，为广大农村地区提供了清洁的生活用能；经过 2016～2018 年试点，秸秆综合利用全面铺开，打通了秸秆回用关键环节，区域秸秆处理能力得到显著提升[22]。

高效、节能、智能农机技术研发及应用能力提升。农用拖拉机油耗、废气排放、牵引效率、作业精度等性能提升明显；农用发动机"国二升国三"，采用电控高压共轨和电控单体泵供油控制系统，使单机 NO_x 减排量达 30%～45%。

可再生能源成为农业农村领域最具活力的能源供应方式。风能、太阳能、生物质能在农业生产和农村生活中的应用加快。国内形成多个"可再生能源＋农业"高端装备制造聚集区，典型如亿利资源张北生态农业示范项目、沽源鑫华大型沼气工程、塞北牛粪资源化利用工程和宣化区农业可再生能源循环利用示范项目等。

三、发展趋势及未来展望

1. 重点工业节能将加速推进高效化、低碳化、绿色化

我国工业能源消费占社会能源总消费的 65% 左右，亟须稳步推进重点工业节能的高效化、低碳化和绿色化。在系统提升产业链综合能效的同时，需要统筹多种品位能源，构建多能高效互补的工业用能结构；应强化排放检测以及碳捕集、利用与封存等技术的研发，提高产品的综合经济价值；应结合现代信息技术，解决工业流程中物质流、信息流、能量流的协同运行与集成调控，实现全流程的节能降耗和提质增效。

2. 交通运输节能呈现出多式联运、绿色低碳、数字信息化发展趋势

推进交通运输节能，需要从结构调整、运输装备和资源节约三方面协同发力。首先，需要抓好交通运输结构优化，加快形成铁路、水路、公路结合的多式联运，推动数字信息化技术如北斗系统的应用，构建便捷高效的综合交通网络；其次，应加快新能源汽车推广，降低各类交通工具能耗，推动前沿技术攻关；最后，应综合统筹运输

通道资源，推动绿色交通"新基建"建设，倡导公民绿色出行。

3. 公民用建筑节能呈现出提升环境舒适度与节能降碳的双重发展趋势

发展建筑节能主要可从以下方面重点突破：推动行业智能化转型，发展以大数据和人工智能为核心的智能建造技术和负荷预测方法；大力引入新能源，研发新型建筑节能材料，提高能源供求匹配度，规范绿色建筑评价标准；坚持"以人为本"，注重节能性和舒适性的双重提升。

4. 农业农村节能将紧密围绕乡村振兴战略呈现多维度、多方位发展趋势

农业农村节能是农业绿色发展和乡村生态振兴的重要内容。在"碳中和"愿景下，需进一步筛选高效、低成本、易推广的农业减排固碳技术，推广行业标准；加快高效农机装备普及应用；推动可再生能源农业集成落地，打造农业"碳中和"样板工程和示范区；制定节能补贴政策，尝试建立低/零碳农产品标识，增加农产品环境经济赋值。

参考文献

[1] 田智宇. "十四五"时期我国节能形势展望［EB/OL］. http://www.china-cer.com.cn/shisiwuguihua/2022061519266.html［2022-06-15］.

[2] 苏頔瑶. 全球钢铁工业绿色低碳发展概览［EB/OL］. http://www.cmisi.com.cn/default/index/newsDetails?newsId=219［2020-06-20］.

[3] 国家节能中心. 欧洲九国研发新技术降低汽车能耗［EB/OL］. http://www.jsjnw.org/news/220710-156.html［2022-07-10］.

[4] Conseil Régional D'ile-de-France. Environnement：lancement du Plan régional d'adaptation au changement climatique. https://www.iledefrance.fr/environnement-lancement-du-plan-regional-dadaptation-au-changement-climatique［2022-09-21］.

[5] Tokyo Metropolitan Government. Zero emission Tokyo strategy 2020 update&report［EB/OL］. https://www.kankyo.metro.tokyo.lg.jp/en/about_us/zero_emission_tokyo/strategy_2020update.html［2021-07-03］.

[6] WorldGBC. WorldGBC expands Net Zero Carbon Buildings Commitment［EB/OL］. http://www.tradearabia.com/news/CONS_387075.html［2021-09-15］.

[7] Nundy S，Mesloub A，Alsolami B M，et al. Electrically actuated visible and near-infrared regulating switchable smart window for energy positive building：a review［J］. Journal of Cleaner Production，2021，（2）：126854.

[8] 高伟俊，王坦，王贺. 日本建筑碳中和发展状况与对策 [J]. 暖通空调，2022，53（3）：39-43，52.

[9] UNFCCC. National inventory submissions [EB/OL]. https://unfccc.int/process-and-meetings/transparency-andreporting/reporting-and-review-under-the-convention/greenhousegas-inventories-annex-i-parties/submissions/national-inventorysubmissions-20192019 [2021-03-01].

[10] Vegetarians of Washington. Farm to fork strategy encourages plant-based diets [EB/OL]. https://vegofwa.org/2020/06/10/farm-to-fork-strategy-encourages-plant-based-diets/ [2020-06-10].

[11] UNFCCC. Biennial update reports submissions from none-Annex I parties [EB/OL]. https://unfccc.int/BURs [2021-03-03].

[12] 李晓易，谭晓雨，吴睿，等. 交通运输领域碳达峰、碳中和路径研究 [J]. 中国工程科学，2021，23（6）：15-21.

[13] WRI，开源证券研究所. 中国交通运输碳排放占比情况分析 [R]. 北京，2021.

[14] 国家铁路局. 2021 年铁道统计公报 [R]. 北京，2022.

[15] 交通运输部. 2021 年水路运输市场发展情况和 2022 年市场展望 [R]. 北京，2022.

[16] Yang D，Lu G，Gong Z，et al. Development of 43% brake thermal efficiency gasoline engine for BYD DM-i plug-in hybrid [J]. SAE Technical Paper，2021，1：1241.

[17] 张天培. 截至 2021 年底全国新能源汽车保有量达 784 万辆 [EB/OL]. http://www.gov.cn/xinwen/2022-01/12/content_5667734.htm [2022-01-12].

[18] Raquel L，Luis B. Phase change materials and energy efficiency of buildings：a review of knowledge [J]. Journal of Energy Storage，2020，27：101083.

[19] 袁闪闪，陈潇君，杜艳春，等. 中国建筑领域 CO_2 排放达峰路径研究 [J]. 环境科学研究，2022，35（2）：394-404.

[20] 王晓玲，李明阳，高喜玲，等. 江苏绿色建筑运行效果评价分析及对策研究 [J]. 绿色科技，2022，24（8）：259-262.

[21] 辛闻. 中共中央 国务院关于做好 2022 年全面推进乡村振兴重点工作的意见 [EB/OL]. http://news.cpd.com.cn/n18151/202202/t20220222_1017573.html [2022-02-22].

[22] 国家发展和改革委员会. 农业农村部：农业农村节能进展与成效 [EB/OL]. https://www.ndrc.gov.cn/xwdt/ztzl/qgjnxcz/bmjncx/202006/t20200626_1232122.html?code=&state=123 [2020-06-27].

2.9 Energy Conservation Technology

Zhang Zhentao，*Li Xiaoqiong*，*YueYunkai*
（Technical Institute of Physics and Chemistry，Chinese Academy of Sciences）

Energy conservation technology is the general term of key technologies of energy conservation covering all fields of the national economy，such as industry，transportation，construction，agriculture，etc. It is also the key to achieve the carbon peaking and carbon neutrality goals，promote the supply side structural reform，enhance the comprehensive scientific and technological strength，and cultivate new green kinetic energy. The development and utilization of energy-saving technologies have attracted the attention of major countries in the world. Since the 13th Five-year plan，China has made great progress in the field of energy conservation，with the energy consumption per unit of GDP falling by 14%. The cumulative energy conservation is 710 million tons of standard coal，accounting for about 1/2 of the global energy conservation. The level of technical equipment in key energy consuming industries such as thermal power，cement and transportation has significantly improved，ranking first in the world. However，with the high-quality development of China's economy and the transformation of energy structure，energy conservation will face higher development requirements. The following focuses on the development status of energy-saving technologies in various main fields and looks forward to the future.

2.10 新型电网技术新进展

叶 华[1,2] 韦统振[1,2] 唐西胜[1,2] 王一波[1,2] 裴 玮[1,2]
肖立业[1,2]

（1. 中国科学院电工研究所；2. 中国科学院大学）

大力发展清洁低碳能源，是实现人类社会可持续发展和国家能源独立的必由之路。2020 年 9 月，中国向全世界宣布 2030～2060 年的碳达峰和碳中和的"双碳"目标。欧洲、美国、日本等发达地区和国家也先后将实现碳中和目标的时间锚定在 2050 年左右。要实现碳中和目标，以太阳能和风能为主的可再生能源大规模替代传统的化石能源是必然选择[1]。太阳能和风能等可再生能源的主要利用方式是发电，其发电方式和并网方式与传统的同步发电机组有很大的不同。例如，光伏发电和风力发电受天气等自然条件影响，具有间歇性、波动性、随机性和地理上不可平移的特点；光伏发电和风力发电一般通过电力电子装置并网，因而无法为电网提供惯性支撑。这些不同将使未来电网在现有基础上发生深刻的变化[2]。2021 年 3 月 15 日，中央财经委员会第九次会议指出：要构建清洁、低碳、安全、高效的能源体系，实施可再生能源替代行动，深化电力体制改革，构建以新能源为主体的新型电力系统。为构建适应高比例可再生能源的新型电力系统，近年来国内外围绕电源侧、电网侧、负荷侧的需求重点攻关，取得一系列新进展。大型风光发电基地柔性直流汇集和直流外送技术、大容量新型电力储能系统及并网技术、构网型电力电子化变流器技术、大容量高压直流输电及互联技术等得到快速发展。下面将以上述四项技术为重点，阐述新型电网技术的国内外新进展及其未来发展趋势。

一、国际重要进展

1. 大型风光发电基地柔性直流汇集和直流外送技术

以风力和光伏发电为主的可再生能源基地大型场站集中式开发，是可再生能源大规模利用的主要方式之一，也是构建以可再生能源为主体的新型电力系统的主要途径之一。

基于模块化多电平换流器（multiple module converter，MMC）的风光发电基地柔性直流汇集技术近年来发展较快，可更好地应对可再生能源出力的不确定性和相关性，提高大型可再生基地的消纳水平。MMC 具有灵活的调控能力，是区域柔性直流汇集以及其直流外送的关键设备之一。欧洲的大型风电基地主要位于大西洋东部的北海。德国近年来积极开发海上大型风电基地，采用柔性直流汇集技术汇集风电场的电力；送电采用柔性直流外送技术，具有更高的经济性、灵活性和可靠性，其送电距离多大于 100 km。英国的海上风电基地多位于近海，采用交流汇集方式；其远海风电基地的开发计划采用多端柔性直流汇集系统[3]。日本规划了横跨北海道、本州和九州岛的五端柔性直流汇集系统，用于开发、汇集与外送日本海的大规模海上风电等[3]。

大型风光发电场站直流升压技术是将光伏/风力发电与直流输电相结合的一种全新技术，能够灵活汇集资源并降低输电成本。作为直流升压关键技术装备之一的直流升压变换器，正朝着大功率高电压、高效率、高功率密度、多功能的方向发展。国际上可再生能源基地直流升压技术处在样机试验阶段。德国亚琛工业大学研制出 5 kV/5 MW 直流变换器样机，美国通用电气公司研制出 18.3 kV/1 MW 直流变换器样机；美国弗吉尼亚理工大学、英国卡迪夫大学等高校对风电直流升压系统开展了理论研究，但未有实际应用[4]。

2. 大容量新型电力储能系统及并网技术

在大规模高比例可再生能源接入的背景下，大容量储能作为电力系统功率与电量平衡的灵活性调节资源，是保障新型电力系统安全高效运行的重要手段，也是促进电力系统大规模消纳风电与光伏发电的关键手段之一（图 1[5]）。大容量新型储能技术主要包括可调速抽水蓄能、大容量压缩空气、大规模电化学等新型储能技术，采用基于同步电机的直接并网或基于电力电子变流器的间接并网等方式与电网互动，可实现电力资源的智能调度，主动参与电网调峰以实现削峰填谷，主动参与电网调频以提高电网调节能力，提高新型配电系统的供电充裕度等。目前，世界新型储能接入电网技术的基础研究和工程化应用均取得重大进展。

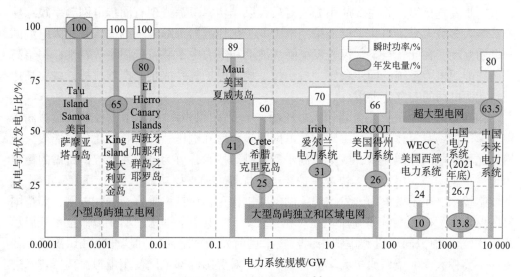

图 1　不同规模电力系统的风电与光伏发电占比[5]（2020 或 2021 年底数据）

在大容量储能直接并网技术方面，可变速抽水蓄能机组能自动跟踪电网频率变化，快速调节水泵输入／输出功率，从而减小风电和光伏等可再生能源出力波动对电网的冲击[6]。日本是变速抽水蓄能机组应用台数最多的国家，其抽水蓄能机组包括最大容量 460 MW 葛野川电站机组和大河内电站 400 MW 可变速机组等，后者可在

0.2 s 内调节输出功率 32 MW 或输入功率 80 MW。压缩空气储能机组已具备灵活并网和大规模产业化条件，如英国 Highview Power 公司在曼彻斯特市开始建设 50 MW/250 MW·h 液态空气储能系统，并将此作为英国电网提供可靠的基本负荷电力的手段，助力英国电网实现 100% 可再生能源目标。

在电化学储能并网方面，锂离子电池、液流电池、钠离子电池等储能技术均取得重大进展，已形成技术经济可行的成套装备，进入电网电力与电量平衡市场[7]。美国已在多个州建设百兆瓦级储能工程（如北卡罗来纳州 100 MW/400 MW·h、加利福尼亚州 182.5 MW/730 MW·h、俄克拉何马州 200 MW/800 MW·h、佛罗里达州 409 MW/900 MW·h 电池储能系统等）。上述储能项目大多部署在大型风电场、光伏电站附近以及大城市周边，可为电网提供调频调峰辅助服务，在提高供电弹性、可靠性和电网运行灵活性等方面发挥了重要作用。

3. 构网型电力电子化变流器技术

目前，风光发电单元以电力电子化变流器为并网接口，正在逐步替代正在运行的火电同步发电机组，其主要应用方式有最大风光功率跟踪或现有同步电网频率跟踪模式。绝大多数大容量电化学储能采用电力电子化变流器跟踪电网频率，并作为电流源与电网互动。在此背景下，风光发电随机波动和电力电子装置低惯量等特性，将给高比例新能源电力系统的同步稳定、抗干扰、控制保护等性能带来严峻挑战，威胁高比例新能源电网的安全稳定运行[8]。

构网型电力电子化变流器作为电压源，主要采用频率/电压下垂控制、虚拟同步机和虚拟振荡器等技术[9]，主动构建电网同步频率和电压；再结合电化学储能或大规模风光场站协同控制技术，或集成同步调相机等技术，可为电力系统提供所需的稳定同步、自动调节、黑启动、快速保护、抗干扰等主动支撑功能。其中，频率/电压下垂控制技术已用于微电网，发达国家的一些机构正将该技术推广至输配电网，如德国弗劳恩霍夫太阳能系统研究所正在对兆瓦级频率/电压下垂构网型变流器技术开展示范应用[10]。虚拟同步机和虚拟振荡器技术目前处于理论研究和实验室测试阶段，如美国华盛顿大学、威斯康星大学麦迪逊分校等对美国西部电网使用虚拟振荡器技术进行了大量仿真测试和分析[11]。

美国于 2019 年 5 月成立了涵盖国家实验室、大学、制造业实体、公用事业和系统运营商的通用电网构网型变流器互操作性（Universal Interoperability for Grid-Forming Inverters，UNIFI）联盟，以推动构网型变流器技术在吉瓦级高比例新能源区域电网甚至千吉瓦级国家电网中的应用[9]，如美国可再生能源国家实验室（National Renewable Energy Laboratory，USA）正在建设构网型换流站和同步调相机的集成示范系统。澳大利亚在约克半岛建成 30 MW 构网型电池储能系统，并于 2021 年在托伦斯地区开始建设 250 MW/250 MW·h 级的构网型电池储能系统，以保障新能源渗透率为 24% 的国家输配电系统的安全稳定运行。目前，美国通用电气公司、瑞士日立能源、法国施耐德电气有限公司、德国西门子能源有限公司等众多厂商已聚焦以构网型变流器为核心的风光储 / 旋转设备集成系统的设计与制造。

4. 大容量高压直流输电及互联技术

大型电网的大容量高压直流输电技术，能够提高跨区域、跨国可再生能源大规模接入的消纳能力以及多地区、多国电网同步分区的互济和互补能力，也能够快速隔离故障，有效降低大型电网大面积停电的风险[3]。

2021 年以来，海外众多大型常规高压直流输电互联工程项目取得重要进展，将有力推动各国能源电力系统的互联，促进各地区能源合作，保障各国能源安全。欧洲多国积极推动跨海互联项目的落地实施，其中不乏欧 - 非互联、欧 - 亚互联等跨洲互联项目，以及跨北海和波罗的海的欧洲电网互联项目。上述互联工程利用特高压直流输电技术，实现了跨区域、跨国电网潮流控制、调频辅助服务以及海上风电灵活并网等，从而提高了欧洲电网整体的新能源消纳及能源互济保障能力。位于南美洲的智利 Kimal-Lo Aguirre 高压直流输电项目，能够将智利北部充裕的可再生能源输送到首都圣地亚哥的负荷中心，由我国南方电网主导的国际联营体中标。同时，在"一带一路"倡议的支持下，中国能源建设股份有限公司、中国西电集团有限公司等企业成功中标沙特 - 埃及高压直流输电项目。

二、国内发展现状

近年来，随着可再生能源开发利用速度的加快，我国在下述四个方面也取得了飞速发展。

1. 大型风光发电基地柔性直流汇集和直流外送技术

在大型风光发电基地直流升压技术方面，我国的直流升压变换器及直流升压系统技术取得突破。中国科学院电工研究所研制完成世界首台电压等级最高的 ±30 kV/1 MW 集中型光伏直流升压变换器，以及 20 kV/500 kW 串联型光伏直流升压变换器，并在云南大理建立世界首个 ±30 kV/5 MW 大型光伏直流升压并网示范系统，掌握了直流变换、直流控保、接入系统等创新技术[12, 13]。

在大型风光发电基地柔性直流汇集和直流外送技术方面，2020 年 6 月，张北可再生能源柔性直流电网试验示范工程正式投运,它是目前世界首个汇集和输送大规模风电、光伏、抽蓄等多种形态能源的 ±500 kV 四端柔性直流电网[14],对促进河北省新能源外送消纳、助力 2022 年北京冬奥会场馆实现 100% 清洁能源供电具有重要意义。在我国西部、北部的沙漠、戈壁、荒漠地区,总量达 455 GW 的风光发电大基地已开启建设,将形成"风光大基地 + 煤电支撑 + 特高压送出"的可再生能源消纳体系。随着大规模储能技术的进步和更大风光发电基地的建设,煤电支撑将有望逐步过渡至大规模储能(如地下可变速抽水蓄能系统)的支撑,把大基地新能源外送的"半可控"变成"完全可控"。

2. 大容量新型电力储能系统及并网技术

在大容量新型电力储能技术方面,近年来我国以锂离子电池为主的电化学储能发展较快,在电池储能中占据绝对份额;百兆瓦级的新型压缩空气储能和液流电池储能正在开展商业示范应用;抽水蓄能可变速技术正在开展技术攻关和试验测试;其他新型储能如钠离子电池、飞轮储能、重力储能等也得到快速发展[15]。2018 年 12 月,河南兰考 100.8 MW/125.8 MW·h 电池储能电站顺利并网,它采用"分布式布置、模块化设计、单元化接入、集中式调控"的技术方案,可为特高压交直流故障提供快速功率支援,丰富了河南电网调峰调频的手段。2021 年 12 月,河南平高电气股份有限公司宣布攻克了百兆瓦级储能协调控制毫秒级响应技术[16],并将该技术应用在我国电网侧最大 110.88 MW/193.6 MW·h 的昆山储能电站,该储能电站参与电网动态无功响应时间为 23 ms、惯性响应时间为 50 ms、一次调频响应时间为 65 ms、自动发电控制响应时间在 73 ms 内。2022 年 2 月,南京最大的"充电宝"江北梯次利用储能电站并网,在城市用电低谷时接入电网充电,在用电高峰时释放电力,有效填补了电力缺口[7]。在压缩空气储能方面[7],2021 年 12 月,由中国科学院工程热物理研究所主导的世界首个 100 MW/400 MW·h 压缩空气储能项目在张家口顺利实现并网;2022 年 5 月,江苏金坛 60 MW/300 MW·h 非补燃压缩空气储能国家示范项目正式投运。

3. 构网型电力电子化变流器技术

在构网型电力电子化变流器技术方面,我国已开展虚拟同步机等构网型电力电子化变流器技术的示范应用。国家电网公司对张北风光储输基地的现有风机、光伏发电的逆变器和控制系统进行改造,同时新建了大容量集中式虚拟同步机,该虚拟同步机的装机容量在 2017 年 12 月底达到 140 MW[17]。西藏达孜 10 MW 光伏电站通过增设 10% 容量即 1 MW 的储能虚拟同步机,获得虚拟同步"构网"控制特性,在弱电网条件下可提供光伏电站响应电网频率/电压波动的主动支撑功能。利用国家电网公司发起的新型电力系统技术创新联盟平台，新疆金风科技股份有限公司、阳光电源股份有限公司、宁德时代新能源科技股份有限公司于 2022 年 8 月 22 日分别宣布正在攻关风力发电、光伏发电、储能构网型逆变器若干电网主动支撑关键技术。另外，高压大容量换流站（如 MMC）的构网控制技术，可应用在可再生能源并网、大容量储能系统、柔性直流输电等领域，但需要在大规模输配电网同步稳定性、限流保护、孤网／并网模式切换、多变流器协同控制等方面进行工程技术示范。

4. 大容量高压直流输电及互联技术

在大型电网的高压直流输电技术方面，我国已走在世界前列。目前，我国正在应用的直流输电技术包括常规直流输电技术、柔性直流输电技术及混合直流输电技术。常规直流输电技术已将西北、西南清洁电力能源基地与东部负荷中心互联，保证了我国 "西电东送" 战略的实施。表 1 是近年来我国已建成的高压柔性直流输电（柔性直流和混合直流输电）工程。2020 年 12 月，我国云南乌东德水电站送电广东—广西特高压多端混合直流输电工程（简称 "昆柳龙直流输电工程"）正式投产送电。该工程依托乌东德水电站，送端采用电网换相换流器（Line Commutated Converter，LCC）常规直流，受端采用 MMC（模块化多电平换流器）柔性直流方式，是世界上首次采用 ±800 kV 真双极主接线方式的三端混合直流输电方案[18]。我国白鹤滩水电站电力外送通道包括白鹤滩—江苏、白鹤滩—浙江两条特高压直流输电工程。其中，白鹤滩—江苏 ±800 kV 常规 - 柔性混合特高压直流输电工程已于 2022 年 7 月竣工投产，另一条白鹤滩—浙江 ±800 kV 高压直流输电工程已于 2022 年 12 月竣工投产，两条直流工程额定输送功率合计 16 GW。针对柔性直流电网互联关键设备——直流断路器，国网智能电网研究院有限公司、南瑞集团有限公司等研制出 ±535 kV 直流断路器并相继通过型式试验，成功实现了在 3 ms 内开断 25 kA 短路电流[19]。2020 年 6 月，±535 kV 机械式直流断路器和混合式直流断路器在张北柔性直流电网工程中投运。

表 1 近年来中国高压柔性／混合直流输电工程一览表

工程名称	投运年份	额定电压 /kV	额定功率 /MW	技术方案
云南鲁西柔性直流工程	2016	±350	1000	背靠背
渝鄂柔性直流工程	2019	±420	5000	背靠背
张北柔性直流电网工程	2020	±500	4500	四端
如东海上风电柔性直流工程	2021	±400	1100	两端
昆柳龙混合直流输电工程	2020	±800	5000	LCC/MMC
白鹤滩—江苏混合直流输电工程	2022	±800	8000	LCC/MMC

三、发展趋势

新型电网技术的发展将进一步吸收新材料与新器件技术、新型储能技术、复杂系统控制技术、信息与通信技术、网络安全技术等领域的最新成果，以不断适应可再生能源为主体的新型电力系统的发展需求，其重点技术的主要发展趋势如下。

（1）风光发电基地广域互联与特高压柔性直流输电技术。我国西部、北部大规模风光发电资源的开发利用是实现"双碳"目标的重要措施之一，但其地理位置与东部负荷中心相距较远，亟须发展大规模特高压柔性直流输电以实现远距离送电和电网互联。为此，需进一步发展大型风光发电基地的柔性直流广域互联及其远距离特高压柔性直流送出技术，同时着力解决大容量高压构网型变流器技术、±800 kV 及以上电压等级多端柔性直流输电技术等。

（2）高比例分布式发电与中低压柔性交直流配用电技术。高比例分布式发电将与大型风光发电基地协同发展，是新型电力系统的重要组成部分。目前需重点解决电力电子器件及装置的轻量化应用关键技术〔如基于碳化硅（SiC）和氮化镓（GaN）等半导体材料的电力电子装置技术〕，以提升中低压柔性交直流配用电技术的效益，促进光储柔直、电动汽车/电网互动（V2G）等技术的落地，加速多种分布式清洁能源互补的智慧能源系统的发展。

（3）新型大规模储能系统及其并网技术。随着可再生能源比例的不断提高，发展新型大规模储能系统及其并网技术成为构建新型电力系统的关键。新型物理储能（如新型抽水储能技术、压缩空气储能、重力储能、飞轮储能、电磁储能等）和电化学储能等均是潜在的发展方向。结合不同储能技术的特点和电力系统需求，开展相应的并网技术与装备研发，也是储能技术发展的重要方向。

（4）超大城市与城市群电网及其能源供应弹性增强技术。为应对战争风险和极端天气"小概率高风险"事件，需要大力发展分布式新能源与新型储能技术、电网信息安全技术、电网大数据技术，以增强大城市及城市群电网弹性和供电安全的可靠性。这些技术也是重要的发展方向。

参考文献

[1] 肖立业，潘教峰 . 关于构建以光伏发电加物理储能为主的广域虚拟电厂的建议 [J]. 中国科学院院刊，2022，37（4）：549-558.

[2] 肖立业 . 中国战略性新兴产业研究与发展：智能电网 [M].北京：机械工业出版社，2013.

[3] An T，Azar R，Ye H，et al. DC grid benchmark models for system studies [R]. Paris，2020.

[4] Zhao X，Li B，Zhang B，et al. A high-power step-up DC/DC converter dedicated to DC offshore

wind farms[J]. IEEE Transactions on Power Electronics, 2022, 37（1）：65-69.

[5] Hoke A, Gevorgian V, Shah S, et al. Island power systems with high levels of inverter-based resources：stability and reliability challenges[J]. IEEE Electrification Magazine, 2021, 9（1）：74-91.

[6] Han M, Bitew G T, Mekonnen S A, et al. Wind power fluctuation compensation by variable speed pumped storage plants in grid integrated system：frequency spectrum analysis[J]. CSEE Journal of Power and Energy Systems, 2021, 7（2）：381-395.

[7] 郑琼, 江丽霞, 徐玉杰, 等. 碳达峰、碳中和背景下储能技术研究进展与发展建议[J]. 中国科学院院刊, 2022, 37（4）：529-540.

[8] 孙华东, 许涛, 郭强, 等. 英国"8·9"大停电事故分析及对中国电网的启示[J]. 中国电机工程学报, 2019, 39（21）：6183-6192.

[9] Lin Y, Eto J H, Johnson B B, et al. Research roadmap on grid-forming inverters[R]. Golden, 2020.

[10] Pierre B J, Villegas Pico H N, Elliott R T, et al. Bulk power system dynamics with varying levels of synchronous generators and grid-forming power inverters[C]. IEEE 46th Photovoltaic Specialists Conference（PVSC）, 2019：880-886.

[11] Ernst P, Singer R, Rogalla S, et al. Behavior of grid forming converters in different grid scenarios：result of a test campaign on a megawatt scale[C]. 20th International Workshop on Large-Scale Integration of Wind Power into Power Systems as well as on Transmission Networks for Offshore Wind Power Plants, 2021：213-221.

[12] 贾科, 宣振文, 朱正轩, 等. 光伏直流升压接入系统故障穿越协同控保方法[J]. 电网技术, 2018, 42（10）：3249-3258.

[13] 马健, 樊艳芳, 王一波, 等. 适用于集中型光伏直流升压变换器的 MPPT 策略[J]. 太阳能学报, 2022, 43（5）：137-145.

[14] 李湃, 王伟胜, 刘纯, 等. 张北柔性直流电网工程新能源与抽蓄电站配置方案运行经济性评估[J]. 中国电机工程学报, 2018, 38（24）：7206-7214.

[15] 唐西胜, 齐智平, 孔力. 电力储能技术及应用[M]. 北京：机械工业出版社, 2020.

[16] 吴笑妍. 平高集团：打好改革组合拳 打赢扭亏攻坚战[J]. 国资报告, 2021,（4）：86-89.

[17] 吕志鹏, 盛万兴, 刘海涛, 等. 虚拟同步机技术在电力系统中的应用与挑战[J]. 中国电机工程学报, 2017, 37（2）：349-360.

[18] 辛保安, 郭铭群, 王绍武, 等. 适应大规模新能源友好送出的直流输电技术与工程实践[J]. 电力系统自动化, 2021, 45（22）：1-8.

[19] 刘晨阳, 王青龙, 柴卫强, 等. 应用于张北四端柔直工程 ±535 kV 混合式直流断路器样机研制及试验研究[J]. 高电压技术, 2020, 46（10）：3638-3646.

2.10 New Power Grid Technology

Ye Hua[1,2], *Wei Tongzhen*[1,2], *Tang Xisheng*[1,2], *Wang Yibo*[1,2],
Pei Wei[1,2], *Xiao Liye*[1,2]

(1. Institute of Electrical Engineering, Chinese Academy of Sciences;
2. University of Chinese Academy of Sciences)

Developing clean and low-carbon energy is the only way to achieve long-term sustainable development of human society and national energy independence. The National Chairman Xi solemnly announced the "double carbon" goal of China's carbon peak and carbon neutrality from 2030 to 2060 to the world at the UN General Assembly in September 2020. At the same time, developed regions and countries such as Europe, US and Japan have also set the target of achieving carbon neutrality in 2050. In order to achieve the goal of carbon neutrality, it is an inevitable choice for renewable energy of solar and wind energy to comprehensively replace traditional fossil energy. Because the main utilization mode of renewable energy such as solar and wind energy is power generation, its power generation and grid integration modes are very different from traditional synchronous generator sets. For example, photovoltaic (PV) and wind power generation is affected by nature such as weather conditions, which is intermittent, volatile, random and geographically untranslatable; photovoltaic and wind power units are generally connected to the grid through power electronic devices, so they cannot provide inertia for the grid. These characteristics indicate that the future power grid will have profound changes. On March 15, 2021, the Central Financial and Economic Commission pointed out that it is necessary to build a clean, low-carbon, safe and efficient energy system, take renewable energy substitution actions, deepen the reform of power systems, and build a new-pattern power system with the renewable energy as main body. To build a new power system, a series of new progress has been done focusing on the needs of power generation, transmission and supply sides. Among them, flexible integration and DC transmission for large-scale PV/wind power generation bases, large-capacity new-pattern energy storage and grid connection technology, grid-forming power electronic converter technology, flexible large-capacity HVDC transmission and interconnection technology are developing rapidly. The following will focus on the above four aspects to elaborate the progresses and development trends.

2.11　综合能源系统技术新进展

王成山[*]　于　浩　徐宪东

（天津大学智能电网教育部重点实验室）

随着我国社会经济的快速发展，人民生产生活对能源供应总量和品质的需求同步提升，建立可持续的能源发展体系已成为各供能系统面临的共同任务。构建综合能源系统，发掘电、热、气等供能环节的耦合互动的潜力，是进一步提高能源供应清洁性、经济性、可靠性和综合能效的重要手段。近年来，综合能源系统技术受到世界的广泛关注，许多国家开展了大量的相关工作。厘清相关技术的发展脉络与方向，对我国综合能源系统技术的研究、产业发展以及宏观战略部署都有极为重要的意义。

一、国际新进展

近年来，在各种能源传输、转换与控制新技术的促进下，综合能源系统技术经历了快速发展。从国际来看，综合能源系统技术的创新和发展主要体现在以下几个方面。

1. 多能转换途径更加灵活

近十年，电驱动热泵技术趋于成熟，在供热（冷）系统中大量应用，成为推动电 / 气 / 冷 / 热能源需求耦合的重要因素。可再生能源发电技术（power to gas，P2G）、燃料电池等新技术将氢能引入综合能源系统，使风、光等波动能源能够转换为氢能并进行稳定的存储或利用。截至 2020 年，德国已开展超过 30 个绿色制氢 P2G 试点项目[1]，并努力实现输气网与输电网的整合互动；日本将氢燃料电池应用于家庭热电联供，取得良好的经济性、可靠性和能效提升效果。新型燃烧器被应用于微型燃气轮机[2]，从而可利用氢气、富氢燃料气、新型氨基燃料等实现低碳化的冷 - 热 - 电联合供应。核能是综合能源系统中一种可能的新能源形式，美国能源部联合多家国家实验室实施了"核能使能技术计划"[3]，围绕基于小型化核反应堆的综合能源系统构建技术，以及以核能为中心的电 / 氢 / 水 / 热联产技术等开展了探索研究和示范性应用。

＊　中国工程院院士。

2. 应用场景和形态更加丰富

当前，面向居民生活能源供应的综合能源系统技术相对成熟，应用场景涵盖从智能楼宇到智慧城镇等不同尺度[4]，注重能源的清洁、高效、可持续供应，典型的这类系统有丹麦北港能源实验室（EnergyLab Nordhavn）集成示范、英国奥克尼群岛智慧综合能源系统等。在工业领域，综合能源系统与工艺流程结合，作为降低能耗和碳排放的手段。例如，德国的萨尔茨吉特钢铁公司（Salzgitter AG）于 2015 年启动的低碳炼钢计划[5]，以氢还原取代传统的碳还原过程，实现了可再生能源、工业余热、氢能、钢铁生产过程的综合协同。面向远海作业场景研发的漂浮式综合供能站具备海上移动能力，配置风 / 光发电装置和电解制氢 / 氧装置，可通过氢存储和燃料电池保障能源供给[6]。面向军事应用场景的移动微网（mobile microgrid），具有车载移动、快速组网等特征，美国国防部已于 2021 年发布了原型装置[7]，用于为指挥、控制、通信、情报等作战系统提供高可靠、高韧性的电力供应。

3. 新型传输网络和多能网络协同

综合能源传输网络的构建主要面临两方面的挑战：一是氢能等新型能源形式的储运传输，二是多能流传输网络的协同建设运行。截至 2019 年底，美国能源部已组织开展了多项关于氢气与天然气掺混传输技术的研究[8]；英国在 HyDeploy 示范项目中，尝试了在现有天然气网络中注入 20% 体积分数的氢气进行传输的可行性[9]。多能网络的协同主要关注能源网络自身及其与其他基础设施网络的协同优化。例如，英国政府实施的 ITRC（Infrastructure Transitions Research Consortium）项目，构建了大不列颠岛的能源、通信、供水 / 污水处理与海陆空交通综合网络模型，以提高系统的可靠性和韧性[10]；在 ITRC 二期项目中，研究对象从英国本岛拓展到欧洲全境，同时将模型粒度细化至城市和用户层面，期望为未来 10 年的基础设施投资的决策提供依据。

4. 信息化、数字化技术深入融合

信息化与数字化技术是近年来综合能源系统发展的重要推动力。从 2008 年德国 E-Energy 计划开始，欧洲一直在关注数字化技术与能源系统的结合，相关技术不局限于能源系统本身，也包括与之紧密相关的交通、建筑、工业等行业。2021 年，欧盟委员会通过"欧洲地平线"（Horizon Europe）计划的第一个战略规划[11]，其中一个重要方向是通过交通、能源、建筑和生产系统的数字化转型，使欧盟成为第一个以数字方式实现循环、气候中和与可持续发展的经济体。数字技术也促进了对分布式资源的管理和利用，例如，德国未来电厂公司（Next Kraftwerke）利用虚拟电厂技术聚合分布式能源单元，形成了超过 10 GW 的虚拟发电装机容量，能够提供可再生能源发电监测与电力市场供求预测、电网短期柔性储能、需求侧辅助调频等服务[12]；美国马里兰州巴尔的摩燃气与电力公司（Baltimore Gas and Electric Company，BG&E）推出的"智能能源奖励项目"[13]，利用智能电表统计用户能耗规律，在必要时鼓励用户改变用能习惯并给予补偿，以辅助支撑电网的供需平衡，已取得良好效果。

二、国内新进展

近年来，我国城市基础设施建设和信息化水平突飞猛进，为综合能源相关技术实践创造了条件。国内对新型智慧城市发展理念的广泛认可，也带动了对综合能源系统这一城市能源基础设施的关注。在国家和社会的全面支持下，我国在综合能源系统技术领域取得如下几方面丰富的阶段性成果。

1. 电能替代技术广泛应用

电能替代是我国应对环境保护压力、支撑"双碳"目标实现的重要举措。例如，针对北方居民的冬季采暖需求，我国在北京、天津以及 26 个地级市实施了"煤改电"工程，采用电制热设备取代传统的散煤燃烧采暖，有效促进了能源消费的清洁化。在冶金工业领域，采用电炉代替传统窑炉，既提高了生产控制水平，又节约了燃料成本，降低了碳排放。在交通领域，截至 2022 年 7 月，我国纯电汽车保有量已超过 800 万辆并继续保持快速增长[14]；电力船舶、港口岸电等技术逐步应用，促进了交通领域的低碳化。随着这些电能替代技术的广泛应用，电能与其他能源需求的交互界面得以大幅拓展，电力负荷的特性与用户冷热需求、交通出行状况、工业生产流程等的关联加深，协同控制和优化潜力巨大，更凸显了对综合能源技术进步的迫切需求。

2. 综合能源系统园区建设广泛开展

园区级综合能源系统在我国发展最为迅速，主要面向居民和企业/商业园区场景，以可再生能源有效消纳、清洁高效供能、高可靠性服务等为目标，遵循以电能为核心、冷/热/气/热水等多种能源协调互补的基本原则。例如，在国家电网客户服务中心北方园区（天津）的综合能源系统[15]，以电能为园区的唯一输入能源，通过热泵、蓄能等多种设备的协调运行，实现了园区电力、热力、热水负荷的经济供应；在东莞松山湖科技产业园区的综合能源系统[16]，集成了光伏、储能、充电桩、柔性负荷等要素，为 30 余家大型精密仪器制造企业及教育、运输行业提供电/热能源供应，同时实现了分布式资源的实时调控和网-荷双向互动。这些园区级的综合能源系统提供了可推广的建设样本，也为未来更大规模的综合能源系统建设积累了宝贵经验。

3. 新型服务模式初步探索

从能源服务角度看，我国的综合能源服务市场尚处于起步阶段，但有巨大的潜在发展规模。国家电网有限公司、中国南方电网有限责任公司、五大发电集团等成立综合能源专业公司，全国综合能源服务公司超过千家，初步形成了综合能源系统的建设运行、能源开发、节能服务、辅助储能等商业服务新模式。从能源交易角度看，与传统能源市场的集中化交易模式不同，综合能源交易中的能源供需关系更加灵活，用户也将从单纯的接受者变为参与者，以形成用户、综合能源服务商、能源供应商等多主体间的博弈互动，相关问题已成为研究热点[17]。2021年，国家能源局、科学技术部印发《"十四五"能源领域科技创新规划》，强调开展区块链在分布式能源交易、可再生能源消纳、能源金融、需求侧响应等场景下的应用示范，为我国综合能源市场的建设提供了指导思路。

4. 基础支撑工具快速发展

综合能源系统的复杂性给其建设运行带来诸多新问题，急需更加有效的分析计算与优化决策工具提供支撑，这就促进了我国综合能源基础软件的自主创新。例如，在仿真分析方面，天津大学研发出智能配电网仿真计算平台，能够实现配电网层面的分布式能源、储能、柔性配用电装备的联合潮流模拟、故障计算与运行优化；清华大学研发的电力系统云端仿真器–综合能源实验室（Cloud Power System Simulator-Integrated Energy System Laboratory，CloudPSS-IESLab）[18]，实现了电／气／冷／热多种能源形式的能流分析与动态仿真功能。在规划与运行工具方面，上海电气分布式能源科技有限公司与美国劳伦斯伯克利国家实验室合作开发的分布式能源规划设计平台（Distributed Energy Planning & Design Platform，DES-PSO）[19]，实现了系统规划设计、投资分析、风险评估等功能；许继集团有限公司、国网（北京）综合能源规划设计研究院有限公司等多家行业领先企业围绕自身需求开展研发工作，取得丰富成果。

三、发展趋势

随着相关技术的进步、政策法规的完善以及市场机制的日益健全，我国下一阶段的综合能源系统将延续目前的快速发展态势，在理论技术水平和软硬件系统装备方面将取得进一步发展，并实现从局部示范到大规模工程应用的跨越。总体来看，我国未来综合能源系统将呈现以下发展趋势。

1. 分布式微能源网新架构

与传统的大规模、集中式能源系统相比,微能源网结构紧凑、集成度高,多能耦合更紧密,易于发挥综合能源的技术优势[20]。就微能源网自身而言,它将兼具分布式资源就地开发、转化、存储和灵活利用的能力,能够提高能源供应的自主性、清洁性和可持续性,可作为提高消费侧能效、降低碳排放的一种可行手段。就能源系统整体而言,大量的微能源网可以就地平抑源、荷的波动性,起到削峰填谷的作用,降低峰值负荷对外部能源网的供能需求,以避免或延缓供能网络的建设;多个微能源网之间可进行交互协调,共同支撑整体能源系统的能流优化和可靠运行。从现实需求出发,微能源网对提高用户用能体验、降低用能成本的效果更加直观,其市场化前景较为显著。

2. 用户侧支撑作用更加突出

随着热泵、电动汽车等新型负荷设备在综合能源系统中的广泛应用,用户电/气/冷/热能源需求紧密耦合,用能、蓄能特征多样,灵活性大大提升。例如,用户室内采暖和热水负荷的热惯性、电动汽车的充放电特性等,都可用于调整负荷特性和响应能源系统的运行需求。目前,我国政府已将"源网荷储一体化和多能互动发展"作为未来能源产业的重要发展思路[21]。利用虚拟电厂、集群控制等技术,大量分散的用户侧资源可聚合为综合能源系统中不可忽视的互动资源。随着市场机制的完善,虚拟电厂技术能够进一步与市场化运营环境相结合,以形成用户、聚合商、能源供应商等多方互动的态势,共同支撑能源系统的优化运行。

3. 多领域协同互动更加深入

随着社会经济的快速发展,综合能源系统与社会生产生活的协同作用将愈发凸显。例如,在交通领域,电能、氢能有望成为未来交通系统中的重要能源形式,使交通网与综合能源网紧密耦合。我国政府已围绕"两网"协同融合发展做出部署[22],但如何设计交通自洽能源系统技术,实现高效能、高弹性、自洽供给的交通-能源融合发展,仍有诸多技术瓶颈待突破。在建筑领域,近零能耗建筑、绿色建筑和被动房等技术理念的快速发展,使得现有能源技术中以建筑作为虚拟储能的相关工作成为可能。综合考虑建筑与综合能源系统的耦合关系,挖掘建筑集群灵活性,实现建筑能耗及其与能源系统互动的精细化管控,也是未来综合能源系统发展的重要方向[23]。

4. 数字技术重塑综合能源系统形态

党的十九届五中全会提出,要推进能源革命,加快数字化发展,构建智慧能源系统。对综合能源系统来说，网络结构复杂，设备种类繁多，系统运行场景多变，不确定性和时变性极强，采用确定的、静态的模型和参数无法准确描述，运行安全性、经济性面临极大挑战。数字技术将成为下一阶段综合能源技术发展的重要推动力，边缘计算、云计算等先进软硬件平台将提供综合能源数字化转型的算力资源基础。基于数据驱动的方法将具备更大的应用空间，为提升综合能源系统的透明度、控制的精准度以及构建整体的数字孪生形态等提供支撑。目前，我国各地都投入大量资源建设城市大数据中心；综合能源与城市大数据的融合，能够进一步为人工智能技术的应用创造条件，对提高综合能源系统在规划设计、发展决策、运行调控等环节的智能化水平具有重要意义[24]。

5. 标准化水平亟待提升

目前，综合能源系统电/气/冷/热的设计建设主要依托自身标准，且各种能源供能距离等特性不同，多种能源的联合预测、网络设计较为复杂。不同能源存在差异化的延时特性，对传感器类型和布置点位，以及数据传输、交互、处理等提出了挑战。多种能流各有不同建模、分析和控制方法，各自的控制系统之间存在一定交互壁垒，协同运行问题较为复杂。当前各综合能源系统项目大多采用"一个工程、一个方案"的模式，缺少科学的设计原则作为指导。现有标准规范大多针对微电网设计运行[25]、智能电网向气/热扩展等应用[26]，尚缺乏针对多能互补系统的相关标准。因此，迫切需要在电/气/冷/热多种能源的负荷预测、管线设计、信息交互、协同运行等方面推动统一的标准建设，以保障和促进行业的健康有序发展。

参考文献

[1] Germany Trade & Invest. Green hydrogen[EB/OL]. https://www.gtai.de/en/invest/industries/energy/green-hydrogen[2022-07-28].

[2] Goldmeer J. Ammonia as a gas turbine fuel[EB/OL]. https://www.energy.gov/sites/default/files/2021-08/8-nh3-gas-turbine-fuel.pdf[2022-07-28].

[3] National Renewable Energy Laboratory. Flexible nuclear energy for clean energy systems[R]. Golden, 2020.

[4] Kourgiozou V, Commin A, Dowson M, et al. Scalable pathways to net zero carbon in the UK higher education sector: a systematic review of smart energy systems in university campuses[J]. Renewable and Sustainable Energy Reviews, 2021, 147: 111234.

[5] Wang R R, Zhao Y Q, Babich A, et al. Hydrogen direct reduction (H-DR) in steel industry—an overview of challenges and opportunities[J]. Journal of Clean Production, 2021, 329: 129797.

[6] Amin I, Eshra N, Oterkus S, et al. Experimental investigation of motion behavior in irregular wave

and site selection analysis of a hybrid offshore renewable power station for Egypt[J]. Ocean Engineering，2022，249（3）：110858.

[7] Vergun D. DOD demonstrates mobile microgrid technology[EB/OL]. https://www.defense.gov/News/News-Stories/Article/Article/2677877/dod-demonstrates-mobile-microgrid-technology[2022-07-28].

[8] U. S. Department of Energy. Hydrogen and fuel cell activities，progress and plans：September 2016 to August 2019[EB/OL]. https://www.energy.gov/sites/default/files/2020/03/f72/epact_fifth_report_sec811.pdf[2022-07-28].

[9] Isaac T. HyDeploy：the UK's first hydrogen blending deployment project[J]. Clean Energy，2019，3（2）：114-125.

[10] Infrastructure Transitions Research Consortium. Simulating the future of national infrastructure[EB/OL]. https://www.itrc.org.uk[2022-07-28].

[11] European Commission. Horizon Europe work programme 2021-2022—climate，energy and mobility[EB/OL]. https://ec.europa.eu/info/funding-tenders/opportunities/docs/2021-2027/horizon/wp-call/2021-2022/wp-8-climate-energy-and-mobility_horizon-2021-2022_en.pdf[2022-07-28].

[12] Next Krafwerke. Shaping the new energy world—a vitrual power plant for the distributed energy future[EB/OL]. https://www.next-kraftwerke.com/api/media/file/eabe6b8e0f/company-brochure-vpp-next-kraftwerke.pdf[2022-07-28].

[13] Gold R，Waters C，York D. Leveraging advanced metering infrastructure to save energy[R]. Washington，2020.

[14] 中华人民共和国中央人民政府 . 全国新能源汽车保有量已突破 1000 万辆 [EB/OL]. http://www.gov.cn/xinwen/2022-07/06/content_5699597.htm[2022-07-28].

[15] Wang C S，Lv C X，Li P，et al. Modeling and optimal operation of community integrated energy systems：a case study from China[J]. Applied Energy，2018，230：1242-1254.

[16] 南网技术情报中心 . 综合能源服务发展现状与展望：综合能源服务概述 [EB/OL]. http://www.escn.com.cn/news/show-1431450.html[2022-07-28].

[17] 肖云鹏，王锡凡，王秀丽，等 . 多能源市场耦合交易研究综述及展望 [J]. 全球能源互联网，2020，3（5）：487-496.

[18] 清华四川能源互联网研究院 . CloudPSS-IESLab[EB/OL]. https://cloudpss.net/[2022-07-28].

[19] 上海电气 . 分布式能源规划设计平台 DES-PSO[EB/OL]. https://www.des-pso.com/[2022-07-28].

[20] 余晓丹，徐宪东，陈硕翼，等 . 综合能源系统与能源互联网简述 [J]. 电工技术学报，2016，31（1）：1-13.

[21] 国家发展和改革委员会 . 国家发展改革委 国家能源局关于推进电力源网荷储一体化和多能互补发展的指导意见 [EB/OL]. https://www.ndrc.gov.cn/xxgk/zcfb/ghxwj/202103/t20210305_1269046_

ext.html［2022-07-28］.

［22］交通运输部．交通运输领域新型基础设施建设行动方案（2021—2025 年）［EB/OL］. http://
www.gov.cn/zhengce/zhengceku/2021-09/29/5639987/files/a2d1ca20cc0448cc9380c6f2f1f7c340.
pdf［2022-07-28］.

［23］张建国．"十三五"建筑节能低碳发展成效与"十四五"发展路径研究：装配式建筑技术与近
零能耗建筑融合成为行业热点［J］. 中国能源，2021，（6）：31-38.

［24］Lee D-S，Chen Y-T，Chao S-L. Universal workflow of artificial intelligence for energy saving［J］.
Energy Reports，2022，8：1602-1633.

［25］International Electrotechnical Commission. Microgrids-Part 1：guidelines for microgrid projects
planning and specification［S］.Geneva：IEC，2017：1-33.

［26］International Electrotechnical Commission. Definition of extended SGAM smart energy grid reference
architecture model［S］. Geneva：IEC，2021：1-69.

2.11　Integrated Energy System

Wang Chengshan，*Yu Hao*，*Xu Xiandong*
（Tianjin University，Key Laboratory of Smart Grid of Ministry of Education）

The integrated energy system（IES）can realize flexible conversion and coordination of multiple energy carriers，providing a meaningful way to improve the cleanliness，economy，reliability，and efficiency of energy supply. In foreign countries，the energy forms covered by the IES are expanding. The system configuration and morphology are increasingly enriched. The importance of multi-energy synergy is gradually highlighted，and the digitalization level is being improved. In China，the electric power substitution and community IES are advancing rapidly. Early research has been conducted on the multi-energy market mechanisms. Essential tools for the analysis of IES have been studied. In the future，it is necessary to emphasize the application of modern technical concepts in IES，such as micro energy systems，advanced digitalization and intelligence technologies，interaction with consumers，and multi-sector collaboration. It is also urgently required to facilitate the standardization of IES technology and equipment.

第三章

材料和能源技术产业化新进展

Progress in Commercialization of Materials and Energy Technology

3.1 半导体硅材料现状及产业化新进展

张果虎 肖清华 马 飞

（集成电路关键材料国家工程研究中心）

半导体硅材料是半导体产业中关键的原材料，在产业链中具有举足轻重的作用，全球 90% 以上的半导体芯片是以半导体硅片为衬底制造的[1]。半导体硅片可以用于制作微处理器、逻辑电路、模拟电路以及分立器件等半导体芯片，在人工智能、大数据、物联网、自动驾驶、航空航天等领域广泛应用，随着科学技术的不断发展和数字经济的兴起，新兴终端市场将不断涌现。

一、半导体市场及硅片需求

2018 年以来，受益于下游传统应用领域（如计算机、移动通信、固态硬盘、工业电子、汽车电子市场）的持续增长，以及新兴应用领域（如人工智能、区块链、物联网、大数据、5G 通信）的快速发展，全球半导体行业发展整体处于强劲上行周期。2017 年全球半导体产业规模首度突破 4000 亿美元。虽然 2019 年受中美贸易冲突、行业短期调整影响，市场规模下降 12.1%，但 2020 年 5G 的发展以及新冠疫情蔓延带动居家办公、居家娱乐的"宅经济"，促进了平板电脑、智能手机、电视等消费电子产品对各类半导体的需求，半导体市场反弹增长；2021 年 5G 的普及和汽车行业的复苏为半导体市场带来利好，半导体市场规模同比增长 26.2%，达到 5559 亿美元[2]（图 1）。

远程办公、汽车半导体、元宇宙等新需求推动了对半导体芯片需求的增加，为了满足下游终端需求，晶圆厂正在加大资本投入以扩充产能，中国台湾积体电路制造股份有限公司、美国英特尔公司、韩国三星集团、美国格罗方德半导体股份有限公司、美国德州仪器公司等全球主要芯片制造厂均宣布扩产，2022 年投资总额达到 1500 亿美元，全球半导体市场规模将进一步扩大。

全球硅片市场规模和出货量的变化与下游半导体市场总体趋势保持一致，2017 年以后整体实现较大增长（图 2）。全球硅片市场波动上涨，2018 年全球硅片市场规模达 114 亿美元，2021 年再创新高，达 124 亿美元。

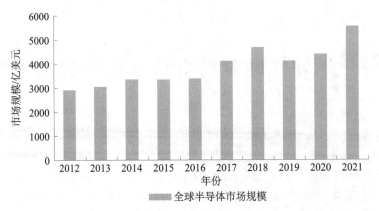

图 1   2012～2021 年全球半导体市场规模（引自 SEMI 数据）

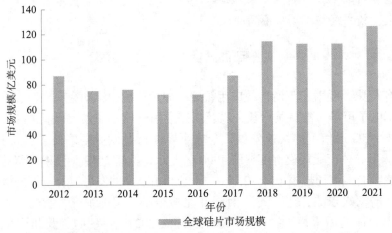

图 2   2012～2021 年全球硅片市场规模（引自 SEMI 数据）

全球半导体硅片新增需求主要集中在 8 in^① 硅片和 12 in 硅片。12 in 硅片出货量自 2000 年以来市场份额逐步提高，从 2000 年的 83 万片增长至 2021 年的 8759 万片，占全部半导体硅片出货量的比例从 1.69% 大幅提升至 68.81%，成为半导体硅片市场主流产品。需求占比最大的终端应用为智能手机，其次为数据中心、个人电脑／平板电脑、汽车，数据中心和汽车对 12 in 硅片的需求增长较为快速。模拟电路、功率器件、CMOS 图像传感器等细分市场规模扩大，为 8 in 硅片需求增长提供长期稳定的驱动力，2018 年 8 in 硅片出货量为 6525 万片，2021 年出货量达到了 6853 万片（图 3）。

---

①   1 in ≈ 2.54 cm。

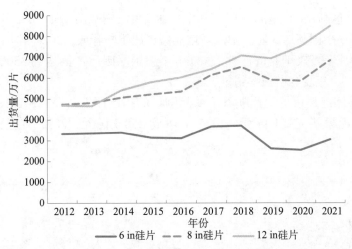

图 3　2012～2021 年全球 6 in、8 in 及 12 in 硅片出货量（引自 SEMI 数据）

中国①连续多年是全球最大的半导体市场，2012～2021 年，中国半导体市场规模从 2158 亿元增长至 10 458 亿元（图 4），增幅为 384.62%，年均复合增长率约为 19.17%。在全球半导体行业整体向中国转移的大背景下，预计中国半导体市场规模将长期维持在较高水平。

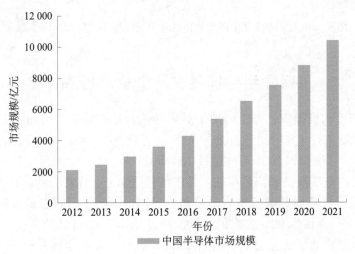

图 4　2012～2021 年中国半导体市场规模（引自 CSIA 数据）

---

①　本节中国数据均不包括台湾。

2021 年全球新增 19 座晶圆厂，其中中国新增 5 座晶圆厂；2022 年全球新增 10 座晶圆厂，其中中国新增 3 座。中国新增晶圆产能不断释放，2018 年中国晶圆厂产能为 243 万片 / 月（等效于 8 in 硅片），2021 年中国晶圆厂产能达到 350 万片 / 月（等效于 8 in 硅片），年复合增长率超过 12%。

中国半导体硅片市场规模随着下游晶圆厂的扩产而不断提升，2018 年中国半导体硅片市场规模为 172.1 亿元，2021 年达到 250.5 亿元，2022 年达到 300.7 亿元（图 5）。

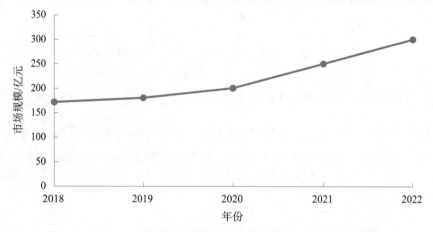

图 5　2018～2022 年中国半导体硅片市场规模（引自 ICMtia 数据）

二、半导体硅片产业化新进展

下游晶圆厂积极投资扩产，增加了对半导体硅片的需求，12 in 硅片需求预计将从当前的约 750 万片 / 月增加到 2025 年的 910 万片 / 月，8 in 硅片需求预计将从当前的约 590 万片 / 月增加到 2025 年的超过 700 万片 / 月。

全球硅片产业垄断格局依然存在。日本信越化学工业株式会社、日本胜高科技株式会社、中国台湾环球晶圆股份有限公司、德国世创电子材料股份有限公司、韩国 SK 集团这五大厂商占据 90% 左右的市场份额，尤其在 12 in 硅片方面占据绝对地位。五大厂商近几年产能扩张主要集中在 12 in 硅片。2015 年，全球只有日本信越化学工业株式会社和胜高科技株式会社 12 in 硅片月产能超出 100 万片，至 2021 年，前五大厂商 12 in 硅片月产能都有明显增加，其中日本信越化学工业株式会社产能超过 310 万片 / 月，日本胜高科技株式会社约 190 万片 / 月，中国台湾环球晶圆股份有限公司约

130 万片 / 月，德国世创电子材料股份有限公司约 99 万片 / 月，韩国 SK 集团约 90 万片 / 月。

同时，为应对硅片未来短缺的情况，全球主要硅片厂商已纷纷宣布进一步扩产。日本信越化学工业株式会社为应对旺盛的硅片需求，拟进行超过 800 亿日元的设备投资。日本胜高科技株式会社为满足客户需求，计划投资 2287 亿日元在 Imari 和 Omura 新建厂房扩产[3]，这是日本胜高科技株式会社自 2008 年以来首度投资建设新的工厂，两个新厂房于 2022 年动工，2023 年下半年开始投产，并分别于 2025 年、2023 年底满产。中国台湾环球晶圆股份有限公司收购德国世创电子材料股份有限公司失败后，2022 年 3 月宣布其意大利子公司 MEMC SPA 既有厂房将新配置 12 in 生产线，计划在 2023 年下半年释放产能；6 月，宣布斥资约 50 亿美元在美国得克萨斯州新建一座生产 12 in 硅片的工厂，新厂预计 2025 年投产，最高产能达每月 120 万片。德国世创电子材料股份有限公司为了满足客户长期的硅片需求增长，在 2022 年投资 11 亿欧元，其中 2/3 的资金将用来在新加坡建设新的 12 in 硅片厂。韩国 SK 集团在 2022 年 3 月宣布，未来 3 年内将投资 1.05 兆韩元扩建 12 in 半导体硅片厂，项目于 2022 年上半年动工，预计 2024 年上半年实现量产。预计到 2025 年海外市场 12 in 硅片新增产能超过 300 万片 / 月。

2020 年，国务院出台《新时期促进集成电路产业和软件产业高质量发展若干政策》，发展半导体产业已成为国家战略，国家和地方政府加大支持政策力度。同时，在国产化大背景下，政府和社会资本大量涌入，国内半导体行业进入发展快速期，半导体硅片行业在产能建设和技术方面也取得重大突破。

上海硅产业集团股份有限公司 12 in 硅片已实现批量供货，规划在现有每月 30 万片产能基础上再增 30 万片产能，同时每年新增 312 万片 8 in 半导体抛光片产能[4]。

TCL 中环新能源科技股份有限公司在 12 in 硅片 17 万片 / 月、8 in 硅片 75 万片 / 月产能基础上，规划到 2023 年底建成 12 in 硅片 60 万片 / 月、8 in 硅片 100 万片 / 月的产能[5]。

西安奕斯伟硅片技术有限公司在 12 in 硅片产能 50 万片 / 月基础上，规划 2022～2026 年新增产能 50 万片 / 月。

杭州立昂微电子股份有限公司已建成 8 in 抛光片 27 万片 / 月、12 in 硅片 15 万片 / 月的产能，在建年产 180 万片 12 in 硅片、年产 120 万片 8 in 硅片项目[6]。

杭州中欣晶圆半导体股份有限公司已建成 8 in 硅片 40 万片 / 月产能，在建年产 8 in 硅片 120 万片、年产 12 in 外延片 240 万片项目。

有研半导体硅材料股份公司完成了集成电路大硅片产业基地建设，正逐步释放 8 in 硅片产能，其 12 in 硅片 30 万片 / 月规模化生产线在 2023 年建成。

近年来，国内半导体硅片行业在加快产能建设的同时，在关键技术创新方面也取得长足进步。上海硅产业集团股份有限公司取得突破性进展，实现了面向 14 nm 工艺节点应用的 12 in 半导体硅片的批量供应，成功研发 19 nm 动态随机存储器（DRAM）用 12 in 半导体硅片并进行验证。TCL 中环新能源科技股份有限公司在 12 in 硅片关键技术、产品性能和质量方面取得重大突破，已量产供应国内主要数字逻辑芯片、存储芯片生产商。西安奕斯伟硅片技术有限公司研发出 14 nm 及以下集成电路先进制程使用的硅单晶抛光片及外延片，应用于逻辑芯片、闪存芯片、动态随机存储芯片、图像传感器、显示驱动芯片等领域。有研半导体硅材料股份公司建立了 12 in 硅片研发中心，突破了关键技术，为产业化奠定了基础。

2018 年以来，在政策、资本、市场多重驱动下，国内半导体硅片骨干企业得到了快速发展，形成了相当好的产业基础，对国内半导体产业的支撑保障能力显著增强。未来随着技术水平、质量稳定性、产能利用率的进一步提升，完全可以满足国内半导体市场需求，并进入海外市场，参与全球竞争。

三、半导体芯片技术发展趋势及产业化发展政策建议

摩尔定律引领了半导体行业 50 余年的快速发展，半导体芯片技术不断向更先进制程发展，借助极紫外光刻（EUV）等先进技术，正在向 3 nm 甚至更小的节点演进，但硅工艺的发展愈发趋近于其物理极限。单纯靠提升工艺来提升芯片性能的方法已经无法充分满足时代的需求，半导体行业逐步进入后摩尔时代。

在后摩尔时代，技术发展呈现出两个特点：一是继续延续摩尔定律的精髓，以集成电路制程微细化为特征，技术上满足更先进制程，提高集成度和功能，同时兼顾性能及功耗。先进制程对硅片的要求愈发严格，要求 12 in 硅片单晶晶格完美、低缺陷，硅片要极致平整、极致洁净；二是以多样化为特征，通过严格控制硅片掺杂、外延层厚度及掺杂、绝缘衬底上的硅（SOI）类型等，结合先进封装等手段，整合高压功率芯片、模拟电路芯片、射频芯片、传感器芯片等多种功能，满足终端市场新的应用场景。

基于以上分析，建议从以下三个方面促进国内半导体硅片的产业化发展：①政府要加强顶层设计和统筹协调，宏观层面进行产业布局，同时加强对重点企业的支持。②企业要进一步加大研发力度，提升产品质量，打入全球产业链，增强在国际市场上的竞争力和话语权。③半导体产业对外依存度较大，要加强上下游企业协调联动，协同创新，持续完善产业生态，推动半导体全产业链的优化升级。

参考文献

［1］张果虎，肖清华．半导体硅材料技术产业化新进展［M］// 中国科学院 . 2018 高技术发展报告 . 北京：科学出版社，2018：213-218.

［2］屠海令，张世荣，等．新材料产业［M］// 中国工程科技发展战略研究院 . 2021 中国战略性新兴产业发展报告 . 北京：科学出版社，2020：108-140.

［3］吴科任．半导体大硅片抢手 厂商扩产马不停蹄［EB/OL］. https://www.cs.com.cn/cj2020/202207/t20220701_6281401.html［2021-07-01］.

［4］沪硅产业．上海硅产业集团股份有限公司 2021 年年度报告［R/OL］. http://download.hexun.com/ftp/all_stockdata_2009/all/121/289/1212897753.pdf［2022-05-20］.

［5］天津中环半导体股份有限公司．天津中环半导体股份有限公司 2021 年年度报告［R/OL］. http://file.finance.sina.com.cn/211.154.219.97：9494/MRGG/CNSESZ_STOCK/2022/2022-4/2022-04-27/8101304. PDF［2022-05-20］.

［6］杭州立昂微电子股份有限公司．杭州立昂微电子股份有限公司 2021 年年度报告［R/OL］. http://file.finance.sina.com.cn/211.154.219.97：9494/MRGG/CNSESH_STOCK/2022/2022-3/2022-03-10/7874470. PDF［2022-05-20］.

3.1　The Current Situation and New Commercialization Progress of Semiconductor Silicon Materials

Zhang Guohu，*Xiao Qinghua*，*Ma Fei*

（National Engineering Research Center for Integrated Circuit Key Materials）

This paper analyzes the overall situation of the global semiconductor market and semiconductor silicon wafer market，introduces the latest progress and trends of the semiconductor silicon wafer industry both at home and abroad. Finally，some suggestions are put forward to promote the development of domestic semiconductor silicon wafer industry.

3.2 低维碳材料产业化新进展

任文才[1]　刘　畅[1]　成会明[1, 2, 3*]

[1. 中国科学院金属研究所；2. 中国科学院深圳先进技术研究院；
3. 中国科学院深圳理工大学（筹）]

低维碳材料主要包括碳纳米管、石墨烯、富勒烯、石墨炔、碳量子点等碳质纳米结构。近年来，全球范围内的持续研发投入极大地推动了低维碳材料的产业化进程，已在锂离子电池、先进制造、电子信息、医美保健等领域获得应用，并逐步拓展到光电子、光伏、传感、化工、生物医学等诸多领域。我国在低维碳材料的规模化制备方面具有技术优势，已在材料批量制备及其在储能、复合材料与热管理等应用领域涌现出大批企业，并有望在高品质材料与器件等领域的应用方面实现突破。

一、国外低维碳材料产业化新进展

1. 碳纳米管

自 2010 年以来，碳纳米管市场需求增长强劲，各大跨国公司纷纷涉足碳纳米管产业[1]。目前，多壁碳纳米管粉体与浆料、阵列、薄膜和纤维等已在信息、新能源、先进制造、航空航天和生物医药等领域得到应用。例如，2021 年 Nanocyl SA 公司多壁碳纳米管的年产能已达 400 t，其产品广泛应用于塑料、纺织品、橡胶等领域；2020年，Cabot 公司收购了深圳市三顺纳米新材料股份有限公司（年产能 1000 t）；LG 化学 2021 年在韩国建立了世界最大的多壁碳纳米管生产厂（年产能 1700 t）。[2]

单壁碳纳米管具有比多壁碳纳米管更优异的理化性能。目前，单壁碳纳米管的工业化生产已拉开序幕，随着质量的提高和价格的下降，其市场吸引力逐渐提高，产品主要包括电池功能添加剂、导电墨水、高强导电纤维和航空航天用增强复合材料等。2021 年俄罗斯 OCSiAl 公司宣称拥有年产 75 t 单壁碳纳米管的产能，全球市场占有率超过 90%[2]；日本瑞翁（Zeon）公司、韩国 Korbon 公司、美国 Nano-C 公司也具有一定批量生产单壁碳纳米管的能力。在应用开发方面，芬兰 Canatu 公司正在推广采用单壁碳纳米管的可拉伸变形 3D 触摸屏。对于逐渐兴起的动力电池用硅／碳负极材

---

* 中国科学院院士。

料，单壁碳纳米管被认为是唯一高效的导电添加剂。此外，单壁碳纳米管在透明导电薄膜、光伏器件、传感器、存储器件和晶体管方面也极具应用潜力。据预测，2019～2030年单壁碳纳米管的复合年均增长率可达63%[2]。

2. 石墨烯

世界范围内石墨烯材料已逐渐从基础研究步入应用产品开发阶段。国外有250多家公司从事石墨烯材料的生产或应用开发，所涉及的领域包括复合材料、电池、超级电容器导电油墨、建筑材料、过滤分离材料、燃料电池、医用材料（如药物载体等）、润滑油添加剂、涂料涂层、光电子器件、光伏器件、橡胶制品、传感器、纺织纤维等，但真正进入市场的产品仍然较少[2,3]。

复合材料是欧美国家和地区石墨烯应用的主要方向，用于提升材料的力学性能和导热性能。力学性能增强的典型应用是西班牙Vibor-A公司的石墨烯增强运动球拍和意大利Vittoria公司的石墨烯增强轮胎。导热性能增强的代表性产品有：意大利Marigi公司的制动卡钳和散热器石墨烯涂层、西班牙Avanzare公司的导热橡胶、意大利Nanesa公司的冷凝器用石墨烯/铜复合涂层、美国Thermal Space公司的战斗机用石墨烯热控组件以及欧洲空中客车等航空企业的电热除冰组件。此外，电池和超级电容器一直是石墨烯的两个主要应用市场，但目前除作为导电添加剂外尚无其他突破性进展。[3]

生物医学应用方面，法国Grapheal公司开发的石墨烯数字生物传感器TestNPass技术可用于新冠病毒的现场检测[4]。在电子和光电子应用领域，瑞典Graphensic公司研制的石墨烯霍尔传感器对磁场的灵敏度达到硅基传感器的10倍[5]。芬兰Emberion公司和西班牙Qurv Technologies公司分别研制出基于石墨烯晶体管的超灵敏光电探测器和宽光谱图像传感器[6]。

3. 富勒烯

富勒烯已在复合材料、电池、润滑剂、医美制品和光伏电池等领域实现应用。2021年全球富勒烯市场销售额达到了2.4亿美元，预计2028年将达到4.1亿美元，年复合增长率为7.95%[2]。在国际市场中，富勒烯生产企业主要有美国的Nano-C和BuckyUSA、日本的三菱VC60和Frontier Carbon等。日本目前全球市场占有率最高，占有大约44%的市场份额，之后是北美，占比25%。保守估计，全球富勒烯消费量在2022年可达2.5 t①，而2032年将达到8.5 t[2]。

---

① 2022年已达2.5 t。

4. 石墨炔

石墨炔是由 sp 碳和 sp^2 碳共轭连接形成的二维平面网络结构，具有丰富的碳化学键、大的共轭体系和本征带隙等特征，在催化、能源及光电转换等领域具有重要的应用前景。目前，石墨炔材料及技术仍处于研发阶段。自 2018 年以来，石墨炔的规模化制备及其催化与新能源应用都取得了重要进展，已成为化学与材料科学领域十大前沿方向之一，但距离产业化仍有较大距离。

5. 碳量子点

碳量子点是指直径在 10 nm 以下的准零维纳米碳材料，主要包括碳量子点和石墨烯量子点。碳量子点具有独特的荧光特性，此外还具有水溶性、低毒性、环境友好和生物相容等优点。因此，碳量子点在光电、化学与生物检测、医学成像、靶向药物载体、催化等领域都具有潜在的应用。目前，相关技术仍处于产业化发展的前期。默克/西格玛-奥德里奇（Merck/Sigma-Aldrich）、美国元素（American Elements）等大型化学试剂公司已经推出石墨烯量子点产品，但小型创业公司主导了碳量子点的应用产品开发。例如，土耳其 Quantag 公司研制出基于石墨烯量子点的标记油墨，可用于燃料标记和防伪标识等。

二、国内低维碳材料产业化新进展

1. 碳纳米管

国内已形成一批具有规模化生产能力的企业，碳纳米管产能约占全球的 57%[2]。例如，中能科技有限公司拥有年产千吨的多壁碳纳米管生产线，中国科学院成都有机化学有限公司也具备年产 700 t 多壁碳纳米管的能力。深圳市飞墨科技有限公司 2019 年开始生产单壁/多壁碳纳米管及其导电浆料和复合材料，主要应用于锂离子电池、工程塑料、特种橡胶和涂料等。

在应用领域，国内企业主要聚焦于基于碳纳米管的锂电池功能添加剂、导电塑料和透明导电膜等。在高能量密度锂电池和快充技术需求的带动下，碳纳米管导电剂的市场份额快速提升[7]。其中，江苏天奈科技股份有限公司的碳纳米管导电剂产品出货量和销售额均居行业首位，改变了我国锂电池企业导电剂依赖进口的局面[8]。比亚迪股份有限公司和宁德时代新能源科技股份有限公司两家锂电池龙头企业已投入超过亿元的资金推动碳纳米管添加剂在锂电池中的应用，以实现提效降本。河南国碳纳米科技有限公司在 2021 年扩产年产 200 t 碳纳米管粉体和 5000 t 碳纳米管浆料项目。[9, 10]

2016～2021 年国内碳纳米管导电浆料出货量年复合增长率为 41%，相关产品已在比亚迪股份有限公司、深圳无极科技有限公司、东莞新能源科技有限公司、天津力神电池股份有限公司等批量使用。

在填充型导电塑料应用中，碳纳米管与炭黑等传统填充物相比，在导电和力学性能方面优势明显，其应用比例逐步提升[11]。2021 年，山东大展纳米材料有限公司制备出碳纳米管/橡胶复合材料、碳纳米管/纤维增强热固性树脂材料，并实现了产业化应用。

碳纳米管透明导电膜比传统透明导电膜具有更优异的性能。例如，基于清华-富士康纳米科技研究中心开发的超顺排碳纳米管阵列透明导电膜，天津富纳源创科技有限公司实现了手机触摸屏的产业化，并成功配套华为、酷派、中兴等手机。苏州捷迪纳米科技有限公司实现了碳纳米管薄膜的产业化，年产能达 10 万 m^2，开拓了其在户外电热保暖服以及医疗康复等方面应用。对于电子器件方面的应用，目前已经解决了一系列关键性基础问题，正处在从实验室向产业化过渡的阶段。

2. 石墨烯

我国在石墨烯材料制备上具有突出优势。化学气相沉积（CVD）生长石墨烯方面，常州二维碳素科技股份有限公司 2014 年的多晶薄膜产能已达 20 万 m^2。2021 年，北京石墨烯研究院实现了 4 in 石墨烯单晶晶圆的批量制备以及石墨烯光子晶体光纤材料的稳定生产和供货[12]。在化学剥离制备石墨烯和氧化石墨烯方面，截至 2022 年，至少 20 家企业具备年产 100 t 以上的产能。2016 年，德阳烯碳科技有限公司建成年产 30 t 高质量石墨烯的生产线。2021 年，南通第六元素材料科技有限公司建成年产 1500 t 氧化石墨烯的生产线；深圳烯材科技有限公司采用电化学氧化法，实现了绿色规模化生产氧化石墨烯[13]。

我国石墨烯应用主要是以通过 CVD 方法制备的多晶石墨烯膜和通过化学或物理剥离制备的石墨烯粉体或浆料作为基础材料开展的。其中 CVD 石墨烯透明电极的性能已满足触摸屏等电子产品的要求，但成本较氧化铟锡（ITO）透明电极材料仍然偏高。基于高电阻石墨烯透明电极的电热膜在个人保健市场已获得批量生产和销售。

石墨烯高导热膜是以氧化石墨烯为原料制备的热管理材料，在 5G 手机等电子设备的高效散热方面表现出良好的应用前景。目前以常州富烯科技股份有限公司、深圳贝特瑞新能源材料股份有限公司、深圳烯材科技有限公司、云南云天墨瑞科技有限公司等为代表的企业都已实现石墨烯导热膜的量产，并应用在华为、OPPO、小米等品牌的终端产品中。

化学剥离石墨烯在复合材料中具有广泛应用。典型应用是锂离子电池导电添加剂，可降低电池内阻，提升充电效率。广州汽车集团股份有限公司的 AION 电池中添加石墨烯后，可实现高倍率充电[14]。石墨烯导电油墨方阻可降至约 1Ω/□，浙江石墨烯制造业创新中心研制的石墨烯射频标签（RFID）已实现商品化[15]。利用石墨烯优异的阻隔性制成的防腐涂料可实现长效防腐。中国科学院宁波材料技术与工程研究所的石墨烯改性重防腐涂料耐盐雾超 9000 h，是国外同级涂料的 3～4 倍，已在"柬埔寨 200 MW 双燃料电站"钢结构防腐、"印尼雅万高铁"桥梁防腐等工程中实现批量应用[16]。将石墨烯纳米片与尼龙等复合制成的石墨烯复合纤维材料具有防静电、提高导热性能等作用，在纺织服装等领域有良好的应用前景，北京石墨烯研究院研制的石墨烯-玻璃纤维复合材料已成功用于重大工程中。石墨烯分离膜主要用于过滤分离水或空气中的有害杂质，添加石墨烯过滤层的口罩曾在新冠疫情防控中发挥作用，而石墨烯油水分离膜在多地自来水工程中已得到应用。

3. 富勒烯

2018 年，内蒙古碳谷科技有限公司建成国内首条吨级富勒烯生产线，打破了日本在富勒烯量产制备及应用领域的垄断地位[17]。近几年，国内富勒烯生产企业发展迅猛，包括拥有富勒烯-聚酰亚胺导电膜专利的浙江亿利达风机股份有限公司，从事富勒烯材料制备、分离、纯化及应用的深圳市力合科创股份有限公司，作为超硬材料行业龙头企业之一的郑州华晶金刚石股份有限公司，拥有富勒烯系列产品的奥园美谷科技股份有限公司，拥有含羧基化富勒烯有机型发动机冷却液及其制备方法发明专利的康普顿科技股份有限公司，以及厦门福纳新材料科技有限公司、苏州大德碳纳米科技有限公司、内蒙古京蒙碳纳米材料高科技有限责任公司、濮阳市永新富勒烯科技有限公司和中国科学院成都有机化学有限公司等。近几年国内该领域上市公司和龙头股数量陡增，主要有从事人造金刚石及富勒烯制造的郑州华晶金刚石股份有限公司和河南四方达超硬材料股份有限公司，以及从事富勒烯及其衍生物的制备、分离、纯化及应用的深圳通产丽星股份有限公司等。

4. 石墨炔

石墨炔技术的研究目前仍由科研单位主导。同时，也有能源和化工领域的企业开始在该领域布局。例如，中国石油化工股份有限公司发明了石墨炔在润滑油中的分散技术，制备出以石墨炔作为极压抗磨添加剂的润滑油组合物。广州市白云化工实业有限公司将石墨炔作为双组分聚氨酯胶黏剂的添加剂，可提高胶的抗紫外耐候性以及固化过程中气泡的抑制性能。

5. 碳量子点

国内从事碳量子点技术开发的企业主要集中在制备技术、发光显示、化学与生物检测等领域，但在应用端市场中尚未形成产品。例如，TCL 科技集团股份有限公司发展出用于新型发光器件的碳量子点及其复合材料的制备技术；京东方科技集团股份有限公司针对光疗装置、铜离子检测和细胞标识等不同应用，开发出相应的碳量子点制备技术。目前，已有多家试剂公司推出碳量子点材料产品，但主要面向科研机构的实验研究。

三、低维碳材料优先发展领域与产业化发展建议

1. 碳纳米管

建议重点发展碳纳米管在轻质超强高导材料、功能复合材料、高性能纤维以及芯片与光电子器件领域中的应用，重点突破其可控制备与绿色制备技术；与相关龙头企业建立应用导向的新型研发机构，利用其行业优势推进产业化。

为进一步促进其产业发展，需要解决生产规模和价格之间的矛盾，以及与传统材料和新兴材料的竞争问题。

2. 石墨烯

建议重点突破石墨烯基电子、光电子器件的基础理论和加工制造技术，加速高端石墨烯应用产品的开发。优先发展可促进我国 5G/6G、国防军工、柔性电子产业发展及与"双碳"目标相关的石墨烯应用技术的研究。

建议加强研发机构与用户之间的信息交流，开展需求牵引的应用技术开发，缩短研发周期，提升应用产品的实用性。

3. 富勒烯

建议突破高纯度富勒烯的低成本制备技术及其在光伏、催化、超导、医药等领域应用的关键技术和产业壁垒。

建议通过政府引导，鼓励更多企业参与富勒烯的制备及应用推广，通过产业源端的重组升级实现产业流程的优化。

4. 石墨炔

建议加强石墨炔的结构控制和宏量制备技术的研究，为石墨炔的规模化生产与应

用奠定基础；着重发展其在催化和新能源等领域的应用，开发出可充分发挥其独特性能的不可替代的应用。

5. 碳量子点

建议着重发展其在化学与生物标志物检测中的应用。在碳量子点医学成像、靶向药物载体等医疗领域，建议对其生物毒性开展系统、全面的长期跟踪评估研究。

参考文献

[1] 彭广春. 碳纳米管-天奈科技研究报告：CNT 老将，导电剂新星[EB/OL]. https://baijiahao. baidu.com/s?id=1728070675749523038&wfr=spider&for=pc[2022-03-23].

[2] Future Markets. The Global Market for Carbon Nanomaterials 2022-2032[R].Edinburgh，2022.

[3] Graphene Flagship. Graphene enabled products[EB/OL]. https://graphene-flagship.eu/innovation/ products/[2022-06-30].

[4] Grapheal. Graphene Digital Biosensors for COVID-19 Field Testing[EB/OL]. https://www.grapheal. com/products[2022-06-30].

[5] SIO Grafen. Graphene Hall Sensors[EB/OL]. https://siografen.se/project/graphene-hall-sensors/[2022- 06-30].

[6] Emberion. CQD—Graphene Photodiode Device architecture[EB/OL]. https://www.emberion.com/ technologies/[2022-06-30].

[7] 华经情报网. 2021 年全球及中国碳纳米管行业现状分析：动力电池进一步推动行业发展[EB/ OL]. https://www.163.com/dy/article/H9VL8G8U05387IEF.html[2022-06-16].

[8] 央广网. 把石墨烯卷起来"万能"的碳纳米管或改变未来[EB/OL]. https://baijiahao.baidu.com/s? id=1709403886520667571&wfr=spider&for=pc[2022-08-29].

[9] 广发证券，陈子坤，纪成炜. 锂电池导电剂行业研究：碳管降本增效破局，导电炭黑国产化元年[EB/OL]. http://finance.sina.com.cn/stock/stockzmt/2022-05-22/doc-imizirau4087515. shtml[2022-05-22].

[10] OFweek 锂电网. 碳纳米管：依托锂电池行业迈向千亿级市场的新材料[EB/OL]. http:// mp.ofweek.com/libattery/a856714399197[2022-08-17].

[11] 崔超婕，骞伟中，魏飞. 迎接碳纳米管产业化的春天[EB/OL]. http://www.sinano.cas.cn/kxcb/ kpwz/202005/t20200507_5576092.html[2020-05-07].

[12] 北京石墨烯研究院. 笃志前行，虽远必达——石墨烯玻璃纤维项目组，市场运营部[EB/OL]. http://www.bgi-graphene.com/article/614[2022-06-16].

[13] 深圳烯材科技有限公司. 氧化石墨烯[EB/OL]. http://www.szmatterene.com/Content/374368.

html［2022-06-30］.

［14］ 广汽埃安新能源汽车股份有限公司. 石墨烯基超级快充技术［EB/OL］. https://www.gacne.com. cn/show/science［2022-06-30］.

［15］ 中国科学院宁波材料技术与工程研究所. 宁波材料所启用石墨烯 RFID 射频识别技术进行资产盘点［EB/OL］. http://www.nimte.ac.cn/events/express/202010/t20201021_5720122.html［2020-10-21］.

［16］ 高晓静，付曦地. 重防腐涂料实现工程化全链条应用［EB/OL］. http://kjb.zjol.com.cn/html/2020-04/21/content_2705524.htm?div=-1［2020-04-21］.

［17］ 李东周. 中国首条吨级富勒烯生产线投产［EB/OL］. http://www.ccin.com.cn/detail/3d91bc9df19b 767011b81cf621e8cdd2［2018-07-03］.

3.2 Commercialization of Low-dimensional Carbon Materials

Ren Wencai[1]，*Liu Chang*[1]，*Cheng Huiming*[1, 2, 3]

（1. Institute of Metal Research，Chinese Academy of Sciences；

2. Shenzhen Institute of Advanced Technology，Chinese Academy of Sciences；

3. Shenzhen Institute of Advanced Technology（Preparation），Chinese Academy of Sciences）

Low-dimensional carbon materials have demonstrated great promises in revolutionizing the development of information technology，new energy technology，advanced manufacturing，biomedicine，aerospace，national security and other fields due to their extraordinary properties and performances. The past decades have witnessed the rapid progress of low-dimensional carbon materials from fundamental research to industrial applications. Here，new progress in the industrialization of low-dimensional carbon materials was summarized. Particularly，the international and domestic status of carbon nanotubes，graphene，fullerene，graphdiyne and carbon quantum dots was discussed in terms of material production and product application. The representative enterprises in the corresponding fields and their products were also introduced. Finally，the priority areas of industrialization development of low-dimensional carbon materials were proposed.

3.3 高端稀土功能材料产业化新进展

廖伍平 杨向光 尤洪鹏

（中国科学院赣江创新研究院）

稀土是镧系 15 种元素和钪、钇共 17 种元素的总称，被科学家称为"21 世纪新材料的宝库"。稀土元素具有 4f 轨道、电负性小、离子半径大、配位数丰富、部分元素易变价等特性，这些特征决定了稀土功能材料具有丰富的光电磁等性能。稀土功能材料在新能源汽车、新型显示与照明、工业机器人、电子信息、航空航天、节能环保及高端装备制造等战略性新兴产业中发挥着重要的作用，也是一些高端技术中不可或缺的关键基础材料。

我国是稀土资源大国，稀土储量和产量均为世界第一。借助稀土资源优势，中国稀土分离技术经多年不断发展与完善，已处在国际领先地位。以此为基础的稀土材料产业，经多年发展已形成较为完整的生产技术链。稀土永磁、稀土发光、稀土催化、稀土储氢、稀土抛光等功能材料产值已达千亿元，直接带动数万亿元的市场。[1, 2]

我国虽然在稀土功能材料方面具有较为完整的生产技术链，但在高端稀土功能材料生产方面，特别是在高端制造方面，仍缺少竞争力。近年来，国际政治格局、外部环境以及经济发展模式都出现了重大变化，高端稀土功能材料出现"卡脖子"问题，需要给予格外的关注。由于稀土永磁材料产业消耗了大量镨钕元素，以北方稀土为代表的高丰度轻稀土铈（Ce）、镧等出现大量积压，给稀土资源的平衡利用带来了问题。高端稀土功能材料的研发，应以市场需求为导向，通过技术创新，推动稀土产业结构优化与升级，以促进我国稀土行业的高质量发展。

一、国内外产业化新进展

1. 稀土永磁材料

人工智能装备、全电交通载具、风力发电等高新技术产业的快速发展，极大地促进了全球对稀土永磁材料的需求。目前商用的稀土永磁材料主要有 Sm-Co 基和 Nd-Fe-B 基永磁材料两类。Sm-Co 基永磁材料具有较高的居里温度（700～800℃），可在较高温度和外磁场等极端使役环境下使用。Nd-Fe-B 基永磁体按照生产工艺可以划分为烧结、粘结和热压三类，其中，通过粉末冶金工艺生产的烧结钕铁硼永磁体的应用最为广泛，产量占比超过 95%。高端烧结钕铁硼永磁体的生产工艺近年来日益复杂。

中国是稀土永磁材料生产大国，永磁材料的稀土消费量在全部稀土功能材料中的占比高达 65%，年产值约 400 亿元[1]。中国 Sm-Co 基永磁材料的产量占全球总产量的 80% 以上，年产量约为 3000 t。中国 Nd-Fe-B 基永磁体年产量已达到约 20 万 t，占全球总产量的 85% 以上[1]。高端烧结钕铁硼磁体的生产技术与订单主要集中在北京中科三环高技术股份有限公司、宁波韵升股份有限公司等几个龙头企业。

在国外，日立金属株式会社、信越化学工业株式会社等少数的几家日本永磁材料生产商掌握了部分高端产品（如一次成型烧结、各向异性黏结、热压热变形等钕铁硼磁体）的生产技术。

2. 稀土发光材料

稀土发光材料在节能照明、信息显示等领域具有广泛的应用前景，产值超过万亿元。

中国是发光材料的生产大国，2021 年发光二极管（LED）发光材料产量 698 t，同比增长 59%；三基色荧光粉产量 831 t，同比下降 25.3%；长余辉荧光粉产量 262.5 t，同比增长 8.1%。其中，LED 发光材料已经取代传统的发光材料，成为应用领域的关键材料[3]。

铝酸盐体系是 LED 发光材料中使用最多的材料。中国国内的铝酸盐体系材料占据约 80% 的市场，以江苏博睿光电股份有限公司为代表的企业制造的铝酸盐发光材料已经打入高端市场。在硅酸盐发光材料方面，由德国默克集团、日本根本特殊化学株式会社等所垄断的局面已经被打破，江苏博睿光电股份有限公司实现了关键制备技术的突破，成为产品种类齐全且具国际先进水平的硅酸盐发光材料供应商。在全光谱方面，江苏博睿光电股份有限公司、北京有色金属研究总院有限公司等单位研发的磷酸盐发光材料、氮氧化物等发光材料已应用于全光谱照明，推动了中国全光谱照明产业的发展。在高功率 LED 与 LD 用荧光陶瓷与玻璃方面，目前我国处于研发阶段，产品性能与国外相比尚有差距。

在国外，部分高端铝酸盐发光材料的市场为日本根本特殊化学株式会社等占据。在氮化物发光材料方面，三菱化学集团株式会社凭借知识产权的优势，占据部分高端材料的市场。在高功率 LED 与 LD 用荧光陶瓷与玻璃方面，欧司朗公司的石榴石结构的荧光陶瓷处于垄断地位，韩国在荧光玻璃方面处于领先地位；他们的产品占据大功率照明的主要市场份额。在高端宽色域显示发光材料方面，$SiAlON:Eu$ 和 $SrGa_2S_4:Eu$ 绿粉为日本电气股份有限公司、三菱化学集团株式会社和美国英特美集团公司所垄断。

随着科学技术的进步与应用场景的不断细分，发光材料的需求日新月异并向着多样性与专用性的方向发展，可满足新型全光谱健康照明的发光材料以及宽色域显示用高效发光材料依然是发光材料的主攻方向。

3. 稀土催化材料

稀土催化材料在稀土功能材料中占比约为 20%，产值约为 100 亿元[1]。在汽车排气排放物净化三效催化剂和石油裂解 FCC 催化剂中，稀土是不可或缺的活性组分。催化材料主要使用高丰度的轻稀土元素镧和铈。三效催化剂使用的储氧材料，全球产量大约 15 000 t/a，中国大约 6000 t/a；FCC 催化剂全球大约 100 万 t/a，中国大约 20 万 t/a[4]。

在国外，巴斯夫（BASF）、庄信万丰（Johnson Matthey）、优美科（Umicore）等国际公司占全球汽车催化剂 90% 以上的市场份额。比利时 Solvay 和日本 DKKK（第一稀元素化学工业株式会社）各占储氧材料全球 40% 的份额；稀土改性氧化铝材料是由南非 Sasol 和 Solvay 提供的，分别占 70% 和 25% 的市场份额。

中国国内储氧材料商品是由 Solvay（溧阳）、DKKK 和淄博加华三家公司供应的，分别占 45%、35% 和 20% 的市场份额；中国国内稀土氧化铝材料由 Sasol 和 Solvay 公司提供。无锡威孚高科技集团股份有限公司、昆明贵研催化剂有限责任公司等占中国汽车催化剂市场份额的 25% 左右。2020 年 7 月 1 日起实施的国六排放标准对储氧材料提出更高的要求。国内有研稀土新材料股份有限公司、江苏省国盛稀土有限公司、江西国瓷博晶新材料科技有限公司等占非常少量的储氧材料和稀土改性氧化铝的市场份额。

将稀土催化材料用于烟道气脱硝已成为各国研究的热点。2018 年国家最新烟道气中氮氧化物排放标准提高到 50 mg/Nm³（又称超低排放），这是目前世界上最严格的环保标准。

随着环保标准的提高，除了火力电厂、工业燃煤锅炉、工业窑炉、玻璃、水泥、钢铁、垃圾焚烧等非电行业也需要使用脱硝技术。未来国内脱硝工程市场规模将达 3000 亿，脱硝催化剂达 600 亿元。稀土脱硝催化剂具有较为理想的高温稳定性和抗碱、砷中毒能力，绿色无毒，成本也较 V 基催化剂低，是一种新型的脱硝催化剂。稀土脱硝催化剂的脱硝性能与稳定性已得到工业锅炉的应用验证。

4. 稀土储氢材料

稀土储氢材料是一种能与氢反应生成金属氢化物并在适当条件下可逆释放氢的稀土功能材料，主要使用轻稀土，有利于提升稀土价值，促进稀土资源的平衡利用。稀土储氢材料按结构可分为三大类：AB_5 型（如 $LaNi_5$）储氢合金、超晶格型稀土系储氢合金（如 AB_3、A_2B_7、A_5B_{19} 等）和稀土改性型储氢合金。$LaNi_5$ 系为最早开发的储氢合金，已接近理论容量。A_2B_7 储氢材料性能最佳。全球稀土储氢材料的 95% 由中国和日本供应，中国储氢合金产量超过全球总产量的 50%[1]。

在国外，日本企业掌控高端稀土储氢材料，率先实现了 A_2B_7 储氢材料的产业化。中国自 2017 年后逐渐实现了 A_2B_7 的批量制备和产业化。近年来，随着中国氢能战略的实施和"双碳"目标的提出，中国对气固储氢材料的需求大大增加。

未来，随着氢能与燃料电池产业的快速发展，气固储氢领域对稀土储氢材料的需求量可达 5 万～10 万 t/a。

5. 稀土抛光材料

从晶圆生产到最终产品，不同步骤需要不同级别的抛光材料。稀土抛光材料是以氧化铈为主的抛光粉和抛光液。抛光粉中的氧化铈含量越高，抛光能力越强，寿命越长，相应的价格也越高。抛光粉广泛应用在工业制品抛光中，如各种光学玻璃器件、电视机显像管、光学眼镜片、示波管、平板玻璃、半导体晶片和金属精密制品等的抛光。电子消费的需求拉动了手机、Pad、触控面板等智能终端的快速发展，推动了稀土抛光材料需求量的稳步增长。抛光粉的高端应用是对集成电路器件表面进行平滑处理，是能使其高度平整的唯一技术，可使半导体晶圆和器件全局平整落差达到 10～100 nm 的水平。

全球抛光液领域公认的领导者是日本富士美（Fujimi），其开发出的系列可用于硅、砷化镓、碳化硅晶圆抛光的氧化铈、氧化铝、二氧化硅基抛光液，在纳米级高精度加工领域占有全球超过八成的市场份额。2018 年，Fujimi 与美国卡博特（Cabot）合作，成功开发出可用于第三代碳化硅半导体晶圆抛光的 CMP 抛光液产品。电子级抛光液是最高端的抛光材料，西方国家掌握其核心制造技术。

在中国，高端抛光液产品主要由安集微电子科技（上海）股份有限公司提供，其抛光液已用于中芯国际集成电路制造有限公司、华为等半导体企业的产品中。电子级抛光液产品的开发需要较高的洁净环境，对原材料纯度和整个生产工艺都有较高的要求，这给产品的开发增加了难度。作为"卡脖子"技术之一，高精密抛光技术的研究已经引起国家的高度重视，国内高校和科研机构已经着手开展相关研究。

6. 稀土磁制冷材料

磁制冷技术的核心是磁制冷材料，分室温、低温和极低温磁制冷材料。室温稀土磁制冷材料主要有 Gd、Gd 基合金、La-Fe-Si。Gd 机械加工性好、结构成型容易、温区宽，被广泛应用在磁制冷样机及部分产业化原型机（如海尔磁制冷酒柜）中，其高昂的材料成本限制了室温磁制冷技术的大规模推广。低温磁制冷材料以重稀土化合物为主，如液氢温区 HoB_2 与液氦温区 $Eu（Ti，M）O_3$。液氢温区 HoB_2 在 1 T 磁场变化下具有超过 15 J $kg^{-1}K^{-1}$ 的磁熵变化值，是目前性能最优的材料。$Eu（Ti，M）O_3$ 是液氦温区有应用价值的材料之一，其磁熵值达到 15.6 J $kg^{-1}K^{-1}$。极低温稀土制冷材料以顺磁盐材料为主，包含 GGG（$Gd_3Ga_5O_{12}$）、DGG（$Dy_3Ga_5O_{12}$）、GLF（$GdLiF_4$）等。

在国外，2021 年日本国立材料科学研究所利用磁制冷技术将氢液化效率由 25% 大幅度提高到 40%，但尚未公开相关实验参数。近年来，以美国 High Precision Devices 公司为代表生产的商业绝热去磁技术产品，逐步成为实验室中主流极低温制冷设备。

在中国，中国科学院理化技术研究所研制的复合磁制冷原理样机，实现了 2.4 K 的低温，达到进口商用制冷机最低制冷温度水平。2022 年，中国科学院理化技术研究所报道了高磁热性能的 $ErLiF_4$，其在约 1.3 K、1 T 磁场变化时最大磁熵变值高达 31.3 J $kg^{-1}K^{-1}$，有望应用到极低温绝热去磁制冷系统中。[5]

7. 稀土晶体

稀土晶体是指稀土元素可以完整占据结晶结构中某一格点的晶体，作为核心工作物质在激光技术与电离辐射探测技术中得到广泛应用。稀土是激光晶体不可缺少的激活离子，为高新科技领域提供了很多性能优越的高功率、LD 泵浦、可调谐、新波长等掺稀土离子激光晶体。稀土晶体材料主要包括稀土激光晶体和稀土闪烁晶体两大类，在国防军工、尖端科学装置、医疗、探测、安全检查等领域具有广泛应用。正电子发射计算机断层显像（PET-CT）等高端医疗诊断设备的快速发展，对以硅酸钇镥（LYSO）晶体为代表的高性能稀土闪烁晶体产生了强劲需求，约 1000 台 PET-CT 设备需要超过 30 亿元的稀土闪烁晶体。

在国外，美国、俄罗斯、日本、乌克兰、法国等国在稀土晶体生长技术、设备以及仿真计算、相图数据等方面具有极大优势，使得它们的稀土晶体在质量、尺寸、成品率等方面国际领先。

20 世纪以来，系列"中国牌"晶体的涌现使得中国人工晶体研发水平处于国际先进地位，如中国稀土激光晶体产业整体水平仅次于美国。中国在稀土晶体及器件研究领域有很多原创成果，但在稀土晶体基础科学研究方面（如稀土晶体生长理论、先进的原位微区表征技术）还很薄弱，与国外相比还存在较大的差距。

8. 稀土超导体

1986 年，柏诺兹和缪勒发现陶瓷氧化物 $LaBa_2Cu_3O_y$ 在 35 K 条件下具有超导性，这一突破性发现是稀土超导体的研究开端。

随后，中国发现 YBaCuO 稀土超导体，其超导转变温度为 92 K，首次进入液氮温区，实现了科学史上的重大突破，奠定了我国在高温超导领域的领先地位。上海交通大学在大尺寸 YBaCuO 单晶制备方面，制备出直径达 34 mm 铜氧化物超导体。中国科学技术大学获得常压下超导温度为 43 K 的 $SmFeAsO_{0.85}F_{0.15}$，突破麦克米兰极限，证明铁基超导体是继铜氧化物之后的第二类高温超导体。

二、中国高端稀土功能材料展望及产业化建议

高端稀土功能材料已成为全球新材料竞争的焦点之一。在稀土高端制造方面，我国绝大部分高端稀土材料、尖端（终端）产品仍依赖进口。近年来我国科研能力得到大幅度提升，在稀土材料领域发表论文数量与专利申请量快速上升，但关键材料缺乏原创创新，没有拥有自主知识产权的核心材料，关键核心制造技术受制于人，严重影响了稀土产业的高质量发展和国际竞争力提高。

高端稀土功能材料的研发，需要遵循"要加大科技创新工作力度，不断提高开发利用的技术水平，延伸产业链，提高附加值，实现绿色发展、可持续发展"的原则。

因此，稀土功能材料的发展，应更加注重全球化视角下的自主创新能力建设，包括掌控核心技术、学习国际先进技术，以做大做强稀土功能材料产业。建议：①从国家层面上加强稀土基础理论、量子计算和稀土材料大数据研究，设立类似于本科教育"强基计划"的专项，鼓励和支持稀土青年基础研究人才的培养；②加大稀土前沿项目的稳定支持力度，鼓励稀土研究人员敢为人先、源头创新、敢啃类似于第四代稀土永磁体的硬骨头；③加强政策引导，鼓励企业未雨绸缪、积极布局和支持下一代稀土功能材料的研发。

参考文献

[1] 朱明刚，孙旭，刘荣辉，等 . 稀土功能材料 2035 发展战略研究 [J]. 中国工程科学，2020，22（5）：37-43.

[2] 中国稀土学会 . 2016—2017 稀土科学技术学科发展报告 [M]. 北京：中国科学技术出版社，2018.

[3] 工业和信息化部原材料工业司 . 2021 年稀土功能材料生产情况 [EB/OL]. https://wap.miit.gov.cn/jgsj/ycls/gzdt/art/2022/art_c13f6b21ff144a1ba864c3a3184c0e1f.html[2022-05-28].

[4] 中国石油新闻中心 . 发挥桥梁纽带作用增强催化裂化催化剂产品竞争力 [EB/OL]. http://news.cnpc.com.cn/epaper/zgsyb/old/2021/20210401/0316182006.htm[2022-06-30].

[5] 沈俊，莫兆军，李振兴，等 . 磁制冷材料与技术的研究进展 [J]. 中国科学：物理学 力学 天文学，2021，51（6）：7-21.

3.3 Commercialization of Advanced Rare Earth Functional Materials

Liao Wuping，*Yang Xiangguang*，*You Hongpeng*
（Ganjiang Innovation Academy，Chinese Academy of Sciences）

The rare earth elements possess the unique electronic structures，which determine their excellent optical，electrical，magnetic，and thermal properties. They are essential basic elements for the construction of some high-end materials，and have played an important role in strategic emerging industries. This paper summarizes and analyzes the progress on rare earth functional materials and puts forward relevant suggestions for the development of rare earth functional materials industry of China.

3.4 海洋工程重防腐材料产业化新进展

侯保荣* 王 静
（中国科学院海洋研究所）

　　海洋是一种极具腐蚀性的环境，工程材料在高盐度、高湿度、存在多种海洋生物的环境中，再耦合海水变化的流速、温度、酸碱度等交叉因素，极易发生腐蚀损坏，严重影响材料的使用寿命，造成经济损失，甚至导致安全事故。据中国工程院重大咨询项目"我国腐蚀状况及控制战略研究"项目调查结果[1]，我国每年由腐蚀造成的经济损失超过 3 万亿元，而其中 25%～40% 的损失是可以通过运用现有的腐蚀防护知识和技术予以避免的。因此，海洋工程材料的防腐工作一直是研究人员关注的热点，行业内各大企业也争相研究产业化的防腐技术，以期延长材料和设备的使用寿命，减少损失。

　　针对海洋工程材料的防腐技术主要有通过添加合金元素提高材料本身防腐性能的技术、电化学保护技术、表面覆盖层保护技术等，其中产业化发展中应用较广泛的为

---

* 中国工程院院士。

表面覆盖层保护技术。表面覆盖层保护技术又可以划分为涂层、镀层以及包覆层等几大类。在苛刻的海洋腐蚀环境中，普通的涂、镀层很难满足长效防腐的需求，海洋重防腐材料应运而生，它比常规涂、镀层具备更好的保护性能和耐久性。目前，应用于海洋工程的重防腐材料主要有环氧玻璃鳞片涂料、聚脲涂料、热喷涂金属层及包覆层保护材料等。

一、国外海洋工程重防腐材料产业化新进展

海洋工程重防腐材料的研发具有科技含量高、研制周期长、投资大、技术难度高且风险大等特点。国外海洋工程重防腐材料研发主要集中在实力雄厚的大公司或靠政府支持的部门。以重防腐涂料为例，英国的国际油漆（International Paint）、美国的庞贝捷工业公司（PPG）、丹麦的海虹老人涂料（Hemple）、挪威的佐敦涂料（Jotun）及日本的关西涂料等大公司均有上百年的相关涂料开发历史，在涂料生产供应、质量监督、涂装规范及涂装现场管理等方面形成了一整套十分严格和严密的体系，目前这些公司的产品占据了我国海洋重防腐涂料的主要市场。

1. 环氧玻璃鳞片涂料

海洋工程材料在海洋浪溅区的腐蚀情况相较于其他区域来说，更为严重，有研究报道，材料在浪溅区的平均腐蚀速率比海水全浸区高 $3 \sim 10$ 倍[2]。另外，海浪冲刷时夹杂着泥土砂砾，要求应用于该区域的防腐涂层具有优异的防腐性能和较高的耐磨损性。环氧玻璃鳞片涂料兼具良好的防腐蚀性能及较高的硬度，被广泛应用于海洋工程设备、海上石油开采平台等领域。玻璃鳞片涂料最大的特点是涂层内含有大量极薄的鳞片状玻璃片，厚 1 mm 的涂层即有平行排列的玻璃片 130 层左右，有极好的抗蚀性能，水、氧和其他各种离子很难渗透；一些国家在钢桩与海洋平台中都采用这种性能优异的防腐涂料进行浪溅区的材料防蚀保护。

玻璃鳞片涂料最早是由美国欧文斯 - 康宁（Owens-Corning）玻璃纤维公司在 $1953 \sim 1955$ 年研制并生产的。该公司于 1956 年开始试用玻璃鳞片配制玻璃鳞片环氧涂料，用于重防腐蚀工程。而后多个国家涂料研发机构开始对其进行改性开发，研制出多种玻璃鳞片涂料，如英国国际油漆的 Interzone 505 玻璃鳞片环氧树脂漆、挪威佐敦涂料的 Chemflake Specia、丹麦海虹老人涂料的 Vinylester 35910 等。玻璃鳞片涂料也被广泛应用于海洋浪溅区钢结构的腐蚀防护领域。例如，日本的冲绳石油基地，其贮槽底板采用玻璃鳞片涂料进行防锈蚀，5 年内施工面积达 150 万 m^2。关西国际机场联络桥的钢结构，为了永久性防锈蚀的需要，采用了玻璃鳞片涂料和聚氨酯涂料，其

中使用玻璃鳞片涂料的树脂是乙烯基树脂（VE）和环氧树脂，在浪溅区涂装乙烯基酯树脂玻璃鳞片涂料和聚氨酯涂料（1000 μm），在潮水涨落区域涂装玻璃鳞片涂料（1090 μm）。

2. 聚脲涂料

聚脲涂料是近年来兴起的一种无溶剂、无污染的高性能重防腐涂料。基于聚脲的高耐候性和高致密性[3]，该涂料具有优异的机械性能（如耐磨性、防腐蚀性等），主要应用于船舶业（如船壳、码头等）、建筑工程业（如建筑立面、地坪等）、工业制造业等[4, 5]。全球聚脲涂料公司主要包括美国 PPG、美国宣伟、美国 Nukote 涂料公司、韩国 Kukdo 化工、德国 Voelkel 工业公司、芬兰泰克诺斯公司等。

美国在圣马特跨海大桥、各类舰船、海洋平台等工程中都使用了聚脲涂料。长期的工程实践应用表明，聚脲防腐涂层凭借其优良的防腐性能、耐老化性能以及耐冲刷性能，可涂刷于浪溅区钢结构表面并起到良好的防蚀作用。除此之外，目前的国际管道公司生产的管道均采用聚脲涂料作为防腐涂料，如俄罗斯西伯利亚管道、美国阿拉斯加管道、墨西哥 Majamar 气田管线等。

3. 热喷涂金属层

对于有超长服役寿命要求的海工装备，热喷涂金属层是最为常用的底层涂层。由于热喷涂锌、铝及其合金具有比钢铁低的电极电位，通常以牺牲阳极保护钢铁基体，其防腐寿命可达 15～40 年，封闭处理后可达 40～60 年。加拿大标准协会（CSA）认定，只有热喷涂的锌或铝涂层可以给予钢铁结构预期 40 年的保护寿命。英国标准协会（BSI）在 1977 年制定的钢结构防腐蚀技术标准中指出：只有热喷涂的锌或铝涂层才能保证钢铁结构在工业及海洋大气中 20 年不需维修。

4. 包覆层保护材料

包覆层保护通常是指通过在基底材料表面包覆耐蚀性能良好的金属或非金属材料，从而使基底材料与腐蚀介质隔开，以达到控制腐蚀、延长钢结构使用寿命的一种方法。目前在浪溅区经常使用的有矿脂包覆技术、包覆金属或合金护套、包覆混凝土或其他护套等。矿脂包覆技术起源于 1925 年英国发明的 Denso 矿脂带防腐系统；20 世纪 70 年代后期，日本研制出一种适用于码头、栈桥及其他外海钢结构浪溅区长期耐久的防腐方法，即复层矿脂包覆防腐蚀技术（Petrolatum Tape and Covering system，PTC），取得了满意的防腐效果。包覆合金护套通常焊接在钢结构表面，蒙乃尔合金、铜-镍合金及不锈钢材料常被用作海洋浪溅区的保护套。例如，在腐蚀环境严酷的英格兰莫克姆湾（Morecambe Bay）采气平台浪花飞溅区的长期应用结果表明，铜-镍合金护套防腐效果良好。包覆混凝土的方法起源较早，防护效果良好，至今还有很多国家使用。在浪溅区的防护有时也采用其他护套，如德国曾采用橡胶护套等。

二、国内海洋工程重防腐材料产业化新进展

国内重防腐产业发展较晚，早期国内市场基本被国外品牌占领。受国际形势影响，很多材料进口一度受限。国内科研院所和企业加紧攻关，打破国外技术垄断，研发出很多可替代进口产品的新材料。经过多年发展，我国海洋新材料国产化程度有了很大提高，部分产品完全实现了国产化。

中国科学院海洋新材料与应用技术重点实验室布局二维片层材料调控的新型重防腐涂料体系研究，先后突破了二维片层材料大规模稳定无损分散及其与树脂界面相容技术、二维片层材料与微/纳功能填料的纳米复配及协同增益技术、功能化重防腐涂料配方和配套体系优化设计、新型长寿命重防腐涂料的低表面处理技术及大规模现场涂装工艺等一系列关键技术，成功开发出系列兼具优异力学性能、长效防腐耐候和特殊功能（耐高温、耐低温、抗菌阻燃、深海耐压等）的新型重防腐涂料，通过了化工、涂料等领域权威鉴定机构的性能检测，其综合性能明显优于国际一流产品，成功应用于沿海地区国家电网、临海石油化工、海洋工程和海洋装备等重防腐领域，在国内外首次完成了从材料开发、自然环境考核、工程示范、标准制定到大规模生产和应用的石墨烯改性重防腐涂料工程化全链条的构建。[6]

中国船舶集团有限公司第七二五研究所针对传统溶剂型涂料固化速度较慢、施工周期较长、施工环境条件的控制严格、施工质量难以保证等工程难题，研发了序列化的无溶剂重防腐涂料。其中，无溶剂快速固化长效防腐蚀涂料 725-KG-14，实干时间小于 6 h，具有 15a 防护寿命，可应用于中型和大型船舶内舱，能缩短防腐涂料涂装时间，避免内舱腐蚀，保障船舶安全性，延长坞修间隔，节约维修时间和成本。该所开发的无溶剂低表面处理重防腐蚀涂料 725-HF-018，是一种可在表面处理后仍带有不同程度的锈蚀物的高性能涂料，当船舶表面处于高度潮湿及带油（油舱维修时）的状态时可在这种低处理表面上直接进行涂装。该涂料不但减轻了表面处理的压力，避免了预处理对环境造成的污染，而且大大节约了维修费用，可应用于船舶内舱积水严重部位；结合阴极保护技术，对舱室积水部位腐蚀进行综合治理，对提高船舶服役性能具有重要的作用。

中国科学院宁波材料技术与工程研究所和浙江科鑫重工有限公司、宁波科鑫腐蚀

控制工程有限公司等单位开展技术合作，先后突破支链固化剂与改性环氧树脂双增韧、有机/无机纤维复合增强、纤维/陶瓷颗粒/片层材料协同增强、水下湿固化以及光固化涂层修复等关键技术，采用玻璃纤维、玄武岩纤维、芳纶纤维、超高分子量聚乙烯纤维等纤维材料，成功研发出新型高性能长寿命有机/无机纤维复合增强新一代海洋重防腐材料体系。联合研制的纤维增强复合涂层材料拥有比强度高、抗腐蚀性和耐久性好、热膨胀系数与混凝土相近等优点，可有效破解海洋工程用钢管桩在水位变动区抗冲耐磨耐划伤效果差、维护间隔时间短、维修成本高、主体结构不稳等技术瓶颈，满足现代海洋工程结构向大跨、高耸、重载、轻质、高强方向发展以及在恶劣工况条件下工作的发展需求。目前，该研究成果已成功应用于宁波舟山港主通道项目、国内海上风电建设等海洋工程。[7]

中国科学院海洋研究所多年来致力于包覆防腐技术的研发与产业化，通过引进吸收再创新，开发出适用于海洋钢结构浪花飞溅区的 PTC 以及适用于大气区异型钢结构的氧化聚合型包覆防腐蚀技术（OTC），填补了国内空白。其中 PTC 攻克了水下施工和带锈施工的工程难题，大大提高了施工效率和质量。OTC 突破了锈层自修复关键技术，可转化铁锈并抑制阳极反应，达到防锈、除锈双重效果；改性绿色自聚合型乳剂，实现界面氧化自聚合，形成致密封闭的保护层，实现耐水、耐盐雾以及耐老化功能提升。这两项技术已经成功应用于中国文昌航天发射场、天眼 FAST、中广核嵊泗海上风电等项目。

三、海洋工程重防腐材料产业化发展趋势及未来展望

近年来，国家高度重视海洋新材料产业发展，先后出台多项有关海洋新材料产业发展的政策，海洋新材料产业发展政策环境持续向好。《中华人民共和国国民经济和社会发展第十四个五年规划和 2035 年远景目标纲要》提出坚持陆海统筹，发展海洋经济，建设海洋强国，其中必须解决的就是海洋工程材料的腐蚀问题。《中共中央 国务院关于完整准确全面贯彻新发展理念做好碳达峰碳中和工作的意见》指出："把节约能源资源放在首位，实行全面节约战略，持续降低单位产出能源资源消耗和碳排放……"海洋工程重防腐材料产业化发展对实现"双碳"目标的进程也有重大的战略意义。

未来在"海洋强国"战略的部署下，我国海洋工程重防腐材料发展和产业化应围绕绿色、环保、高效、低耗、美观、长效等发展要求，适应高固体化、无溶剂化（包括粉末涂料化）或弱溶剂化、水性化、无重金属化、高性能化、多功能化、低表面处理化、长效化及智能化等重防腐材料产业发展的国际趋势。我国海洋工程重防腐材料

发展和产业化主要趋势如下。

1. 水性

随着公众对环境保护要求的日益迫切和严格，开发低能耗、低污染、高性能的水性重防腐涂料已成为当前的研究热点之一，已开发出水性环氧、水性氟碳、水性聚氨酯涂料。然而，水性重防腐涂料仍然容易发生闪速腐蚀，其耐水性和力学性能相对较差，需要进一步改进。

2. 无溶剂

无溶剂涂料又称活性溶剂涂料，固体含量一般在95%以上，配方体系中的所有组分除很少量挥发外，都参与反应固化成膜，具有强度大、固体含量高、防蚀性能好、施工工序简单、无环境污染等众多优点。无溶剂涂料主要有无溶剂环氧涂料、无溶剂聚脲和聚氨酯涂料等。

3. 低表面处理

低表面处理涂料不但可以减轻表面处理的压力，避免预处理对环境造成的污染，而且可节约大量维修费用。

4. 多功能

重防腐涂料单一的功能已不能满足现代涂料工业的巨大需求，重防腐涂料的功能多样化势在必行。需要在单一功能的重防腐涂料基础上，逐渐开发出复合陶瓷高温防腐涂料、导电聚苯胺防腐涂料、自愈防腐涂料、纳米复合粉末锌涂料等多功能防腐涂料。

四、我国海洋工程重防腐材料产业化发展政策建议

目前我国海洋工程重防腐材料开发及应用与国际先进水平尚存在一定差距，企业自主创新研发能力、应用技术研究相对薄弱，且科技成果转化率较低。未来我国海洋工程重防腐材料产业仍需在基础研究、人才培养、技术规范、质量监管、创新能力提升、扶持政策制定等多方面进行升级。建议在以下方面进行加强。

1. 设立国家科技重大专项

围绕我国海洋工程基础设施和装备腐蚀防护重大科技问题及重大工程需求，设立

国家科技重大专项，力争用 5～10 年时间突破海洋工程重防腐材料领域核心技术、关键共性技术和专用防护技术，重点关注长寿命、低表面处理、高固含、无溶剂、水性化、无毒等方向重防腐材料的开发。

2. 加强专业人才培养

市场竞争归根到底是人才的竞争，与国外同类企业相比较，我国企业最薄弱的环节就在于此。国内培养金属防腐蚀专业人才的院校屈指可数，不能满足行业需求，需扩大防腐专业人才培养规模。同时要注重施工人员，检验、检测人员等专业技术人员的培养。建议开展系统的社会和内部专业教育培训，实行持证上岗等制度，切实提高专业技术人员素质，保障防腐工程质量。

3. 建立健全海洋工程腐蚀技术标准及工程质量监管体系

现行海洋工程腐蚀标准往往集中于单一专业或单一阶段，只关注具体和单一的方面，以及具体的技术、专业材料、检测和检验方法等，以特定方面技术及措施为主要方向的标准及管理不能很好地相互协调，出现脱节，达不到腐蚀控制要求。应当在海洋工程设计、选材、建设、运行维护等各阶段，以全生命周期为依据，进一步健全和强化腐蚀防护技术标准和工程质量监管体系。

参考文献

[1] 侯保荣，路东柱. 我国腐蚀成本及其防控策略 [J]. 中国科学院院刊，2018，33（6）：601-607.

[2] 张贤慧，方大庆，高波，等. 海洋钢结构用环氧玻璃鳞片涂料的开发 [J]. 材料开发与应用，2015，30（1）：15-19.

[3] 张文毓. 聚脲涂料的研究与应用 [J]. 上海涂料，2020，58（1）：34-39.

[4] 李桂群，侯瑞，胡国祥，等. 聚脲涂料发展及其应用 [J]. 工程塑料应用，2019，47（9）：163-168.

[5] 孟昭辉，李姐，石佳，等. 高固体聚脲涂料的应用研究 [J]. 天津科技，2022，49（7）：52-59.

[6] 王素婷. 宁波材料所新型海洋重防腐涂料应用于"一带一路"海外重大工程 [J]. 橡塑技术与装备，2020，（10）：36.

[7] 江耘. 增强海工结构耐久性 他们为钢管桩设计新型"防护衣"[EB/OL]. http://www.stdaily.com/index/kejixinwen/2021-01/26/content_1074349.shtml [2022-05-06].

3.4 Commercialization of Ocean Engineering Heavy Anti-corrosive Materials

Hou Baorong, *Wang Jing*
（The Institute of Oceanology, Chinese Academy of Sciences）

In order to develop the marine economy better and utilise marine resources, we must solve the corrosion of marine materials. Corrosion of marine materials will not only cause economic losses, waste of resources, but also cause catastrophic accidents. The research and development of heavy anti-corrosive materials for marine engineering is important measures to ensure the service safety of marine equipment. Under the guidance of the country's strategic goals of "marine powerful nation strategy" and "carbon peaking and carbon neutrality", the heavy anti-corrosive material industry is developing in the direction of sustainable, environmentally friendly and low energy consumption. This paper mainly introduces the new progress and development trend of the industrialisation of heavy anti-corrosive materials at home and abroad. In the future, we will certainly promote the localisation of high-end and efficient marine engineering heavy anti-corrosive materials, and are bound to build a new pattern of the market of marine engineering anti-corrosive materials at home and abroad.

3.5 煤炭间接液化产业化新进展

相宏伟[1,2] 杨 勇[1,2] 李永旺[1,2]

（1. 中国科学院山西煤炭化学研究所；2. 中科合成油技术股份有限公司）

我国富煤缺油少气，2021 年石油和天然气对外依存度分别高达 72.2% 和 46%，油气尤其是石油的供给安全是关系到国家经济社会发展的全局性、战略性问题[1]。2018 年以来，国内外连续受到中美贸易竞争、新冠病毒肆虐、俄乌冲突及美欧对俄贸易制裁等重大变局的影响，国际油气供给渠道越来越不安稳，石油和天然气价格大跌大起、震荡不已，2022 年初俄乌冲突爆发以来，国际布伦特原油油价已暴涨至 123 美元 / 桶（2022 年 6 月 8 日），为 2020 年全年均价 43 美元 / 桶的近三倍，逼近 2008 年历史最高点（150 美元 / 桶）[2]。

我国作为全球最大的石油和天然气进口国，如何保障国家能源独立和能源安全，把能源的命脉紧紧地握在自己手中，是我国在可持续发展道路上所要面对的重大难题。预计在新能源发展还不足以替代传统能源的近中期内（2040 年以前），我国可能会面对严峻的油气供应紧张的局势。

煤炭是我国最为可靠的基础能源，从油品战略储备和应急能力建设考虑，将资源丰富、价格相对低廉的煤炭大规模高效地转化为高品质清洁油品和人工天然气，发展大型煤间接液化工业技术，形成规模化、标准化、模块化、系列化的可复制的煤间接液化成套技术，在全国布局建设若干千万吨级煤制油气基地，对解决我国石油资源短缺，降低对外依存度，应对国际封锁，提升国家能源安全保障能力具有重大的战略和现实意义。

煤炭间接液化是我国最为主要的煤制油技术之一，该技术先将煤气化为合成气，合成气再在催化剂作用下经费托合成反应生产出液态烃、蜡、气态烃等中间产品，这些中间产品再经加氢精制、加氢裂解、催化裂化等技术加工后就可生产出柴油、汽油、航煤、润滑油、石脑油、液化天然气（LNG）/ 液化石油气（LPG）、费托蜡及精细化学品等一系列的产品。至 2021 年底，我国已在宁夏、内蒙古、山西、陕西等四地成功运行了 4 个百万吨级的煤炭间接液化商业示范装置，其中国家能源集团宁夏煤业有限责任公司（简称国家能源宁煤）400 万 t/a 装置是世界上单体规模最大的煤制油装置。目前我国煤制油总产能已达到近 1000 万 t/a，我国大型煤制油工业技术与装置规模已处于国际领先水平。

一、国外煤炭间接液化产业化新进展

自 1923 年德国科学家费歇尔（Fischer）和托普斯（Tropsch）发现合成气可在催化剂作用下生成液体燃料烃的费托合成反应以来，以煤为原料经费托合成生产液体燃料的煤炭间接液化（Indirect Coal-to-Liquid，Indirect CTL）技术已经经历了将近 100 年的发展历程。原则上可以生产合成气的含碳资源（如煤、天然气、生物质、有机垃圾等）均可经费托合成路线生产液体燃料，据此，科学家又发展出天然气制油（Gas-to-Liquid，GTL）和生物质制油（Biomass-to-Liquid，BTL）技术。截至 2022 年底，国际上主要有南非萨索尔（Sasol）公司和荷兰皇家壳牌集团（Royal Dutch/Shell Group of Companies）掌握费托合成油工业技术，以及丹麦 Topsoe 公司掌握合成气经二甲醚生产油品的 TIGAS 合成油工业技术。

南非 Sasol 公司立足于该国以煤为主的能源资源现实，自 20 世纪 50 年代开始发展煤间接液化技术，经历 70 多年的发展，先后建成 3 个合成油厂（1955 年 I 厂，20 世纪 80 年代 II 厂和 III 厂），2004 年后逐渐由以煤为原料改为部分以天然气为原料。1992 年南非 Mossgas 公司使用 Sasol 公司的高温熔铁固定流化床合成油技术以海上天然气为原料，建成投产了一套 135 万 t/a 的 GTL 装置。南非年生产合成油品和化学品 800 多万 t，其中油品 600 多万 t，产品包括汽油、柴油、蜡、乙烯、丙烯、聚合物、氨、醇、醛、酮等 100 多种。南非 Sasol 公司掌握的商业化技术主要有：低温铁基固定床合成技术（230～250℃）、高温熔铁固定流化床合成技术（300～340℃）、低温铁基浆态床合成技术（200～250℃）和低温钴基浆态床合成技术（180～220℃）。其中技术先进成熟的是高温熔铁固定流化床合成技术和低温钴基浆态床合成技术；低温铁基浆态床合成技术运行的规模较小，仅有 1995 年建成运行的一套 12 万 t/a 的装置。2000 年后南非 Sasol 公司主要致力于开发低温钴基浆态床合成技术并用于 GTL 项目，2006 年和 2013 年在卡塔尔和尼日利亚先后建成投产了各一套 140 万 t/a 的 GTL 装置。2017 年乌兹别克斯坦采用 Sasol 公司的低温钴基浆态床费托合成技术和丹麦 Topsoe 公司的天然气制合成气技术，开始在该国卡什卡达里亚州古扎尔区建设一套 150 万 t/a 的 GTL 装置，该项目总投资约 37 亿美元，年转化天然气约 36 亿 m³，生产柴油 74.35 万 t、航空煤油 31.10 万 t、石脑油 43.11 万 t 和液化气 2.09 万 t，2022 年 3 月该装置建成投产运营，2022 年底达到满负荷运行[3]。

荷兰皇家壳牌集团采用低温钴基固定床费托合成技术（180～220℃）于 1993 年在马来西亚建成投产了一套天然气制中间馏分油的 50 万 t/a 装置，后扩建到 75 万 t/a，2011 年在卡塔尔建成投产了一套 550 万 t/a 的 GTL 装置（亦称为 Pearl GTL），这也是世界上最大的 GTL 装置，该装置 2012 年达到满负荷运行。2014 年，荷兰皇家壳牌集团的低温钴基固定床费托合成技术得到了进一步的改进，形成了称为 GTL PurePlus 的升级版本的 GTL 技术，并首次采用该技术从天然气中生产出清洁的基础油[4]。丹麦 Topsoe 公司早在 20 世纪 80 年代初就提出了将合成气制甲醇/二甲醚与甲醇/二甲醚重整制汽油相结合的一体化合成汽油工艺（TIGAS 工艺），1986 年完成了 8 桶/日的中试验证试验，但该工艺一直没实现工业化，直到 2014 年 Topsoe 公司对 TIGAS 工艺进行了改进，并开始采用该技术在土库曼斯坦阿哈尔州建设世界上第一个以天然气为原料合成汽油的 GTL 厂，即土库曼斯坦奥丹杰佩气制油厂；该厂工程总投资约 17 亿美元，每年可转化天然气 17.85 亿 m³，年产 60 万 t 符合欧 V 标准的 RON-92 汽油、1.2 万 t 柴油和 11.5 万 t LNG，2019 年 6 月该厂建成投产运行[5]。

荷兰皇家壳牌集团和 Topsoe 公司至今未将合成油技术推广应用到煤制油领域。

因在近 10 年内我国煤炭间接液化技术快速发展并且自主掌握了大型合成油工业技术，Sasol 公司已退出中国煤制油市场的竞争。目前国际上煤炭较为丰富但缺油的国家（如中国、印度、印度尼西亚、澳大利亚等）具有发展煤制油的技术市场与潜力，而中东、东南亚、非洲、西亚等天然气产地拥有较为廉价的天然气资源，具有发展 GTL 的技术市场与潜力。

目前国际上由生物质气化经费托合成生产液体燃料的技术还不成熟，无商业运行装置，主要原因是生物质收集较为分散，能量密度较低，技术经济性不强，制约了这项技术的规模化发展。

二、国内煤炭间接液化产业化新进展

我国作为富煤缺油少气的国家，在发展建设的历史进程中时常出现缺油或油品进口的危机，开发煤制油技术就成为战略和现实的选择出路之一。早在 20 世纪 20 年代末期，我国就开始探索开发煤制油技术，迄今已有 90 多年的历史。近 20 年内，我国煤制油技术取得突飞猛进的重大进展，形成了成熟的高温浆态床煤间接液化合成油技术（260~290℃）和低温浆态床煤间接液化合成油技术（230~250℃），加上低温钴基固定床煤间接液化合成油技术和煤直接液化技术，总计煤制油产能达到将近 1000 万 t/a，初步建成了配套完善的煤制油工业体系，具备了大规模、可复制的应急生产能力。

中国科学院山西煤炭化学研究所及其转化平台中科合成油技术股份有限公司（简称中科院山西煤化所/中科合成油）李永旺团队开发的高温浆态床煤间接液化合成油技术是目前我国煤制油领域应用的主流先进技术之一[6]；采用该技术 2016 年建成投产了全球单体规模最大的国家能源宁煤 400 万 t/a 煤间接液化装置，2017 年建成投产了内蒙古伊泰化工有限责任公司杭锦旗项目（简称内蒙古伊泰杭锦旗）120 万 t/a 煤制精细化学品装置和山西潞安煤基合成油有限公司（简称山西潞安）100 万 t/a 煤间接液化装置，这 3 个百万吨级煤炭间接液化装置经历了 2016~2022 年国际油价的暴跌暴涨的考验，一直连续稳定运行，工艺技术日臻完善，2021 年全年国家能源宁煤装置运行负荷达到 100%~105%，内蒙古伊泰杭锦旗装置运行负荷达到 110%，山西潞安装置运行负荷达到 90%~100%，证明我国已完全掌握了成熟可靠、先进高效的百万吨级煤炭间接液化工业技术。

以国家能源宁煤 400 万 t/a 煤间接液化装置为例，该项目设计年转化煤炭 2036 万 t，其中原料煤 1645 万 t、燃料煤 391 万 t，年产合成油品 405.2 万 t（调和柴油 273.3 万 t、石脑油 98.3 万 t、液化石油气 33.6 万 t）。该装置 2016 年底投产，2017 年底通过全系统满负荷运行测试，2019 年全年运行负荷达到 90%，2021 年全年运行负荷达到 100%～105%，日产最高达到 1.21 万 t。运行数据表明[7]：吨油品原料煤耗 2.77 tce，水耗 5.72 t，优于国家先进值；单位产品综合能耗 2.00 tce，能源转化效率 43.57%，优于国家基准值；CO 总转化率达到 97%，有效气总转化率达到 92%，CH_4 选择性 <3 wt%，C3+ 选择性 >96 wt%，CO_2 选择性＜ 16 mol%，主要产品柴油具有超低硫（≤ 0.5 ppm）、低芳烃（＜ 0.1 wt%）、高十六烷值（≥ 70）特点，是优质的合成油品。与国外同类技术对比，在各类消耗、能效和产油能力上具有明显优势。

近年来，为进一步提高煤炭间接液化合成油装置的整体能量利用效率，增强技术经济竞争力，延伸煤炭间接液化下游产品加工链，降低生产过程中的 CO_2 排放量和单位产品 CO_2 排放强度，煤炭间接液化技术正在向大型化、综合集约化、多元化的油品与高附加值精细化学品产品生产的方向发展。

国家能源宁煤、内蒙古伊泰、山西潞安等均对重质蜡深加工生产出了 85#、90#、95#、100#、105# 等不同牌号的费托蜡产品[8]；山西潞安已建成投产了一套采用费托重质烃加氢异构制润滑油的 60 万 t/a 装置，生产出太行牌车用Ⅲ+高端润滑油产品[9]；内蒙古伊泰建成投产了一套 50 万 t/a 费托烷烃精细分离装置，生产出了正构烷烃混合溶剂、异构烷烃混合溶剂、正己烷、正庚烷、轻质白油、工业白油等产品[10]；内蒙古伊泰正在新疆建设 10 万 t/a 的费托中间产品深加工项目，计划以费托中间产品 C10-C17 烯烃和芳烃（苯）为主要原料生产表面活性剂、溶剂油、长链醇等产品。

在首期百万吨级工业应用的基础上，结合煤制油的市场和国家战略需求，中科合成油团队开发出了费托重烃的流化裂化芳构化（Fluid Cracking Aromatization，FCA）生产超清洁汽油新技术[11, 12]，该技术已完成了 4000 t/a 中试试验，结合开发的费托柴油加工和焦油加工生产煤基柴油和航油技术、费托轻烃的裂解制烯烃（Fluid Cracking Olefin，FCO）和超清洁汽油技术以及 C4 高端化学品加工技术等，形成了煤间接液化合成油的汽油－柴油 -LNG- 化学品多元产品联产方案（图 1）[13]。2020 年中科合成油技术股份有限公司联合陕西延长石油（集团）有限责任公司、陕西榆林能源集团有限公司等在陕西榆林煤化工基地启动了 500 万 t/a 油品联产 100 万 t/a LNG 的煤炭间接液化综合一体化升级示范项目的规划与建设。该项目既可生产汽油、柴油、3# 喷气燃料、煤基特种油品、LNG、LPG 等，也可延伸生产聚烯烃、EVA、BDO、PO、NMP、DMC 及 PPC 等系列的高端化学品和新材料，还可在国家急需时将煤制油品－高端化学品联产模式灵活切换到以油品生产最大化为目的的煤制油品模式，做到平战结合；估测总投资约 1000 亿元，年转化煤炭约 3000 万 t，综合能耗吨产品降至 1.52 tce 左右，水耗吨产品降至 4.00 t 左右，单位产品总煤耗降至 3.04 tce 左右，整体能效将提升到

49%～51%，单位产品 CO_2 排放量下降至 5.52 t 左右，相比已运行的百万吨级煤间接液化装置，CO_2 排放将进一步降低 20% 左右。

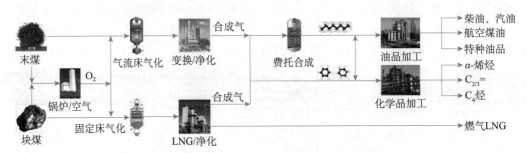

图 1　500 万 t/a 油品联产 100 万 t/a LNG 的煤间接液化综合一体化工艺流程

我国褐煤、烟煤等低阶煤储量占全国煤炭资源储量的 57.38%，这部分煤资源煤化程度较低，H/C 比较高，含水量大，热值低，灰分高，不宜直接燃烧，不便远距离运输，使用不当易造成严重的环境污染，目前还较难有效利用。针对低阶煤的利用问题，中科院山西煤化所 / 中科合成油李永旺团队提出了一种兼具煤直接液化和间接液化技术优点的煤分级液化新工艺[14-16]。煤分级液化是先将煤在较温和条件（4.0～6.0 MPa、400～440℃）下部分加氢液化，获取一部分液化油；液化残渣经气化后制得合成气，合成气再经费托合成制取合成油；液化油与合成油经联合油品加工后即可生产出高品质柴油、汽油等产品。煤分级液化工艺的技术优势体现在：①温和加氢液化与传统直接液化技术的工艺流程相近，但操作压力由直接液化的 18～20 MPa 大幅度降至 4.0～6.0 MPa，工程化难度大幅降低，设备投资低，操作更安全；②通过耦合残渣焦化 - 气化、费托合成等技术，形成液化残渣高效利用方案，可进一步降低过程原料消耗，提高系统能量转化效率；③获取的温和加氢液化油和费托合成油，其化学组成和理化性质具有很强的互补性，适于生产超清洁、高品质的汽柴油产品；④分级液化以低阶煤为主要原料，有利于解决我国低阶煤储量丰富但难以有效利用的难题。2019 年该团队在投煤量为 1 万 t/a 的煤温和加氢中试装置上以新疆哈密煤为原料实现了连续稳定的试验运行，利用研制的性能优异的高分散型铁基催化剂，在 4.0～6.0 MPa、400～440℃的温和加氢条件下，使煤转化率达到 88.5 wt%，蒸馏油收率达到 42.1 wt%，循环加氢溶剂油实现过程自平衡。2020～2021 年，该团队结合液化残渣气化和先进的高温浆态床费托合成工艺技术，形成了新疆哈密煤 200 万 t/a 分级液化技术方案（图 2）。推算该技术整体能效可达到 53%～55%，显示出明显的技术优势，目前正在积极推进该技术在新疆等地的推广应用。

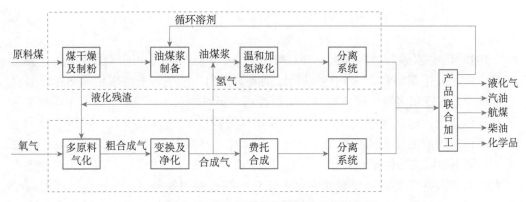

图 2　200 万 t/a 煤炭分级液化工艺流程

　　煤制油生产过程中会排放出大量的温室气体 CO_2，是煤化工碳排放的主要来源之一。2020 年，我国政府提出 CO_2 排放力争在 2030 年前达到峰值，努力争取 2060 年前实现碳中和的"双碳"目标。目前我国科研单位和企业正在积极探索将绿电绿氢、碳捕集与封存（Carbon Capture and Storage，CCS）、碳捕集、利用与封存（Carbon Capture，Utilization and Storage，CCUS）以及碳资源化利用等技术与煤制油工艺相耦合，以实现煤制油生产过程的低碳化发展[17]。2021 年，宁夏宝丰能源集团股份有限公司建成投产了全球单厂规模最大、单台产能最大的太阳能电解制氢示范装置，该装置包括 200 MW 光伏发电装置和 30 台产能 1000 m^3/h 的碱性水电解槽制氢装置，年产绿氢 2.4 亿 m^3、绿氧 1.2 亿 m^3，为煤化工项目提供绿氢绿氧[18, 19]。内蒙古伊泰杭锦旗 120 万 t/a 煤制精细化学品装置配有光伏供电装置，用绿电代替一部分煤电，来减少一部分 CO_2 的排放。2020 年，内蒙古伊泰公司在该装置上以净化单元排放的 CO_2 为原料气，采用天津大学与中科合成油工程公司联合研发的电解还原 CO_2 和水制合成气技术，建成运行了一套年处理 30 t CO_2，可生产 4.5 万 m^3 合成气并副产 2.25 万 m^3 氧气的中试装置，生产的合成气 H_2/CO 比为 0.52，直流电耗为 6.69 kW·h/m^3，累计稳定运行了 1900 h，生产的合成气可重新进入合成油系统，从而实现 CO_2 减排的目的[20]。2021 年，陕西延长石油（集团）有限责任公司 CCUS 的示范规模达到 15 万 t/a，计划建设百吨级的 CCUS 项目[21]。2021 年 7 月，我国首个百万吨级 CCUS 项目启动建设，即齐鲁石化—胜利油田 CCUS 项目，由齐鲁石化捕集 CO_2 运送至胜利油田进行驱油封存[22]。2021 年 10 月，陕西榆林城投佰盛化学科技公司以煤化工排气排放物为原料的 100 万 t/a 液体 CO_2 捕集项目启动建设[23]。上述碳减排技术项目的实践与探索将有益于煤炭间接液化技术的低碳化发展。

三、我国煤炭间接液化产业化趋势与建议

2020 年，"双碳"目标提出。2021 年 3 月，《中华人民共和国国民经济和社会发展第十四个五年规划和 2035 年远景目标纲要》提出，油气核心需求依靠自保，要稳妥推进内蒙古鄂尔多斯、陕西榆林、山西晋北、新疆准东、新疆哈密等五个煤制油气战略基地建设，建立煤制油气产能储备和技术储备[24]。2021 年 9 月，习近平总书记在陕西视察国家能源集团榆林化工有限公司煤化工项目时强调，"能源产业要继续发展，否则不足以支撑国家现代化，能源的饭碗必须端在自己手里"；"煤化工产业潜力巨大、大有前途，要提高煤炭作为化工原料的综合利用效能，促进煤化工产业高端化、多元化、低碳化发展，把加强科技创新作为最紧迫任务，加快关键核心技术攻关，积极发展煤基特种燃料、煤基生物可降解材料等"；"在推动能源清洁低碳安全高效利用中，提升能源安全保障能力"[25]。

我国在"十三五"期间已经掌握了成熟可靠的百万吨级煤炭间接液化工业技术，初步在内蒙古鄂尔多斯、宁夏宁东、山西长治潞安、陕西榆林等地建成了约 1000 万 t 的煤制油产能规模，但替代进口石油能力仍然有限。面对国家对油气的重大核心需求，近中期要着力发展高质量、低碳化煤制油气产业，布局建设千万吨级煤制油气战略基地，具备在应急状况下相当规模的煤制油气产能储备与释放能力，起到保障国家能源供给安全的核心关键作用。为此，对我国近中期煤炭间接液化合成油技术产业化发展提出以下对策和建议。

（1）稳定推进内蒙古鄂尔多斯、陕西榆林、山西晋北、新疆准东、新疆哈密这五大煤制油气战略基地的建设，尤其是及早部署新疆煤制油气基地的建设，争取在 2030 年左右建成具备替代进口石油 10%～20% 的煤制油规模能力，即达到年产 0.5 亿～1 亿 t 煤制油的规模，形成国家煤制油气核心需求的快速解决方案。

（2）开发大型集成的、标准化的、模块化的、可复制的 500 万 t 级、1000 万 t 级系列煤炭间接液化合成油成套工艺技术与大型装备技术，进一步提升煤炭间接液化合成油系统能量利用效率，降低煤耗、水耗、污染物和 CO_2 排放指标。

（3）开发系列费托合成和多元油品、高值化学品生产的高效催化剂技术，形成柴油-汽油-航煤-润滑油-LNG/LPG-精细化学品-煤基材料综合一体化生产的煤制油技术，产品种类可以灵活切换调整，国家急需时以油为主，平时油化兼顾联产，以获得更好的技术经济性，保障煤制油装置运行的可持续性。

（4）针对我国储量大且难以高效利用的褐煤和烟煤，积极推动低阶煤分级液化合成油技术的示范应用，形成更为先进的清洁、高效、低碳化的新一代煤制油技术。

（5）探索煤炭间接液化合成油技术与绿电绿氢、CCS/CCUS 以及 CO_2 资源化利用

等碳减排技术相耦合的煤制油低碳化工艺，深度减少煤制油生产过程中的 CO_2 排放，以便在碳中和目标的约束下煤制油技术未来能够得到进一步的可持续发展。

参考文献

[1] 人民资讯网.中国石油集团经济技术研究院发布年度《国内外油气行业发展报告》[EB/OL]. https://baijiahao.baidu.com/s?id=1730163305824111740&wfr=spider&for=pc[2022-04-15].

[2] 中国新闻网.供给趋紧国际油价突破 120 美元历史新高可期 [EB/OL]. https://www.chinanews. com.cn/cj/2022/06-10/9776381.shtml[2022-06-10].

[3] 中国能源网.乌兹别克斯坦首个天然气液化工厂投产 [EB/OL]. http://www.cnenergynews.cn/ zhiku/2022/01/12/detail_20220112115603.html[2022-01-12].

[4] 钱伯章.壳牌公司从天然气生产出发动机油用基础油 [J].石油炼制与化工，2014，45（6）：67.

[5] 中国石化新闻网.全球第一家天然气制油厂在土库曼斯坦投产 [EB/OL]. http://www.sinopecnews. com.cn/news/content/2019-07-01/content_1754928.htm[2019-07-01].

[6] Yang Y, Xu J, Liu Z Y, et al. Progress in coal chemical technologies of China[J]. Reviews in Chemical Engineering, 2020, 36（1）: 21-66.

[7] 郭中山，王峰，杨占奇，等.400 万 t/a 煤基费托合成装置运行和优化 [J].煤炭学报，2020，45（4）：1259-1266.

[8] 杨加义，王峰.400×10^4 t/a 煤炭间接液化项目产品结构调整优化 [J].石油化工应用，2020，39（4）：91-95.

[9] 付鹏兵，李俊，张理慧，等.煤基异构脱蜡合成高端Ⅲ+基础油技术产业化 [J].山西化工，2022，42（1）：79-80.

[10] 搜狐网.伊泰宁能费托烷烃精细分离项目打通全流程一次试车成功 [EB/OL]. https://www.sohu. com/a/345605517_99896823[2019-10-08].

[11] 郝坤，陶智超，徐智，等.一种由费托合成油相产品制汽油调和组分的方法：中国，201910150259.7[P].2019.

[12] 侯瑞峰，郝坤，杨德祥，等.一种从费托合成油品生产高辛烷值汽油的方法和装置：中国，20201115765.2[P].2020.

[13] 陈林峰，董根全，郝栩，等.一种利用双头气化得到煤基合成油并联产 LNG 的方法和系统：中国，202011436854.6[P].2020.

[14] 杨勇，郭强，李永旺.煤温和加氢热解制备液体烃的方法：中国，201610207796.7[P].2016.

[15] 廉鹏飞，郝海刚，郭强，等.一种煤加氢热解供氢溶剂油的制备方法、由此制备的供氢溶剂油及其用途：中国，201710112429.3[P].2017.

[16] Hou P, Zhou Y, Guo W, et al. Rational design of hydrogen-donor solvents for direct coal

liquefaction[J]. Energy & Fuels, 2018, 32（4）：4715-4723.

[17] 相宏伟, 杨勇, 李永旺. 碳中和目标下的煤化工变革与发展 [J]. 化工进展, 2022, 41（3）：1399-1408.

[18] 宝丰能源. 宝丰太阳能电解水制氢综合示范项目正式投产 [J]. 石油化工应用, 2021, 40（5）：1243.

[19] 网易网. 全球单厂规模最大电解水制氢项目：全部达产后年减排 66 万吨 [EB/OL]. https://www.163.com/dy/article/GP6R12II0514R9P4.html[2021-11-19].

[20] 碳能科技（北京）有限公司. 二氧化碳电解制合成气中试项目顺利通过现场考核 [EB/OL]. https://www.sohu.com/a/434528697_99896823[2020-11-26].

[21] 孙波, 刘书云, 雷肖宵. 中国发展降碳技术展示降碳决心 [EB/OL]. https://xw.qq.com/cmsid/20210905A04XAV00[2021-09-05].

[22] 中石化. 中石化宣布：我国最大"碳捕"项目启动! [J]. 化工时刊, 2021, 35（7）：34.

[23] 搜狐网. 100 万吨液体二氧化碳捕集利用项目签约 [EB/OL]. https://www.sohu.com/a/495856336_121123885[2021-10-18].

[24] 中华人民共和国中央人民政府. 中华人民共和国国民经济和社会发展第十四个五年规划和 2035 年远景目标纲要 [EB/OL]. http://www.xinhuanet.com/2021-03/13/c_1127205564_16.htm[2021-03-13].

[25] 安蓓. 总书记三次考察能源企业释放明确信号 [EB/OL]. http://www.news.cn/politics/leaders/2022-01/29/c_1128312347.htm[2022-01-29].

3.5 Commercialization of Indirect Coal-to-Liquid Technology

Xiang Hongwei[1,2], *Yang Yong*[1,2], *Li Yongwang*[1,2]

（1. Institute of Coal Chemistry, Chinese Academy of Sciences;
2. Synfuels China Company Limited）

Indirect Coal-to-Liquid technology is one of the important practical paths to solve the problem of oil shortage and realize the clean, efficient and low-carbon utilization of coal in China. This paper introduces recent development and industrialization of Indirect Coal-to-Liquid technology for the production of oils, analyzes the current situation of Indirect Coal-to-Liquid technology being developed and the main technical breakthrough direction, and looks forward to the future development prospect and scale of coal indirect liquefaction technology in China.

3.6 煤制烯烃技术产业化新进展

沈江汉 [1,2] 叶 茂 [1] 刘中民 [1*]

（1.中国科学院大连化学物理研究所低碳催化技术国家工程研究中心；
2.新兴能源科技有限公司）

　　我国是全球最大的能源生产国和消费国，充足稳定的能源供应仍然是经济高质量发展的必要条件。"富煤、贫油、少气"的能源资源禀赋和现有的能源基础设施决定了我国以化石能源，特别是以煤为主的能源结构还需持续较长一段时间。在"双碳"目标大背景下，煤化工要发挥能源安全保障作用，走清洁低碳高效之路，注重基础化学品和产业链延伸，实现与石油化工的协调发展，共同构建我国稳固的化学工业基础。

　　煤制烯烃是煤化工的重要技术方向，主要包括煤制甲醇和甲醇制烯烃两个反应步骤，其中煤制甲醇已经是成熟的工业技术，甲醇制烯烃是与目标产品关系更为密切、决定煤制烯烃整体技术经济水平的关键步骤。煤制烯烃自 2010 年实现首次工业化之后，技术和产业不断发展进步，近期又取得了显著进展。关于煤化工的发展层次、重要性及煤制烯烃的前期进展等已有专门论述并在《2018 高技术发展报告》中有所阐述[1,2]。欧美等地区和国家的资源特点决定其煤炭开采和转化的政策与我国存在较大不同。国外主要以天然气为原料生产甲醇，迄今没有煤或天然气经甲醇制烯烃的商业工厂。下面将主要阐述中国煤制烯烃产业化进展。

一、我国煤制烯烃产业的发展潜力

　　煤制烯烃行业在中国有着广阔的市场需求和发展空间。根据 2021 年度中国石油和化学工业经济运行新闻发布会的公开数据，2021 年中国原油进口依存度首次降至72%。因此，弥补石油资源的不足，促进烯烃等大宗化学品生产原料的多元化，成为我国重要的战略选择。2014 年召开的中央财经领导小组第六次会议对我国"能源革命"做出了部署，包括从能源消费、供给、技术到体制的全面革命，并强调要加强国际合作[3]。能源科技革命具有基础性和引领性作用，新兴战略产业的形成与发展也依

---

　　* 中国工程院院士。

赖于能源科技的创新，包括煤制烯烃在内的煤炭高值低碳化利用是重要的发展方向。中国的煤制烯烃产业自 2010 年开始进入商业化生产阶段，此后得到了迅速发展。以煤为原料的烯烃工业已经成为化学工业的一个重要分支，也是未来若干年煤炭综合利用的重要发展方向，对实施国家石油替代战略和保障国家能源安全具有重大意义。

根据中国石油和化学工业联合会在 2022 年现代煤化工高端化发展论坛暨煤基环氧树脂产业链研讨会上的报告数据统计，截至 2021 年底全国已投产的煤制烯烃工业装置（含直接采购甲醇为原料的甲醇制烯烃工业装置）烯烃产能已达 1739 万 t，预计到 2025 年烯烃总产能将超过 3300 万 t。

1. 烯烃需求量大，市场发展空间广阔

传统的烯烃生产方式以石油炼制产生的石脑油为原料。2020 年我国乙烯产量达 3177 万 t，当量缺口 3136 万 t，如果全部由石油生产，根据原油品质及产品规划需要配套 3 亿～6 亿 t 石油加工能力；2020 年我国丙烯产量达 3826 万 t，当量缺口 1003 万 t。烯烃是最重要的化工原料之一，随着国内经济发展和人民生活水平提高，化学工业对烯烃的需求日益增长。根据石油和化学工业规划院的预测，2030 年左右我国对乙烯的当量需求量将超过 9000 万 t/a，对丙烯的当量需求量将超过 7500 万 t/a，全部经由石油路线生产显然是不现实的。因此，利用我国丰富的煤炭资源，大力发展煤制烯烃产业，具有广阔的市场前景。

2. 自主知识产权的核心技术率先实现商业化并占据行业龙头地位

20 世纪 70 年代，石油危机引发了利用非石油资源生产低碳烯烃的技术研究热潮。中国科学院大连化学物理研究所（简称大连化物所）率先开展了实验室研究，2010 年实现了全球首套煤制烯烃工业装置商业化应用。迄今，我国煤制烯烃已成为新兴煤化工产业，采用 DMTO 技术的在建或已建成的煤制烯烃工业装置在规模上均已占据煤制烯烃行业龙头地位。

二、煤制烯烃技术产业化的新进展

1. 技术持续创新带动了我国煤制烯烃产业快速发展

煤制烯烃技术在短短十余年内已在中国发展为一个快速崛起的新兴煤化工产业。2020 年，我国石油基乙烯占乙烯总产能的 74%，石油基丙烯占丙烯总产能的 58%；煤（甲醇）基乙烯占乙烯总产能的 20%，煤（甲醇）基丙烯占丙烯总产能的 23%。习

近平总书记在 2021 年中国科学院第二十次院士大会等的讲话中特别提到，"甲醇制烯烃技术持续创新带动了我国煤制烯烃产业快速发展"。

第一，工艺技术持续创新。在"双碳"目标引领下，我国能源系统和工业结构将会发生革命性变化。对煤制烯烃技术进行持续优化升级，提高能源转化效率和降低原料消耗，减少碳排放，进一步增加煤制烯烃技术经济性，不仅符合"双碳"目标要求，也是煤化工产业健康发展的内在需求。作为全球甲醇制烯烃技术创新的引领者，大连化物所始终坚持基础研究与应用研究并重，坚持技术持续创新。在 2006 年第一代甲醇制烯烃技术开发成功的基础上，2010 年大连化物所开发出原料消耗更低的第二代甲醇制烯烃技术，并于 2014 年首次实现工业化。之后大连化物所基于对甲醇制烯烃反应机理的深入认识，提出了催化剂预积炭技术，对原甲醇制烯烃装置稍加改造就可以有效降低吨烯烃甲醇单耗，显著提高经济效益。近年来，大连化物所研制出新一代甲醇制烯烃催化剂，开发出新型高效流化床反应器，并于 2020 年研发成功第三代甲醇制烯烃技术，使单套装置甲醇处理能力大幅度增加到每年 300 万吨以上，生产单位烯烃的能耗明显下降，经济性显著提高。2020 年 10 月，大连化物所与宁夏宝丰能源集团股份有限公司一次性签订了 5 套 100 万 t/a 烯烃产能的第三代甲醇制烯烃工业装置技术许可合同，投产后可实现年产值 500 亿元，首套装置预计 2023 年建成投产。甲醇制烯烃技术单套装置的大规模化也促进了煤制甲醇单套装置生产能力的技术提升，由每年 200 万 t 向每年 300 万 t 以上甲醇迈进。

第二，催化剂持续创新换代。催化剂是煤制烯烃工艺发展的关键要素之一，大连化物所开发的新一代甲醇制烯烃催化剂具有更优异的性能特点，可以有效提高工业装置运行的灵活性和经济性，迄今已成功应用于 9 套煤（甲醇）制烯烃装置。采用新一代催化剂结合工艺优化，甲醇制烯烃装置的吨烯烃（乙烯＋丙烯）甲醇单耗，从使用前的 3.0 t 左右显著降低到 2.85～2.90 t，刷新了行业纪录，单套装置每年可增收上亿元。新一代催化剂和第三代甲醇制烯烃技术的成功开发使我国在煤制烯烃技术领域保持了持续的国际领先地位。

2. 煤制烯烃商业化装置进展

截至 2021 年底，采用 DMTO 技术、SMTO 技术、UOP MTO 技术等各类煤制烯烃技术[4]建成的煤制烯烃工业装置已经超过 30 套，包括西北地区以煤炭为原料的煤经甲醇制烯烃装置，也包括东南沿海地区以外购甲醇为原料的甲醇制烯烃装置。截至 2022 年 6 月，DMTO 系列技术已经实施技术许可工业装置 31 套，对应烯烃产能达 2025 万 t/a，占煤（甲醇）制烯烃装置总产能的 70%，可拉动上下游投资约 4000 亿元；其中已有 16 套装置成功投产，合计烯烃产能 903 万 t/a，年产值约 900 亿元。

自首套煤制烯烃装置投产以来的十余年间，即使在国际原油价格低迷的阶段，煤制烯烃装置仍然能保证较好的盈利性，充分证明了煤制烯烃项目及技术的可靠性和经济性。中煤能源年报[5, 6]显示，2015 年其烯烃产品毛利率为 46.6%，即便在煤炭采购价格大幅上涨的 2021 年，中煤能源的烯烃企业仍贡献了 7.75 亿元利润。作为煤制烯烃民营企业的典型代表，宁夏宝丰能源集团股份有限公司于 2019 年 5 月在上海证券交易所上市，成为首家以煤制烯烃为主业的上市公司。宁夏宝丰能源集团股份有限公司 2020 年年报[7]披露实现净利润 46.2 亿元，其平均聚烯烃成本比同期国内主要的石脑油制烯烃企业成本低 17%。联泓新材料科技股份有限公司以外购甲醇为原料制烯烃，并向下游高附加值精细化产品延伸，该公司于 2020 年 12 月在深圳证券交易所上市，其年报[8]披露，2021 年实现净利润 10.91 亿元。上述两个公司的成功上市，充分说明市场对煤制烯烃产业的认可，其多年来取得的良好业绩也实证了我国煤制烯烃技术的先进性和成熟度。

三、煤制烯烃技术产业化的未来展望

1. 我国煤制烯烃产业布局

煤制烯烃项目对煤炭资源、水资源、生态环境有一定的要求，因此主要在煤炭资源丰富并且有水资源的地区内实施，以煤化工园区形式发展。此外，在炼焦行业中，可以将焦炉煤气制成甲醇，进一步通过甲醇制烯烃技术生产烯烃，并与焦化副产的苯结合，生产苯乙烯、对二甲苯等化工产品，这样做不仅可以延伸产业链，拓展高附加值产品，而且非常符合国家节能减排政策的要求，有利于资源合理利用，提高企业的盈利能力和抗风险能力。

2021 年习近平总书记视察国家能源集团榆林化工有限公司时指出："煤化工产业潜力巨大、大有前途，要提高煤炭作为化工原料的综合利用效能，促进煤化工产业高端化、多元化、低碳化发展。"[9]作为现代煤化工产业中体量最大、市场化程度最高、盈利性最强的煤制烯烃产业，需要通过产业模式和工艺路线的创新，引入绿电、绿氢等绿色能源，促进其融合发展，优化用能结构和产品结构，坚定不移地走绿色、低碳、高质量发展之路。

2. 我国煤制烯烃产业未来发展的思考和建议

煤制烯烃产业已逐渐进入大型化、规模化、产品差异化的发展阶段。煤制烯烃项目如何获得稳定的原料供应，规划终端产品，并通过技术创新实现"双碳"目标下的节能减排要求，是行业健康发展的重要课题。

1）合理规划布局新建项目

煤制烯烃项目往往建在我国西北地区，可以依托煤炭开采规模化实现烯烃装置大型化。但是由于烯烃产品主要消费地在东南沿海地区，考虑化工产品的运输安全和运输成本，在产品规划时适宜多生产聚烯烃等大宗化的固体颗粒产品。

东南沿海地区虽然没有煤炭资源，但是可以通过外购甲醇，建设甲醇制烯烃工厂。大力发展高附加值的液体精细化学品，不仅可实现产品的差异化、高端化，应对日益旺盛的烯烃市场需求，还可大量减少甲醇合成过程中的 CO_2 排放。建议与国外大型甲醇生产商或供应商建立长期合作关系，确保甲醇稳定供应；也应在国内建立甲醇储备机制，一方面可以稳定价格，另一方面进口甲醇相当于进口原油、煤炭等能源。

2）通过技术创新支撑行业低碳绿色发展

"双碳"目标下，煤制烯烃行业要降低能耗、减少 CO_2 排放，必须依靠变革性的理念引领，通过发展相关的技术来实现。中国科学院基于能源领域长期研究基础，提出通过技术创新实现多种能源之间互补融合的多能融合理念[10]，指出煤制烯烃的绿色低碳化技术升级和发展，可以结合光伏发电–电解水的"绿氢""绿氧"，大量减少甲醇合成中变换工艺带来的 CO_2 排放。同时应持续对工艺技术进行改进和创新来降能增效，并结合开发 CO_2 转化利用技术，使得煤制烯烃技术全流程资源利用最大化，碳排放最小化，经济竞争力和效益最大化，这也符合党的第二十次全国代表大会报告中提出的"深入推进能源革命，加强煤炭清洁高效利用"的要求。

我国的煤制烯烃产业逐渐形成且不断优化。随着煤制烯烃技术的持续创新，技术先进性得到了大幅度提升，进一步保证了煤制烯烃的经济竞争力。随着国民经济发展带来的烯烃原料需求增长，众多企业对新建煤制烯烃装置仍有极大热情，预计煤制烯烃产业还将持续发展壮大，将成为实现石油替代战略的重要手段。此外，利用"一带一路"倡议，与相关富煤或天然气国家开展合作，通过技术输出、合资建厂、以资源换产品等方式，不仅可以对这些国家的发展起到积极作用，也可以间接获得相关资源，满足国内对烯烃需求的不断增长。总之，煤（甲醇）制烯烃产业在我国的持续发展，是保证"能源的饭碗必须端在自己手里"的重要手段之一，也必然为国民经济的稳定发展提供有力的支持。

3. 煤制烯烃技术海外产业化展望

随着"一带一路"倡议的持续推进，近年来具有丰富天然气和煤炭资源的俄罗斯、乌兹别克斯坦、哈萨克斯坦、伊朗等中亚和中东国家也对煤/天然气制烯烃项目进行了项目研究和规划，同时对中国的甲醇制烯烃技术具有浓厚的兴趣。

1）煤制烯烃技术走向海外的潜力与作用

DMTO 技术是我国具有完全自主知识产权的能源化工技术，在国内外甲醇制烯烃同类技术中处于领先地位，其先进性和可靠性已被大量工业应用证明。其应用并不限于煤炭资源，也可以天然气（页岩气）为源头制取烯烃，在海外特别是天然气丰富的国家或地区具有广阔的发展前景。DMTO 技术输出海外，可望带动一批设备制造商、工程设计院、工程项目承包商等产生集团效应，拉动相关行业在海外的快速发展，有助于我国与"一带一路"国家的全方位合作，有效利用国际资源，建立烯烃多元供应体系。

2）煤制烯烃技术海外推广情况

大连化物所及新兴能源科技有限公司不断拓宽渠道，瞄准"一带一路"国家天然气资源丰富、廉价的特点，积极进行技术推广并多次赴海外进行项目实地考察、技术澄清和商务洽谈，并与国内工程设计与承包、金融、商贸等大型企业建立了战略合作关系，尝试通过"强强联合、优势互补、互利共赢"的方式，实现技术、金融、工程承包联合共同走出去的目标。2019 年 DMTO 技术成功签订许可协议，在海外市场技术许可方面取得了可喜进展。

参考文献

[1] 沈江汉，杜国良，叶茂，等.煤制烯烃技术产业化新进展[M]//中国科学院.2018 高技术发展报告.北京：科学出版社，2018：259-268.

[2] 陈俊武，李春年，陈香生.石油替代综论[M].北京：中国石化出版社，2009.

[3] 共产党员网.习近平主持召开中央财经领导小组会议[EB/OL].https://news.12371.cn/2014/06/13/VIDE1402660208938437.shtml?isappinstalled=0[2014-06-13].

[4] 刘中民，等.甲醇制烯烃[M].北京：科学出版社，2015.

[5] 中煤能源.中国中煤能源股份有限公司2015年年度报告[R/OL].http://static.cninfo.com.cn/finalpage/2016-03-23/1202067994.PDF[2022-06-15].

[6] 中煤能源.中国中煤能源股份有限公司2021年年度报告[R/OL].http://static.cninfo.com.cn/finalpage/2022-03-25/1212669708.PDF[2022-06-15].

[7] 宝丰能源.宁夏宝丰能源集团股份有限公司2020年年度报告[R/OL].http://static.cninfo.com.cn/finalpage/2021-03-11/1209365614.PDF[2022-06-16].

[8] 联泓新科.联泓新材料科技股份有限公司2021年年度报告[R/OL].http://notice.10jqka.com.cn/api/pdf/b948777aa2997711.pdf[2022-06-16].

[9] 中共中央党校（国家行政学院）.习近平在陕西榆林考察时强调 解放思想改革创新再接再厉 谱写陕西高质量发展新篇章[EB/OL].https://www.ccps.gov.cn/tpxw/202109/t20210916_150558.

shtml[2021-09-15].

[10] 蔡睿，朱汉雄，李婉君，等."双碳"目标下能源科技的多能源融合发展路径研究 [J]. 中国科学院院刊，2022，（4）：502-510.

3.6　Commercialization of Coal to Olefin Technology

Shen Jianghan[1,2], *Ye Mao[1]*, *Liu Zhongmin[1]*
（1. National Engineering Research Center of Low-Carbon Catalysis Technology，
Dalian Institute of Chemical Physics，Chinese Academy of Sciences；
2. SYN Energy Technology Co.，Ltd.）

Coal to olefin via methanol opens an important route for light olefins production from non-oil resources. In this paper，the recent progress on the development and commercialization of coal to olefin was presented，from the perspective of technology innovation and market development. It is suggested that the future coal or methanol to olefin projects should focus on larger capacity and product diversity，and implement advanced low-carbon and green technologies via sustainable innovation.

3.7　核能技术产业化新进展

叶奇蓁[1*]　苏　罡[2]

（1. 中国核工业集团有限公司；2. 中国核电工程有限公司）

为共同应对气候变化，碳达峰、碳中和已成为国际共识，核能作为重要的低碳清洁能源，是实现碳达峰、碳中和目标的重要解决方案之一；我国自主三代核电品牌开发不断取得突破，先进核能系统创新稳步持续推进，核电建设和运行规模大幅增长且始终保持世界一流安全业绩，核能综合利用（如供热、供汽等）初步得以示范应用和

---

　*　中国工程院院士。

逐步推广，核能对我国能源清洁低碳转型和整体创新发展的战略支撑作用已充分体现。作为国家战略产业，核能能够有效地实现探索深空、深海等能源需求，可以说核能从产生到发展对于人类社会的可持续发展有深远影响，核能技术产业发展与国家安全、能源安全和国计民生息息相关。

一、国外核能技术产业化新进展

进入 21 世纪以来，核科学技术作为一门前沿学科，始终保持旺盛的生命力，深受国际重视并得到广泛的关注。世界各国对其投入的研究经费更是有增无减，推出大量的创新反应堆、核燃料循环和核能多用途等方案，在裂变和聚变领域不断取得突破。

1. 国际机构全球核电发展现状

根据世界核协会（WNA）发布的《2021 世界核工业现状报告》（*World Nuclear Industry Status Report 2021*）[1]，截至 2021 年底，全球共有 437 座在运核电反应堆，总装机容量为 389.7 GW，较 2018 年减少约 6.7 GW。2021 年度世界核能发电量为 2657 TW·h，比 2018 年度（2563 TW·h）增加约 94 TW·h。作为重要的低碳排放基荷电力，自 2012 年以来，克服新冠疫情影响，全球核能发电量连续保持增长趋势，截至 2021 年底，核能发电量约占全球总发电量的 10.1%，约占清洁能源发电量的 30% 以上。

2. 主要国家核能发展战略

美国核电机组数、核电装机容量和发电量位列全球第一。美国将核能作为国家长期发展战略，强化核能立法保障，2018 年通过《核能创新能力法》，2019 年通过《核能创新与现代法》，2020 年通过《恢复美国核能竞争优势－确保美国国家安全战略》，谋求战略和国际市场的领先优势。美国提出到 2050 年实现碳中和目标，并积极部署核能。"保持国家核优势"是美国的长期战略，保障核能行业长期高效发展，重振核能领导是美国的目标。美国以钠冷快堆和小堆为抓手，颁布系列法案以及实施相应战略，以加速先进堆的开发和部署，这是美国实现核能中长期发展目标和愿景的关键决策。

俄罗斯持续将核能作为战略性可靠能源，坚持核能战略长期不动摇。俄罗斯采取举国体制，国内所有核电站运营、维护、维修及技术研发等，包括在建反应堆和所有相关设施，都由政企合一、高度集中的俄罗斯国家原子能公司控制，致力于实现先进

第三章 材料和能源技术产业化新进展

闭式燃料循环，致力于打造以压水堆、快堆、浮动堆和空间核动力为代表的反应堆技术。俄罗斯是世界上核电出口机组数量最多的国家，以核能出口强化国际治理能力。

3. 核能是全球实现碳中和目标的现实理性选择

2021年8月，联合国欧洲经济委员会发布新版《核技术简报》，强调作为低碳电力和热力的重要来源，核电在避免 CO_2 排放、实现碳中和方面能够发挥重要作用，是气候问题的一项关键性解决措施。如果将核能排除在外，2015年《巴黎协定》中设定的气候目标将无法实现。2021年10月，世界核协会、美国核能协会、欧洲原子能论坛、日本原子力产业协会等多国核工业机构联合发布报告《核能对实现联合国可持续发展目标的贡献》，强调了核能可以为实现联合国17个可持续发展目标作出贡献。2021年11月，法国总统马克龙宣布，为了保证法国能源独立，保证国家电力供应，并实现气候目标，特别是2050年前实现碳中和，法国将建设数台新的核电反应堆。

4. 更加安全高效的先进核能系统研发正加速助力"双碳"目标实现

随着全球碳中和趋势的发展，核能的作用正得到进一步认可。美国能源部认为，零碳核能绝对是美国脱碳复杂局面中的关键组成，美国两党均支持先进核能系统研发，并加大对新一代先进反应堆创新的投入，尤其正加速小型模块化反应堆和微堆的商业应用进程，如奥克洛公司的先进微堆和 NuScale 小型堆等[2]。俄罗斯国家原子能公司声称，核能在俄罗斯实现碳中和目标的过程中必不可少，到2045年核能在其能源结构中占比达25%，核电正成为俄罗斯低碳转型的基础。据俄联邦发布的《2035年能源战略草案》，俄罗斯正加快发展第四代闭式核燃料循环快中子反应堆，在钠冷快堆 BN-600 和 BN-800 商运的基础上，加大对新一代铅冷快堆技术的突破。此外，法国、英国、日本、韩国等核电大国，正围绕更加安全、更加高效的新型核能系统加大创新力度，抢占先进核能技术战略制高点。

5. 核能多用途利用步入加速发展期

与传统核电技术相比，模块式小型堆具有小型化、模块化、一体化、非能动等特征，安全性高，建造周期短，部署灵活，未来将作为清洁的分布式能源，供电同时可满足海水淡化、区域供暖/冷、工业供热等多种用途，国际原子能机构（IAEA）收录开发小堆72种机型[2]。截至2021年底，全世界400余台在运核反应堆中有超过1/10的机组已实现热电联供，且已累计安全运行约每年1000堆，核能供热技术路线成熟，在世界范围内已得到广泛应用。2021年12月，全球首座球床模块式高温气冷堆核电站并网发电，该示范工程投产后，将进一步由单一的"电"向"氢、汽、水、热、电"

五大细分目标市场进军，其温度参数也覆盖乙醇提纯、盐化工、石油化工、煤化工、制氢等领域绝大部分热源需求，将为"双碳"目标实现提供综合能源解决方案。

二、国内核能技术产业化新进展

"十三五"以来，我国核电建设和运行规模大幅增长且始终保持世界一流的安全业绩，核能综合利用（如供热、供汽等）初步得以示范应用和逐步推广；同时，自主三代核电品牌开发不断取得突破，先进核能系统创新稳步持续推进。核能对我国能源清洁低碳转型和整体创新发展的战略支撑作用已充分体现，我国已跻身全球核电大国之列，具备了向核电强国迈进的基础条件。

截至 2021 年底，我国在运核电机组 53 台（不含台湾），装机容量达 5465 万 kW，约占全国电力总装机容量的 2.30%，继续位居全球第三；2021 年核能发电量为 4071.4 亿 kW·h，占全国发电量的 5.02%，继续位居全球第二。我国已建成或在建秦山、大亚湾等 18 个核电基地，多年来核电机组运行安全水平始终保持国际先进水平，未发生国际核事件分级（International Nuclear Event Scale，INES）2 级及以上运行事件或事故。2020 年，我国（不含台湾）核电站有 28 台机组在世界核电运营者协会（World Association of Nuclear Operators，WANO）综合指数获得满分，占全球满分机组总数的 1/3。新建核电机组设计指标均至少满足三代核电安全标准，具备完善的严重事故预防和缓解措施。

在国家有关部门的大力推动和相关企业的积极实施下，我国建成投运了全球首座"华龙一号"自主三代核电机组，在建全球首座 CAP1400 三代核电机组进展顺利，其中"华龙一号"核电机组在巴基斯坦卡拉奇核电项目（K2、K3 机组）也已全面建成并网，成功实现"走出去"，这标志着我国打破国外核电技术垄断，正式进入全球三代核电技术先进国家行列。与此同时，以高温气冷堆和快堆为代表的我国自主第四代先进核能系统技术也取得了重大突破，200 MW 高温气冷堆核电示范工程已成功实现并网发电，600 MW 商业化示范快堆正在有序建造，"十四五"期间有望建成投产，这些都将为未来我国第四代先进核能技术发展打下坚实基础。

近三年来，除尽量多发满发、贡献清洁低碳电力外，我国核能行业通过一批核能供热、供汽等工程示范项目的建设，实现了核能从发电向综合利用的转化，进一步凸显了核能的环境效益。2019 年 11 月，海阳核电站实现向海阳市政热用户供热，使海阳市成为首个核能供热城市。2022 年 4 月，我国南方首个核能供热示范项目（秦山核能供热）首个供暖季顺利结束。2021 年 7 月，全球首个多用途模块式小型堆示范工程"玲龙一号"开工建设。2022 年 5 月，我国首个工业用途核能供汽项目（田湾核电蒸汽供能项目）在连云港正式开始建设。

目前我国核能行业已基本建立可持续发展的整体工业体系，配套产业基础、自主技术能力和工程建造水平等均具备国际竞争力。我国不仅可以提供核电设计、工程建造、设备制造和运行维护等一条龙服务，还具备了核燃料供应、核燃料循环、废物处理等一系列技术和装备能力，具有提供"一站式"核能解决方案的能力，在核电领域可支撑我国每年核准 6～8 台机组（或千万千瓦级装机）的整体供货能力，同时建造30 台核电机组的施工建设能力。

三、核能技术产业化未来展望

1. 国际机构全球发展和核能创新预测

2022 年 9 月，IAEA 更新并发布了《直至 2050 年能源、电力和核电预测》（Energy, electricity and nuclear power estimates for the period up to 2050）2022 年度报告，根据预测，全球总发电量将从 2021 年的 27 万亿 kW·h 增至 2030 年 33.3 万亿 kW·h、2040 年 41.5 万亿 kW·h 和 2050 年 50.1 万亿 kW·h。2021 年到 2050 年，全球核发电量将持续增加。高值情景中，核发电量将从 2021 年 2.65 万亿 kW·h 增至 2030 年 3.72 万亿 kW·h、2040 年 5.34 万亿 kW·h 和 2050 年 7 万亿 kW·h；2021 年、2030 年、2040 年和 2050 年核发电量在总发电量中所占份额将逐步上升，分别为 9.8%、11.2%、12.9% 和 14.0%（表 1）。低值情景中，尽管核发电量到 2030 年、2040 年和2050 年将分别增至 2.96 万亿 kW·h、3.17 万亿 kW·h 和 3.44 万亿 kW·h，但是核发电量份额将分别降至 8.9%、7.6% 和 6.9%。[3]

表 1　世界总发电量及核电发电量预测

发电量	2021 年	2030 年		2040 年		2050 年	
		低情景	高情景	低情景	高情景	低情景	高情景
全部 /GW·h	27 007	33 275	33 275	41 508	41 508	50 071	50 071
核电 /GW·h	2 653	2 963	3 724	3 169	5 336	3 435	7 010
核电占比 /%	9.8	8.9	11.2	7.6	12.9	6.9	14.0

2019 年 12 月，欧洲经合组织核能机构（OECD/NEA）发布了《核创新 2050》（The Nuclear Innovation 2050）[4]。OECD/NEA 于 2015 年发起了《核创新 2050》计划，旨在加快创新性核裂变技术的研发和市场部署，为可持续能源的未来做出贡献。《核创新 2050》计划涵盖了反应堆系统设计和运行、燃料和燃料循环技术、废物管理和退役

以及非发电应用领域的广泛技术，并重点关注挖掘反应堆在供热市场的潜力以及加强反应堆运营的灵活性两个方面。《核创新 2050》也提出：融资的复杂性增加了核能领域长期创新过程的成本，促进监管机构参与到早期创新过程中将有助于降低创新的风险，支持核创新的必要基础设施。

2. 聚焦先进核燃料开发前沿，提升固有安全性

根据国际工程前沿的统计分析[5]，目前最可能带来核电技术突破的是耐事故燃料（Accident Tolerant Fuel，ATF）技术，要提升固有安全性，用以降低堆芯（燃料）熔化的风险；缓解或消除锆水反应导致的氢爆风险；提高事故下裂变产物燃料组件内包容的能力。耐事故燃料开发分包壳和燃料芯块两个方面，包壳一般采用锆合金涂层、先进金属包壳以及 SiC 复合包壳等；芯块有 UO_2 芯块掺杂改性、高密度陶瓷燃料、金属基体微封装燃料以及全陶瓷微封装燃料等。耐事故燃料的开发目标是逐步应用于新建和现有核电站，整体提升安全水平。

核燃料包容了大部分的放射性物质，是核电厂阻止放射性物质释放的第一道防线，因此国际社会在开发先进核燃料的同时，也在大力开展核燃料与相关材料的损伤机理的研究。目前，针对当前压水堆燃料的损伤机理的研究重点主要集中于以下几方面：功率瞬态下燃料与包壳间相互作用，大破口失水事故下包壳失稳氧化、燃料碎片化和移位等行为，干法贮存下乏燃料包壳性能退化等。

3. 小堆成为开发热点，引领科技创新，满足用户多元化需求

在能源转型的背景下，清洁稳定的分布式能源市场的需求让小微型模块化反应堆已成为全球当下研发和未来部署的新重点。小微型模块化反应堆具有安全可靠、应用场景丰富、部署灵活、建造工期短、总投资低、建设风险低等特点，通过采用创新理念、非能动安全措施、模块化建造和"即插即用"概念，小微型模块化反应堆成为"游戏改变者"，能够以高安全水平提供不同的核电联产解决方案。

IAEA 发布《小型模块化反应堆部署的技术路线图》[2]，提出：面向未来，核能产业能采取更具创新性的手段（如数字化、智能化等），推动先进反应堆研发设计，开展概念验证及模拟反应堆耦合响应等性能验证，能够前瞻性满足监管要求，缩短机型开发周期，实现智能化全寿期目标优化；能够吸引资本投入，进而推进产品迭代升级；可通过创新应用经验反馈推广各类型反应堆，并以高安全水平提供不同的核能解决方案。具体反应堆有：可在近期部署的一体化模块式小型堆；可在中期部署的、采用非水冷却剂和慢化剂的小型四代反应堆；改装或改进的紧凑环路式小型模块化反应堆，包括驳载浮动核电站和海床基反应堆等。

4. 快堆和后处理体系建设完成，实现闭式循环，可支撑核能大规模可持续发展

面向未来，我国将全国实现以快堆为核心、后处理和燃料制造配套的核燃料闭式循环，核能行业通过规模化商用后处理厂，将压水堆的乏燃料以及贫铀用作快堆燃料，实现燃料增殖，并与压水堆兼容发展，真正实现铀资源的循环充分利用，使核能归入可再生能源行列，从根本上解决乏燃料后处理和高放废物处理的问题。

俄罗斯国家原子能公司公布了"PRORYV"项目[6]，优先开发和引进具有固有安全性的快堆系统及闭式核燃料循环技术，计划使用 BN-1200 反应堆发电装置。该装置由使用混合氮化物燃料（MNIT）的 BREST-OD-300 铅冷快堆，以及燃料再制造设施和燃料后处理设施组成。实现快堆封闭燃料循环，可最大限度利用铀资源，确保核电竞争力，逐步实现放射性废物处置后的放射性当量接近开采时的放射性剂量。

5. 树立增量思维，凝聚聚变和混合堆创新，解决长远能源需求

我国自 2006 年加入国际热核聚变实验堆（ITER）计划以来，磁约束聚变研究取得重大进展，已全面步入国际先进行列，预计 2027 年实现运行。在 Z 箍缩聚变领域，自 2000 年起，我国以中国工程物理研究院为主，逐渐形成了"Z 箍缩驱动聚变裂变混合堆"的完整概念。

面向未来，我国材料学最新进展将促进聚变能利用，高温超导体将改变磁约束聚变关键部位的设计，并通过增强磁场强度使聚变功率密度增加一个数量级；聚变技术将取得决定性突破，进入聚变能源应用开发阶段；2050 年，我国将率先实现磁约束聚变能源和 Z 箍缩聚变与裂变混合能源的发电演示。

参考文献

[1] WNA. The world nuclear industry status report 2021[R]. Paris，2021.

[2] IAEA. Technology Roadmap for Small Modular Reactor Deployment[R]. Vienna，2021.

[3] IAEA. energy，electricity and nuclear power estimates for the period up to 2050[R]. Vienna，2022.

[4] OECD/NEA. The Nuclear Innovation 2050 Initiative[R]. Paris，2019.

[5] 中国工程院. 全球工程前沿项目报告[R].北京，2021.

[6] 张东辉，杜静玲，尹忠红. 俄罗斯"突破"项目计划及启示[M]// 中国核能行业协会组织. 中国核能行业智库丛书（第二卷）.北京：中国原子能出版社，2019：47-55.

3.7 Commercialization of Nuclear Power Technology

Ye Qizhen[1]，*Su Gang*[2]
（1. China National Nuclear Corporation；
2. China Nuclear Power Engineering Co.，Ltd.）

To jointly address climate change，"carbon peaking and carbon neutrality" has become an international consensus. As an important low-carbon and clean energy source，nuclear energy is one of the important solutions to achieve "Carbon Peaking and Carbon Neutrality Goals". The independent third generation of nuclear power brand development has made breakthroughs，and the innovation of advanced nuclear energy system has been steadily and continuously promoted. The scale of nuclear power construction and operation has increased significantly and the world-class safety performance has always been maintained. The integrated utilization of nuclear energy，such as heating and steam supply，has been preliminatively demonstrated and gradually promoted. The strategic supporting role of nuclear energy for our energy clean low-carbon transformation and overall innovative development has been fully manifested. As a national strategic industry，nuclear energy can effectively explore deep space，deep sea and other energy needs. It can be said that the development of nuclear energy technology has a profound impact on the sustainable development of human society，and the development of nuclear energy technology industry is closely related to national security，energy security，national economy and people's livelihood.

3.8 先进储能电池产业化新进展

黄学杰

（中国科学院物理研究所）

储能在交通能源革命、能源体系变革及能源互联网建设中将占据重要地位，车用动力电池是目前发展最快的移动式储能技术，第二代锂离子动力电池即将进入千瓦时时代。新能源汽车产业高速发展也为固定式储能大发展提供了储电单元产品和系统技术支撑，固定式电力储存技术是未来提升电力系统灵活性、经济性和安全性，解决新能源消纳的重要手段。多数固定式电力储能需求在小时级或以上，主要为削峰填谷、可再生能源接入、家庭储能、数据中心和通信基站等提供服务。电化学储能是当前最主流的新型储能技术，以磷酸铁锂电池为主，液流和钠离子电池等新型电化学储能技术开始进入示范应用阶段。第三代锂离子动力电池技术应用将带来电池能量密度的显著提升和成本优势，支持新能源汽车的普及。随着动力电池循环寿命的延长以及安全性和能量密度的提升，电动汽车的续航里程将显著超过日常使用需求，利于推进电动汽车和电网之间的能量双向流动，储能领域将和电动汽车、虚拟电厂等结合发展，移动储能和固定式储能相结合的储能方式将是未来发展的主要方向，可为加快构建清洁低碳、安全高效的能源体系提供有力支撑。

一、国外先进储能电池产业化新进展

根据《储能产业研究白皮书2022》[1]，2021年全球电力储能装机规模达到209.4 GW，新型储能市场累计投运规模首次突破25 GW，新增投运规模10 GW，同比增长67.7%。

美国典型的储能产业公司及产品首推特斯拉和其商业、公共事业用锂离子电池储能设备Powerpack。特斯拉正在打造的包括动力电池车辆、锂离子电池储能电站和光伏在内的"可再生能源生态系统"，可以认为是美国储能应用的重要发展方向。2022年6月，特斯拉宣布，将在中国推出能源部门"特斯拉能源"，该部门将面向国内市场销售太阳能屋顶系统和Powerwall家用电池组。

日本在锂离子电池家庭储能、规模储能、钠硫电池储能方面的技术处于世界领先水平。2018年7月，日本经济产业省发布了第五期《能源基本计划》，提出降低化石能源依赖度，举政府之力加快发展可再生能源。新能源与工业技术发展组织（日本）［New Energy and Industrial Technology Development Organization（Japan），NEDO］设立了"创新性蓄电池－固态电池"开发项目，联合23家企业、15家研究机构，投入100亿日元用以攻克全固态电池商业化应用的瓶颈技术，为2030年左右实现量产奠定技术基础。

2018年9月，德国公布《第七期能源研究计划》，计划未来5年投入64亿欧元，支持多部门通过系统创新推进能源转型，明确支持电力储能材料的研究。德国政府鼓励本国企业参加和实施战略能源技术计划，该计划主要包括电网、可再生能源、储能系统、能源效率和碳捕集与封存研究。目前，德国完成了至少20个燃料电池及其他形式的储能示范项目（包含部分蓄氢储能）。

法国帅福特（SAFT）是世界领先的先进高科技工业电池的设计开发及制造商，其锂离子电池系统（广泛应用于民用、军事等许多终端市场）的设计、开发和生产位于全球领先地位。该公司开发的"Synerion 高能锂离子电池"系统，主要应用于家庭或社区光伏离网电站，帮助客户实现谷电峰用；开发的"IntensiumMax"集装箱式大规模锂离子电池储能系统，主要应用于兆瓦级的光伏电站并网系统，有助于实现光伏发电的平滑并网。

国外钠离子企业主要包括英国法拉第公司（Faradion），美国钠创能源公司（Natron Energy），法国 Tiamat，日本岸田化学、丰田、松下、三菱化学等公司。

储能技术和储能项目受到各国政府和大型企业、新型技术企业的高度重视，已将储能产业上升到战略性新兴产业的层面加以发展并参与全球性竞争，在技术研发与商业化应用上给予重要的资金扶持和政策支持。

二、国内先进储能电池产业化新进展

2021 年 10 月 26 日国务院印发《2030 年前碳达峰行动方案》，提出加快建设新型电力系统，到 2025 年新型储能装机容量达到 3000 万 kW 以上。2021 年，中国新增投运电力储能装机规模达 10.5 GW，新增投运新型储能装机规模 2.4 GW，同比增长 54%[1]。高工产业研究院（GGII）数据显示，2021 年国内储能锂离子电池出货量达 29.1 GW·h，同比增长 341%，占储能电池总出货量的 60.6%。

新能源汽车是国家战略性新兴产业，支撑着中国锂离子动力和储能电池产业链在全球处于领先地位，拥有全球 60% 以上的关键原材料和电池产能。动力锂电池主要应用于新能源汽车、电动自行车、电动工具、专用车等，是当前锂电池的主要应用场景。中国量产动力电池的能量密度、循环寿命及成本等核心指标已达到国际先进水平。

一代正极材料成就一代动力电池[2]，第一代锰酸锂动力电池如今主要活跃在两轮车等轻型电动车市场，现在是第二代磷酸铁锂和三元动力电池挑大梁，技术水平在持续提升中。

目前我国动力电池企业的产品中磷酸铁锂类占比较大，2021 年全球生产了磷酸铁锂材料 48.5 万 t，中国就占 48 万 t[3]。磷酸铁锂电池具有高安全、长寿命和较低成本的特点，适用范围宽，在动力电池市场占六成左右份额，为储能应用打下了坚实的基础。磷酸铁锂正极材料匹配石墨负极材料储能磷酸铁锂电池的循环寿命最长已达到 1 万次。

磷酸铁锂电池是国内目前最广泛使用的储能电池[1]，主要应用在集中式储能电站。

2019 年 5 月，湖南长沙 60 MW/120 MW·h 储能示范工程投运，首次采用了电池本体租赁模式，其电站运营模式主要为参与市场和合同能源管理[4]。福建晋江 30 MW/108 MW·h 储能电站于 2020 年 5 月获福建省首张独立储能电站发电业务许可证，成为国内首个电网侧百兆瓦时级储能电站参与电网调频业务的应用典范。

三元正极锂电池具有高能量密度、高循环效率等优点，是长续航电动汽车的首选动力电池。宁德时代新能源科技股份有限公司、天津力神电池股份有限公司、国轩高科股份有限公司等企业采用高镍三元正极材料——NCM811 和硅碳负极材料，已开发出比能量达到 300 W·h/kg 的软包电池和 260 W·h/kg 的方形铝壳电池。但作为大型储能系统，其安全性令人担忧。国家能源局公布的《防止电力生产事故的二十五项重点要求（2022 年版）（征求意见稿）》中提出，大型电化学储能电站不得使用三元锂电池。

近年来，先进液流电池储能技术成熟度显著提高，进入示范阶段，为后续产业化奠定了良好的基础。2021 年，我国在液流电池领域的技术研发方面投入明显增加。以中国科学院大连化物所、大连融科储能技术发展有限公司、普能（北京）能源科技有限公司为代表的单位，在新一代高功率密度全钒液流电池关键电堆技术以及高能量密度锌基液流电池等方面取得重要进展，开发出新一代可焊接全钒液流电池技术。该电池选择可焊接多孔离子传导膜，采用可焊接双极板，实现电堆的高效、自动化集成，系统可靠性进一步提高。全钒液流电池的单个电堆功率超过 50 kW；单个储能标准模组的功率达到 500 kW，有望继续增加到 1 MW。这对降低系统集成成本、进一步推进液流电池产业化应用具有重要的意义。

国内完成了多个标志性全钒液流电池储能电站示范项目。其中，大连融科储能技术发展有限公司两套 10 MW/40 MW·h 网源友好型风场项目投运，普能（北京）能源科技有限公司交付了一套光伏、储能户外实证实验平台全钒液流电池储能系统。2021 年底，"200 MW/800 MW·h 大连液流电池储能调峰电站国家示范项目"基本完成了一期工程 100 MW/400 MW·h 储能单体设备的调试准备。其他体系包括锌基液流电池和铁铬液流电池等也取得重要成果，相继开展了相关应用示范[5]。

钠资源丰富，同时钠离子具备高安全性、高低温性能以及大倍率充放电性能。钠离子电池在大规模电化学储能、低速电动车等应用领域，有望与锂离子电池形成互补和有效替代[6]。其结构及工作原理与锂离子电池相同，正极和负极均由允许钠离子可逆地插入和脱出的插入型材料构成，钠离子可以在正极与负极之间可逆迁移，因此同锂离子电池一样被称作"摇椅式电池"。目前，钠离子电池已逐步开始从实验室走向实用化应用。我国的中科海钠科技责任有限公司、宁德时代新能源科技股份有限公司、浙江钠创新能源有限公司等公司正在进行钠离子电池产业化的相关布局，并取得了重要进展。国内首家钠离子电池企业中科海钠科技责任有限公司于 2019 年 3 月发布了世界首座 30 kW/100 kW·h 钠离子电池储能电站，于 2021 年 6 月推出 1 MW·h 的钠离子电池储能系统。国内在钠离子电池产品研发制造、标准制定以及市场推广应用等方面的工作正在全面展开，钠离子电池即将进入商业化应用阶段，相关工作已经走在世界前列。

三、先进储能电池产业化发展趋势及政策建议

"双碳"目标提出，需加快新能源汽车产业发展和建设新型电力系统，以锂离子电池为代表的新型储能技术是其重要的支撑，其发展上升到国家战略。车用动力电池技术即将进入第三代，产能即将进入千瓦时代。

第三代锂离子动力电池中性能经济性最优的是高电压镍锰正极电池，尖晶石结构镍锰酸锂（$LiNi_{0.5}Mn_{1.5}O_4$）是无钴高电压正极材料，相对金属锂负极的工作电压为 4.7 V，目前材料可逆比容量达到 135 mAh/g（比能量 634.5 W·h/kg）。松山湖材料实验室中试线试制的高电压镍锰酸锂动力电池工作电压为 4.5 V，比磷酸铁锂电池高 40%，加之材料密度高，同样采用石墨负极但电池能量密度可提升 50%，达到 650 W·h/L。每千克的碳酸锂做成的电池的能量达到 2.9 kW·h，比磷酸铁锂提升约 40%，对节约锂资源和降低成本有突出的作用。

超长续航里程一直是高端电动车辆的追求，超高体积能量密度电池仍将采用与三元材料结构类似的层状氧化物正极材料，但钴的用量会逐步减少乃至趋近于无钴，镍的占比进一步提升趋近于镍酸锂（$LiNiO_2$）。镍酸锂层状正极材料理论比能量密度达到 800 W·h/kg 以上，是第三代高密度动力电池最具潜力的候选电池体系之一；如结合硅基负极材料，电池的能量密度可提升至 1000 W·h/L。循环性能和安全性提升是目前面临的主要挑战，半固态化可能是解决问题的可行路径。基于高镍三元正极材料，北京卫蓝新能源科技有限公司、浙江锋锂新能源科技有限公司、清陶（昆山）能源发展股份有限公司等多家初创企业已开发出高能量密度半固态电池。

锂离子电池在电能质量调节、分布式储能方面的应用也越来越多，使储能规模可以分布在千瓦至数十兆瓦等级，不同的应用类型具有各自的技术和经济特性，磷酸铁锂电池材料和制造技术的改进将进一步延长寿命和降低成本，并用于大规模电力储能。

目前车用储能电池比能量进一步提升，材料和电池企业继续扩产，碳酸锂/氢氧化锂一段时间内供应短缺问题凸显导致成本上升，钠离子电池和液流电池储能应用发展受到重视。钠离子电池具有成本及资源优势。钠离子半径大，钠离子充放电过程中材料结构变化复杂，电极/电解质表面界面稳定性差，导致钠离子电池能量密度较低、

循环寿命较短、倍率性能欠佳，因此需要设计开发高能量密度钠离子正负极材料体系和优化钠离子电池的结构设计与制备技术。液流电池需进一步提升能量密度和降低成本，开展关键材料结构设计及优化研究，优化制造工艺，采用规模放大制造技术实现液流电池关键材料的批量化生产。

随着动力电池循环寿命的延长以及安全性和能量密度的提升，电动汽车的续航里程将显著超过日常使用需求。通过有序充电和智能控制，电动汽车有望成为重要的分布式储能载体。通过电动汽车和电网之间能量的双向流动，移动储能和固定式储能相结合的储能方式将是未来发展的主要方向。

为促进中国先进储能电池产业化发展，建议强化顶层设计，统筹新型储能产业上下游发展，优化新型储能建设布局；坚持以技术创新为动力，积极开展储能新材料研发、设计和制造技术革新、示范应用，提升储能产业创新能级；推进长寿命车用动力电池和电化学储能技术与电力系统各环节深度融合发展，利用我国电动汽车产业优势，加快构建清洁低碳、安全高效的能源体系；立足安全、规范管理，建立健全新型储能技术标准、管理、监测、评估体系，保障新型储能项目建设运行的全过程安全。

参考文献

[1] 中关村储能产业技术联盟.储能产业研究白皮书2022[R].北京，2022.

[2] 贲留斌，武怿达，朱永明，等.一代材料，一代电池：正极材料研究推动锂离子动力电池的升级换代[J].物理，2022，51（6）：373-383.

[3] 黄学杰.锂离子电池材料[M]//工业和信息化部装备工业发展中心，北京国能赢创能源信息技术有限公司，《节能与新能源汽车年鉴》编制办公室.2022节能与新能源汽车年鉴.北京：中国铁道出版社，2022.

[4] 李军，胡斌奇，杨俊，等.湖南电网侧电池储能电站概况及调控运行启示[J].湖南电力，2020，40（1）：73-78.

[5] 陈海生，李泓，马文涛，等.2021年中国储能技术研究进展[J].储能科学与技术，2022，11（3）：1052-1076.

[6] 张平，康利斌，王明菊，等.钠离子电池储能技术及经济性分析[J].储能科学与技术，2022，11（6）：1892-1901.

3.8 Commercialization of Advanced Battery for Energy Storage

Huang Xuejie

（Institute of Physics，Chinese Academy of Sciences）

Energy storage will play an important role in transportation energy revolution, energy system transformation and energy internet construction. Vehicle Power Battery is the fastest-developing mobile energy storage technology. The second generation of lithium-ion power batteries will enter the TW·h era. The rapid development of the new energy vehicle industry also provides the technical support of the storage unit products and systems for the development of the fixed energy storage technology, which will enhance the flexibility, economy and safety of the power system in the future, and is an important means to solve the problem of new energy consumption. Most of the fixed energy storage needs in the hourly level or above, mainly for peak-shaving, renewable energy access, home energy storage, data centers and communications base stations, and other services. Electrochemical energy storage is the most mainstream new energy storage technology. Lithium iron phosphate batteries are widely used new electrochemical energy storage technologies. Liquid flow and sodium ion batteries have also begun to enter the demonstration application stage. The application of third-generation power battery technology will bring significant improvement in battery energy density and cost advantages, and support the popularization of new energy vehicles. With the increase of the cycle life, safety and energy density of the power battery, the range of the electric vehicle will significantly exceed the daily use demand, which is conducive to promoting the two-way flow of energy between the electric vehicle and the power grid. The field of energy storage will be combined with electric vehicles, virtual power plants and so on. Mobile energy storage combined with fixed energy storage will be the main direction of future development. It can provide strong support for accelerating the construction of a clean, low-carbon, safe and efficient energy system.

3.9　压缩空气储能技术产业化新进展 [①]

凌浩恕 [1,2]　郭　欢 [1,2]　周学志 [1,2]　徐玉杰 [1,2]　陈海生 [1,2]

（1. 中国科学院工程热物理研究所；2. 中国科学院大学）

储能是实现碳达峰、碳中和目标的核心支撑技术，可实现可再生能源大规模消纳、提高常规电力系统灵活性和经济性、提升分布式能源系统安全性和稳定性，被称为能源革命的支撑技术。压缩空气储能具有储能容量大、储能时间长、成本低、寿命长、安全环保等优点，被公认为目前最具发展潜力的大规模长时间储能技术之一 [1]。

传统压缩空气储能系统已在德国（Huntorf 电站）和美国（McIntosh 电站）得到了商业应用，但存在依赖化石燃料、依赖天然储气洞穴、系统效率较低三大技术瓶颈 [2]。针对这些技术瓶颈，国内外学者研发出一些新型压缩空气储能系统，如液态空气储能系统、恒压压缩空气储能系统、水泵式间接压缩空气储能系统、先进压缩空气储能系统等，并实现了示范或产业化推广。

一、国外压缩空气储能技术产业化新进展

国外压缩空气储能技术主要以英国高瞻电力（Highview Power）公司的液态空气储能技术、加拿大海卓斯特（Hydrostor）公司的恒压压缩空气储能技术和以色列奥格问（Augwind）公司的水泵式间接压缩空气储能技术为代表，并在英国、智利、西班牙、美国、加拿大、澳大利亚、以色列等国家进行产业化推广。

1. 液态空气储能技术

液态空气储能技术将电能转化为液态空气的内能以实现能量的存储。图 1 为一种液态空气储能技术原理，储能时，电能驱动压缩机将空气压缩至高温高压，然后经过蓄冷换热器降温至液化温度，降温后的空气通过膨胀机和节流阀降压液化，经分离得到的液态空气储存于液态空气储罐中；释能时，来自储罐的液态空气通过泵加压后送入蓄冷换热器回收冷量，冷量被储存并使空气气化，高压气态空气进一步加热升温，进入透平膨胀做功，带动发电机发电。液态空气储能技术可提高储能密度，减小储气

---

①　基金项目：国家自然科学基金项目（52006223，51976217）。

容积，进而减小占地面积，但是也额外增加液化冷却和气化加热过程，额外增加相关设备和损耗[3]。

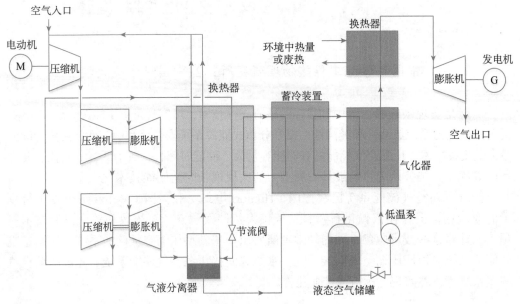

图 1　液态空气储能技术原理

液态空气储能技术[4]由英国高瞻电力公司开发，目前正处于商业示范和产业化推广初期。英国高瞻电力公司 2018 年在英国曼彻斯特市皮尔斯沃思（Pilsworth）垃圾填埋场开发了 5 MW/15 MW·h 的世界上第一个电网规模的液态空气储能示范项目；2020 年，在英国曼彻斯特市特拉福德建造 50 MW/250 MW·h 的全球最大液态空气储能电站；计划在英国开发四个液态压缩空气储能项目，装机总容量超过 1 GW·h，在美国佛蒙特州建设一个 50 MW/400 MW·h 的液态空气储能项目，在智利和其他拉美市场开发吉瓦级低温压缩空气储能项目，在西班牙阿斯图里亚斯、坎塔布里亚、卡斯蒂利亚和莱昂以及加那利群岛等这四个地区开发 7 个项目，装机总功率为 350 MW，装机总容量为 2100 MW·h。

2.恒压压缩空气储能技术

恒压压缩空气储能技术是在水下建造储气洞穴，利用水的静压保持储气压力的恒定，从而使压缩机和膨胀机始终在额定工况附近工作，提高系统效率。恒压压缩空气储能技术原理如图 2 所示。储能时，电能驱动压缩机产生高温高压空气，经换热器换热降温后，储存于水下的储气室；释能时，来自储气室的低温气体经过再热器加热后，进入透平膨胀做功发电。

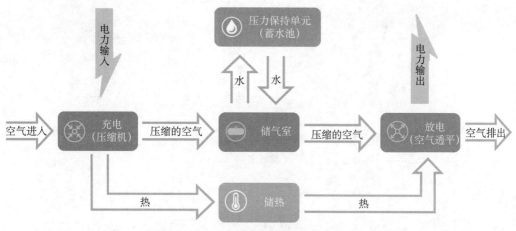

图 2　恒压压缩空气储能技术原理[5]

恒压压缩空气储能技术主要由加拿大海卓斯特公司进行产业化推广。加拿大海卓斯特公司 2019 年在加拿大安大略省建成第一个商业化运营的 2.2 MW/10 MW·h 压缩空气储能系统，目前正在澳大利亚新南威尔士州建设 200 MW/1600 MW·h 的银城（Silver City）储能中心，预计 2025 年投产；在美国加利福尼亚州克恩县开发 500 MW/4000 MW·h 的柳树岩（Willow Rock）储能中心，预计 2026 年投产；在美国加利福尼亚州莫罗湾市建设 400 MW/3200 MW·h 的斜坡（Pecho）储能中心项目，预计 2028 年投产[5]。

3. 水泵式间接压缩空气储能技术

水泵式间接压缩空气储能技术与常规压缩空气储能技术不同，它是将抽水蓄能和压缩空气储能相结合的储能技术，以压缩空气为储能介质，以水为输运载体，利用水泵和水轮发电机实现储能与释能。水泵式间接压缩空气储能技术原理如图 3 所示，储能时，电力驱动水泵，将水注入原本灌满气体的储气室内部，水逐渐增多，挤压储气室内部气体，气体压力上升；释能时，气体压力推动水流入水轮发电机，进行发电。

水泵式间接压缩空气储能技术主要由以色列奥格问公司进行产业化推广，2021年，该公司在以色列基布兹耶赫勒小镇建成第一个商业应用的水泵式间接压缩空气储能系统，装机功率为 250 kW，装机容量为 1 MW·h，为叶海勒（Yahel）社区提供用户侧储能服务[6]。

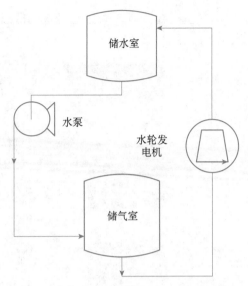

图 3　水泵式间接压缩空气储能技术原理

二、国内压缩空气储能技术产业化新进展

国内压缩空气储能技术主要以先进压缩空气储能技术为代表，中国科学院工程热物理研究所、中储国能（北京）技术有限公司等单位在贵州、山东、河北、江苏、湖北等地区开展产业化推广应用。

先进压缩空气储能技术，主要是通过压缩过程级间的间冷器和膨胀过程级间的再热器回收和释放压缩热，摆脱对化石燃料的依赖，并能保持较高的储能密度和系统转换效率。先进压缩空气储能技术原理如图4所示。储能时，电驱动电动机和压缩机将空气压缩为高温高压空气，之后通过级间换热器将空气中压缩热进行回收并储存于热罐；释能时，高压气体经过级间加热器被热罐存储的热量加热，形成高压高温空气，进入透平膨胀驱动发电机发电[7]。

中国科学院工程热物理研究所自 2004 年开始进行压缩空气储能技术研究，在技术创新和产业化应用方面引领国际发展。该所已经建成全球首个集基础理论、关键技术和系统集成为一体的压缩空气储能系统自主研发设计体系，原创性地研制 15 kW、1.5 MW、10 MW、100 MW 级系列实验平台，获批我国首个国家级物理储能研发中心——国家能源大规模物理储能技术研发中心；已经解决压缩空气储能系统的若干关

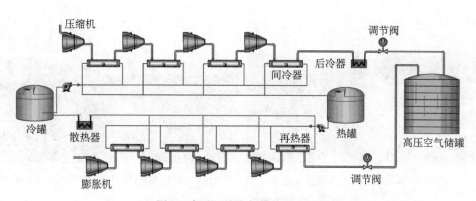

图 4 先进压缩空气储能技术原理

键科学问题，攻克 MW-10 MW-100 MW 先进压缩空气储能系统的关键技术，建成国际首套不同规模等级的先进压缩空气储能示范系统；2016 年，在贵州毕节建成国际首套 10 MW 先进压缩空气储能国家示范电站，效率达到 60.2%，为国际压缩空气储能效率的最高纪录；2021 年 9 月，在山东肥城建成国际首套 10 MW 盐穴先进压缩空气储能系统国家示范电站，效率达到 60.7%，创下新的世界纪录；2021 年 12 月，在张家口建成国际首套 100 MW 级先进压缩空气储能系统国家示范项目，系统设计效率 70.4%；2021 年开始开展 300 MW 级先进压缩空气储能系统示范电站研发与示范。中国科学院院工程热物理研究所创造多个国际第一，包括研发进程国际第一、系统规模国际第一、系统效率国际第一，确立了我国在压缩空气储能领域的国际引领地位。

中储国能（北京）技术有限公司是中国科学院工程热物理研究所成果转化产业化公司，在 2019 年度中国科技成果转化金额中排名第一[8]。其作为投资单位之一参与了山东肥城和张家口先进压缩空气储能国家示范电站项目（图 5），是目前我国唯一同时具备百兆瓦级压缩空气储能和盐穴压缩空气储能工程业绩的单位；已与 10 余家企业合作，拟在山东、宁夏、江苏、内蒙古等 10 余个省（自治区）建设装机总量 2400 MW/13 700 MW·h 的压缩空气储能电站。

此外，清华大学与中国盐业集团有限公司、中国华能集团有限公司于 2022 年 5 月在江苏金坛建成 60 MW/300 MW·h 非补燃压缩空气储能电站[9]，如图 6 所示。该系统采用地下盐穴进行储气。该项目采用清华大学非补燃压缩空气储能技术，利用金坛的盐穴资源，由华能江苏能源开发有限公司承担项目的建设、调试和运维任务。

(a) 肥城10 MW先进压缩空气储能示范电站　　(b) 张北100 MW先进压缩空气储能示范电站

图 5　先进压缩空气储能国家示范电站

图 6　江苏金坛 60 MW/300 MW·h 非补燃压缩空气储能电站

三、压缩空气储能技术产业化挑战与发展建议

　　压缩空气储能技术在全球范围内得到了示范和产业化应用,我国在技术创新与水平、技术研发进程等方面处于引领地位。随着碳达峰、碳中和战略的持续推进,压缩空气储能技术产业化正迎来规模化快速发展的态势。

　　但是,目前压缩空气储能技术产业尚处于培育期,在技术性能及成熟度、质量管理、政策制度等方面仍存在诸多问题与挑战。

　　(1)技术性能及成熟度需要进一步提升。首先,现阶段已研制出单机 100 MW 系统,亟须开展单机规模更大的系统研发;其次,系统设计效率可达 70%,仍有提升空间,有望达到 75%;最后,压缩空气储能系统实际运行示范项目较少,运行时间较短，应用场景有限，难以满足技术全面验证需求，也难以满足建成规模化系统生产线的需要，亟须开展不同应用场景的技术工程验证，建立完整的产业链。

（2）质量管理体系缺失。我国压缩空气储能技术质量管理体系尚处于起步阶段，性能计量测试、技术规范标准、产品认证认可仍不完善，一定程度上阻碍了压缩空气储能技术的质量管理与合理评价，也阻碍了技术健康可持续发展，迫切需要健全质量管理体系。

（3）激励政策和价格机制不够完备。我国建立的储能激励政策补贴方式不尽相同，补贴标准差异很大，无法反映压缩空气储能技术特征和发展现状；价格机制实施细则仍不明确，较为明确的只有峰谷差，无法及时地发现电力供需的实际成本、反映储能等灵活性资源的价值。迫切需要建立能够及时、准确反映电力在不同时空供需成本的现货价格体系。

为了解决上述问题与挑战，提出以下建议。

（1）加强压缩空气储能技术研发的持续支持力度，提升压缩空气储能的技术性能，增强不同应用场景的技术工程验证，鼓励投资主体的多元化，推动相关产业链的完善，促进成熟商业模式的形成。

（2）健全压缩空气储能技术质量管理体系，规范相关的性能计量测试方法，出台相应的技术标准与管理规范，建立强制性产品认证认可机制，推动压缩空气储能产业化的健康发展。

（3）完备压缩空气储能产业化发展相关的激励政策，建立有效的市场化平衡机制，健全储能合理的价格机制，增加相关政策的长效机制，促进压缩空气储能产业化的长远发展。

参考文献

[1] 陈海生，李泓，马文涛，等. 2021 年中国储能技术研究进展 [J]. 储能科学与技术，2022，11（3）：1052-1076.

[2] 纪律，陈海生，张新敬，等. 压缩空气储能技术研发现状及应用前景 [J]. 高科技与产业化，2018，（4）：52-58.

[3] 丁玉龙，来小康，陈海生. 储能技术及应用 [M]. 北京：化学工业出版社，2018.

[4] Highview Power PTY Ltd. Our liquid air energy storage technology stores energy for longer with greater efficiency [EB/OL]. https://highviewpower.com/technology/ [2022-08-30].

[5] Hydrostor Inc. Our projects [EB/OL]. https://www.hydrostor.ca/projects/ [2022-8-30].

[6] 中国储能网. Augwind 公司开通运营 250 kW/1 MWh 商业化压缩空气储能项目 [EB/OL]. https://baijiahao.baidu.com/s?id=1715429886646061366&wfr=spider&for=pc [2022-08-30].

［7］ 陈海生，吴玉庭 . 储能技术发展及路线图［M］. 北京：化学工业出版社，2020.

［8］ 中国科技评估与成果管理研究会，国家科技评估中心，中国科学技术信息研究所 . 中国科技成果转化年度报告 2019［M］. 北京：科学技术文献出版社，2020.

［9］ 中国江苏网 . 常州供电：金坛盐穴压缩空气储能电站正式并网投产［EB/OL］. http://jsnews.jschina.com.cn/cz/a/202205/t20220527_3007408.shtml［2022-08-30］.

3.9　Commercialization of Compressed Air Energy Storage Technology

Ling Haoshu[1,2]，*Guo Huan*[1,2]，*Zhou Xuezhi*[1,2]，*XuYujie*[1,2]，*Chen Haisheng*[1,2]

（ 1. Institute of Engineering Thermophysics，Chinese Academy of Sciences；

2. University of Chinese Academy of Sciences ）

Due to the advantages of large energy storage capacity，long energy storage time，low cost，long life，safety and environmental protection，compressed air energy storage is recognized as one of the most promising large-scale long-term energy storage technologies. Liquid air energy storage technology，constant pressure compressed air energy storage technology，and advanced compressed air energy storage technology have been commercialized. The commercial power stations have also been built in the UK，Canada，Israel and China. However，compressed air energy storage industry is still in the cultivation period，and it is urgent to solve the problems and challenges in technology，industrial chain，policy，market and other aspects，accelerate the development of compressed air energy storage industry，and support the goals of "carbon peaking and carbon neutrality".

第四章

高技术产业国际竞争力与创新能力评价

Evaluation on High Technology
Industry International
Competitiveness and
Innovation Capacity

4.1　中国高技术产业国际竞争力评价

王雪璐[1,2]　蔺　洁[2]

（1.中国科学院大学中丹学院；2.中国科学院科技战略咨询研究院）

一、中国高技术产业发展概述

高技术产业[①]是国民经济的重要组成部分，也是维护产业链供应链安全稳定、培育经济发展新动能的重要领域。保持高技术产业平稳有序发展，是中国增强产业竞争能力的关键，也是新时期推动经济高质量发展的必然选择。

尽管受复杂严峻国际环境的影响，中国经济运行面临着诸多挑战，但中国高技术产业依然保持增长势头。2016～2020年，高技术产业规模不断扩大，营业收入[②]从15.38万亿元稳步增长到17.46万亿元，年均增幅3.22%；盈利能力稳步增强，利润总额从10 302亿元增长到12 394亿元，年均增幅4.73%（图1）。高技术产业从业人员平均人数从1342万人增长到1387万人，年均增幅0.83%；企业数量从30 798家增加到40 194家，年均增幅6.88%。

三资企业在中国高技术产业中占有较高比重，在吸纳就业人员、创造经济效益方面发挥了重要作用。2020年，中国共有三资企业6846家，占高技术产业企业总数的17.03%；从业人员约524万人，约占高技术产业从业人员平均人数的37.79%；营业收入约70 132亿元，约占高技术产业营业收入的40.16%；利润总额约3750亿元，约占高技术产业利润总额的30.25%（表1）。三资企业以占高技术企业数量1/5的比例，吸纳了高技术产业近2/5的就业人员，贡献了高技术产业2/5的营业收入和近1/3的利润额。

---

① 根据《高技术产业（制造业）分类（2017）》，高技术产业（制造业）（以下简称高技术产业）包括医药制造业，航空、航天器及设备制造业，电子及通信设备制造业，计算机及办公设备制造业，医疗仪器设备及仪器仪表制造业、信息化学品制造业6类。由于航空、航天器及设备制造业部分数据缺失，因此本文不对该产业进行具体分析。

② 由于国家统计局自2019年起将统计数据中的"主营业务收入"统计指标调整为"营业收入"，因此，本文以"营业收入"代替"主营业务收入"。由于《中国高技术产业统计年鉴2018》相关数据缺失，故2017年数据采用2016年、2018年数据的算术平均值补缺。

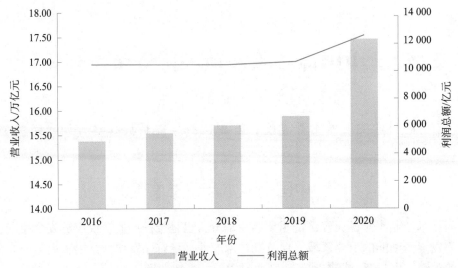

图 1 中国高技术产业经济规模（2016～2020 年）

注：2017 年数据缺失，取 2016 年和 2018 年均值补缺。

资料来源：《中国高技术产业统计年鉴 2021》。

表 1 中国高技术产业及高技术三资企业经营情况（2020 年）

	企业数/家	从业人员平均人数/人	营业收入/亿元	利润总额/亿元
高技术产业	40 194	13 866 556	174 613.10	12 393.97
高技术三资企业	6 846	5 240 201	70 132.29	3 749.448

资料来源：《中国高技术产业统计年鉴 2021》。

本文从竞争实力、竞争潜力、竞争环境和竞争态势[1]四个方面分析 2016～2020 年中国高技术产业国际竞争力，力图展现中国高技术产业发展的图景并识别面临的挑战和问题。

二、中国高技术产业竞争实力

中国高技术产业竞争实力主要体现在资源转化能力、市场竞争能力和产业技术能力三个方面。

1. 资源转化能力

资源转化能力可以衡量生产要素转化为产品与服务的效率和效能，主要体现为全员劳动生产率①和利润率②两项指标。全员劳动生产率是产业生产技术水平、经营管理水平、职工技术熟练程度和劳动积极性的综合体现；利润率反映产业生产盈利能力。

中国高技术产业全员劳动生产率低于制造业平均水平。2020年，中国高技术产业人均营业收入为125.92万元/（人·年），制造业人均营业收入为145.04万元/（人·年）。从细分行业看，2020年，信息化学品制造业人均营业收入最高，达到174.48万元/（人·年）；计算机及办公设备制造业、电子及通信设备制造业和医疗仪器设备及仪器仪表制造业的人均营业收入分别为170.62万元/（人·年）、127.15万元/（人·年）和93.87万元/（人·年）。

中国高技术产业的盈利能力略高于制造业平均水平。2020年，中国高技术产业利润率为7.10%（制造业为6.08%）。其中，医药制造业是盈利能力最高的产业，利润率为14.74%。医疗仪器设备及仪器仪表制造业、信息化学品制造业、电子及通信设备制造业、计算机及办公设备制造业的利润率分别为13.4%、9.26%、5.56%和3.18%。

中国高技术产业的全员劳动生产率远低于发达国家。2020年，法国、德国、美国③高技术产业全员劳动生产率分别为33.73万美元/（人·年）、25.63万美元/（人·年）、47.72万美元/（人·年）；而2019年和2020年中国高技术产业的全员劳动生产率分别为17.88万美元/（人·年）④、18.26万美元/（人·年）⑤。2020年中国高技术产业全员劳动生产率仅为法国的1/2、美国的2/5。

2. 市场竞争能力

市场竞争能力主要由产品目标市场份额、贸易竞争指数⑥、价格指数⑦三项指标表征。产品目标市场份额反映一国某商品对目标市场的贸易出口占目标市场该商品贸易进口的比例。贸易竞争指数反映一国某商品贸易进出口差额的相对大小，指数等于1

---

① 全员劳动生产率 = 产业增加值 / 全部从业人员平均数。考虑到数据可获得性，中国的全员劳动生产率用人均营业收入代替。

② 利润率 =（利润总额 / 营业收入）×100%。

③ 法国、德国、美国高技术产业全员劳动生产率计算公式：labor productivity=production（gross output）/ number of persons engaged（total employment）。资料来源：OECD STAN 数据库中产业分析部分的产业分类 D20T21、D26、D303、D325、D58T63（不包含航空、航天器及设备制造业），以上数据库的产业分类标准是 ISIC Rev. 4。https://stats.oecd.org/Index.aspx?DataSetCode=STANI4_2021。

④ 按照中国央行人民币汇率中间价，2019年度平均汇率为 1 美元 =6.8985 元人民币。

⑤ 按照中国央行人民币汇率中间价，2020年度平均汇率为 1 美元 = 6.8974 元人民币。

⑥ 贸易竞争指数 =（出口额 – 进口额）/（出口额 + 进口额）。

⑦ 价格指数 =（出口额 / 出口数量）/（进口额 / 进口数量）。

表示只有出口，指数等于 –1 表示只有进口。价格指数反映该国某商品进出口价格比率，指数位于 0～1 表明该商品出口价格低于进口价格，大于 1 表明该商品出口价格高于进口价格。由于 UN Comtrade 数据库中没有对高技术产品的进口数量和出口数量进行统计，无法对所有高技术产品的价格指数进行计算，故本部分主要分析贸易竞争指数。

虽然中国高技术产品在国际贸易中处于顺差状态，但是产品竞争能力较弱。2020 年中国高技术产品出口数量已达到全球第一，占全球相关产品出口量的 23.8%，出口总额高达 7982.91 亿美元，进口总额为 6250.40 亿美元，贸易顺差为 1732.51 亿美元，是高技术产品贸易大国。但是，中国高技术产品贸易竞争指数仅为 0.12，市场竞争力较弱。

美国、欧盟是中国高技术产品的主要出口市场。2020 年，中国出口到美国、欧盟市场的高技术产品总额分别为 1408.20 亿美元和 1166.23 亿美元，进口高技术产品总额分别为 320.85 亿美元和 823.75 亿美元，贸易竞争指数分别为 0.63 和 0.17。其中，中国对英国高技术产品贸易保持顺差优势，出口 169.99 亿美元，进口 25.57 亿美元，贸易顺差为 144.42 亿美元，贸易竞争指数 0.74；中国对德国高技术产品贸易顺差较小，2020 年出口总额为 254.06 亿美元，进口总额为 221.67 亿美元，贸易顺差为 32.40 亿美元，贸易竞争指数为 0.07。从贸易总量上来看，中国在美国市场和英国市场已经取得一定市场竞争优势。

中国对日本、韩国均为贸易逆差状态，市场竞争力较弱。2020 年，中国对日本、韩国的贸易逆差分别为 67.23 亿美元、565.35 亿美元，贸易竞争指数分别为 –0.08、–0.42。中国对巴西、印度、俄罗斯高技术产品则具有较强的竞争力，贸易顺差分别为 97.77 亿美元、223.68 亿美元、108.94 亿美元，贸易竞争指数分别为 0.98、0.93、0.93。

从细分行业看，中国高技术产品的国际竞争力不容乐观。在国际药品市场，中国主要从欧盟进口药品。2020 年，中国药品出口 132.08 亿美元，进口为 349.15 亿美元，贸易逆差高达 217.07 亿美元，贸易竞争指数为 –0.45。其中，对美国和欧盟的药品贸易逆差分别为 25.25 亿美元和 190.52 亿美元。在航空、航天器及设备制造产品市场，中国表现出的市场竞争力较弱。2020 年，中国航空器、航天器及其零件出口仅为 24.57 亿美元，进口 94.01 亿美元，贸易逆差为 69.44 亿美元，贸易竞争指数为 –0.59。在医疗、精密光学仪器领域，中国相关产品主要依赖日本进口。2020 年，中国医疗、精密光学仪器出口 802.27 亿美元，进口 990.67 亿美元，贸易逆差为 188.4 亿美元，贸易竞争指数为 –0.11。其中，对日本的医疗、精密光学仪器进口总额为 161.7 亿美元，贸易逆差为 119.19 亿美元。但是，中国在广播、电视和通信设备领域处于贸易顺差状态，具备一定产品竞争力。2020 年中国广播、电视和通信设备出口 7099.33 亿美元，进口 5484.20 亿美元，贸易顺差为 1615.13，贸易竞争指数为 0.13。

3. 产业技术能力

产业技术能力主要体现在产业关键技术水平、新产品销售率①和新产品出口销售率②三项指标。产业关键技术水平体现在产业技术硬件水平，与产业技术能力有着直接的关系。新产品销售率和新产品出口销售率一定程度上反映了新技术的市场化收益能力，也是衡量产业技术水平的重要指标。

中国高技术产业关键技术水平近年来显著提升。在信息通信、生物医药、航空航天等领域取得一系列突破性进展。中国在信息通信的多个技术领域保持领先优势。5G方面，截至 2022 年上半年中国累计建成、开通 5G 基站总数达到 185.4 万个，5G 移动电话用户达到 4.55 亿户。6G 方面，2021 年全球 6G 领域专利申请量超过 3.8 万项，其中，中国以专利申请占比 35%（1.3 万余项，约合 1.58 万件）位居全球首位[2]。量子计算技术方面，2020 年中国成功研制量子计算机"九章"，2021 年成功研制"九章二号""祖冲之二号"，将量子计算机算力提升了 100 亿倍[3]。2022 年，百度公司发布"干始"量子计算机，以及全球首个全平台量子计算软硬一体化方案"量羲"，意味着量子计算机从研究探索走向产业化应用[4]。量子存储领域，2021 年郭光灿教授研究团队将光存储时间提升至 1 h，大幅刷新 2013 年由德国团队所创造的光存储 1 min 的世界纪录[5]。

中国在生物医药领域取得多项重要突破。疫情防控方面，中国攻克多个疫苗及核酸检测技术难关。2021 年北京博奥晶典生物技术有限公司联合清华大学成功研发出全集成微流控芯片，核酸检测技术取得重大进展。国药中生生物技术研究院有限公司和北京科兴中维生物技术有限公司的新冠灭活疫苗先后进入世界卫生组织紧急使用清单和"新冠疫苗实施计划"采购清单，获得世界卫生组织的紧急使用认证，截至 2021 年底已向 120 个国家和国际组织提供近 20 亿剂疫苗[6]。2021 年，荣昌生物制药（烟台）股份有限公司自主研发的 BLyS/APRIL 双靶点生物创新药泰它西普和抗体偶联药物维迪西妥单抗上市，是中国首个双靶点治疗系统性红斑狼疮新药及首个治疗恶性肿瘤的抗体偶联新药[7]。此外，苏州泽璟生物制药股份有限公司、江苏亚盛医药开发有限公司、中山康方生物医药有限公司、腾盛博药医药技术（上海）有限公司等多家生物医药企业迎来首款商业化新药。国内获批药物的种类和覆盖的适应证逐渐多样化，首款中国本土企业自主研发的抗体偶联药物（ADC）、两款 CAR-T 细胞疗法药物、首款新冠病毒中和抗体联合疗法药物也相继上市。

---

① 新产品销售率＝（新产品销售收入 / 产品销售收入）×100%，其中，产品销售收入用营业收入代替。

② 新产品出口销售率＝（新产品出口销售收入 / 新产品销售收入）×100%。

在航空航天领域，中国全面实施空间站建造工程。2020 年以来载人航天工程先后成功完成长征五号 B 运载火箭首飞，空间站天和核心舱发射升空，以及神舟十二号、神舟十三号、神舟十四号载人飞船，天舟二号、天舟三号、天舟四号货运飞船的飞行任务。同时，中国突破了快速交会对接和撤离返回、自动任务规划、复杂构型航天器精密定轨和预报、机械臂遥操作控制等一系列飞行控制技术，建成国产化稳定运行的飞行控制系统平台，掌握和初步验证了空间站组装建造阶段的关键核心飞控技术[8]。2022 年 6 月，随着神舟十四号载人飞船发射成功，3 名航天员进入空间站核心舱，中国空间站任务也正式全面转入建造阶段[9]。

中国高技术产业新产品开发能力较强，新产品销售率和新产品出口销售率较高。2020 年，中国高技术产业新产品销售率和新产品出口销售率分别为 38.33% 和 37.12%，超过 1/3 的新产品最终出口。从细分领域看，电子及通信设备制造业新产品开发能力最强，计算机及办公设备制造业新产品出口份额最高。2020 年，电子及通信设备制造业新产品销售率和新产品出口销售率分别为 43.33% 和 38.85%；计算机及办公设备制造业新产品销售率和新产品出口销售率分别为 31.83% 和 63.23%；医疗仪器设备及仪器仪表制造业和信息化学品制造业新产品销售率分别为 33.67% 和 33.59%，新产品出口销售率分别为 18.61% 和 17.64%；医药制造业新产品销售率和新产品出口销售率分别为 30.73% 和 11.55%。这说明医疗仪器设备及仪器仪表制造业、信息化学品制造业和医药制造业主要面向国内市场，出口能力较弱。

综合考察资源转化能力、市场竞争能力和产业技术能力，中国高技术产业具备一定的竞争实力，产业盈利能力和新产品开发能力相对较强，在国际贸易总量中具备了一定的市场竞争力。然而，与发达国家相比，中国高技术产业全员劳动生产率较低，虽然产业技术能力快速提升，但是细分领域仍然和发达国家有差距。

三、中国高技术产业竞争潜力

竞争潜力体现在产业运行状态、技术投入、比较优势和创新活力四个方面。由于产业运行状态缺乏相关统计数据，本文仅从技术投入、比较优势和创新活力三方面分析中国高技术产业的竞争潜力。

1. 技术投入

技术投入直接影响产业未来技术水平和竞争力的提升，体现在 R&D 人员比例[①]、

---

① R&D 人员比例 =（R&D 活动人员折合全时当量 / 从业人员）×100%。

R&D经费强度[①]、技术改造经费比例[②]及消化吸收经费比例[③]四项指标。中国高技术产业研发投入相对较高。2020年，中国高技术产业R&D人员比例为7.14%，R&D经费强度为2.66%，分别比制造业平均水平高0.41个百分点和1.25个百分点。从细分领域看，医疗仪器设备及仪器仪表制造业R&D投入较高，R&D人员比例和R&D经费强度分别为9.62%和3.79%；电子及通信设备制造业和医药制造业R&D人员比例分别为7.21%和6.28%，R&D经费强度分别为2.66%和3.13%；计算机及办公设备制造业的R&D投入较低，R&D人员比例和R&D经费强度分别为4.98%和1.20%（表2）。

表2　中国高技术产业技术投入指标（2020年）　　（%）

	R&D 人员比例	R&D 经费强度	技术改造 经费比例	消化吸收 经费比例
高技术产业	7.14	2.66	0.36	6.68
医药制造业	6.28	3.13	0.43	39.35
航空、航天器及设备制造业	—	—	—	—
电子及通信设备制造业	7.21	2.66	0.35	5.70
计算机及办公设备制造业	4.98	1.20	0.17	15.85
医疗仪器设备及仪器仪表制造业	9.62	3.79	0.30	0.45
信息化学品制造业	6.85	1.43	0.23	—

—表示数据缺失。

资料来源：《中国高技术产业统计年鉴2021》。

中国高技术产业对技术改造和消化吸收再创新的投入相对不足。2020年，中国高技术产业技术改造经费比例和消化吸收经费比例分别为0.36%和6.68%。需要特别指出的是，相对于其他高技术行业，医药制造业更加重视引进消化吸收再创新，2020年医药制造业消化吸收经费比例为39.35%（表2）。

与发达国家相比，中国高技术产业研发经费投入仍然不足。2020年中国规模以上高技术产业R&D经费支出674.04亿美元，美国2020年在高技术领域的企业R&D投入高达2209.18亿美元[④]，是中国的3倍多。

---

① R&D经费强度=（R&D经费内部支出/营业收入）×100%。

② 技术改造经费比例=（技术改造经费/营业收入）×100%。

③ 消化吸收经费比例=（消化吸收经费/技术引进经费）×100%。

④ 数据来源于OECD STAN数据库，产业包括：manufacture of basic pharmaceutical products and pharmaceutical preparations；manufacture of computer, electronic and optical products；manufacture of air and spacecraft and related machinery；manufacture of medical and dental instruments and supplies。

2. 比较优势

中国高技术产业的比较优势主要体现在劳动力成本、产业规模和相关产品市场规模三个方面。

中国高技术产业劳动力低成本优势显著。2019 年，美国、法国、德国、英国、韩国的制造业单位劳动力工资分别为 6.05 万美元/年、4.33 万美元/年、4.93 万美元/年、3.65 万美元/年、3.68 万美元/年[①]，2020 年中国制造业单位劳动力工资仅为 1.08 万美元/年[②]，仅为上述国家人员成本的 17.85%～29.59%。

中国高技术产业已形成规模优势，但与美国相比还有一定差距。2020 年，中国高技术产业营业收入达 17.46 万亿元，约合 2.53 万亿美元。2019 年，美国高技术产业总产值达到 38.95 万亿美元，是中国的 15.4 倍。2019 年德国高技术产业总产值达到 6515.36 亿美元，法国高技术产业总产值达到 4252.16 亿美元，均远低于中国的产业规模。

中国高技术产业发展前景广阔。庞大的国内市场需求为电子及通信设备制造业发展提供了条件。2019 年中国互联网用户占总人口比重为 64.5%[10]，而同期美国该比重为 89.4%[11]；2020 年中国每百万人互联网服务商为 954.5 个，美国为 141 670.3 个[③]，美国远高于中国现有水平。随着人民对美好生活需求的标准不断提高，中国医药制造业、医疗仪器设备及仪器仪表制造业还有很大的发展空间。2020 年中国医疗支出占GDP 的比重为 7.1%，人均医疗支出 741.1 美元，而美国医疗支出占 GPD 的比重为 19.7%，人均医疗支出 12 530 美元[④]，分别是中国的 2.78 倍和 16.9 倍。

3. 创新活力

创新活力主要体现在专利申请数、有效发明专利数和单位营业收入对应有效发明专利数[⑤]三个方面。

中国高技术产业创新力较强。2020 年，中国高技术产业申请专利 348 522 件，有效发明专利 570 905 件，占当年制造业专利申请总数和有效发明专利的 28.02% 和 39.43%。其中，电子及通信设备制造业创新活力最强，专利申请数和有效发明专利数分别为 230 859 件和 394 812 件，占高技术产业当年专利申请总数和有效发明专利总

---

① 数据来源：《国际统计年鉴 2021》。制造业单位劳动力工资 = 雇员工资和薪金 / 雇员数。
② 2020 年中国制造业单位劳动力工资为 7.46 万元人民币，2020 年人民币平均汇率为 1 美元兑 6.8974 元人民币。
③ 数据来源：《国际统计年鉴 2021》。
④ 数据来源：《国际统计年鉴 2021》。
⑤ 单位营业收入对应有效发明专利数 = 有效发明专利数 / 营业收入。

数的 66.24% 和 69.16%。

中国高技术产业具有较高的创新效率。2020 年，中国高技术产业单位营业收入对应有效发明专利数 3.27 件 / 亿元，高于制造业的 1.34 件 / 亿元。其中，医疗仪器设备及仪器仪表制造业创新效率最高，单位营业收入对应有效发明专利数高达 5.44 件 / 亿元，电子及通信设备制造业为 3.59 件 / 亿元，医药制造业为 2.27 件 / 亿元。计算机及办公设备制造业创新效率相对较低，单位营业收入对应有效发明专利数仅为 1.65 件 / 亿元。

中国高技术产业创新活力近年来一直增长（表 3）。2021 年，中国在电气机械、信息通信、计算机技术、半导体、光学、医学技术、生物技术、制药和交通等高技术领域共授权 PCT 专利 37 205 件。在电气机械、信息通信、计算机技术、半导体、光学、交通等技术领域，中国的 PCT 专利授权量已经超过美国；在生物技术、医学技术和制药领域，中国的 PCT 专利授权量却远低于美国，仅为美国授权数量的 40% 左右。在信息通信、计算机技术、半导体、光学、生物技术、制药等领域，中国的 PCT 专利授权量已经超过日本。

表 3　中国与世界部分发达国家在高技术领域 PCT 专利授权情况比较（2021 年）

（单位：件）

	中国	法国	德国	日本	韩国	英国	美国
电气机械	4 273	464	1 738	5 301	1 751	320	2 190
信息通信	9 887	252	438	2 286	2 181	158	5 604
计算机技术	10 146	387	670	3 434	1 653	431	7 198
半导体	2 862	127	352	2 497	771	86	1 303
光学	2 578	153	336	2 119	435	113	1 421
医学技术	2 517	505	900	2 548	1 159	518	6 244
生物技术	1 436	236	351	908	548	312	3 412
制药	1 863	371	398	766	732	411	4 726
交通	1 643	751	1 629	2 191	440	301	1 219

资料来源：WIPO 数据库。

综合考察技术投入、比较优势和创新活力，中国高技术产业具有一定的竞争潜力，劳动力低成本优势仍然显著，产业发展形成规模优势，未来产品市场需求广阔。但同时，中国高技术产业技术改造和消化吸收水平较低，研发投入与发达国家相比严重不足，部分技术领域 PCT 授权量与美国和日本仍有较大差距。

四、中国高技术产业竞争环境

竞争环境主要体现在政治经济环境、贸易和技术环境、产业发展环境、产业政策环境等方面。

1. 产业全球化遭受政治经济格局重构挑战

新冠疫情持续冲击、俄乌冲突爆发、中美科技竞争加速了全球政治经济格局调整和重构。自俄罗斯对乌克兰采取特别军事行动以来，以美国为首的西方国家对俄罗斯采取一系列制裁行动。尤其在科技领域，美欧对俄罗斯高技术领域进行了大量制裁，如禁运半导体和诸多关键元器件等高科技产品，苹果、谷歌等龙头科技公司停止在俄罗斯的市场运营，高校暂停或取消与俄罗斯的双边合作、奖学金项目等，以将俄罗斯排除在国际科技合作范围之外。同时，美国也将遏制中国科技发展作为其科技竞争战略，对中俄两国采取"双制约"和"双威慑"策略。这些举措使得中美关系更为复杂，阻碍了共建"一带一路"在欧洲的贸易通道，也促使俄罗斯更加重视与中印等国家的贸易合作关系[12]。

美国在国内实施科技政策，建立竞争优势，在外建立联盟体系，构建新的标准和规则[13]。2020 年 10 月，美国发布《关键与新兴技术国家战略》(National Strategy for Critical and Emerging Technology)，提出了大量保持美国国家创新基础与技术优势"科技霸主"地位的举措。拜登政府执政后，加强了对华的遏制战略，封锁科技出口渠道并进一步压缩中美合作空间。2020 年底，美国发布《非对称竞争：应对中国科技竞争的战略》(Asymmetric Competition：A Strategy for China & Technology)，建议建立由美国、日本、德国、法国、英国、加拿大、荷兰、韩国、芬兰、瑞典、印度、以色列、澳大利亚等国组成"T-12"论坛共同应对来自中国的科技竞争[14]。2021 年，美国商务部工业与安全局（Bureau of Industry and Security）将 7 家中国超级计算机实体列入"实体清单"；美国联邦通信委员会（Federal Communications Commission）以"国家安全"为由撤销中国电信在美业务授权。此外，美国进一步深化与西方的同盟体系，削弱、剥夺中国国际标准制定话语权，意图把中国排除在关键科技发展的技术轨道之外。2021 年 5 月，美韩宣布两国将努力增加汽车芯片的全球供应，促进相互投资和研发合作，从而支持两国先进半导体制造业的发展。中国高技术产业发展的全球化布局和产业链构建与升级面临着政治经济格局调整带来的重重困境，为产业发展带来一定的阻碍。

2. 产业发展面临国际贸易规则调整新挑战

国际贸易规则的调整为中国高技术产业发展带来深远影响。2017年1月，特朗普政府宣布退出其主导的《跨太平洋伙伴关系协定》（Trans-Pacific Partnership Agreement，TPP），重启《全面与进步跨太平洋伙伴关系协定》（Comprehensive and Progressive Agreement for Trans-Pacific Partnership，CPTPP）。2019年1月，美国向WTO提交《一个无差别的世贸组织：自我认定的发展地位威胁体制相关性》（An Undifferentiated WTO：Self-declared Development Status Risks Institutional Irrelevance），认为需要构建一个无差别的WTO，要求取消发展中国家成员享受特殊和差别待遇的权利。2022年1月1日，《区域全面经济伙伴关系协定》（Regional Comprehensive Economic Partnership，RCEP）协定正式生效。RCEP是由东盟10国和中国、日本、韩国、澳大利亚、新西兰共15个亚太国家正式签署的贸易协定。该协定统一了区域内的经贸规则，削减了区域间关税和非关税壁垒，成为现阶段全球规模最大的自贸协定。在RCEP和CPTPP框架下，新规则对中国高技术产业发展提出新挑战。由于市场准入条件放宽，发达国家企业将给国内中高端产业发展带来更大的竞争压力。中国对来自日本和韩国等发达国家的机械设备及零件、精密仪器及设备、机动车辆及其零部件等关键工业中间品、资本品进行了关税税率下调[15]，日本和韩国的高技术产业核心技术、产品及零部件会以更低的成本进入中国市场，对中国高技术产业造成直接冲击。中国高技术企业必须全面提升生产技术水平，规范产品的制造工艺与操作流程，优化生产运营管理模式，促使产业向高端化发展，提升在国际市场上的竞争力。

3. 产业核心技术多点突破带来发展新机遇

全球科技创新进入空前活跃期，新一代信息技术、生物技术、能源技术等高新技术已成为发展热点。中国在多个技术领域的突破为高技术产业的发展提供了坚实的科技基础。在核聚变领域，中国科学院合肥物质科学研究院实现了全超导托卡马克核聚变实验装置（EAST）1056 s长脉冲高参数等离子体运行，创造了世界托卡马克装置高温等离子体运行的最长时间[16]。在量子科技领域，中国量子信息科技领域从基础研究、工程建设到商业应用发展迅速。2021年，中国科学技术大学潘建伟院士团队成功构建出66比特可编程超导量子计算原型机"祖冲之二号"，实现对"随机线路取样"问题的快速求解，使我国首次在超导量子体系达到"量子计算优越性"里程碑。同年，中国科学技术大学郭光灿院士团队实现了一种新型量子中继架构，将相干光的存储时间提升至1 h，大幅刷新2013年由德国团队创造的光存储世界纪录（1 min），证实了光量子 U 盘原理的可行性，为量子存储提供了新的技术路线。由之江实验室、国家超级计算无锡中心等多家单位联合攻关的基于新一代神威超级计算机的应用"超大规模量子随机电路实时模拟"（SWQSIM）打破"量子霸权"，获得 2021 年"戈登·贝尔奖"[17]。中国科学技术大学潘建伟研究团队、中国科学院上海技术物理研究所王建宇研究组、济南量子技术研究院和中国有线电视网络有限公司合作，实现了量子保密通信"京沪干线"与"墨子号"量子卫星的成功对接，并构建了世界上首个集成 700 多条地面光纤 QKD 链路和两个星地自由空间高速 QKD 链路的广域量子通信网络，率先实现了天地一体化量子通信网络构建[18]。在航空航天领域，"天问一号"探测器成功着陆火星，标志着中国首次实现外行星着陆，中国成为第二个成功着陆火星的国家；中国空间站天和核心舱成功发射，神舟十二号、十三号载人飞船成功发射并与天和核心舱成功完成对接，验证并突破了航天员长期驻留、再生生保、空间物资补给等空间站建造和运营等一系列关键技术。嫦娥五号月球样品是继美国国家航空航天局的阿波罗号和苏联的月球任务以来的第一批采集回来的月球样本，对未来的月球探测和研究提出了新的方向[19]。这些科学技术上的重大发现和突破为中国高技术产业发展奠定了坚实的技术基础，为中国产业关键核心技术的获取和升级提供了良好的条件。

4. 主要国家纷纷布局高技术产业领域

主要国家瞄准前沿高技术产业纷纷调整战略和政策，不断通过产业政策加强对市场的干预力度，加快布局高技术领域从而提升国际竞争力。美国将基础研究和前沿科技作为产业政策的支持重点。近年来，美国利用产业补贴、公共研发投入、政府采购等政策手段扶持关键高技术产业发展。拜登上台后，更加强调利用产业政策提升产业全球竞争力，陆续通过了第 14005 号"关于确保未来由美国工人在美国制造"行政令（Executive Order on Ensuring the Future Is Made in All of America by All of America's Workers）、《2021 年美国创新和竞争法案》（United States Innovation and Competition Act of 2021）等文件，旨在促进美国人工智能、机器学习、机器人、高性能计算以及其他先进技术的研究，并优先购买美国本土的高技术产品。《2022 年美国为制造业创造机会、卓越技术和经济实力法案》（America Creating Opportunities for Manufacturing, Pre-Eminence in Technology and Economic Strength Act of 2022）提出拨款近 3000 亿美元用于半导体、汽车关键部件等高技术行业的研发和补贴，以及解决日渐严重的供应链问题。2022 年发布《美国确保供应链以实现强韧清洁能源供应转型战略》（America's Strategy to Secure the Supply Chain for a Robust Clean Energy Transition），报告涉及碳收集材料、电网、储能、燃料电池和电解槽、水电、钕磁铁、核能、铂族金属和其他催化剂、半导体、太阳能光伏、风能、商业化和竞争力、网络安全和数字组件共 13 个部分。欧盟主要强调对数字化发展的支持。近年来，欧盟委员会相继发布《塑造欧洲数字化未来》(Shaping the Digital Transformation in Europe)、《欧洲新工业战略》(A New Industrial Strategy for Europe)、《欧盟通用数据保护条例》(General Data Protection Regulation, GDPR)、《欧洲数据战略》(A European Strategy for data)、《人工智能白皮书》(WHITE PAPER On Artificial Intelligence—A European approach to excellence and trust)、《数据治理法案》(Data Governance Act, DGA)、《数字服务法案》(Digital Services Act, DSA)、《2030 数字罗盘：欧洲数字十年之路》(2030 Digital Compass: the European way for the Digital Decade)、《数字欧洲计划》(Digital Europe Programme)、《数字市场法案》(the Digital Markets Act)等战略和政策，逐步构建了欧盟数字战略的总体框架。德国重视并布局量子技术领域。2021 年德国发布《联合执政协议》，高度重视科技创新并发布了一系列产业措施[20]。德国政府计划五年内提供 20 亿欧元以推动量子技术发展，并推出"量子处理器和量子计算机技术"计划、"基于超导量子位的德国量子计算机"联合研究项目(GeQCoS)[21]。韩国集中发力半导体产业。2021 年 5 月韩国发布《K-半导体战略报告》，提出 2030 年建成全球最大的半导体产业供应链的战略愿景，制定一系列税收优惠、财政支持和基础设施投入等政策推动战略愿景实现。日本通过发布科技创新"六五计划"(2021 年)全面布局数字化转型、碳中和以及可持续发展。法国发布《量子技术国家战略》，全面布局量子领域，构建量子技术产业的核心竞争能力。这一系列战略和政策的发布和调整，使高技术产业在国家经济社会发展中的地位和作用愈加重要，也使中国高技术产业发展面临着更多的挑战。

5. 政策体系优化助力高技术产业蓬勃发展

近年来，中国加大了对高新技术产业的布局，大力引导和支持前沿高技术领域和战略性新兴领域产业发展。在信息通信领域，2022 年 1 月，国务院发布《"十四五"数字经济发展规划》，提出瞄准传感器、量子信息等前瞻性领域，提高数字技术基础研发能力，强化关键产品自给保障能力。2021 年 2 月发布的《关于提升 5G 服务质量的通知》和 2020 年发布的《工业和信息化部关于推动 5G 加快发展的通知》等产业政策为 5G 行业的发展提供了更加清晰的发展路径。在集成电路领域，2020 年 8 月，国务院印发《新时期促进集成电路产业和软件产业高质量发展的若干政策》(国发〔2020〕8 号)，加大对本土集成电路产业的支持。2022 年 3 月，国家发展和改革委员会等五部门联合印发《关于做好 2022 年享受税收优惠政策的集成电路企业或项目、软件企业清单制定工作有关要求的通知》（发改高技〔2022〕390 号），对集成电路生产相关企业给予进口税收优惠等政策倾斜，集成电路产业迎来政策发展新机遇。在医疗装备产业领域，2021 年 12 月《"十四五"医疗装备产业发展规划》发布，围绕诊断检验装备、治疗装备、监护与生命支持装备、中医诊疗装备、妇幼健康装备、保健康复装备、有源植介入器械 7 个重点领域，提出到 2025 年达到主流医疗装备基本实现有效供给，高端医疗装备产品性能和质量水平明显提升的发展目标。此外，中国不断推动新一代信息技术、生物技术、新能源、新材料、高端装备、新能源和智能汽车、绿色环保以及航空航天、海洋装备等战略性新兴产业发展，前瞻谋划类脑智能、量子信息、基因技术、未来网络、深海空天开发、氢能与储能等未来产业。这些产业政策和领域布局有利于推动产业关键技术升级和高质量发展，为中国高技术产业发展提供了良好的政策环境。

五、中国高技术产业竞争态势

竞争态势反映产业竞争力演进的趋势和方向，主要体现为资源转化能力、市场竞争能力、技术能力和比较优势等四个方面的发展。

1. 资源转化能力变化指数

资源转化能力竞争态势反映全员劳动生产率和利润率的变化趋势，是把握资源转化能力发展趋势的重要前提。

中国高技术产业资源转化能力呈缓慢上升趋势。2016～2020 年，中国高技术产业人均营业收入从 114.62 万元 /（人·年）持续增长到 125.92 万元 /（人·年），年均增速 2.38%；利润率增长缓慢，从 6.70% 增长到 7.10%，提高了 0.4 个百分点。从细分产业看，电子及通信设备制造业人均营业收入有较大提升，年均增速 4.29%；计算机及办公设备制造业、信息化学品制造业人均营业收入年均增速较小，分别为 2.98%、0.41%；医疗仪器设备及仪器仪表制造业和医药制造业年均增速为负，分别为 –1.79% 和 –1.59%。医疗仪器设备及仪器仪表制造业和医药制造业利润率保持较快增长，分别增加了 3.98 个百分点和 3.7 个百分点。计算机及办公设备制造业则呈微降态势，2020 年比 2016 年下降 0.97 个百分点（表 4）。

表 4　中国高技术产业主要经济指标（2016～2020 年）

指标	行业	2016 年	2017 年 *	2018 年	2019 年	2020 年
人均营业收入 / [万元 / (人·年)]	高技术产业	114.62	116.86	119.15	123.33	125.92
	医药制造业	124.95	121.88	118.45	122.00	117.17
	航空、航天器及设备制造业	94.52	—	—	—	—
	电子及通信设备制造业	107.48	113.65	119.74	124.18	127.15
	计算机及办公设备制造业	151.74	151.20	150.68	162.81	170.62
	医疗仪器设备及仪器仪表制造业	100.89	94.40	87.69	86.86	93.87
	信息化学品制造业	171.63	167.49	154.47	148.43	174.48
利润率 /%	高技术产业	6.70	6.63	6.56	6.61	7.10
	医药制造业	11.04	12.09	13.33	13.33	14.74
	航空、航天器及设备制造业	5.90	—	—	—	—
	电子及通信设备制造业	5.52	5.36	5.22	5.27	5.56
	计算机及办公设备制造业	4.15	3.61	3.08	3.22	3.18
	医疗仪器设备及仪器仪表制造业	9.43	10.14	10.99	11.33	13.41
	信息化学品制造业	7.24	7.50	8.42	5.49	9.26

—表示数据缺失。

*2017 年数据缺失，取 2016 年和 2018 年均值补缺。

资料来源：《中国高技术产业统计年鉴》（2017 年、2019 年、2020 年、2021 年）。

2. 市场竞争能力变化指数

市场竞争能力变化指数主要反映产品目标市场份额和贸易竞争指数变化趋势。

从目标市场份额来看，中国高技术产业在全球市场的贸易总额呈稳步增长态势。2016～2020 年，中国高技术产品出口总额从 6302.99 亿美元增长到 7982.91 亿美元，年均增幅 6.20%；进口总额从 4866.98 亿美元增加到 6250.40 亿美元，年均增幅 6.71%。同期，中国高技术产品在全球市场贸易顺差在扩大，从 1436.01 亿美元上升至 1732.51 亿美元，年均增幅 4.93%。

从目标市场国来看，中国对美国的高技术产品出口额保持小幅增长。2016～2020 年，中国对美国出口额从 1241.92 亿美元增长到 1408.20 亿美元，年均增长 3.19%；进口额先增后降，从 2016 年的 362.78 亿美元增加至 2018 年的 451.03

亿美元，2020 年降至 320.85 亿美元。2016～2020 年，中国对英国的高技术产品出口额从 111.43 亿美元增加至 169.99 亿美元，年均增长 11.14%，增速较快；中国对德国的出口额从 205.33 亿美元增加至 254.06 亿美元年，年均增长 5.47%。同期，中国对日本高技术产品出口相对稳定，出口总额从 354.96 亿美元增加至 380.72 亿美元，年均增长 1.77%。中国对韩国的高技术产品出口额先增后降，从 2016 年的 360.00 亿美元增加 2018 年的 416.94 亿美元，2020 年下降为 387.64 亿美元，年均增长 1.87%。

在金砖国家中，中国对巴西和俄罗斯的高技术产品出口贸易增幅相对较大，年均增长分别为 16.84% 和 19.75%，进口则不断减少，年均降幅分别为 30.80% 和 6.80%。对印度进出口贸易均保持增长态势，特别是对印度的高技术产品进口近几年增长迅速，从 5.10 亿美元迅速增长到 9.00 亿美元，5 年间增长将近一倍，年均增长高达 15.24%，对印度的高技术产品出口由 187.15 亿美元增长到 232.67 亿美元，年均增长 5.59%。

从贸易竞争指数来看，中国高技术产品在全球市场中的竞争能力相对稳定。2016～2020 年贸易竞争指数徘徊在 0.11～0.13 之间。在美国、英国、巴西、俄罗斯市场，中国高技术产品在贸易总量上已经取得一定的竞争优势，且贸易竞争指数呈上升态势。在日本市场和韩国市场，中国高技术产品缺乏竞争力，以进口为主（表 5）。

表 5　中国高技术产品对目标市场的国际贸易情况（2016～2020 年）

目标市场	指标	2016 年	2017 年	2018 年	2019 年	2020 年
全球市场	出口 / 亿美元	6302.99	6942.62	7676.47	7538.45	7982.91
	进口 / 亿美元	4866.98	5391.75	6135.43	5814.91	6250.40
	贸易顺差 / 亿美元	1436.01	1550.87	1541.04	1723.55	1732.51
	贸易竞争指数	0.13	0.13	0.11	0.13	0.12
美国市场	出口 / 亿美元	1241.92	1429.65	1581.44	1357.76	1408.20
	进口 / 亿美元	362.78	393.68	451.03	356.99	320.85
	贸易顺差 / 亿美元	879.14	1035.97	1130.40	1000.77	1087.34
	贸易竞争指数	0.55	0.57	0.56	0.58	0.63
欧盟市场	出口 / 亿美元	916.04	991.72	1113.98	1208.79	1166.23
	进口 / 亿美元	622.43	740.77	846.15	883.50	823.75
	贸易顺差 / 亿美元	293.61	250.95	267.83	325.29	342.48
	贸易竞争指数	0.19	0.15	0.14	0.16	0.17

续表

目标市场	指标	2016 年	2017 年	2018 年	2019 年	2020 年
英国市场	出口 / 亿美元	111.43	113.33	133.02	149.37	169.99
	进口 / 亿美元	20.45	22.69	25.74	25.70	25.57
	贸易顺差 / 亿美元	90.98	90.63	107.28	123.66	144.42
	贸易竞争指数	0.69	0.67	0.68	0.71	0.74
德国市场	出口 / 亿美元	205.33	223.72	230.71	228.05	254.06
	进口 / 亿美元	186.97	204.45	219.84	219.50	221.67
	贸易顺差 / 亿美元	18.36	19.28	10.87	8.55	32.40
	贸易竞争指数	0.05	0.05	0.02	0.02	0.07
日本市场	出口 / 亿美元	354.96	376.46	385.29	372.69	380.72
	进口 / 亿美元	410.86	434.32	439.34	424.88	447.95
	贸易顺差 / 亿美元	−55.90	−57.86	−54.05	−52.19	−67.23
	贸易竞争指数	−0.07	−0.07	−0.07	−0.07	−0.08
韩国市场	出口 / 亿美元	360.00	392.73	416.94	410.92	387.64
	进口 / 亿美元	852.50	962.70	1124.14	902.24	952.99
	贸易顺差 / 亿美元	−492.50	−569.97	−707.20	−491.32	−565.35
	贸易竞争指数	−0.41	−0.42	−0.46	−0.37	−0.42
巴西市场	出口 / 亿美元	53.02	69.85	76.55	85.57	98.82
	进口 / 亿美元	4.59	5.11	1.58	0.72	1.05
	贸易顺差 / 亿美元	48.42	64.74	74.96	84.85	97.77
	贸易竞争指数	0.84	0.86	0.96	0.98	0.98
印度市场	出口 / 亿美元	187.15	243.59	249.35	228.77	232.67
	进口 / 亿美元	5.10	6.11	6.05	9.54	9.00
	贸易顺差 / 亿美元	182.05	237.48	243.30	219.23	223.68
	贸易竞争指数	0.95	0.95	0.95	0.92	0.93
俄罗斯市场	出口 / 亿美元	54.85	74.87	97.87	97.15	112.79
	进口 / 亿美元	5.11	5.33	4.92	4.32	3.86
	贸易顺差 / 亿美元	49.74	69.54	92.96	92.82	108.94
	贸易竞争指数	0.83	0.87	0.90	0.91	0.93

资料来源：UN Comtrade 数据库、《中国贸易外经统计年鉴》(2017~2021)。

3. 技术能力变化指数

技术能力变化指数主要反映产业技术投入、产业技术能力和创新活力等指数变化情况。

近年来，中国高技术产业的技术能力不断提升。高技术产业研发投入和人员比例持续提升。2016～2020 年，R&D 人员比例和 R&D 经费强度分别从 4.32% 和 1.58% 增长到 7.14% 和 2.66%。高技术产业新产品销售率从 28.32% 增长到 39.26%，增长 10.94 个百分点。创新活力不断增强，有效发明专利数和单位营业收入对应有效发明专利数迅速增长，从 257 234 件和 1.67 件 / 亿元增加到 570 905 件和 3.27 件 / 亿元，年均增幅分别达 22.06% 和 18.29%（表 6）。

表 6　中国高技术产业技术能力指标（2016～2020 年）

指标	产业分类	2016 年	2017 年	2018 年	2019 年	2020 年
R&D 人员比例 /%	高技术产业	4.32	5.39	6.47	6.42	7.14
	医药制造业	4.08	5.10	6.24	6.27	6.28
	航空、航天器及设备制造业	8.78	—	—	—	—
	电子及通信设备制造业	4.33	5.40	6.46	6.72	7.21
	计算机及办公设备制造业	3.20	4.07	4.92	4.44	4.98
	医疗仪器设备及仪器仪表制造业	4.42	6.37	8.38	9.02	9.62
R&D 经费强度 /%	高技术产业	1.58	1.93	2.27	2.39	2.66
	医药制造业	128	1.80	2.43	2.55	3.13
	航空、航天器及设备制造业	4.51	—	—	—	—
	电子及通信设备制造业	1.78	2.06	2.30	2.43	2.66
	计算机及办公设备制造业	0.80	0.95	1.10	1.18	1.20
	医疗仪器设备及仪器仪表制造业	1.29	2.18	3.24	3.31	3.79
新产品销售率 /%	高技术产业	28.32	32.32	36.24	37.25	39.26
	医药制造业	15.71	20.72	26.62	27.94	30.73
	航空、航天器及设备制造业	39.14	—	—	—	—
	电子及通信设备制造业	33.90	37.61	40.90	41.29	43.33
	计算机及办公设备制造业	26.61	27.62	28.62	31.38	31.83
	医疗仪器设备及仪器仪表制造业	14.63	2 090	28.36	30.06	33.67

续表

指标	产业分类	2016 年	2017 年	2018 年	2019 年	2020 年
技术改造经费比例 /%	高技术产业	0.26	0.31	0.35	0.35	0.36
	医药制造业	0.27	0.32	0.37	0.43	0.43
	航空、航天器及设备制造业	1.21	—	—	—	—
	电子及通信设备制造业	0.26	0.31	0.35	0.36	0.35
	计算机及办公设备制造业	0.13	0.19	0.25	0.13	0.17
	医疗仪器设备及仪器仪表制造业	0.18	0.20	0.22	0.22	0.30
消化吸收经费比例 /%	高技术产业	7.81	8.20	8.49	8.75	6.68
	医药制造业	66.68	75.10	83.09	52.37	39.35
	航空、航天器及设备制造业	—	—	—	—	—
	电子及通信设备制造业	4.46	5.18	5.72	8.48	5.70
	计算机及办公设备制造业	508.87	49.97	1.03	0.11	15.85
	医疗仪器设备及仪器仪表制造业	6.62	9.80	1 296	2.57	0.45
专利申请数 / 件	高技术产业	131 680	198 208	264 736	302 459	348 522
	医药制造业	9 633	15 666	21 698	23 400	29 107
	航空、航天器及设备制造业	7 040	—	—	—	—
	电子及通信设备制造业	89 315	132 619	175 923	208 228	230 859
	计算机及办公设备制造业	11 247	16 666	22 084	17 085	20 114
	医疗仪器设备及仪器仪表制造业	12 880	24 526	36 172	43 994	57 185
单位营业收入对应专利申请数 /（件 / 亿元）	高技术产业	0.86	1.28	1.69	1.90	2.00
	医药制造业	0.34	0.60	0.91	0.98	1.16
	航空、航天器及设备制造业	1.85	—	—	—	—
	电子及通信设备制造业	1.02	1.43	1.78	2.08	2.10
	计算机及办公设备制造业	0.57	0.83	1.09	0.83	0.87
	医疗仪器设备及仪器仪表制造业	1.11	2.29	3.69	4.41	4.84
有效发明专利数 / 件	高技术产业	257 234	341 186	425 137	471 949	570 905
	医药制造业	24 640	35 203	45 766	47 910	56 784
	航空、航天器及设备制造业	6 188	—	—	—	—
	电子及通信设备制造业	197 820	246 501	295 182	331 787	394 812
	计算机及办公设备制造业	10 720	18 034	25 348	29 746	38 091
	医疗仪器设备及仪器仪表制造业	15 818	30 045	44 272	47 806	64 260

续表

指标	产业分类	2016 年	2017 年	2018 年	2019 年	2020 年
单位营业收入对应有效发明专利数 /（件/亿元）	高技术产业	1.67	2.20	2.71	2.97	3.27
	医药制造业	0.87	1.35	1.91	2.01	2.27
	航空、航天器及设备制造业	1.63	—	—	—	—
	电子及通信设备制造业	227	2.65	2.99	3.31	3.59
	计算机及办公设备制造业	0.54	0.90	1.25	1.44	1.65
	医疗仪器设备及仪器仪表制造业	1.36	2.80	4.52	4.79	5.44

资料来源：《中国高技术产业统计年鉴》（2017、2019、2020、2021）。

2016 年以来，中国高技术产业与发达国家的技术能力差距不断缩小，高技术领域 PCT 专利授权量也在不断增加，中国高技术领域专利授权量由 2016 年的 16 934 件快速增长到 2020 年的 31 955 件，超过日本、韩国，与美国持平。（表 7）。

表 7　世界部分国家高技术领域 PCT 专利授权情况（2016 ～ 2020 年）（单位：件）

国家	2016 年	2017 年	2018 年	2019 年	2020 年
中国	16 934	21 968	25 417	27 996	31 955
德国	3 407	3 345	3 267	3 363	3 381
法国	6 423	6 730	7 186	7 437	7 658
英国	19 675	20 044	21 273	22 289	23 383
日本	7 067	7 015	7 613	8 034	9 552
韩国	2 145	2 320	2 384	2 516	2 470
美国	28 516	29 125	29 768	30 064	31 594

注：统计的技术领域包括电气机械、信息通信、计算机技术、半导体、光学、医学技术、生物技术、制药和交通 9 类（WIPO 技术领域分类）。

资料来源：OECD STAN 数据库。

4. 比较优势变化指数

比较优势变化指数主要反映中国劳动力成本和产业规模等的变化趋势。从劳动力成本来看，中国高技术产业劳动力成本虽然呈上升态势，但与发达国家相比仍然具有低成本优势。2017 ～ 2020 年，中国制造业单位劳动力平均工资从 2017 年的 0.82 万美元/（人·年）持续上涨到 2020 年的 1.08 万美元/（人·年），仍然远低于发达国家水平。从产业规模来看，2016 ～ 2020 年，中国高技术产业规模从 15.38 万亿元稳步增长到 17.46 万亿元，已经位居全球第二，规模优势显著。

综合考察资源转化能力变化指数、市场竞争能力变化指数、技术能力变化指数和比较优势变化指数，可以认为，中国高技术产业资源转化能力和技术能力均有不同程度提升，劳动力成本优势仍然显著。但是，近年来，中国高技术产品在国际市场的竞争能力仍然不强。

六、主要研究结论

综合分析中国高技术产业的竞争实力、竞争潜力、竞争环境和竞争态势，可以得出以下结论。

（1）中国高技术产业具有一定的竞争实力，但与发达国家相比仍有较大差距。与制造业相比，高技术产业盈利能力较强，利润率较高，新产品销售率和新产品出口销售率相对较高。劳动生产率虽然有所提升，但是远低于发达国家水平；产品市场竞争力仍然较弱，在全球市场及日本、韩国市场表现较差；产业技术能力虽然有所提升，但关键核心技术与发达国家相比仍有差距。

（2）中国高技术产业具有较强的竞争潜力，与发达国家的差距在进一步缩小。中国高技术产业研发投入相对较高，R&D 人员比例和 R&D 经费强度均高于制造业平均水平，但与美国等发达国家仍存在很大差距。产业规模和劳动力低成本优势显著，为未来产业发展提供广阔空间。创新活力较强，专利申请量、有效专利发明数、单位营业收入对应有效发明专利数较高，远高于制造业平均水平。PCT 专利授权与发达国家之间的差距逐渐减小。

（3）产业竞争环境复杂严峻，发展机遇与挑战并存。全球政治经济格局加速重构、国际贸易规则新一轮调整，这使中国高技术产业发展面临更加严峻的外部环境。产业核心技术的多点突破为高技术产业发展带来全新机遇，各国政策纷纷调整加快高技术产业布局，为产业发展带来历史机遇。

（4）产业竞争态势总体良好，与发达国家差距不断缩小。中国高技术产业发展趋缓，但仍保持较好的发展态势。资源转化能力、产业盈利能力、研发投入不断提升，创新活力不断增强，劳动力成本优势依然显著，未来中国高技术产业实现创新发展仍有较大提升空间，中国高技术产品的市场竞争力仍有待加强。

参考文献

[1] 穆荣平. 高技术产业国际竞争力评价方法初步研究 [J]. 科研管理，2000，21（1）：50-57.

[2] 国家知识产权局知识产权发展研究中心. 研究中心发布《6G 通信技术专利发展状况报告》[EB/OL]. http://www.cnipa-ipdrc.org.cn/article.aspx?id=644[2021-04-27].

［3］ 李强强，章华维 . 中国成功研制"祖冲之二号""九章二号"量子计算原型机［EB/OL］. http://sc.people.com.cn/n2/2021/1028/c345167-34977622.html［2021-10-28］.

［4］ 刘育英，王东宇 . 百度发布超导量子计算机"乾始"［EB/OL］. https://baijiahao.baidu.com/s?id=1742134424364935430&wfr=spider&for=pc［2022-08-25］.

［5］ 李瑞 . "留光" 1 小时！中国科学家刷新世界纪录［EB/OL］. https://baijiahao.baidu.com/s?id=1701885104599409295&wfr=spider&for=pc［2021-06-07］.

［6］ World Health Organization（WHO）. WHO validates Sinovac COVID-19 vaccine for emergency use and issues interim policy recommendations［EB/OL］. https://www.who.int/news/item/01-06-2021-who-validates-sinovac-covid-19-vaccine-for-emergency-use-and-issues-interim-policy-recommendations［2021-06-01］.

［7］ 闫丽君，张菁 . 一年内上市两种自主研发世界级新药，荣昌生物正书写生物制药传奇［EB/OL］. https://baijiahao.baidu.com/s?id=1715013963965747718&wfr=spider&for=pc［2021-10-30］.

［8］ 姜天骄 .「奋进新征程建功新时代·伟大变革」中国航天进入发展快车道［EB/OL］. https://baijiahao.baidu.com/s?id=1736829935650328617&wfr=spider&for=pc［2022-06-28］.

［9］ 张舒，谢龙 . 神舟十四号载人飞船 5 日发射［EB/OL］. http://jl.people.com.cn/n2/2022/0605/c349771-35301058.html［2022-06-05］.

［10］ 中国互联网络信息中心 . 第 49 次《中国互联网络发展状况统计报告》［EB/OL］. http://www.cnnic.cn/hlwfzyj/hlwxzbg/hlwtjbg/202202/t20220225_71727.htm［2022-02-25］.

［11］ SCMP & ABACUS. China Internet Report 2019［EB/OL］. http://www.scmp.com/china-internet-report［2022-06-17］.

［12］ 全球技术地图（国务院发展研究中心国际技术经济研究所官方账号）. 俄乌冲突如何影响中美俄三边关系［EB/OL］. https://baijiahao.baidu.com/s?id=1735810663692422205&wfr=spider&for=pc［2022-06-17］.

［13］ 李峥 ."拜登政府对华科技政策调整及其影响"［J］. 中国信息安全，2021（3）：4.

［14］ 欧亚系统科学研究会 - 走出去智库 . 科技新冷战：非对称竞争——美国应对中国科技竞争的战略［EB/OL］. https://www.essra.org.cn/view-1000-2242.aspx［2021-03-19］.

［15］ 吴国鼎 . RCEP 助推中国构建双循环新发展格局的路径分析［J］. 长安大学学报（社会科学版），2021，23（15）：22-30.

［16］ 刘军，帅俊全 . 创造新纪录！中国人造太阳运行时间突破千秒［EB/OL］. http://content-static.cctvnews.cctv.com/snow-book/index.html?item_id=16651643368023157［2021-12-31］.

［17］ 张琦琪 . 我国超算应用团队摘得 2021 年度"戈登·贝尔奖"［EB/OL］. https://baijiahao.baidu.com/s?id=1716954880161959948&wfr=spider&for=pc［2021-11-20］.

［18］ 光子盒 . 2021 全球量子科技十大进展［EB/OL］. https://baijiahao.baidu.com/s?id=17218248648279

75655&wfr=spider&for=pc［2022-01-13］.

[19] 刘垠. 2021年度中国科学十大进展公布［EB/OL］. http://kjj.guiyang.gov.cn/xwdt/gnkjxw/202205/
t20220507_73818274.html［2022-05-07］.

[20] 全球技术地图（国务院发展研究中心国际技术经济研究所官方账号）. 德国新政府科技创新部
署重点及中德未来关系展望［EB/OL］. https://baijiahao.baidu.com/s?id=1738047327940644452&w
fr=spider&for=pc［2022-07-11］.

[21] 李山. 德国：2022年实施氢战略推进能源转型［EB/OL］. https://www.china5e.com/news/news-
1128027-1.html［2022-01-04］.

4.1　Evaluation on International Competitiveness of Chinese High Technology Industry

Wang Xuelu[1, 2,] *Lin Jie*[2]

（1 Sino-Danish College，University of Chinese Academy of Sciences；2. Institutes of
Science and Development，Chinese Academy of Sciences）

The paper analyzes the international competitiveness of the Chinese high technology industry from four aspects，including the competitive strength，the competitive potential，the competitive environment，and the competitive tendency. Five industries are involved，namely aircraft and spacecraft，electronic and telecommunication equipment，computers and office equipment，pharmaceuticals，and medical equipment and meters manufacturing. On the basis of statistical data and systematic analysis，four conclusions are drawn as follows. ① The competitiveness of Chinese high technology industry is generally good，and technological breakthroughs have been made in several fields，but there is still a gap between the key core technologies and those of developed countries. High technology products have certain competitiveness in the international market. The high technology industry has strong profitability，as well as strong ability to develop new products. However，in core technology areas，there is still a large gap compared to developed countries. ② Chinese high technology industry has relatively high technology input，large-scale high technology industry，strong competitive potential，and a broad market. Compared with developed countries，the labor cost of Chinese high technology industry is relatively low，but there is still a certain gap in technological input and innovation vitality compared with developed countries. There are big differences among the subdivisions of the high technology industry. ③ Chinese high technology industry is facing increasingly severe competition environment. Besides，innovative development is facing major opportunities and challenges. To maintain competitive advantage，developed countries such as the United States are trying set up new international trade rules. In addition，other countries have actively laid out high technology industries，and China has also increased policy support. There are new opportunities for the development of Chinese high technology industry. ④ With the steady development of Chinese high technology industry，the competitiveness of the industry is gradually increasing， and the gap between China and developed countries is gradually narrowing.

4.2   中国高技术产业创新能力评价

王孝炯[1]   赵彦飞[2]   张   潮[1,3]

（1. 中国科学院科技战略咨询研究院；2. 军事科学院军事科学信息研究中心；3. 首都经济贸易大学）

国家统计局 2017 年颁布的《高技术产业（制造业）分类（2017）》将高技术产业（制造业）划分为医药制造业，航空、航天器及设备制造业，电子及通信设备制造业，计算机及办公设备制造业，医疗仪器设备及仪器仪表制造业，信息化学品制造业这 6 个行业。根据国家发展改革委数据①，2021 年我国高技术产业营业收入达到 19.91 万亿元，相比 2012 年翻了一番；规模以上高技术制造业工业企业数达到 4.14 万家，规模以上高技术制造业工业增加值占规模以上工业增加值比重达 15.1%，中国高技术产业已成为国民经济的重要组成部分。2016～2020 年，以医药制造业、电子及通信设备制造业、计算机及办公设备制造业、医疗仪器设备及仪器仪表制造业为代表的中国高技术产业 R&D 投入快速增长，2020 年这 4 个行业 R&D 经费投入合计 4441.20 亿元，

---

① 国家发改委：大力推进关键核心技术攻关 . https://m.gmw.cn/baijia/2022-08-25/1303107995.html［2022-08-25］.

约是 2016 年的 2 倍。截至 2020 年底，这 4 个行业的有效发明专利约 55.39 万件，占全国有效发明专利 227.91 万件[①]的 24.30%，高技术产业的创新实力领跑全国。一批产业前沿技术、关键制造工艺、核心装备得到突破。例如，北斗卫星导航系统全面开通，"曙光"超级计算机进入世界超级计算机榜单前列，"国和一号"和"华龙一号"三代核电技术取得新突破，时速 600 km 高速磁浮试验样车成功试跑，最大开挖直径 16.07 m 的盾构机顺利始发，−271℃超流氦大型低温制冷装备研发成功，成功分离出世界上首个新冠病毒毒株，完成病毒基因组测序，研发应用于多款疫苗、检测设备和试剂，高铁、5G、可再生能源、新能源汽车等高技术产业规模和技术水平位居世界前列。

　　总体看来，当前是中国高技术产业实现高质量发展的关键时期，对产业创新能力进行比较分析，特别是总结制约产业创新能力提升的关键问题并提出对策建议，对于增强中国高技术产业竞争力具有重要意义。本文在有关研究基础上，构建了产业创新能力测度指标体系，从创新实力和创新效力两个维度系统评估中国高技术产业的创新能力以及创新发展环境。受限于统计数据可获得性，本文选择了 2016～2020 年数据[②]进行分析，并提出了未来促进中国高技术产业创新发展的政策建议。

一、中国高技术产业创新能力测度指标体系

　　中国高技术产业创新能力是指中国高技术产业在一定发展环境和条件下，从事技术发明、技术扩散、技术成果商业化等活动，获取经济收益的能力。简而言之，中国高技术产业创新能力是指产业整合创新资源并将其转化为财富的能力。本文在制造业创新能力评价指标体系基础上[1]，综合考虑数据的可获得性和产业基本特征，建立了中国高技术产业创新能力测度指标体系，从创新实力和创新效力两个方面表征创新能力。中国高技术产业创新实力主要反映制造业创新活动规模，涉及创新投入实力、创新产出实力和创新绩效实力三类 8 个总量指标。中国高技术产业创新效力主要反映创新活动效率和效益，涉及创新投入效力、创新产出效力和创新绩效效力三类 9 个相对量指标，并采用专家打分法确定相关指标权重，指标及其权重如表 1 所示。

---

　　① 见《2020 知识产权统计年报》，3-5 分地区分专利权人类型国内发明专利有效量（2020 年），https://www.cnipa.gov.cn/tjxx/jianbao/year2020/c/c5.html[2022-08-25]。

　　② 由于信息化学品制造业和航空、航天器及设备制造业历史数据不完整，为保持历史可比，本文以下分析的高技术产业只包括医药制造业、电子及通信设备制造业、计算机及办公设备制造业、医疗仪器设备及仪器仪表制造业这 4 个行业。

表 1 中国高技术产业创新能力测度指标体系

一级指标	权重	二级指标	权重	三级指标	权重
创新实力指数	0.50	创新投入实力指数	0.25	R&D 人员折合全时当量	0.30
				R&D 经费内部支出	0.30
				引进技术消化吸收经费支出	0.25
				企业办 R&D 机构数	0.15
		创新产出实力指数	0.35	有效发明专利数	0.40
				专利申请数	0.60
		创新绩效实力指数	0.40	利润总额	0.50
				新产品销售收入	0.50
创新效力指数	0.50	创新投入效力指数	0.25	R&D 人员占从业人员的比例	0.30
				R&D 经费内部支出占营业收入的比例	0.30
				消化吸收经费与技术引进经费的比例	0.25
				设立 R&D 机构的企业占全部企业的比例	0.15
		创新产出效力指数	0.35	平均每个企业拥有发明专利数	0.40
				平均每万个 R&D 人员的专利申请数	0.30
				单位 R&D 经费的专利申请数	0.30
		创新绩效效力指数	0.40	利润总额占营业收入的比例	0.50
				新产品销售收入占营业收入的比例	0.50

为方便对中国高技术产业各项指标进行纵向比较，本文采用极值法对每项指标的原始数据进行了标准化处理；再按照创新能力测度指标体系，采用加权求和方法，对标准化后的数据进行加权汇总，得出中国高技术产业创新能力指数。上述方法旨在对中国高技术产业创新能力的历史变化趋势做一个整体评判，历年指数数值的大小仅供相对趋势判断使用，数值差距并无绝对意义。

二、中国高技术产业创新能力

2016～2020 年，中国高技术产业创新能力指数呈快速上升趋势，由 2016 年的 17.87 增长到 2020 年的 77.07，如图 1 所示。

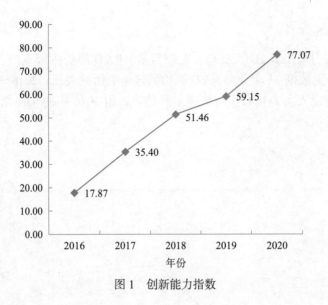

图 1　创新能力指数

（一）创新实力

创新实力采用创新投入实力、创新产出实力和创新绩效实力三类 8 个总量指标表征。2016 年以来，中国高技术产业创新实力指数呈高速增长态势，由 2016 年的 11.72 增长到 2020 年的 84.28，如图 2 所示。

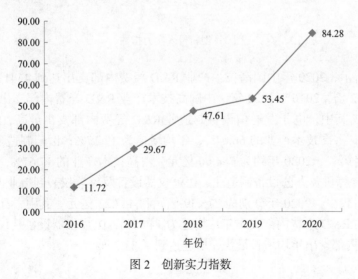

图 2　创新实力指数

1. 创新投入实力

创新投入实力采用 R&D 人员折合全时当量、R&D 经费内部支出、引进技术消化吸收经费支出（无数据）、企业办 R&D 机构数这 4 个指标表征。2016～2020 年，中国高技术产业创新投入实力指数呈现快速上升趋势，由 2016 年的 9.00 增长到 2020 年的 86.83，如图 3 所示。

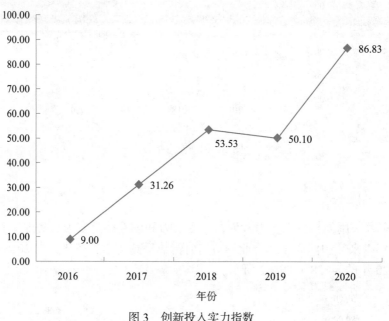

图 3　创新投入实力指数

如图 4 所示，2020 年中国高技术产业 R&D 经费内部支出达到 4441.20 亿元，约是 2016 年的 2 倍，2016～2020 年，中国高技术产业 R&D 经费内部支出年均增速达到了 18.88%。其中，电子及通信设备制造业 R&D 经费内部支出最高，2020 年达到 2932.99 亿元，占高技术产业的 66.04%，年均增速为 17.17%；医药制造业 R&D 经费内部支出排名第二，2020 年约为 784.60 亿元，占高技术产业的 17.67%，年均增速达到 21.51%。计算机及办公设备制造业、医疗仪器设备及仪器仪表制造业的 R&D 经费内部支出相对较少，2020 年分别为 276.39 亿元和 447.23 亿元。其中，计算机及办公设备制造业的 R&D 经费内部支出年均增速为 14.85%，医疗仪器设备及仪器仪表制造业 R&D 经费内部支出年均增长最快，增速达到了 31.32%。

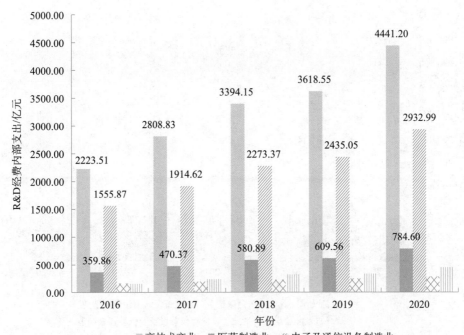

图 4　R&D 经费内部支出

如图 5 所示，2016～2020 年，中国高技术产业 R&D 人员折合全时当量呈现持续增长的趋势，年均增速约为 15.26%。2020 年，全行业 R&D 人员折合全时当量达到946 694 人年，比 2016 年增加 76.47%。其中，电子及通信设备制造业 R&D 人员折合全时当量占比最高，2020 年占全行业的 65.91%；医药制造业 R&D 人员折合全时当量占比为 14.19%，年均增速为 9.87%；计算机及办公设备制造业和医疗仪器设备及仪器仪表制造业的 R&D 人员折合全时当量年均增速分别为 12.75% 和 24.07%。

如图 6 所示，中国高技术产业 R&D 机构数量呈快速增长态势，2020 年 R&D 机构数量比 2016 年增加了 13 596 个，达到 19 807 个。其中，医疗仪器设备及仪器仪表制造业 R&D 机构数量增速最快，年均增速为 45.22%，2020 年其机构数占高技术产业 18.10%；同期，电子及通信设备制造业 R&D 机构数量居第一，2020 年有 11 084 家，占高技术产业 55.96%；计算机及办公设备制造业的 R&D 机构数量最少，仅为1382 家。

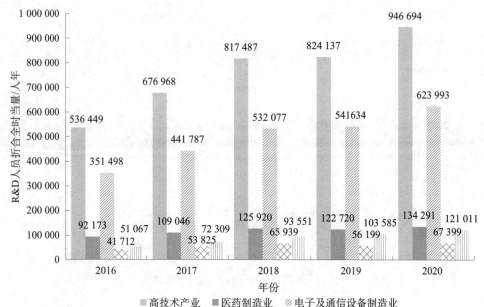

图 5　R&D 人员折合全时当量

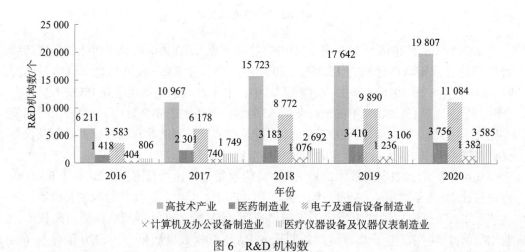

图 6　R&D 机构数

2. 创新产出实力

创新产出实力采用专利申请数和有效发明专利数两个指标表征。如图 7 所示，

2016～2020 年，中国高技术产业创新产出实力指数呈上升态势，由 2016 年的 9.51 增长到 2020 年的 82.85。

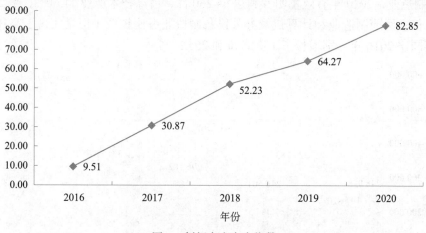

图 7　创新产出实力指数

如图 8 所示，2020 年中国高技术产业有效发明专利数达到 553 947 件，是 2016 年的 2.22 倍，增长迅速。其间，每年的专利申请数也实现了快速增长，从 2016 年 123 075 件增长到 2020 年的 337 265 件，增长了 174.03%。

图 8　有效发明专利数和专利申请数

如图 9 所示，分行业看，电子及通信设备制造业有效发明专利最多，2020 年达到 394 812 件，占高技术产业 71.27%，是 2016 年的 2.63 倍；其次是医疗仪器设备及仪器仪表制造业，2020 年有效发明专利达 64 260 件，占高技术产业 11.60%，是 2016 年的 4.06 倍；医药制造业和计算机及办公设备制造业占比较低，但是实现了高速增长，2020 年同比 2016 年分别增长了 130.45% 和 255.33%。

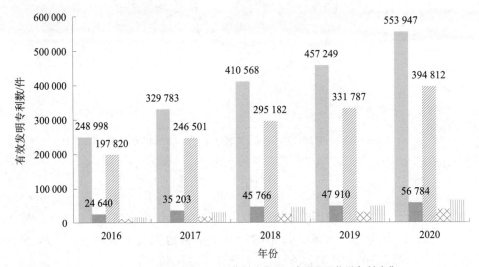

图 9　分行业有效发明专利数

3. 创新绩效实力

创新绩效实力采用利润总额和新产品销售收入两个指标表征。2016～2020 年，中国高技术产业创新绩效实力指数增长迅速，从 2016 年的 15.36 增长到 2020 年的 83.95，如图 10 所示。

如图 11 所示，2016～2020 年中国高技术产业的利润总额呈现快速增长态势，行业年均增速达到 5.32%，2020 年利润总额达到 12 125.83 亿元。分行业看，按照年均增速排序分别为医疗仪器设备及仪器仪表制造业、电子及通信设备制造业、医药制造业和计算机及办公设备制造业，分别为 9.54%、6.12%、4.35%、-2.71%。其中，电子及通信设备制造业利润总额最高，2020 年达到 6115.62 亿元，约占高技术产业利润总额的一半。医药制造业虽相对规模较小，但利润总额也达到 3693.40 亿元，约占高技术产业利润总额的三成。

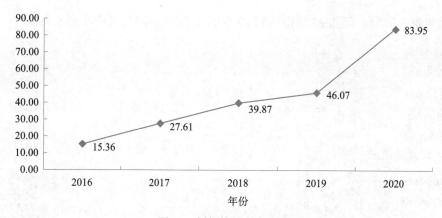

图 10 创新绩效实力指数

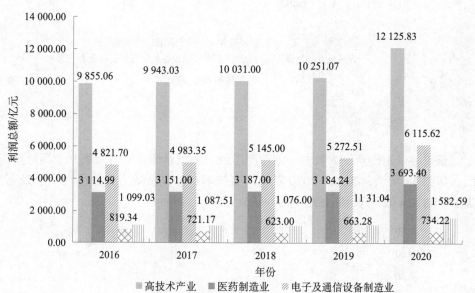

图 11 利润总额

如图 12 所示，2016～2020 年中国高技术产业的新产品销售收入呈现高速增长态势，年均增速为 12.95%，2020 年新产品销售收入达到 66 720.89 亿元，是 2016 年的1.63 倍。分行业看，按照年均增速排序分别为医疗仪器设备及仪器仪表制造业、医药制造业、电子及通信设备制造业和计算机及办公设备制造业，分别为 23.58%、14.81%、12.68%、8.72%。其中，电子及通信设备制造业新产品销售收入最高，2020年达到 47 704.09 亿元，比 2016 年增长 61.19%。医疗仪器设备及仪器仪表制造业新产品销售收入最少，但 2020 年也达到 3975.01 亿元，占高技术产业的 5.96%。

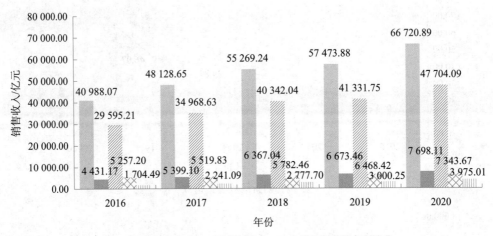

图 12　新产品销售收入

（二）创新效力

创新效力采用创新投入效力、创新产出效力和创新绩效效力三类 9 个相对量指标表征。如图 13 所示，2016～2020 年中国高技术产业创新效力指数呈现出上升态势，从 2016 年的 24.02 增长到 2020 年的 69.85。

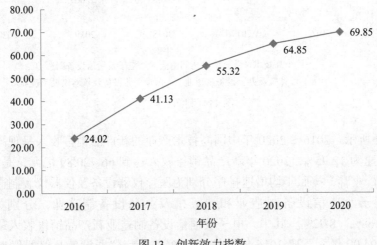

图 13　创新效力指数

1. 创新投入效力

创新投入效力指数采用 R&D 人员占从业人员的比例、R&D 经费内部支出占营业收入的比例、消化吸收经费与技术引进经费的比例、设立 R&D 机构的企业占全部企业的比例等 4 个指标表征。如图 14 所示，与创新效力指数走势不同的是，2016～2020年中国高技术产业创新投入效力指数整体呈现先升后降的走势，2019 年达到 76.80 的峰值，2020 年下降到 66.55。

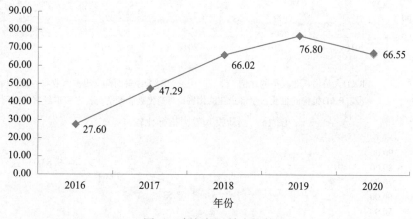

图 14　创新投入效力指数

如图 15 所示，分指标看，2016～2020 年 R&D 人员占从业人员的比例、R&D 经费内部支出占营业收入的比例、设立 R&D 机构的企业占全部企业的比例基本呈现稳步增长。R&D 人员占从业人员的比例从 2016 年的 5.29% 增长到 2020 年的 9.20%；R&D 经费内部支出占营业收入的比例从 2016 年的 1.51% 增长到 2020 年的 2.61%；设立 R&D 机构的企业的比例从 2016 年的 20.76% 增长到 2020 年的 42.70%。同期，对创新投入效力指数增长产生较大影响的是消化吸收经费与技术引进经费的比例，该指标从 2016 年的 7.88% 下降到 2020 年的 6.82%。

2. 创新产出效力

创新产出效力采用平均每个企业拥有发明专利数、平均每万个 R&D 人员的专利申请数、单位 R&D 经费的专利申请数这 3 个指标表征。如图 16 所示，2016 年以来，中国高技术产业创新产出效力指数总体呈现持续上升态势，从 13.65 增长到 2020 年的83.03。

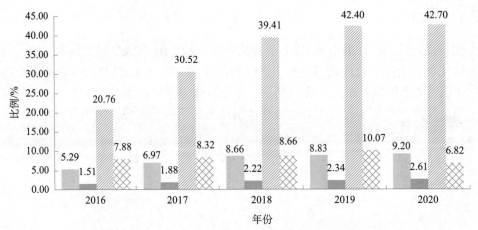

图 15　创新投入效力指标比较

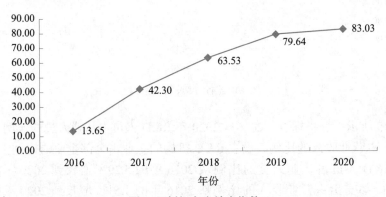

图 16　创新产出效力指数

2016～2020 年，平均每个企业拥有发明专利数快速增长，从 2016 年的 8.32 件上升到 2020 年的 14.07 件，增长约 69.11%，年均增速达到 14.03%。平均每万个 R&D 人员的专利申请数呈现增长态势，从 2016 年 1810.77 件上升到 2020 年 2734.22 件。2016～2020 年，单位 R&D 经费的专利申请数出现较快上升，从 2016 年的 55.35 件/亿元上升到 2020 年的 75.94 件/亿元。

3. 创新绩效效力

创新绩效效力指数主要采用利润总额占营业收入的比例和新产品销售收入占营业

收入的比例两项指标来表征。2016～2020 年创新绩效效力指数总体呈现直线增长态势，从 2016 年的 30.85 上升到 2020 年的 60.38，如图 17 所示。

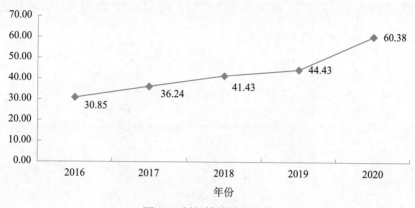

图 17　创新绩效效力指数

如图 18 所示，2016～2020 年中国高技术产业利润总额占营业收入的比例略有增长，从 6.71% 增长到 7.13%。分行业看，医药制造业的该项指标最高，2020 年达到 14.74%，其次为医疗仪器设备及仪器仪表制造业，达到 13.41%。电子及通信设备制造业、计算机及办公设备制造业相对较低，2020 年利润总额占营业收入的比例分别为 5.56% 和 3.18%。

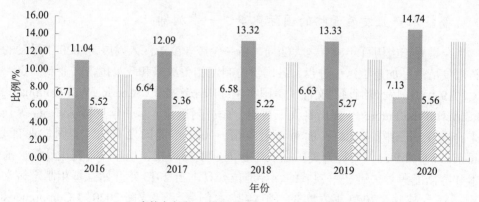

图 18　利润总额占营业收入的比例

中国高技术产业新产品销售收入占营业收入的比例在 2016～2020 年呈现快速上

升态势，2020 年比 2016 年上升了 11.34 个百分点。分行业看，2020 年该指标的排序分别为电子及通信设备制造业、医疗仪器设备及仪器仪表制造业、计算机及办公设备制造业和医药制造业，分别为 43.33%、33.67%、31.83% 和 30.73%，如图 19 所示。

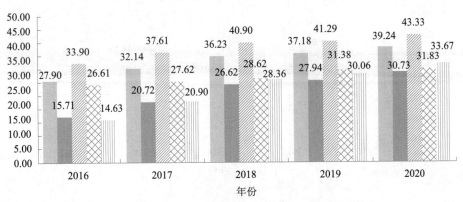

图 19 新产品销售收入占营业收入的比例

三、中国高技术产业创新发展环境分析

1. 高技术产业发展面临的国际竞争进一步加剧

当今世界正经历百年未有之大变局，新一轮产业变革深入发展，2020 年爆发的全球新冠疫情更是加速了这一进程，各国纷纷制定相关战略和政策抢占产业制高点。例如，2019 年美国发布纲领性文件《美国将主导未来产业》（America Will Dominate the Industries of the Future），提出将人工智能、先进制造业、量子信息科学和 5G 等领域未来产业上升到国家战略；面对新冠疫情，2021 年美国发布的《美国就业计划》（American Jobs Plan）要提升美国在人工智能、生物科技、半导体、先进计算、通信技术和清洁能源等关键技术领域的领导地位。日本自 2013 年开始，每年制定科学技术创新综合战略，2020 年发布的《科学技术创新综合战略 2020》（Comprehensive Strategy on Science Technology and Innovation 2020）提出加强人工智能、生物、量子技术和材料等领域的技术研发。2020 年德国为应对新冠疫情出台的刺激经济计划中提出加大对量子计算机、6G 通信等前沿科技投资。2021 年法国推出第四期"未来投资计划"，将在 2021～2025 年投入 200 亿欧元用于支持高等教育、研究与创新。特别是美国对中国的高技术产业封锁加剧，2018 年美国开始对华为技术有限公司等中国科技领军企业进行打击，并采用出口管制黑名单的方式对杭州海康威视数字技术股份有限公司、浙江大华科技有限公司、科大讯飞股份有限公司等一系列中国高技术企业进行单边制裁。美国发布的《2021 美国创新与竞争法案》（United States Innovation and Competition Act of 2021）更是提出诸多针对中国高技术产业的具体举措，如加强美国与盟国的合作，努力削弱中国在美国大学里的政治影响力等。2022 年 8 月，美国正式签署《2022 芯片和科学法案》（CHIPS and Science Act of 2022），该法案明确提到需要对美国构成安全威胁的特定国家（如中国）芯片制造业进行打压，对中国高技术产业发展将造成更深远的影响。

2. 支撑高技术产业发展的科技供给进一步强化

科技是驱动高技术产业发展的主要动力，近年来我国围绕产业发展开展一系列部署。一是重大科技成果不断涌现。"核高基"（核心电子器件、高端通用芯片、基础软件）、集成电路装备、宽带移动通信、新药创制等国家科技重大专项成果丰硕。面向 2030 年，继续谋划推进"科技创新 2030－重大项目"，启动了航空发动机及燃气轮机，脑科学与类脑研究，量子通信与量子计算机，新一代人工智能，癌症、心脑血管、呼吸和代谢性疾病防治研究等重大项目，将为颠覆性产业技术提供一批重要储备。二是加紧实施关键核心技术攻关工程，载人航天、火星探测、资源勘探、能源工程等领域实现新突破，为高技术产业发展解决了部分"卡脖子"问题，预计未来还将突破一批关键共性技术、前沿引领技术、现代工程技术、颠覆性技术，有效保障产业链供应链安全稳定。三是大力发展和布局了一批产业创新平台。布局建设 3 家综合类国家技术创新中心以及 12 家领域类国家技术创新中心（截至 2021 年 11 月），23 家国家制造业创新中心和国家地方共建制造业创新中心（截至 2022 年 7 月），纳入新序列管理的国家工程研究中心 191 家（截至 2022 年 1 月），产业共性技术供给能力大幅提高。

3. 支撑高技术产业创新发展的政策导向进一步明确

2021 年印发的《国家"十四五"规划纲要》提出发展壮大战略性新兴产业，特别是"聚焦新一代信息技术、生物技术、新能源、新材料、高端装备、新能源汽车、绿色环保以及航空航天、海洋装备等战略性新兴产业，加快关键核心技术创新应用，增强要素保障能力，培育壮大产业发展新动能"。《"十四五"信息通信行业发展规划》将创新发展纳入规划指标体系，提出 2025 年基础电信企业 R&D 投入占收入比例达到 4.5%。《"十四五"医药工业发展规划》提出"十四五"期间全行业 R&D 投入年均增长 10% 以上，到 2025 年，创新产品新增销售额占全行业营业收入增量的比重进一步增加。《"十四五"医疗装备产业发展规划》提出"到 2025 年，医疗装备产业基础高级化、产业链现代化水平明显提升，主流医疗装备基本实现有效供给，高端医疗装备产品性能和质量水平明显提升，初步形成对公共卫生和医疗健康需求的全面支撑能力"。《"十四五"机器人产业发展规划》提出要提高产业创新能力，"加强核心技术攻关，突破机器人系统开发、操作系统等共性技术，研发仿生感知与认知、生机电融合等前沿技术，推进人工智能、5G、大数据、云计算等新技术与机器人技术的融合应用"。

4. 支撑高技术产业创新发展的相关制度进一步完善

2022 年 1 月 1 日，修订后的《科学技术进步法》(以下简称科技进步法)正式施行，这是其时隔 14 年的第二次重大修订。科技进步法明确了科技与高技术产业的关系，提出"国家鼓励科学技术研究开发，推动应用科学技术改造提升传统产业、发展高新技术产业和社会事业"，"国家完善共性基础技术供给体系，促进创新链产业链深度融合，保障产业链供应链安全"。在产业创新的激励机制、保护机制方面，科技进步法提出"国家鼓励科学技术研究开发机构、高等学校、企业等采取股权、期权、分红等方式激励科学技术人员"，科技部等部门也率先印发《赋予科研人员职务科技成果所有权或长期使用权试点实施方案》激励科技成果转化。知识产权是产业创新的重要保护机制，有关部门加快推进相关法律制度建设，第四次修改后的专利法自 2021 年 6 月 1 日起施行，包括加大对侵犯专利权的赔偿力度，对故意侵权行为规定一到五倍的惩罚性赔偿，完善专利行政保护，新增专利权期限补偿制度和药品专利纠纷早期解决程序等条款，大大加强了对专利权人合法权益的保护，为高技术产业创新发展提供了制度保障。

四、主要问题及建议

1. 主要问题

综合中国高技术产业创新能力评价和创新发展环境分析，我们认为当前高技术产业还面临以下突出问题。

一是产业创新实力"大而不强"问题依然凸显。与世界高技术产业的先进水平相比，我国高技术产业大而不强、受制于人的问题尤为突出。例如，电子及通信设备制造业是高技术产业中创新投入最高的行业，2020 年全行业 R&D 经费内部支出占高技术产业的 66.04%，但全行业平均研发强度（R&D 经费内部支出占营业收入的比例）

仅为 2.66%，除华为技术有限公司、中兴通讯股份有限公司、中国信息通信科技集团有限公司等少数龙头企业研发强度高于 10%，多数企业研发强度偏低、自主创新能力不强，基础电子元件市场占有率低（如多层片式陶瓷电容器国内企业市场占有率低于4%），各类高端芯片（如光通信芯片、高性能计算芯片等）严重依赖进口。例如，2022 年 9 月，AMD 和英伟达被禁止向中国出口 GPU 高性能芯片，这对超级计算机、自动驾驶、计算机辅助工程等高技术产业将产生影响，我国高技术产业"卡脖子"问题依然没有缓解。

二是部分行业仍居全球价值链底端。从创新绩效效力看，部分高技术产业"制造偏多、高技术少"，整体仍处于全球价值链底端。例如，电子及通信设备制造业、计算机及办公设备制造业 2020 年利润总额占营业收入的比例分别为 5.56% 和 3.18%，与通信巨头爱立信、诺基亚 10% 以上的利润率差距较大，与苹果公司 26%（2021 年）的利润率有巨大鸿沟。同期，高技术产业企业对消化吸收普遍不重视，如消化吸收经费与技术引进经费比例，该指标从 2016 年的 7.88% 下降到 2020 年的 6.82%，也反映出我国企业整体还处于追赶引进阶段。

三是激励创新的知识产权制度有待落地。最新的专利法虽然提出了惩罚性赔偿的创新机制，但是与实际落地还有距离，主要体现在惩罚性赔偿的适用标准、惩罚性赔偿的计算方法等方面不明确，还需要尽快制定相关细则，加大知识产权司法保护力度迫在眉睫。现实中，企业仍然反映知识产权维权调查费时耗力，案件判决后执行难，"最后一公里"现象普遍存在。

四是支持产业创新的配套政策有待完善。高技术产业很多是新兴产业，其发展需要配套监管政策创新。例如，自动驾驶汽车作为典型的高技术产品，其上路需要市场准入、牌照发放、交通管理、地理测绘等多个部门共同发展，形成一套新监管政策体系。高技术产业发展所需要的科学基础不足，中国相关基础研究落后于国际同行，高校、科研机构内循环式的研究普遍存在，无法培养产业急需的创新人才。中美竞争导致创业投资生态体系遭到破坏，资本市场遭遇退出困难，中国风险投资正遭受大滑坡。Pitchbook 报告显示[①]，2022 年上半年中国创投机构投资额同比减少近 50%。国家促进科技风险投资平稳发展的金融财税政策和管理方式有待完善。

五是产业创新平台的组织模式亟待优化。现有创新平台虽能在产业关键共性技术、现代工程技术等部分"卡脖子"领域实现单点突破，但是在面对芯片、发动机等需要多方协同、合作突破的领域，难以高效集成全社会的创新力量和资源去独立完成重大产品攻关任务。实际建设中，产业创新平台往往只能获得从几百万到上亿元不等

---

① Greater China Venture Report. https://pitchbook.com/news/reports/h1-2022-greater-china-venture-report [2022-09-06].

的一次性的建设经费，普遍缺乏稳定的运行经费。这造成部分产业创新平台为获得持续运行经费，演变成平台建设依托单位的下属机构。由于同业竞争的存在，同行担心参与平台运行泄露商业秘密，参与积极性普遍不高。

2. 政策建议

为进一步提升中国高技术产业创新能力，提出以下政策建议。

一是建议加快发展产业关键核心和未来前沿技术。聚焦新一代信息技术、生物技术、新能源、新材料、高端装备、新能源汽车等高技术产业领域，梳理产业链、供应链中亟须突破的关键技术和产品领域，以财政资金为引导，发挥金融工具的杠杆效应，引导社会资金进入关键核心技术攻关，推动部分领域实现从无到有、从有到强的跨越。在量子信息、基因技术、未来网络、氢能与储能等前沿科技领域，加速未来产业技术研发，为未来的高技术产业发展做好技术储备。

二是建议优化产业创新的组织管理模式。加强国家实验室、国立科研机构、研究型大学、行业龙头企业等战略科技力量的建设和整合，鼓励探索产业创新联盟中心、产业创新中心、制造业创新中心、技术创新中心等多种组织方式，着力构建协同攻关的组织运行机制，真正做到高效配置科技力量和创新资源，实现跨领域跨学科协同攻关，为关键核心技术攻关提供组织保障。

三是建议完善有利于高技术产业创新发展的政策体系。建议大力发展政府企业联合科学基金，聚焦关键技术领域中的核心科学问题开展前瞻性基础研究，为产业创新提供支撑。建议通过税收优惠等方式大力发展创业投资，加快发展科创板等资本市场，为高技术企业的创新创业提供资本循环通道。建议探索企业、高校、科研机构人才流动新机制，通过人才互认等方式，推动产业创新人才进入高校、科研机构，为产业配套更多应用研究导向人才。

四是建议加快落实知识产权制度。根据《专利法》加快推动完成《专利法实施细则》和《专利审查指南》修改，加快建设知识产权保护中心和快速维权中心，加快各地惩罚性赔偿制度的落实，快速提升恶意侵犯知识产权的违法成本。继续做好职务科技成果赋权改革，出台配套政策，从税收到审计，全面打通阻碍改革的各项堵点难点。

参考文献

[1] 中国科学院创新发展研究中心 . 2009 中国创新发展报告 [M]. 北京：科学出版社，2009.

4.2　The Evaluation of Innovation Capacity of Chinese High Technology Industry

Wang Xiaojiong[1], *Zhao Yanfei*[2], *Zhang Chao*[1,3]

(1. Institutes of Science and Development, Chinese Academy of Sciences;

2. Military Science Information Research Center of the Academy of Military Sciences;

3. Capital University of Economics and Business)

The paper analyzes the innovation capacity of the High Technology Industry (HTI) in China with the analysis framework which consists of innovation strength and innovation effectiveness. The innovation strength and the innovation effectiveness are both described from three aspects, namely: innovation input, innovation output and innovation performance. HTI comprises of the manufacture of medicines, the manufacture of aircrafts and spacecrafts and related equipment, the manufacture of electronic equipment and communication equipment, the manufacture of computers and office equipment, the manufacture of medical equipment and measuring instrument. On the basis of statistical data and systematic analysis, the paper generates the following points.

First, the rise in innovation strength and effectiveness between 2016 and 2020 clearly increased HTI China's capability for innovation. Second, while the majority of industries show rapid growth in their capacity for innovation, some, such as the production of computers and office supplies, have experienced a decline in innovation strength. Third, several HTI innovation effectiveness metrics are declining. For instance, Expenditure for Assimilation of Technology/Expenditure for Acquisition of Foreign Technology dropped from 7.88% in 2016 to 6.62% in 2020.

In order to enhance the innovation capacity of HTI, four suggestions are proposed as followed: ① to strengthen the support of key technology areas; ② to change the organization and management mode of innovation platform; ③ to improve the policy system; ④ to carry out the incentive mechanism of innovation.

第五章

高技术与社会

High Technology and Society

5.1　纳米生物安全性问题及应对策略

曹明晶　陈春英

（国家纳米科学中心）

当一种物质的尺寸减小到人类头发丝直径的万分之一（即纳米尺度），它就拥有了不同于块体材料的独特性能，如光、热、电、磁等物理性质和光化学、电化学、反应活性增强等化学特性。拥有这些特殊性能的纳米材料是一把双刃剑：纳米技术在工业、农业、食品、生物医药和环境科学等领域的应用给人类社会带来福音；纳米材料的不断研发和大量使用增加了人类的暴露风险，对人体健康造成一定的负面影响。本文首先介绍纳米科技带来的巨大社会效益，并提出纳米材料的安全性问题，进而介绍纳米材料对人体健康可能造成的危害，并进一步讨论规避风险的应对策略。

一、纳米材料的社会效益与安全性问题

诞生于 20 世纪 90 年代的纳米技术是继信息技术和生物技术之后，又一深刻影响社会经济发展的重大前沿科学技术。它在医疗、电子、航空、军事以及能源领域的广泛应用极大地推动了人类社会的进步。纳米材料因尺度效应而具有独特的光、电、热、磁等性能，是许多科技领域发展和提升迫切需要的物质基础，已成为学术界和工业界的研究热点。据美国市场研究公司商业通信公司（Business Communications Company）以及中国环洋市场咨询（Global Info Research）2021 年发布的《全球纳米技术市场》报告，全球纳米技术市场将从 2021 年的 52 亿美元增长到 2026 年的 236 亿美元，年复合增长率超 35%。纳米药物基于纳米载体，基元、结构、功能可控，已成为创新生物大分子药物的重要基石，拥有巨大的科学意义和社会经济效益。新冠病毒 mRNA 疫苗在世界范围内的井喷式发展，验证了纳米载体和纳米药物对维护全球卫生安全的重要性，也验证了纳米药物正在改变现代药物发展进程的事实。

任何事物都具有两面性。纳米材料的应用和产生的影响具有正负两个方面[1-3]。如图 1 所示，纳米材料具有表面易功能化、靶向性好、生物相容性较好等优势，在疾病诊断、治疗、药物递送等生物医学领域具有巨大的应用潜能，为疾病的早期诊断和高效治疗带来新的机遇和方法。同时，纳米材料由于粒径小和表面活性高等特性，易跨越生物屏障进入生物体内，对人体健康和生存环境等造成不利的影响。全面研究纳

米尺度物质的生物安全性，事关纳米科技与工业生产的发展，是保障纳米科技可持续发展的核心环节。

图 1 生物医学领域中纳米材料的阴阳两面性[3]

注：纳米药物为阳，纳米毒理为阴。

自 2003 年 *Science* 和 *Nature* 相继发表文章讨论纳米尺度物质的生物效应以及对环境和人类健康的影响之后[4,5]，纳米生物安全性引起了各国政府、科技界和公众的极大关注。欧盟国家以及美国等各国政府都把纳米生物安全效应的研究列为重要的项目。我国也是率先开展纳米生物效应和安全性研究的国家之一，并已跻身世界前列。纳米生物安全效应研究领域的前沿方向主要分为两个：纳米材料对人体健康的风险研究、纳米材料的环境毒理效应研究。科学家们整合纳米科学、生物学、化学、物理学、医学等领域的优势，从生物整体、细胞、分子水平和生态环境等层面开展纳米生物效应的研究。

二、纳米材料的暴露途径及其在体内的生物过程

纳米生物的安全性高度依赖暴露途径（呼吸道、消化道、皮肤、静脉注射等）和生物过程，即吸收（absorption）、分布（distribution）、代谢（metabolism）和排泄（excretion），称为 ADME 过程。

（1）呼吸系统是职业人群暴露于纳米材料的主要途径之一，是纳米材料产生毒性效应的重要靶器官。不同尺寸的纳米颗粒可沉积在鼻咽部、支气管、肺泡等部位，影响肺部正常功能。同时，纳米颗粒也可打破肺气血屏障通过血液循环进入机体全身。纳米材料生产场所、PM2.5中的超细颗粒物和纳米产品中材料释放等引起的呼吸暴露风险研究是纳米生物安全性评价的重要组成部分。

（2）纳米材料（如银、二氧化钛、二氧化硅纳米颗粒和碳纳米材料等）在食品和农产品中的应用给各领域带来福音，同时也增加了纳米材料通过消化道暴露于人体的风险。纳米颗粒经过口腔进入咽喉，经食道被胃肠道系统吸收，后可转运至淋巴循环系统，在器官中进行再分布。

（3）医用纳米敷料、透皮纳米药物和纳米化妆品的使用增加了纳米材料通过皮肤进入人体的可能性，其中的纳米材料可能在皮肤中滞留，与皮肤细胞相互作用从而影响其正常功能，或跨过皮肤屏障进入血液循环，引起一定的系统毒性。

（4）静脉注射是临床上一种常用的给药方式。经静脉给药的纳米药物不可避免地进入血液，首先与血液中的蛋白质、血浆、细胞等成分相互作用，接着经血液循环分布到其他组织器官，对其他脏器及系统（如肝脏、肾脏、免疫系统、神经系统等）产生不同程度的损伤。

大量的研究表明[6-10]，纳米材料的毒性效应来源于其在体内不良的ADME过程，同时也证明了ADME过程与暴露途径、剂量、纳米材料的理化性质、组织的超微结构等息息相关。

三、纳米材料对重要组织、器官的影响

纳米材料通过不同途径进入人体，与各种细胞和组织微环境相互作用，可能造成一定的损伤。毒性效应与纳米材料的尺寸、形状、化学组成、表面性质、金属杂质、降解性能等一系列理化性质以及剂量、暴露途径等密切相关[11, 12]。经呼吸暴露的纳米颗粒进入肺部，可能与肺表面活性剂、肺泡上皮细胞及免疫细胞相互作用，造成肺损伤。已有研究表明，碳纳米颗粒（如碳纳米管、富勒烯及石墨烯等）以及金属和金属氧化物纳米材料对呼吸系统造成的毒性效应包括氧化应激损伤、DNA损伤、炎症反应和由此恶化形成的肺纤维化、肺尘埃沉着病等。过去的十几年，陈春英、赵宇亮等一直致力于探索碳纳米管的毒性根源，就其对呼吸系统、神经系统、心血管系统和内分泌系统的毒性进行全面科学的研究[13-17]。有关呼吸毒性的研究发现，碳纳米管对小鼠肺部和心血管系统造成持续炎症、氧化应激等亚慢性损伤[16]。此外，碳纳米管的长期呼吸暴露会改变局部微环境，显著增强乳腺肿瘤细胞的侵袭能力，影响除肺部外

的远端器官或组织的肿瘤发生发展[17]。

经消化道暴露的纳米材料通过与黏液、肠上皮细胞、免疫系统、微生物群发生相互作用，对肠道产生不同的生物效应。包括碳纳米管、石墨烯、二氧化钛、二氧化硅、纳米银、纳米聚合物在内的数种纳米材料可能会破坏肠道屏障完整性，影响微生物群的平衡，引起代谢相关的炎症反应，甚至可能会引起神经毒性，并且可能会出现诸如免疫功能障碍等临床疾病。最近的一项研究发现，经口服的聚苯乙烯微纳塑料会破坏肠道上皮细胞屏障的完整性，明显导致肠道菌群的失调，且会对肝脏、肾脏和脾脏造成明显损伤，不同表面修饰的材料毒性大小为：氨基修饰 > 羧基修饰 > 未修饰[18]。

肝脏是人体代谢活动的主要部位。纳米材料可由呼吸道、消化道或皮肤等途径进入机体，再通过血液或淋巴循环到达并沉积在肝脏中。纳米材料的本征特性和肝组织的微结构是影响两者相互作用和产生肝脏毒性效应的重要因素。大量研究表明[19-21]，尺寸、带电性、亲疏水性和表面吸附的蛋白质（称为蛋白冠）决定了纳米材料被肝脏中不同的细胞（如肝巨噬细胞、内皮细胞、肝实质细胞等）摄入，从而滞留在肝脏中，通过氧化应激、炎症反应、细胞凋亡等机制导致肝损伤。

肾脏是血液过滤的主要器官，在纳米颗粒清除中起着关键作用。肾小球的过滤机制以及纳米材料的尺寸、形状和带电性是影响其从肾脏排出的重要因素。研究发现，大多数水合粒径超过肾脏滤过阈值（约 6 nm）的纳米材料会沉积在肾脏中，引起严重的肾脏损伤，可表现为肾小球的肿胀、萎缩、破裂和肾小管的阻塞等。例如，小鼠急性口服铜纳米颗粒（直径 25 nm）和二氧化钛纳米颗粒（直径 80 nm）均对肾脏造成了明显的病理损伤[22, 23]。

四、应对策略

为了使纳米技术真正地造福人类，规避其可能造成的风险显得尤为重要。规避风险的主要策略包括：建立准确可靠的风险评估方法，合理改性设计纳米材料，严格控制/监管纳米材料的生产质量，有效防护纳米颗粒暴露，制定相关政策法规等。这需要政府部门、科学团体和社会公众共同努力才能实现。

首先，准确的风险评估对于识别有害的纳米材料和论证防护策略的有效性十分关键。纳米材料的风险可能存在于其整个生命周期的不同阶段，职业工人、消费者和生态环境可能会在生产、储存、使用或废弃处理纳米材料的过程中受到危害。虽然世界上 30 多个国家都推出了纳米技术发展战略，但总体上对纳米材料的风险重视不够。为了保护公众、消费者、从业人员以及环境的健康和安全，加强风险研究势在必行。

其中，建立准确可靠的评估方法是重要的环节。评估方法中要对纳米材料特征、研究对象、暴露途径、剂量等进行准确描述。针对方法的不统一性问题，需建立相应的标准为纳米材料的风险评估提供依据。例如，我国国家标准 GB/T 37129—2018（等同于国际标准 ISO/TR 13121：2011）《纳米技术　纳米材料风险评估》描述了对人造纳米材料的潜在风险进行识别、评估、处理、决策、发布和实施的整个过程。

其次，合理设计纳米材料的结构、改造它们的理化性质可以减弱甚至消除其带来的负面健康影响，这一降低风险的策略在纳米医药领域十分重要。例如，设计小于肾脏滤过阈值（约 6 nm）的纳米颗粒可以促进其通过肾脏排出的过程，提高纳米药物的安全性。对纳米材料理化性质的调控也会影响表面蛋白冠的吸附，进而影响纳米材料的体内代谢、细胞摄取和清除能力等生物学行为。

再次，在生产过程中，严格控制纳米材料的质量，也是降低风险的重要策略之一。例如，研究发现，过渡金属催化剂（如铁、镍、钴、钇等）杂质的存在是碳纳米管毒性的一个重要来源[13]，降低金属杂质的含量大大减小了碳纳米管的危害。对纳米材料生产质量的监管能有效地从根源上降低产生危害的可能性。

最后，使用防护工具可有效杜绝与纳米颗粒的直接接触，也是一种减小危害的有效方法之一。呼吸过滤器材和防护服是阻隔纳米颗粒通过呼吸道和皮肤进入人体的个体防护设备。传统的防护装备，虽然具有一定的效果，但并非专门针对防护纳米颗粒而设计，存在佩戴适合性差、使用时效短等缺陷，亟须研究专门的纳米颗粒个体防护技术和设备。职业安全健康北京市重点实验室在 2014 年度投入 200 余万元开展纳米颗粒防护材料及设备研究，研制具有超双疏、高阻隔、高透气和高适合性的口罩、眼镜、手套、防护服等纳米颗粒个人保护用品，填补了国内相关产品的空白。美国国家职业安全与健康研究所批准的 N95 或更高级别的过滤口罩或呼吸器，可有效捕获空气中的纳米颗粒，已在工人身上进行适当的测试，结果表明可提供足够的保护。在 2015 年出版的《生产与工作场所纳米颗粒暴露监测指南》中[24]，我国科学家对纳米生产现场的安全防护给出了具体的指导建议和操作方法。美国国家环境卫生科学研究所开展工人教育和培训项目，帮助职业人群做好自身防护，正确使用个人防护设备，免受纳米颗粒的暴露危害。

上述讨论的风险评估方法的建立、生产质量的监管都需要制定相关政策法规来实现。一直以来，欧盟很重视纳米生物安全性问题，围绕监管、风险评估、制定实践规范、制定研究计划和战略、信息公开等展开了工作。欧盟与国际标准化组织（ISO）、欧洲标准化委员会（CEN）的工作紧密衔接，发布了多条与纳米技术生物安全评价相关的标准和指南。例如，《纳米技术　职业环境中的健康及安全守则》（ISO/TR 12885：2018）描述了与纳米技术相关的职业环境中的健康和安全实践，重点关注人造纳米物质的职业制造和使用。《纳米技术　制造和加工人造纳米物体产生的废物的管理和处置指南》（CEN/TS 17275：2018）中提出了加工制造纳米物质产生的废物的管理和处置方法。美国国家职业安全与健康研究所针对工作场所的职业健康和风险管理提出了若干指导原则，对纳米技术潜在风险进行工作场所控制、危险分级与标识检测、废弃物处置限制等管理。我国一直以来也很重视纳米技术的风险评估和技术标准制定，迄今已有 135 项国家纳米标准。其中，《纳米技术　纳米材料风险评估》（GB/T 37129—2018）描述了纳米技术可能涉及的环境和健康风险的评估程序和方法。纳米技术研发与应用正在我国如火如荼地进行，因此我国有必要借鉴美国、欧盟等发达国家（组织）的经验，结合我国的具体情况不断完善纳米技术安全发展的指南和规范，并鼓励社会公众参与探讨如何建立可靠的适合中国国情的管理体系和法规，如有关制造和废弃纳米材料的行业标准、纳米产品标准、风险管理法规和危害预防体系等，促进纳米科技的可持续发展。

纳米技术的发展既存在机遇，同时也在不断迎接新的挑战。我们大力发展纳米技术的同时，也要重点关注纳米生物安全效应，为纳米科技的健康发展提供理性指导，从而真正地让纳米科技服务国家、造福人类。

参考文献

[1] Xu L, Liang H W, Yang Y, et al. Stability and reactivity：positive and negative aspects for nanoparticle processing[J]. Chemical Reviews, 2018, 118（7）：3209-3250.

[2] 刘颖, 陈春英. 纳米生物效应与安全性研究展望[J]. 科学通报, 2018, 63（35）：3825-3842.

[3] Bondarenko O, Mortimer M, Kahru A, et al. Nanotoxicology and nanomedicine：the yin and yang of nano-bio interactions for the new decade[J]. Nano Today, 2021, 39：101184.

[4] Brumfiel G. A little knowledge[J]. Nature, 2003, 424（6946）：246-248.

[5] Service R F. Nanomaterials show signs of toxicity[J]. Science, 2003, 300（5617）：243-243.

[6] Wang B, He X, Zhang Z Y, et al. Metabolism of nanomaterials *in vivo*：blood circulation and organ clearance[J]. Accounts of Chemical Research, 2013, 46（3）：761-769.

[7] Zhao Y, Nalwa H S. Nanotoxicology：Interactions of Nanomaterials with Biological Systems[M]. Valencia：American Scientific Publishers, 2007.

[8] 赵宇亮, 白春礼. 纳米毒理学：纳米材料的毒理学和生物活性[M]；北京：科学出版社, 2009.

[9] Tsoi K M, MacParland S A, Ma X, et al. Mechanism of hard-nanomaterial clearance by the liver[J]. Nature Materials, 2016, 15（11）：1212-1221.

[10] Wang J, Bai R, Yang R, et al. Size-and surface chemistry-dependent pharmacokinetics and tumor accumulation of engineered gold nanoparticles after intravenous administration[J]. Metallomics,

2015, 7（3）：516-524.

[11] Zhu M, Nie G, Meng H, et al. Physicochemical properties determine nanomaterial cellular uptake, transport, and fate[J]. Accounts of Chemical Research, 2013, 46（3）：622-631.

[12] 徐莺莺，林晓影，陈春英. 影响纳米材料毒性的关键因素 [J]. 科学通报，2013, 58（24）：2466-2478.

[13] Liu Y, Zhao Y, Sun B, et al. Understanding the toxicity of carbon nanotubes[J]. Accounts of Chemical Research, 2013, 46（3）：702-713.

[14] Meng L, Chen R, Jiang A, et al. Short multiwall carbon nanotubes promote neuronal differentiation of PC12 cells via up-regulation of the neurotrophin signaling pathway[J]. Small, 2013, 9（9-10）：1786-1798.

[15] Wang P, Nie X, Wang Y, et al. Multiwall carbon nanotubes mediate macrophage activation and promote pulmonary fibrosis through TGF-β/Smad signaling pathway[J]. Small, 2013, 9（22）：3799-3811.

[16] Chen R, Zhang L, Ge C, et al. Subchronic toxicity and cardiovascular responses in spontaneously hypertensive rats after exposure to multiwalled carbon nanotubes by intratracheal instillation[J]. Chemical Research in Toxicology, 2015, 28（3）：440-450.

[17] Lu X, Zhu Y, Bai R, et al. Long-term pulmonary exposure to multi-walled carbon nanotubes promotes breast cancer metastatic cascades[J]. Nature Nanotechnology, 2019, 14（7）：719-727.

[18] Qiao J, Chen R, Wang M, et al. Perturbation of gut microbiota plays an important role in micro/nanoplastics-induced gut barrier dysfunction[J]. Nanoscale, 2021, 13（19）：8806-8816.

[19] Li J, Chen C, Xia T. Understanding nanomaterial-liver interactions to facilitate the development of safer nanoapplications[J]. Advanced Materials, 2022, 34（1）：2106456.

[20] Cao M, Cai R, Zhao L, et al. Molybdenum derived from nanomaterials incorporates into molybdenum enzymes and affects their activities in vivo[J]. Nature Nanotechnology, 2021, 16（6）：708-716.

[21] Zhang Y, Poon W, Tavares A J, et al. Nanoparticle-liver interactions: cellular uptake and hepatobiliary elimination[J]. Journal of Controlled Release, 2016, 240：332-348.

[22] Chen Z, Meng H, Xing G, et al. Acute toxicological effects of copper nanoparticles in vivo[J]. Toxicology Letters, 2006, 163（2）：109-120.

[23] Wang J, Zhou G, Chen C, et al. Acute toxicity and biodistribution of different sized titanium dioxide particles in mice after oral administration[J]. Toxicology Letters, 2007, 168（2）：176-185.

[24] 陈春英，陈瑞，白茹，等. 生产与工作场所纳米颗粒暴露监测指南 [M]. 北京：科学出版社，2015：1-79.

5.1 The Biosafety Issues of Nanomaterials and Coping Strategies

Cao Mingjing，*Chen Chunying*
（National Center for Nanoscience and Technology of China）

One material with the size of ten thousand smaller than the diameter of one human hair（i.e.，nanoscale）possesses unique physicochemical properties different from bulk ones，such as the optical，thermal，electric，magnetic，photochemical，electrochemical，and enhanced reaction properties. A nanomaterial with the special features is a double-edged sword：the human society benefits from the ever-changing nanotechnology in the fields of industry，agriculture，food，biomedicine and environmental science；the continuous research and development and extensive use of nanomaterials have increased the exposure risk of human beings and brought a certain negative impact on human health. This paper introduces social benefits brought by nanotechnology，biosafety risks of nanomaterials to human health and further discusses the coping strategies to avoid any risks.

5.2 中国科研人员参与"开放获取"的现状、问题与对策

卢阳旭[1] 赵延东[2]

（1. 中国科技发展战略研究院；2. 中国人民大学）

开放科学（open science）已成为全球科技政策的新趋势。2021 年 11 月，联合国教科文组织发布《开放科学建议书》（Recommendation on Open Science），向各成员国提出了推进开放科学的明确建议[1]。我国对此亦持积极态度，在新修订的《中华人民共和国科学技术进步法》中明确规定国家要推动开放科学的发展。开放获取（open access）是开放科学的重要组成部分，它是对传统订阅者付费模式的重大变革，通过

建立"论文作者付费、读者免费获取"的新模式，让包括科研人员和普通公众在内的各类读者可以更便利地获得科学论文等科学出版物，并借此推进科学知识生产和传播。许多国家的政府部门、科学资助机构、科研机构等都制定了相应的促进政策，如2018年9月，来自十余个欧洲国家的科学资助机构发起推动开放获取的"S计划"（Plan S）等。在政策、技术等多种因素的共同推动下，开放获取获得了快速发展，数据表明，英国、法国、荷兰、挪威等欧洲国家开放获取论文占比明显高于美国和中国，英国开放获取论文占比在2017年后基本稳定在80%左右[2]。但是，开放获取的快速发展也引起了很大的争议，产生了一些新的问题，如开放获取期刊的质量问题，以及开放获取期刊文本处理费（article processing charges，APC）过高、科学资助机构对科研人员开放获取行为资助不够，等等[3]。

科研人员是当前开放获取运动最重要的行动者之一，其态度和需求将对开放获取实践及发展产生重要影响。本文基于2020年开展的一项全国科研人员调查数据①，重点分析中国科研人员对开放获取的认知和态度，以及相关行为方面的若干典型问题，包括中国科研人员对开放获取的知晓和认识、在开放获取期刊上发表论文的情况，以及在参与开放获取运动方面的需求等。最后，本文还将就推动开放获取在我国的健康发展提出政策建议。

一、科研人员对开放获取的知晓程度及典型认识

（一）科研人员对开放获取的知晓度较高

调查数据显示，七成（70.8%）的科研人员听说过开放获取，其中25.1%"听说过，且比较了解"，45.7%"听说过，但不太了解"，另外三成（29.2%）科研人员则表示没有听说过这个概念。

进一步分析显示，在对开放获取的知晓度上，存在较为明显的群体差异。具体而言，高校和科研院所中的科研人员的知晓度更高，71.9%的高校科研人员、69.9%的科研院所科研人员听说过开放获取，高于医疗卫生机构科研人员（64.0%）；具有高级职称的科研人员的知晓度更高，74.7%的正高职称科研人员、71.5%的副高职称科研人员听说过开放获取，高于中级及以下职称科研人员（66.1%）；在来自数理科学、化学科学、生命科学、地球科学、工程和材料科学、信息科学、管理科学和医学科学

---

① 受国家自然科学基金委员会委托，2020年4月中国科学技术发展战略研究院开展了"我国科研人员对开放科学的态度和需求调查"。此次调查根据2018年国家自然科学基金委员会的所有基金申请人申请顺序进行系统随机抽样，最终抽取被访者85 628人发送问卷，最终回收有效样本12 253份，问卷有效回收率为14.3%。

八大学科领域的科研人员中，分别有 67.9%、75.0%、72.4%、73.8%、70.5%、69.3%、72.9% 和 67.1% 听说过开放获取，其中表示自己比较了解开放获取的比例在八大学科领域的科研人员中分别为 25.3%、30.5%、26.4%、28.5%、23.2%、27.6%、19.3% 和 21.2%；男性科研人员的知晓度更高，75.2% 的男性科研人员听说过开放获取，其中表示自己比较了解开放获取的比例为 31.0%，这两个比例在女性科研人员中分别为 63.1% 和 14.7%（图 1）。

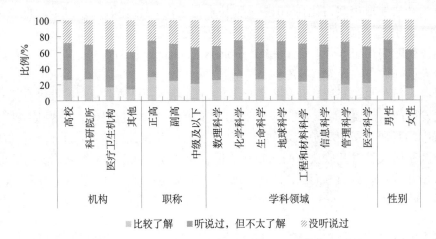

图 1　科研人员对开放获取的知晓情况

（二）"免费阅读所需的论文"是科研人员对开放获取最典型的认知

为进一步了解科研人员对开放获取的认知，本次调查询问了以下问题："据您了解，'开放获取'是否包含以下内容"，所列选项分别为"读者可以免费阅读所需论文""作者发表论文需要支付更高的费用""作者发表的论文存到指定地方""作者发表论文的相关数据存到指定地方""作者只需支付发表费用即可发表论文"。结果如图 2 所示，分别有 97.4%、55.8%、57.5%、62.1% 和 17.0% 的科研人员认为上述五项内容属于开放获取包含的内容。可以看出，大家对于"读者可以免费阅读所需论文"的共识度非常高，对于作者发表的论文及相关数据的存储方式也有相对较高的共识度。另外，考虑到作为开放获取重要载体的开放获取期刊的收费问题饱受诟病，本次调查了解了这方面的情况，虽然绝大部分科研人员没有将"开放获取"等同为"给钱就能发"，但有近六成的科研人员认为作者在开放获取期刊上发表论文要支付更高的费用。

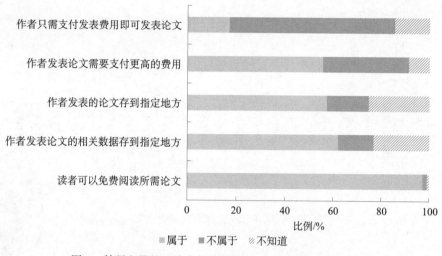

图2 科研人员是否认为相关特征属于开放获取的典型特征

二、科研人员在开放获取期刊上的论文发表情况

（一）超半数科研人员在开放获取期刊上发表过论文

调查数据显示，44.4%的中国科研人员最近三年在开放获取期刊上发表过论文，还有8.1%的人虽在最近三年没有发表过，但之前发表过，二者合计为52.5%。进一步分析发现，职称越高的科研人员越可能在开放获取期刊上发表过论文，正高级职称、副高级职称和中级及以下职称三类群体的发表比例分别为58.8%、51.0%和43.4%。

此外，调查还询问了科研人员最早在开放获取期刊发表论文的时间（图3）。数据显示，2010年前即已在开放获取期刊发表论文的人仅为4.4%，在2010年特别是2015年后，在开放获取期刊发表论文这一模式加速流行——以往研究也发现，2015～2020年，中国开放获取论文发表量增长97%，中国开放获取论文占比增长至将近40%[2]。

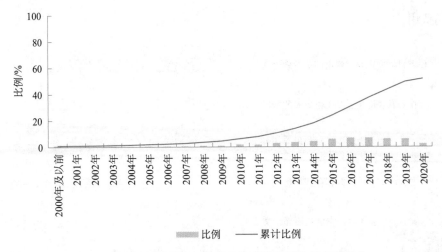

图3 科研人员最早在开放获取期刊发表论文的年份分布

（二）开放获取期刊发表费用篇均过万

论文发表的费用过高，是开放获取受到诟病的主要问题之一。本次调查了解了最近三年英文、中文的非开放获取期刊发表和开放获取期刊这三种发表方式的发表费用情况。分析发现，开放获取期刊的版面费要高于非开放获取的英文学术期刊，更高于非开放获取的中文学术期刊。具体而言，在最近三年发表过英文论文的科研人员当中，30.6% 的人没有为其发表的英文论文支付过发表费用；在最近三年发表过中文论文的科研人员当中，8.2% 的人没有为其中文论文支付过发表费用；在最近三年在开放获取期刊上发表过论文的科研人员当中，8.0% 的人没有为其开放获取的论文支付过发表费用。

为了解不同发表方式版面费的差别，下文将只计算支付过相关费用的人每篇论文的平均发表费用的情况，结果列于表1中。分析发现，英文学术论文篇均发表费用的平均数为6635元，中位数为4000元；中文学术论文篇均发表费用的平均数为3750元，中位数为3000元；开放获取期刊论文篇均发表费用的平均数为 10 430 元，中位数为 10 000 元。进一步分析发现，开放获取期刊发表费用存在较为明显的学科领域差异，具体而言，医药科学领域最贵，篇均 12 535 元，随后依次为生命科学（11 097 元）、信息科学（10 057 元）、化学科学（9938 元）、地球科学（9802 元）、工程和材料科学（9153 元）、数理科学（8495 元）和管理科学（7020 元）。

表 1　不同类型期刊论文发表费用情况　　　　　（单位：元）

	下四分位	中位数	上四分位	均值
非开放获取的中文期刊	2 000	3 000	4 000	3 750
非开放获取的英文期刊	0	4 000	10 000	6 635
开放获取期刊	5 000	10 000	13 000	10 430

（三）超六成科研人员未来愿意在开放获取期刊上发表论文

调查数据显示，超过六成（65.4%）的科研人员表示将来愿意在"开放获取期刊"上发表论文，8.1% 的人明确表示不愿意，还有 26.6% 的人回答"说不清"，没有明确的态度。进一步分析发现，高层次研究人员在开放获取期刊上发表论文的意愿相对更低，如在正高职称、副高职称、中级及以下职称组中表示将来愿意在"开放获取期刊"上发表论文的比例分别为 61.9%、65.7%、69.7%；对研究水平自我评价越高的申请人未来在"开放获取期刊"上发表论文的意愿越低：认为自己的研究水平在国内本研究领域处于前 1%、前 5%、前 10%、前 20% 和前 50% 的申请人中表示将来愿意在开放获取期刊上发表论文的比例分别为 59.0%、61.6%、63.4%、66.6% 和 68.0%（图 4）。

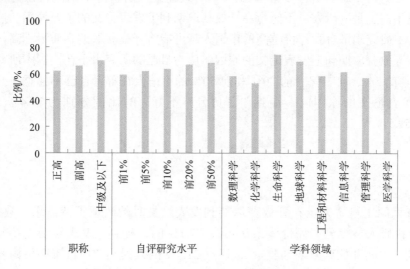

图 4　不同类型科研人员未来在开放获取期刊发表论文的意愿

三、科研人员在开放获取期刊发表论文面临的困难

（一）超六成科研人员表示支付开放获取发表费存在困难

调查询问了科研人员对开放获取期刊发表费用支付的总体感受。数据显示，13.4% 的科研人员觉得支付开放获取期刊的发表费用面临很大困难，50.7% 的科研人员觉得有点困难，二者合计为 64.1%，还有 27.1% 的人认为没什么困难，8.8% 的人表示"说不清"。进一步分析发现，高层次科研人员在支付开放获取期刊的发表费方面存在困难的比例相对更低，如在正高职称、副高职称和中级及以下职称组中，表示支付开放获取期刊的发表费存在困难的比例分别为 57.4%、66.5% 和 68.9%。另外，在明确表示将来不愿意在开放获取期刊上发表论文的人当中，79.2% 的人提到"发表费用过高"，在各类原因中居首位。

（二）质量不高是科研人员不愿意在开放获取期刊发表论文的重要原因

调查数据显示，在表示未来不愿意在开放获取期刊发表论文的科研人员中，60.0% 的人提到"期刊名声不好"，57.6% 的人提到"期刊得不到同行认可"。因此，期刊质量不高也是科研人员不愿意在开放获取期刊上发表论文的重要原因。进一步分析发现，对研究水平自我评价越高的申请人越可能将开放获取期刊质量不高作为自己不愿意在开放获取期刊上发表论文的原因。认为自己的研究水平在国内本研究领域处于前 1%、前 5%、前 10%、前 20% 和前 50% 的申请人在解释自己不愿意在开放获取期刊上发表论文的原因时，提到"期刊名声不好"的比例分别为 77.4%、62.2%、64.6%、59.5% 和 52.3%。

（三）评价体系认可是科研人员对开放获取期刊发表最主要的政策需求

调查询问了科研人员在开放获取期刊发表论文时的政策支持需求。数据显示，81.8% 的科研人员提到"评价体系认可"，72.1% 的人提到"发表经费支持"，72.0% 的人提到"提高开放获取期刊质量"，还有 21.5% 的人提到"项目资助机构要求在开放获取期刊发表"。进一步分析发现，总体而言，在政策需求方面各群体之间的差异不大，面临的问题有较强的普遍性。

四、推动我国开放获取健康发展的建议

前文的分析表明，总体而言，我国科研人员对于开放获取的知晓度较高，对其内涵也有较为准确的认识。同时，科研人员积极向开放获取期刊投稿，未来继续向其投稿的意愿也比较高，但分析表明，开放获取期刊的收费偏高，给部分科研人员带来了付费能力不足的困扰，同时相关期刊的质量也被认为还有待提高。鉴于此，本文提出如下建议。

第一，积极参与全球开放获取运动。积极参与国际开放获取规则的讨论和制定，更好促进全球科技的交流和知识共享，更好维护好我国科学发展权益。科技主管部门设立负责推动开放科学健康发展的专门机构，加强我国在开放获取、开放数据等开放科学重点发展领域的战略研究和规划，以及相关工作的组织和协调。建立健全由政府相关部门、科研机构、学术出版机构等利益相关者广泛参与的对话和协商平台，丰富对开放获取的治理工具箱，推动开放获取事业健康、可持续发展。

第二，加大对开放获取的资金支持力度。增加对诸如国家科研论文和科技信息高端交流平台、机构知识库等开放获取基础设施的资金支持力度。科学资助机构、大学、科研院所等要探索建立多种形式的开放获取论文发表费用支持机制，建立向青年科研人员适当倾斜的费用补助机制。

第三，以评价机制改革推动开放获取健康发展。将开放获取工作进展纳入高校和科研院所评价指标体系。优化论文评价机制，改变"以刊评文"做法，给予开放获取期刊论文与其他期刊论文平等地位。在财政科研项目评价中，明确提出开放获取方面的要求。

第四，支持高质量开放获取期刊发展，探索多种形式的开放获取。科技主管部门、科学资助机构加强与学术出版机构的合作，遴选出一批高质量的开放获取期刊并予以经费等方面的支持，支持高质量的中文开放获取期刊发展。建立科学的开放获取期刊监测和评价指标体系，建立"掠夺性期刊"预警制度。积极探索多种形式的开放获取模式。

第五，加强开放获取发展监测和研究。建立开放获取发展监测系统，及时、全面了解相关信息。加强对国际开放获取实践的跟踪和分析，为中国开放获取相关政策提供参考和借鉴。

参考文献

[1] UNESCO. UNESCO：recommendation on open science[EB/OL]. https://unesdoc.unesco.org/ark:/48223/pf0000379949.locale=en[2022-12-04].

[2] Zhang L，Wei Y，Huang Y，et al. Should open access lead to closed research？ The trends towards paying to perform research[J]. Scientometrics，2022，27：7653-7679.

[3] AIP Publishing，APS physics，IOP Publishing，et al. OA in physics：researcher perspectives[EB/OL]. https://opg.optica.org/press/oainphysicswhitepaper.pdf[2022-12-04].

5.2 Chinese Scientists' Participation in Open Access：Current Situation，Problems and Policy Suggestions

Lu Yangxu[1]，*Zhao Yandong*[2]

（1. Chinese Academy of Science and Technology for Development；2.Renmin University of China）

Based on a large-scale random sampling survey of Chinese scientists，this paper describes their awareness of，attitudes to and involvement in open access（OA）. According the data，more than seventy percent of Chinese scientists have heard of OA，and about half of them have published papers in OA journals. The survey data also shows that Chinese scientists have some difficulties in participating in OA，including high cost of publication，low quality of OA journals，and the low recognition of evaluation system. Policy recommendations on promoting OA in China are proposed.

5.3 中国科技伦理教育的问题与趋势

张恒力 李 昂

（北京航空航天大学）

2022 年 3 月 20 日，国家发布了《关于加强科技伦理治理的意见》（以下简称《意见》），对科技伦理治理工作做出全面系统部署，标志着中国科技伦理的发展迈上了全新的台阶。《意见》特别指出，"将科技伦理教育作为相关专业学科本专科生、研究生教育的重要内容"，"将科技伦理培训纳入科技人员入职培训、承担科研任务、学术交流研讨等活动"[1]。科技伦理教育是科技伦理治理关键的一环，肩负着树立正确科技伦理意识、培养向善科技人才的重要使命。中国科技伦理教育经过几十年的发展取得了一定成就，但随着科技创新的蓬勃发展，科技伦理教育当前也面临着全新的挑战。

一、科技伦理教育的基本内涵

科技伦理教育是提高青年学生科技伦理意识、自觉遵守科技伦理规范不可或缺的途径[2]。其基本内涵可以从科技伦理教育的内容、科技伦理教育的原则和科技伦理教育的目标三个方面来进行梳理。

1. 科技伦理教育的内容

首先，弘扬科学精神。科学精神是科学发展的内在基础，以科学精神作为教育内容能够辐射受教育者的观念、滋养受教育者的思想、内化受教育者的行为，使科学技术工作更富有创造力，实现引领性的重大突破。其次，明确科技道德准则。科技道德准则关乎科学家和科技人员等主体如何处理人与自然以及社会人际关系，正确的科技道德准则有利于树立正确的人生观、价值观、理想信念、道德品质。最后，增强社会责任感。社会责任也是科技伦理教育关注的重要内容，具体包括对国家的责任感、对生态环境的责任感、对人类发展的责任感等几个方面。

2. 科技伦理教育的原则

科技伦理教育的原则是指科技伦理教育中应该一以贯之的基本准则和基本方法。首先，坚持传统与现代相结合的原则，科技伦理既具有传统性又与时俱进。中国科学技术发展带来的伦理问题，有其鲜明的文化特色。中国的科技伦理发展史有着特殊的思想轨迹[3]。在科技伦理教育的过程中需要兼顾科技进步的现实要求和传统科技伦理道德创新发展，而中华优秀传统科技伦理思想是科技伦理教育内容的重要价值支撑。其次，坚持理论与实践相结合的原则，科技伦理教育的理论和实践都已经成为课程思政研究领域的重大基本问题，应当以马克思主义作为指导思想，立足现实国情，为科技伦理教育提供学理基础。最后，坚持以人为本的原则，将实现人的全面发展作为出发点，把"德智体美劳"和"有理想、有道德、有文化、有纪律"作为贯穿教育全过程的基本方针，实现科技伦理与教育的融合，使受教育者达到真、善、美相统一的理想境界。

3. 科技伦理教育的目标

从认知目标角度看，良好的科技伦理教育是要使受教育者形成珍爱生命、尊重自然、和谐社会的价值观念，具备科技向善的准则意识以及充分的社会责任感；从实践目标角度看，科技伦理教育的任务是要把人文关怀整合到科学技术的现实运行过程中，使科技伦理受教育者增强解决伦理问题的能力，提升道德敏感性。

二、科技伦理教育的现状

我国科技伦理教育从改革开放之后就走上了学科化发展的道路，逐渐成为相对独立的研究领域，经过几十年的正向发展，呈现出了多元主体共建的态势，国家、高校、企业、协会几个层面都对科技伦理教育的发展起到了推动作用。

1. 国家重视科技伦理教育建设

2016 年中国成为《华盛顿协议》的第 18 个会员国，该协议主要针对国际上本科工程学历实行资格互认，确认由签约成员认证的工程学历均应被其他签约国视为已获得从事初级工程工作的学术资格，使我国科技伦理教育的发展迈上了新台阶。2018 年底，贺建奎利用基因编辑技术改造人类胚胎并让两个婴儿得以出生，这一实验极大地违背了当下的科研伦理，各个环节的执行均有巨大的问题，这让科技伦理教育开始被重新反思和讨论并受到国家的高度重视。2019 年，习近平总书记主持召开了中央全面深化改革委员会第九次会议并发表重要讲话，会议审议通过了《国家科技伦理委员会组建方案》。2020 年 10 月，中国成立了国家科技伦理委员会，这一举措对统筹规范和指导协调，推动构建我国覆盖全面、导向明确、规范有序、协调一致的科技伦理体系，具有重大意义。2022 年初，教育部高等教育司在清华大学开展了现场调研会，研讨了科技伦理的学科建设与课程设置等内容，明确了"科研规范和科技伦理"教育对中国科技发展的重大意义。2022 年 3 月，中共中央办公厅、国务院办公厅印发了《关于加强科技伦理治理的意见》，并发出通知，要求各地区各部门结合实际认真贯彻落实，强调了要重视科技伦理教育、推动科技伦理培训机制化、抓好科技伦理宣传三个方面，推动着我国科技伦理教育走上了建制化的新道路。

2. 高校积极开设科技伦理教育课程

高校是开展科技伦理教育的重要场所，是培养向善科技人才的重要来源。2016 年，全国工程专业学位研究生教育指导委员会全体会议提出要树立思想政治正确、社会责任合格、理论方法扎实、技术应用过硬的全面育人观，培养一批具有社会责任感、拥有先进教学理念、掌握现代教学方法并能够结合不同工程领域实际，承担"工程伦理"课程的优秀师资，同年清华大学李正风等出版了《工程伦理》教材。2018年，全国工程专业学位研究生教育指导委员会研究起草了《关于制定工程类硕士专业学位研究生培养方案的指导意见》，"工程伦理"正式被纳入公共必修课。此外，浙江大学、大连理工大学等高校也都相继开设了相关课程，其教学理念，教学方法丰富了科技伦理教育的形式，拓宽了科技伦理教育的渠道。其中，浙江大学以工程活动和工程师作为两条主线展开教学活动，工程活动方面主要探讨了工程的社会性和实践性、工程风险、跨文化的国际工程、工程项目的评价；工程师方面主要探讨了工程师职业建设，道德推理与分析基础，能力、责任与权利，诚实、公正与可靠问题。大连理工大学以网易公开课作为教学平台开设了科学伦理与学术道德课程，课程主要讲授科学伦理的基本原则和学术道德的基本规范，以及如何养成科学伦理与学术道德，并辅以大量案例视频进行课程讲授。

3. 企业有序开展科技伦理教育培训

企业是有效推进科技伦理教育机制建设的主体，经过改革开放几十年的建设和发展，当前我国大多数高新企业都意识到了建设企业科技伦理文化的重要性，在企业开发产品、制造产品的环节中也将伦理审查、伦理建设作为重要的步骤。例如，腾讯研究院就设定了科技伦理发展部门，专项梳理互联网科技行业中的科技伦理、相关行业动态和研究成果，积极主动地组织科技伦理教育培训，参与、支持科技伦理相关的研究议题、课题和调研、研讨活动等等。2021年1月，腾讯研究院与腾讯学院联合发布了《科技向善白皮书2021》，详细探讨了后疫情时代科技该何去何从，人工智能与伦理之间如何协调关系，并提出了要制定包容、灵活的人工智能伦理制度和推进人工智能制度建设中的公众参与和搭建多学科背景的融合团队发展科技伦理教育等建议。2022年9月，阿里巴巴也宣布成立科技伦理治理委员会，其目的是在探索科技前沿的过程中，确立好科技创新的边界，并提出了六项科技伦理准则：以人为本、普惠正直、安全可靠、隐私保护、可信可控、开放共治。

4. 协会大力推进科技伦理教育发展

学会和协会是强化科技伦理教育学术研究的重要支撑，对于推动科技伦理教育和宣传普及，尤其是科技伦理课程建设、人才培养方面具有重要贡献。近几年，我国相关的学会和协会开展了多项科技伦理教育研讨活动。2021年7月，中国伦理学会成立了科技伦理专业委员会并举行了主旨报告会，会上强调要致力建设科技伦理教育的学术组织，推动科技伦理学科建设。2021 年 9 月，中国学位与研究生教育学会举办了工程伦理研究生教育研讨会，会议主要探讨了新时代工程伦理课程建设的焦点问题、工程伦理案例教学、工程伦理教学法与课程设计等问题。2022 年 3 月，中国自然辩证法研究会举办了新时代科技伦理教育研讨活动，旨在探讨师生如何树立正确的科技伦理意识，遵守科技伦理要求。2022 年 7 月，中国自然辩证法研究会召开了科技伦理治理课程建设与教学研讨会，会上集中交流了科技伦理治理课程与教材建设的情况，以及科技伦理治理教学的基本状况和经验。2022 年 10 月，中国科学技术协会等多部门开展了"科技伦理前沿谈"全国征文大赛，如何以时代为向导开展科技伦理教育，体现建设性、前瞻性、务实性成为征文活动的重要内容。

三、科技伦理教育的困境

虽然当前我国科技伦理教育发展态势良好，在高校课程建设、企业教育培训、学会开展学术交流等方面取得一定成效，但从科技伦理教育总体概况来看仍然存在一些不得不重视的问题。

1. 科技伦理教育定位不精准

我们的科技伦理教育，应该明确地将培养目标定位在"伦理觉悟启蒙，道德能力培养"。不只是美德、通识、素质和态度教育，更是责任和能力教育，一种能够鉴别、推理、物化和执行的能力[4]。首先，当前科技伦理教育的对象并不明确，受教育主体往往只聚焦于高校理工科学生，而忽视了科技工作者、企业家等主体。其次，高校科技伦理教育课程体系也设置得零散化、碎片化，学校或者院系多以自身特点设置。再次，缺乏对科技伦理教育的学科划分，没有明确科技伦理课程的归属学科，缺乏统一标准的教材，教学质量参差不齐，课程属性以选修居多而非广泛通识教育，无法涵盖所有相关专业学科的学生。最后，部分学校将科技伦理课程与思想政治教育课程混淆，仅简单要求思政课老师讲授部分科技伦理内容。

2. 科技伦理教育者责任划分模糊

科技伦理教育者的责任主体具有多重层次性，包括科技工作者、伦理学家、科技伦理教师等，但当前角色责任主体的划分并不明确，科技人员认为伦理相关问题归属于伦理学家和教育工作者，在进行科研选题时存在损害大多数公众利益、危及社会基本伦理规范的情况，在研发过程前未做出合理的伦理审查、伦理评估，在项目研究完成后，交付应用部门前没有进行广泛的论证和充分的评估，没有向公众进行科技伦理教育，没有讲解清楚前沿科技可能带来的经济效益和负面效应，对政府的重大决策没有提出合理建议。事实上，高等学校、科研机构、医疗卫生机构、企业等都是科技伦理教育的责任主体，各个主体应当各司其职、齐头并进从而实现多元化主体的科技伦理教育。

3. 科技伦理教育受教育者意识不强

从高校学生的角度看，普遍存在对科学伦理、技术伦理、工程伦理认知模糊的误区，往往片面追求科学技术研究成果和经济利益，学术越轨行为较多，对于科技伦理的认识仅浮于表面和流于形式。根据 2017 年大连理工大学在科学研究的风险评估方面的调查，对于是否会在科学研究项目启动之前对项目风险进行评估有 19.6% 的人表示"绝对会"，29.5% 的人表示"经常会"，37.1% 的人表示"一般会"，而选择"偶尔会"和"不会"的占到总数的 10.7% 和 3.1%。这表明，还有相当一部分理工科学生无视科学研究可能存在的风险，风险意识还不够强。[5]从科技工作者的角度来看，我国科技人员的科技伦理意识较为薄弱，科技道德素养不高，无法妥善处理科技伦理和科技创新的关系。根据中国科学技术协会 2018 年 1 月发布的一项有关科技工作者状况调查报告显示："我国科技工作者在科研伦理道德方面主要关注科研诚信问题，对其他科研伦理规范了解较少。数据显示，对科研诚信概念有所了解的占 78%，而自认为对科研诚信之外的科研伦理规范了解较多的科技工作者仅占 5%。"[6]例如，有的科研工作者对于医学中的一些概念模糊不清，有的科研工作者在立项完成后才去申请伦理审查，甚至在研究完成后才进行伦理审批。从企业的角度看，已经被业内认可的科技伦理规范在企业运行中仍然无法有效调节科技滥用、科技误用的行为，面对复杂的、前沿性的科学技术未能立刻做出正确有价值的伦理评估，使科技伦理自身的建设相对于科技发展具有滞后性。

4. 科技伦理教学质量参差不齐

在课程设置上，其重视程度呈现出按学历由高到低的递减趋势，对博士研究生、硕士研究生的科技伦理教育相对重视，而对本科生则是一片空白，极少有高校开设"科技伦理"课程，只在公共思政课等课程中介绍科学技术时渗透少量科技伦理相关知识。高校科技伦理教育师资队伍组成因校而异，存在不平衡、不充分的问题，缺少稳定的学术研究支撑，授课内容受任课教师影响较大。[7]在课程内容上，科技伦理教育缺乏适合国情的、高标准、成体系的可用教材，教授内容仍以介绍西方伦理理论为主，与中国科技发展的结合度不够，表现出的伦理思想和立场也较为散乱，缺乏成熟的教学理念和方法，相关课程融入科技伦理教育的难度大，重视程度较低。在课程发展上，科技伦理课程同其他专业实践课程相比长期处于文理相轻的状态，不少理工科高校只重视"理工"特色发展，只强调科学技术的学习和研究，重视具有实际经济应用价值的课程而忽视人文素养的培育。

四、提升科技伦理教育实效的对策

科技伦理教育是科技伦理治理的基础单元，科技伦理教育的水平直接关乎国家科技治理现代化的水平和总体质量。制定提升科技伦理教育实效的相应对策，有利于进一步发挥科技伦理教育的价值作用。

1. 走向综合性发展

正确的科技伦理观的培育和实践不能仅仅依靠科技伦理课程教学，应当树立起人文社科与自然科学相融合的教学理念，开辟跨学科的方式开展科技伦理教育，在相关课程中多维度地融入科技伦理的内容，还应该开辟课堂之外的教育场所，科技社团活动、高校校园文化、学术交流会都在一定程度上对价值观、人生观的塑造起到引导作用，通过建设科技伦理校园文化，组织科技伦理社团活动和开展科技伦理学术交流，能够使受教育者更加及时和真切地关注到当前科学技术发展的现状和随之而来的科技伦理问题。此外，也需要在科学技术运用的实践中对相关的技术使用者、企业、社会公众进行科技伦理的教育。科技伦理教育从总体上来说是一种综合性的教育，具有整体性、社会性、系统性的发展趋势。

2. 实现平台化建设

从实体论和工具论的角度来看，加强科技伦理教育的平台化建设是推动科技伦理教育发展的关键举措，对于弘扬科学精神和营造良好的科研环境具有重要意义。首先，可以健全科技伦理教育监督管理体系，明确监管主体，强化管理职责。从全局出发统筹规划，加强科技伦理教育的顶层设计，成立科技伦理教育委员会，及时监督科技伦理教育的各个主体，及时更新科技伦理教育的课程内容，明晰教学与科研人员的科技伦理边界。其次，要加强理工科实验室和科技伦理教育虚拟实验室的建设，营造现实浓厚的科技伦理氛围，通过建设科技伦理教育的工具平台，拓展科技伦理教育的宣传广度和教育深度。

3. 拓宽创新性路径

随着新兴科技的迅猛发展，科技伦理的教育走向现代化和创新性路径也是必然趋势，科技伦理教育所涉及的大数据信息、人工智能等领域都是具有前瞻性的学科，应当运用与专业相匹配的信息技术手段，这有利于受教育者从自身专业出发理解问题。此外，信息技术、网络传媒具有传播速度快、使用便捷的特征，可以充分运用现代化的信息技术手段激发受教育者主动参与科技伦理问题的思考，打破传统教育者与受教育者之间的陌生疏离。例如，通过建立学校官方的论坛，开设科技伦理专栏，鼓励学生积极参与发帖，定期推送科技伦理新闻、常识、人物报道等方式，营造良好的网络科技伦理氛围和环境，使受教育者形成积极参与、科学参与、与时俱进的科技伦理观念。最后，传统科技伦理思想中蕴藏着大量丰富的科技伦理教育的相关素材，传承中华优秀传统科技伦理思想有利于促进人、自然、社会的协调发展。

五、小　结

对中国科技伦理教育的现状问题和现实困境开展分析研究，目的在于总结历史经验教训，为今后发展科技伦理教育提供借鉴意义。随着对科技伦理教育的重视程度不断加大，科技伦理教育的相关问题得到进一步关注，呈现稳步推进的向好态势，也将极大地有利于推进我国科技的良性发展。

参考文献

[1] 中共中央办公厅 国务院办公厅. 关于加强科技伦理治理的意见 [N]. 人民日报, 2022-03-21, 6 版.

[2] 王健, 成尧. 我国工科院校科技伦理教育体系的建构 [J]. 自然辩证法研究, 2022, (11): 18-22.

[3] 王前, 等. 中国科技伦理史纲 [M]. 北京: 人民出版社, 2006.

[4] 范春萍. 新时期高等教育中科技伦理教育定位问题研究 [J]. 自然辩证法研究, 2022, (11): 11-17.

[5] 王前, 杨中楷, 刘盛博, 等. 高校理工科学生科技伦理意识的问题与对策 [J]. 科学学研究, 2017, (7): 967-974.

[6] 中国科学技术协会. 尊崇科研伦理不能只是"嘴上说说" [EB/OL]. https://www.cast.org.cn/art/2018/1/9/art_150_23581.html [2018-01-09].

[7] 杨斌. 加快推进高校科技伦理教育 [N]. 光明日报, 2022-05-10, 13 版.

5.3　The Problems and Trends of Science and Technology Ethics Education in China

Zhang Hengli，*Li Ang*
（Beihang University）

Science and technology ethics education has become an important way to improve the professional ethics and social responsibility of engineering and technical personnel. To clarify the development status and existing problems of China's science and technology ethics education is an important way to improve the effectiveness of China's science and technology ethics education. The report analyzes the current achievements of China's science and technology ethics education from the perspective of the country，universities，enterprises，and associations，finds that the positioning of science and technology ethics education is not precise，the responsibility division of science and technology ethics educators is vague，and the awareness of science and technology ethics educators is not clear. Combine with the development trend of science and technology ethics education，some feasible countermeasures and suggestions are put forward from the aspects of integrated development，platform construction，and innovation paths.

5.4　核电再次腾飞的挑战

祁明亮 [1]　纪雅敏 [2]

（1. 中国科学院科技战略咨询研究院；2. 北京物资学院）

碳达峰、碳中和目标加速促进全球能源利用结构转变。2020 年，我国能源活动的 CO_2 排放量占全社会总排放的 88%，其中能源供应侧的电力行业碳排放占 42.5%[1]。实现"双碳"目标，能源是主战场，电力是主力军[2]。持续的地区冲突叠加全球新冠疫情蔓延，使得全球能源格局深刻演变，严重危及全球能源供应安全，进而使能源价格飙升，一场能源危机正在席卷世界各地[3,4]。

我国能源禀赋特征是富煤、贫油和少气[5]。我国是化石能源进口大国，导致现阶段进口成本显著增加[6]。2022 年 7～8 月我国江南华南地区大面积持续高温天气，部分时段区域性电力供应紧张。大力发展高能量密度、技术独立且稳定供给的能源，是今后大国重点关注的能源发展战略方向。低碳能源中，风电和光伏存在能量密度低、间歇性明显、波动性大、并网困难等问题；风电和光伏发电替代传统火电的装机规模比例为 7∶1[7]，铺设风电装机设备需要占用较多的土地资源[8]，且丰富的太阳能和风能资源主要位于我国西北地区，因此长距离的"西电东送"将对电网可靠性提出更高要求。稳定性、灵活性强的水电受枯水期、生态保护等因素的影响，供给能力有限[9]。

核电以其能量密度高[10]、低碳、稳定可靠的特点，相比于风电、光伏发电、水电等优势明显，是新型电力系统中可靠性较高的基荷电源。我国《核电中长期发展规划（2005—2020 年）》曾指出"积极推进核电建设"，确立了核电在中国经济与能源可持续发展中的战略地位，但受到 2011 年日本福岛核事故影响，我国核电发展速度明显放缓。2021 年，我国明确提出"积极安全有序发展核电"。现阶段，能源结构转型背景下核电优势明显，各国纷纷重新拥抱核电，核电进入新的安全高效发展阶段，因此核电再次腾飞迎来机遇期。德国计划推迟关闭最后三座核电站以应对潜在的天然气危机，美国 2022 年颁布的《通胀削减法案》通过多种激励措施推动核能行业发展，日本、英国、法国等纷纷表示重启核电战略，以应对能源危机。我国是全球少数几个拥有完整核能产业链的国家之一，工业体系完备、自主可控，核能产业的发展具有巨大的潜力[10]。截至 2022 年 6 月，我国在运核电机组 54 台，在建核电机组 23 台，在运、在建核电机组数为全球第二[11]。国际原子能机构（IAEA）指出，"就中长期而言，亚洲是未来全球核电装机增量的主要集中地"[12]。

在低碳和复杂国际形势的双重背景下，我国核电发展迎来重要机遇期，但核电重新振兴依然面临多种挑战。

一、安　全　性

第一，核设施安全与核辐射物质扩散风险，对核安全与核安保构成威胁。由于核反应堆内的核辐射物质剂量高，一旦遭到严重的外力破坏、袭击，核反应堆将会变成重大的危险源。虽然人们在核电厂设计建造过程中设置多道安全防线，核电安全技术也在不断升级，但世界历史上三次严重核事故（三哩岛、切尔诺贝利和福岛）给我们留下了深刻的教训，核电利用依然存在不在设防安全范围之内的事故场景，安全风险始终存在，因此加强核电企业安全文化建设并提防恐怖分子蓄意破坏非常重要[13]。另外，乏燃料中占其质量 3% 的物质是铀 -235 和钚 -239 的裂变产物，以及它们的衰变链的间接产物。尽管这些物质被认为是放射性废物，但是由于其可能有多种工业上和材料上的用途，仍然需要将其进一步分离出来[14]。其中，钚 -239 是制造核武器的原料，若被恐怖组织或国家获得并制造核武器，将会对全世界的安保产生极大威胁。

第二，公众对核电风险感知高，接受度低。尽管目前核废料处置技术的进步和核设施运行国际标准的严格要求进一步降低了核泄漏风险，但公众对核能安全性的担忧使核能成为一种最有争议的能源。三哩岛、切尔诺贝利和福岛三次重大核事故让人们产生了较大的恐核情绪，尤其是福岛核事故的负面影响一直持续到现在，给民众留下了难以消除的阴影。有研究表明，核事故发生后，民众对核能的感知风险显著增加，对核能的接受度显著降低[15]。日本 2011 年福岛核事故之前，美国麻省理工学院分别在 2002 年和 2007 年通过网络对美国成年人进行了随机抽样的调查，结果表明在 2002 年，有 47% 的被访者认为美国应该放弃或减少核能发展，到 2007 年，反对核能发展的公众比例降低到 41%；但在福岛核事故之后，一项对 24 个国家核能发展的民意调查结果显示，62% 的受访者反对核能，而且 25% 的人是在该事故之后改变想法的[16]。虽然随着时间的推移人们会逐渐忘记并且慢慢恢复对核能的接受度，但是历史经验表明，公众接受度很难恢复到事故之前的状态。核事故也削弱了感知收益对公众接受度起到的正面作用，强化了感知风险对公众核能接受的负面影响[15]。我国曾出现过多次反核群体性活动，如广东省江门市鹤山反核群体性抗议事件，上万连云港市民反对中法合作的核循环项目等。2019 年，关于我国秦山、田湾和红沿河三个核电站周边公众对核能风险感知的调研数据显示，随着与核电厂距离的增加，居民风险感知呈现"波浪效应"，距离为 0～5 km、5～10 km、10～30 km 和 30～50 km 范围内的居民风险感知得分呈现出先下降，后上升，再下降的变化特征[17]。此外，随着自媒体平台的不断发展，经常会出现一些缺乏证据支撑的恐核言论，部分别有用心的人借机炒作掀起社会舆论，以此博取流量获利[18]，这也加重了民众的恐核情绪。

二、清洁性与可持续性

现有技术条件下，核燃料利用率不足 1%，严重制约核能的可持续性发展。以压水堆 + 一次通过方案为例，其铀资源利用率在 1% 以下，据目前探明铀资源储量来估算，可供应时间在百年量级；"铀钚复用"部分闭式循环系统可将燃料利用率提高到约 2%～3%[19]。从我国的铀资源供需预测分析来看，我国铀资源的储量和产量与发展核电所需的铀资源量之间还存在较大缺口。全球铀矿资源出口量位居前三的国家分别是哈萨克斯坦、加拿大和澳大利亚，但哈萨克斯坦和澳大利亚不是核电国家；在现有核电国家中，加拿大、南非、巴西在核电矿产资源保障能力方面优势明显，尤其是加拿大的铀矿资源最为丰富[20]。美国因其国内核电产业总装机容量大，铀矿资源消耗量大，一直是国际铀矿市场的最大买家。从世界核电发展的趋势来看，世界铀矿山的产量并不能完全满足核电厂的需求量，供给不足部分需要采用二次铀进行供应。

乏燃料无毒无害化处理的难度大，制约其环境友好性。乏燃料是在核反应堆或核电站中使用一个周期（12～18 个月）后卸出的核燃料，其蕴含的放射性元素具有极长半衰期，对人体健康和生态环境的潜在危害往往以数百年甚至百万年计[14]。乏燃料处理问题属于世界级难题，主要包括开式燃料循环与闭式燃料循环两种处理方式[21]。其中，开式燃料循环是指将乏燃料在深地质层进行长期储存；闭式燃料循环是利用化学方式将乏燃料中所含的有用核燃料进行分离提取、重新利用，将裂变产物和次锕系元素进行反应堆嬗变或玻璃固化掩埋。但大多数国家并未采用这两种处理方式，而采取暂存方式。

乏燃料产出量剧增与处理能力增长的反差日趋明显。预计 2050 年我国在运核电装机容量约 300 GW，按照新建核电机组装机容量年均产生 21 t/GW 乏燃料来估算，我国乏燃料 2030 年产出量 0.3 万 t，累积产出量 2.9 万 t；2050 年产出量 0.7 万 t，累积产出量 12.5 万 t[22]。乏燃料后处理技术是一项高精尖的复杂技术，后处理厂投资巨大、建设周期长，截至 2016 年，全世界仅有法国、俄罗斯、英国、印度、日本、美国、比利时、德国和中国等 9 个国家拥有后处理厂[23]。目前后处理技术依然无法消除乏燃料的高放射性和毒性，废弃物总量降低不多。进入 21 世纪，主要核能国家均投入大量人力物力开展干法后处理技术研究，并将主要精力集中在熔盐体系的干法后处理流程开发上。由于目前干法流程中乏燃料的熔解过程或挥发过程会造成严重的设备腐蚀，因此离工业应用尚有很长一段距离。随着高温气冷堆等四代堆型的发展，美国、日本、俄罗斯、印度、韩国等国针对高温气冷堆燃耗深等特点，对非水法超临界流体后处理技术进行了探索开发[23]。清华大学核能与新能源研究院也对此开展研究，将电化学法解体石墨与超临界流体萃取结合，用于高温气冷堆乏燃料后处理，技术可行性得到初步验证。总之，未来乏燃料离堆储存及后处理能力缺口巨大。

三、科技创新是破局根本

通过技术创新可以提升核电安全，提高核燃料利用率，妥善处置乏燃料，降低放射性废物，保障百万年量级核能供应。第四代先进核能系统国际合作研发论坛（Generation Ⅳ International Forum，GIF）提出了第四代核能系统概念，发展趋势是安全性能更加卓越、经济性更好、核燃料利用率更高、废物产生量更少，堆型包括高温气冷堆、超临界水冷堆、熔盐堆、液态钠冷却快堆、铅合金液态金属冷却快堆和气冷快堆 6 种概念堆系统。其中的高温气冷堆具备固有安全特性，任何事故情况下都不会发生堆芯熔化事故，且产生的高温能够多用途利用，并可采用模块化方式建造，从而大大缩短工期。我国科学家为解决燃料利用率低和乏燃料后处理问题，提出了加速器驱动的先进核能系统（Accelerator-Driven Advanced Nuclear Energy System，ADANES）[24]，ADANES 包括加速器驱动的燃料再生和燃烧器两大系统，实现乏燃料再生和再利用，理论上可将铀的利用率提升到 99% 以上。在引入了铀钍复用策略后，系统表现没有得到本质改善，再引入快堆＋分离嬗变的策略后，核燃料的利用率与核废物排除率才有明显的改善，可以提高一个量级以上。ADANES 的终极目标是利用先进的燃烧器与燃料循环策略使得铀资源与废物排除率达到或者接近 100%，使得系统可提供千年以上能源，最小化核废料量与影响时间（<500 年）。近中期的目标是攻克先进核裂变能燃料循环、裂变燃料增殖与嬗变以及核能多用途利用等重大科技问题。当前关于先进核裂变能的前沿热点包括开发固有安全特性的第四代反应堆系统、燃料循环利用及废料嬗变堆技术等[25, 26]，预计 2030 年前后部分成熟的四代堆（如钠冷快堆）将走向市场，之后逐渐扩大规模。另外，寻求在核安全问题上的研究取得突破，全面实现消除大规模放射性释放，需要解决核燃料增殖、高水平放射性废物嬗变、压水堆闭式燃料循环等问题。从远期来看，核能领域将持续推进聚变堆实验与示范，攻关磁约束聚变和惯性约束聚变核物理基础科学与关键技术问题，充分发挥核能战略性能源作用[10]。

提高涉核公众沟通效率，增加公众受益感知，提升信任度，可以获取更高的社会接受度。研究表明，公众信任度是提升公众对核能接受度的重要因素，可通过多条影响路径对公众接受度产生直接和间接的影响，如通过影响公众的风险感知、利益感知等间接影响其核能接受度[18, 27]。因此，高效的公众沟通工作首先应该重视增强公众对核能相关单位和政府的信任程度。另外，公众对核能的风险感知和利益感知均对其核能接受度有影响，且风险感知的影响程度要强于利益感知，需要高度重视改善民众恐核、惧核的情绪状态，同时提升公众对核能为社会发展带来的利益感受。其中，公众对核能知识的熟悉程度会对公众风险感知产生影响，因此，亟须做好核能安全知识的科普工作，引导公众对核能有一个客观正确的认识，进而改善民众恐核的情绪。此外，公众社会属性特征也会对其核能接受度产生影响，如公众接受度与公众和核电站的距离的关系呈现两边高中间低的趋势[17]，性别因素中男性对核能的接受度更高，非公共部门就业者、低收入人群等处于传统弱势区位的人群更容易受到核事故的负面冲击，从而降低对核能的支持。因此，通过了解不同类型公众对核能发展做出的不同反应，有针对性地开展各类沟通工作，可以提高沟通工作效率[28]。

　　扩大核能综合利用，使核技术造福更多百姓。核能系统长期以来仅停留在"单一"地向大型电网供电的模式上，在实际供能中逐步远离终端用户。统计数据表明，目前仅不到 1% 的核能用于供热等非电应用，核能逐步发展成了一种与消费市场相对隔离的、与用户"孤立"的能源供给方式[25]。然而，实际上核技术作为低碳高密度能源，除了在能源领域，在工业、农业、医学和环境领域也具有广阔的应用前景。较为典型的与公众生产生活相关的应用包括核能高温工艺热利用、核电制氢和海水淡化等[29]。在供热效果方面，如果可以直接利用核反应堆产生的高温热来对工业生产过程供能，可以节能 30% 左右，在降低能源消耗总量的同时，促进了核能高效利用。在可行性方面，以熔盐堆为代表的第四代核反应堆，其出口温度可以达到 700℃ 以上，能够满足大部分工业过程的温度需求。综上所述，未来在天然气的蒸汽重整、煤的气化和液化、合成氨、乙烯生产等高耗能领域，直接使用核反应堆产生的高温热作为工业生产过程的热源是可行的。氢是二次能源，需要利用一次能源来生产，核能制氢具有效率高、规模大、不排放 CO_2 等优点。现有的核能制氢方法主要有热化学循环工艺制氢和高温蒸汽电解制氢。此外，核能可为海水淡化提供大量的廉价能源，降低海水淡化成本。

参考文献

[1] 项目综合报告编写组 .《中国长期低碳发展战略与转型路径研究》综合报告 [J]. 中国人口·资源与环境，2020，30（11）：1-25.

[2] 饶宏 . 数字电网推动构建以新能源为主体的新型电力系统 [J]. 电力设备管理，2021，（8）：21-22.

[3] 吕江 . 后疫情时代全球能源治理重构：挑战、反思与"一带一路"选择 [J]. 中国软科学，2022，（2）：1-10.

[4] 王永中 . 全球能源格局发展趋势与中国能源安全 [J]. 人民论坛·学术前沿，2022，（13）：14-23.

[5] 王长建，汪菲，叶玉瑶，等 . 基于供需视角的中国煤炭消费演变特征及其驱动机制 [J]. 自然资源学报，2020，35（11）：2708-2723.

[6] 杨宇 . 中国与全球能源网络的互动逻辑与格局转变 [J]. 地理学报，2022，77（2）：295-314.

[7] Burtin A，Silva V. Technical and economic analysis of the European electricity system with 60% RES[R]. Division France，2015：25.

[8] 夏鹏 . 高比例新能源接入电网的广域源荷协调优化调度方法 [D]. 华北电力大学博士学位论文，2020.

[9] 中国水力发电工程学会，中国水电工程顾问集团公司，中国水利水电建设集团公司 . 中国水力

发电科学技术发展报告（2012 年版）[M].北京：中国电力出版社，2013.

[10] 张廷克，李闽榕，尹卫平.中国核能发展报告（2021）[M].北京：社会科学文献出版社，2021.

[11] 白宇.善用核能优势 为能源清洁低碳转型更好赋能 [N].中国电业与能源，2022（8）：14-17.

[12] 张晓平，陆大道，陈明星，等.世界核电工业发展及地理格局综合解析 [J].地理研究，2021，40（3）：673-688.

[13] Heo Y，Lee C，Kim H R，et al. Framework for the development of guidelines for nuclear power plant decommissioning workers based on risk information[J]. Nuclear Engineering and Design，2022，387：111624.

[14] 胡帮达，杨悦.国外放射性废物管理的立法思考及启示 [J].世界环境，2021，（2）：45-47.

[15] Huang L，Zhou Y，Han Y，et al. Effect of the Fukushima nuclear accident on the risk perception of residents near a nuclear power plant in China[J]. Proceedings of the National Academy of Sciences of the United States of America，2013，110（49）：19742-19747.

[16] 韩自强，顾林生.核能的公众接受度与影响因素分析 [J].中国人口·资源与环境，2015，25（6）：107-113.

[17] 亓文辉，祁明亮，纪雅敏.核电厂周边居民风险感知的“波浪效应”[J].中国应急管理科学，2021，（3）：31-42.

[18] Qi W-H，Qi M-L，Ji Y-M. The effect path of public communication on public acceptance of nuclear energy[J]. Energy Policy，2020，144：111655.

[19] 刘学刚，徐景明，朱永.我国核电发展与核燃料循环情景研究 [J].科技导报，2006，（6）：22-25.

[20] 陈军强，曾威，王佳营，等.全球和我国铀资源供需形势分析 [J].华北地质，2021，44（2）：25-34.

[21] 陆燕，陈亚君，单琳.全球乏燃料与高放废物管理现状 [J].国外核新闻，2022，（3）：26-28.

[22] 刘敏，刘洪军，石磊，等.我国压水堆核电站乏燃料离堆贮存的规划研究 [C].西安：中国环境科学学会环境工程分会，2019：771-775.

[23] 叶国安，郑卫芳，何辉，等.我国核燃料后处理技术现状和发展 [J].原子能科学技术，2020，54：75-83.

[24] 詹文龙，杨磊，闫雪松，等.加速器驱动先进核能系统及其研究进展 [J].原子能科学技术，2019，53（10）：1809-1815.

[25] 吴宜灿，李亚洲，金鸣，等.第五代核能系统概念及其特征 [J].核科学与工程，2021，41（2）：201-210.

[26] Zhan L，Bo Y，Lin T，et al. Development and outlook of advanced nuclear energy technology[J].

Energy Strategy Reviews, 2021, 34: 100630.

[27] Ji Y, Qi M, Qi W. The effect path of public acceptance and its influencing factors on public willingness to participate in nuclear emergency governance[J]. International Journal of Disaster Risk Reduction, 2022, 71: 102806.

[28] 亓文辉, 祁明亮. 核应急撤离情景下居民配合意愿影响机制研究——以海阳核电厂为例 [J/OL]. 中国管理科学, 2022: 1-12. DOI: 10.16381/j.cnki.issn1003-207x.2022.0901.

[29] 邢继, 高力, 霍小东, 等 . "碳达峰、碳中和"背景下核能利用浅析 [J]. 核科学与工程, 2022, 42（1）: 10-17.

5.4　The Challenges to Nuclear Power Redevelopment

Qi Mingliang[1], *Ji Yamin*[2]

（1. Institutes of Science and Development, Chinese Academy of Sciences;
2. Beijing Wuzi University）

Under the background of "carbon peaking and carbon neutrality goals" and the world energy crisis caused by complex international situation, an important opportunity for nuclear power redevelopment in China and even the world is coming. However, there are several challenges to the development of nuclear energy, e.g., the risk of nuclear radioactive spread and nuclear facility safety pose a threat to nuclear safety and security, the high public risk perception, and low social acceptance of nuclear energy affected by three serious nuclear accidents. In addition, the low utilization rate of nuclear fuel seriously restricts the sustainable development of nuclear energy. The high difficulty of spent fuel disposal with non-toxic and non-harmless also poses a challenge to environment. Overall, technology innovation is the fundamental. To enforce the intrinsic safety of nuclear power, improving the utilization rate of nuclear fuel and properly disposing spent fuel are essential. More efficient measures about nuclear-related public communication should be conducted to improve social acceptance. Last but important, we should expand the comprehensive utilization of nuclear energy to benefit more people.

5.5 美国材料基因组计划的科学意义和政策含义

杜　鹏[1]　赵秉钰[1,2]　沙小晶[1]

（1. 中国科学院科技战略咨询研究院；2. 中国科学院大学）

2011 年 6 月 24 日，时任美国总统奥巴马在卡内基·梅隆大学作了以"先进制造业伙伴关系"为主题的演讲，他在演讲中宣布启动材料基因组计划。同日白宫科技政策办公室（Office of Science and Technology Policy，OSTP）发布《提高全球竞争力的材料基因组计划》（Materials Genome Initiative for Global Competitiveness）白皮书。2014 年美国将材料基因组计划上升为国家战略。材料基因组（materials genome）的概念很快得到了全球材料科学家的认可，英国、法国、德国、日本等发达国家将加速材料研发与制造作为重点，加大材料基因组研究的投入。材料基因组研究已成为各国抢占科技制高点的新领地。

面对美国材料基因组计划带来的挑战与机遇，中国政府和科技工作者积极响应。2011 年 12 月，中国科学院和中国工程院主办的第 S14 次香山科学会议对我国如何规划、开展实施自己的材料科学系统工程进行了深入的研讨。此后中国科学院、中国工程院先后设立重大咨询项目，一些高校、科研院所、企业相继成立了专门机构，积极推动材料基因组相关的工作。2016 年，科技部启动国家重点研发计划"材料基因工程关键技术与支撑平台"，先后投入 30 多亿元，参与的高校、科研院所及企业超过 400 家，在新材料发现、优化与性能提升，关键技术与装备研发及工程化应用示范等方面取得一批创新性研究成果。当前在我国，材料基因工程承载着显著提升新材料的研发效率、满足经济社会发展对新材料日益增长的迫切需求的目标使命[1]。显然，在这种背景下，我们需要深刻剖析和理解美国材料基因组计划的特殊含义。

1. 材料基因组的概念和发展趋势

通常意义上，基因组在分子生物学和遗传学领域是指生物体所有遗传物质的总和，代表着以 DNA 语言编码的信息，蕴含着生命的基本构造和性能，决定生命健康的内在因素。人类基因组计划就是通过搜集人类基因数据，成功建立起一个全球共享的人类基因组数据库，通过共享数据促进生命科学的快速发展，揭秘生命起源的奥秘[2]。鉴于人类基因组计划的成功实施，材料基因组的相关思考应运而生。

材料基因组最早是美国宾夕法尼亚州立大学材料系刘梓葵教授在 2002 年创立材料基因组公司（Materials Genome Inc.）时创造的，来自相图计算方法 CALPHAD（CALculation of PHAse Diagram）的成功应用和人类基因组计划两方面的灵感[3]。材料基因组的说法被更多人了解、认同，是源自美国前总统奥巴马宣布启动的材料基因组计划以及白宫科技政策办公室发布的《提高全球竞争力的材料基因组计划》白皮书[4]。白皮书中明确了材料创新基础设施（Materials Innovation Infrastructure，MII）的三个平台，即计算工具平台、实验工具平台和数字化数据（数据库及信息学）平台，如图 1 所示。白皮书明确指出，材料基因组计划不仅仅要开发快速可靠的计算方法和相对应的计算程序，而且要开发高通量的实验方法对理论进行快速验证，同时为数据库提供必需的输入，建立普适可靠的数据库和材料信息学工具，以加速新材料的设计和使用[4]。

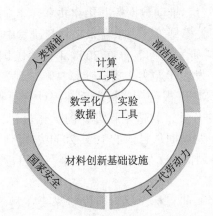

图 1　材料创新基础设施的内涵[4]

2014 年 12 月，美国国家科技委员会（National Science and Technology Council，NSTC）等颁布《材料基因组计划战略规划》，其核心内容仍然是建立高通量材料计算方法、高通量材料实验方法和材料数据库，但其中一个重要的改变是确立了"从材料发现到部署"的目标[5]，即注重从原子与分子层面上认识、设计新材料，并通过数据库收集的数据发现已有材料的结构与性能的相关性，从而指导新材料的设计和开发[6]。

随着人工智能相关的信息技术迅速崛起，人工智能在材料基因组中的应用逐渐成为研究热点。人工智能在材料基因组计划、材料设计方面发挥了重要作用，该领域的研究工作出现爆炸式的增长。2018 年 3 月，美国相关部门联合召开第 4 届材料基因组计划首席调查员会议，进一步研讨材料基因组计划的相关问题。研讨会的主要目的之一就是要加强材料基因组计划的数据驱动研究，推动应用人工智能和机器学习技术来促进材料的发现和开发[7]。

2021 年 11 月，美国国家科技委员会等发布了 2021 版《材料基因组计划战略规划》[8]，以指导研究团体继续拓展该计划的影响。2021 年发布的战略规划特别强调 MGI 范式促进了整个材料开发过程中知识整合和迭代发展的连续性，材料创新基础设施的统一将为信息流动提供一个框架，促进所有利益相关者之间开展有序的信息流动和知识交织，特别是通过人工智能的应用，加速研发新材料。

2. 美国材料基因组计划的科学意义

材料是现代社会发展的重要物质条件，新材料是颠覆性技术革命的基石。以往材料研发过分依赖于科学直觉和试错式的实践经验积累，制备周期较长，新材料的研发亟待通过变革性研究方法加速推进。为此，2011 年美国政府在材料基因组计划中，提出通过更新计算和实验平台、推动数据标准化和共享，建立起材料的成分－结构－功能相关信息的数据库及相关模型等，力求在未来材料研发中根据性能需求找到设计材料的途径，以缩短新材料研发周期。早在 2008 年，美国国家研究理事会（National Research Council，NRC）发表了题为《集成计算材料工程》（Integrated Computational Materials Engineering，ICME）报告[9]。报告旨在把计算材料科学的工具集成为一个整体系统，以加速材料的开发，改造工程设计的优化过程，并把设计和制造统一起来；该方法有望将材料开发周期从目前的 10～20 年缩短到 2 或 3 年。在 ICME 报告的基础上，材料基因组计划提出了实现两个"一半"的目标，即时间减少一半，成本减少一半[4]。

为了实现两个"一半"的目标，材料研发就需要在材料的成分—结构—工艺—性能间建立相互的关系，以便根据性能需求，快速、准确地设计材料，而不是依赖于试错。材料的性能在很大程度上取决于材料的微结构，材料的用途不同，决定其性能的微结构尺度会有很大的差别。不同的空间尺度涉及不同的理论基础，第一性原理计算方法、相图计算方法、相场方法和有限元方法等，是从纳观、微观、介观到宏观尺度下比较常见的材料计算方法。第一性原理计算方法是从构成物质最基本单元的原子和电子的尺度来认识材料的物理和其他性质，通过元素、晶格等基本信息，计算出体系的能量和电子结构等物理性质，在计算过程中无需任何实验数据。第一性原理的电子结构计算和统计力学相结合，可以获得合金随成分、温度和压力变化的热力学函数，从而获得材料的热力学参数，进而得到合金体系的二元或多元相图[10]。相图计算方法是以相作为"单元"计算整个体系所有的相的自由能，根据自由能最小原理确定稳定存在的相。根据第一性原理计算的吉布斯自由能很难达到相图计算所需要的准确度，在多元合金的成分和加工工艺的设计中最常用和最可靠的方法是相图计算方法[11]。相图计算方法与热力学和动力学计算的结合可以实现材料在非平衡态下物相组成与微结构演化计算[12]。在显微组织预测研究中，相场方法是重要的研究方法，可以模拟复杂显微组织的演变，通过相场与温度场、溶质场以及其他外部场的耦合，有效地将微观与宏观尺度结合起来。有限元方法则是研究宏观尺度问题的重要方法，主要研究材料在多场（环境）作用下的响应，是材料服役性能研究的主要工具。

通过理论计算在一定程度上可以很好地预测材料性能，从而指导材料制备。例如，2014 年吉林大学的崔田教授及其团队通过理论计算预测了硫化氢（H_2S）在 200 GPa 高压下的超导转变温度是 191～204 K[13]。2015 年，德国马克斯·普朗克研究所的 Mikhail Eremets 团队在 203 K（-70℃）的温度下实现了硫化氢的超导特性[14]，验证了理论预测，将超导体临界温度提高了 100℃。尽管计算模拟方法已经应用于新材料的研发，但是由于成分-结构-工艺-性能的关系比理论要复杂得多，在很多关键问题上仍然存在着明显的局限性。例如，实际材料中存在各类结构缺陷，包括杂质、空位、位错、界面等，材料结构特征尺寸与这些缺陷密切相关，而这些缺陷不同程度地影响了材料的物理、化学及力学性能，使其远低于理论极限。这说明相关机理分析并不完全可靠，再加上材料的多尺度带来的复杂性问题，使得材料计算成果的有效性和实验指导意义大大降低。

近年来，大数据这一概念在科学与工程领域兴起并快速扩展，引起了不同领域研究者的广泛关注[10]。数据挖掘技术和机器学习算法被应用到材料学领域，理论计算和数据计算融合，利用数据构建模型，提取特征，极大地推动了相关研究进展。人类在过去 70 年平均每年发现 3.3 个氮化物材料，加利福尼亚大学伯克利分校的 Ceder 团队通过高通量计算等材料大数据方法，在一年内发现 92 种可能的材料，并用实验合成出 7 种[15]。当前数据量及计算能力以摩尔定律式的指数型增长，科学研究已经进入了"人工智能+"的新范式。在人工智能的帮助下，有效理解材料的结构-功能关系或许能够成为一种可能。

3. 美国材料基因组计划的政策含义

材料基因组计划的核心目的之一是开发材料创新基础设施，以加速先进材料在美国的发现和部署。实际上，美国材料基因组计划指向对未来的投资，意味着在寻求经济增长的新契机过程中，将成为确定其竞争优势地位的着力点和发展方向。如果说美国材料基因组计划的科学意义相对较为远大，那么其政策含义则实际得多。2014 年的《材料基因组计划战略规划》[5]提出四个战略目标，分别是：①实现传统中的范式转变，包括鼓励和促进综合性研发、促进采用 MGI 方法、加强国际合作等三方面；②整合实验、计算和理论，包括创建一个 MGI 资源网络、创建准确可靠的模拟、改进实验工具、开发数据分析技术等四个方面；③便于获取材料数据，包括确定实施材料数据基础设施的最佳实践、支持创建可访问的材料数据存储库等两个方面；④装备下一代材料劳动力，包括课程的开发与实施、为综合研究经验提供机会等两个方面。2021 年的《材料基因组计划战略规划》[8] 在前期进展的基础上提出了三个战略目标，分别是：①统一材料创新基础设施，包括材料创新基础设施的要素、国家材料数据网络（NMDN）、加速材料创新基础设施的使用等三个方面；②发挥材料数据的力量，通过人工智能的应用，加快材料的研发部署；③教育、培训以及人才队伍建设，包括教育、劳动力、人才与机会三个方面。

从美国材料基因组计划战略目标的演变，可以发现其政策含义主要体现在协同和数据两个方面。

协同方面。一直以来，材料基因组计划的根本出发点在于开发新的综合计算、实验和数据信息学工具，将理论、计算、实验紧密结合起来，构建软件和集成工具，形成横跨整个材料从研发到生产的不同层面的开放平台。不同主体的协同也是重要的。在 MGI 的扶持下，康涅狄格大学和康涅狄格州投资 1.7 亿美元建成了先进工业园，为先进制造、材料科学、网络等领域合作伙伴的协作研发提供支持，已吸引赛默飞世尔、惠普、通用电气等数十家跨国公司进行研发合作[16]。此外，美国材料基因组计划并不是研究计划，而是一种以协调为中心的治理模式，通过建立政府跨机构合作机制，促进材料研发与生产的不同主体以不同形式参与，系统性降低材料研发的时间和成本。这也强调了创新不仅仅是一个科学技术问题。

数据方面。在数字经济深化发展的大背景之下，构建数据基础制度、培育数据要素市场是当前各国关注的重点议题。美国的材料基因组计划提出了具有可操作性的有效路径。比如，打造以数据为基础的材料创新基础设施。材料创新基础设施提供了一个国家框架来生成、管理、集成和共享知识，提高数据质量，以加速材料的研发、制造和部署。一方面要利用在众多学科中发展起来的工具和知识，另一方面要利用全国的能力，努力整合来自所有地区的人才和经验，更重要的是发展计算（理论、建模和仿真）工具、实验（合成、表征和处理）工具以及综合性的研究平台，并将这些元素统一成一个广泛可访问和紧密联系的网络。又如，打造国家材料数据网络，需要创建一个治理模型推动其有效实施；在治理模型中，材料数据基础设施提供商、数据生成器、数据和计算机科学家，以及有代表性的利益相关者，根据需求和可处理性及项目的优先次序来参与数据网络的集成和使用。

4. 结语

人类基因组揭示，大约 20 000 个蛋白质可作为潜在药物靶点，但截至 2021 年，其中只有大约 10%——2149 个——成为已获批药物的靶点。相对于揭示药物靶点，人类基因组更重要的意义在于开创了基因组学的新时代。正如复杂系统理论所表明的那样，对组件的精确调查是必要的，但尚不足以充分理解任一系统。复杂性来自组件之间交互的多样性。经过 20 年以人类基因组为基础的研究，生物学家目前对定义生命的网络结构和动态有了初步的认知[17]。材料基因组也是如此，在正确的方向上刚刚起步，还需要做更多的准备和改变。

参考文献

[1] Xie J X, Su Y J, Zhang D W, et al. A vision of materials genome engineering in China[J]. Engineering, 2022, 10（3）: 10-12.

[2] 李楠楠, 沈一笋, 臧亮, 等. 对比人类基因 探秘材料基因——人类基因组计划对材料基因组计划的启发 [J]. 中国材料进展, 2016, 35（2）: 156.

[3] 刘梓葵. 关于材料基因组的基本观点及展望[J]. 科学通报, 2013, 58（35）: 3618-3622.

[4] National Science and Technology Council, Office of Science and Technology Policy. Materials Genome Initiative for global competitiveness[EB/OL]. https://www.mgi.gov/sites/default/files/documents/materials_genome_initiative-final.pdf[2022-09-30].

[5] National Science and Technology Council, Committee on Technology, Subcommittee on the Materials Genome Initiative. Materials Genome Initiative Strategic Plan[EB/OL]. https://www.nist.gov/system/files/documents/2018/06/26/mgi_strategic_plan_-_dec_2014.pdf[2022-09-30].

[6] 黄河, 陈宏生. 人工智能将推动材料基因组技术加速发展 [J]. 全球科技经济瞭望, 2019, 34: 38-47.

[7] National Science Foundation. Materials genome Initiative: accelerating materials research fourth principal investigator meeting[EB/OL]. https://www.mgi.gov/sites/default/files/documents/2018abstractbook.pdf[2022-10-01].

[8] National Science and Technology Council, Office of Science and Technology Policy, Subcommittee on the Materials Genome Initiative. Materials Genome Initiative Strategic Plan[EB/OL]. https://www.mgi.gov/sites/default/files/documents/MGI-2021-Strategic-Plan.pdf[2022-09-30].

[9] National Research Council. Integrated Computational Materials Engineering: A Transformational Discipline for Improved Competitiveness and National Security（2008）[M]. Washington, D C: The National Academies Press, 2008.

[10] 关永军，陈柳，王金三. 材料基因组技术内涵与发展趋势 [J]. 航空材料学报，2016，36（3）：71-78.

[11] Kaufman L, Bernstein H. Computer Calculation of Phase Diagrams with Special Reference to Refractory Metals[M]. Waltham: Academic Press, 1970.

[12] Olson G, Kuehmann C. Materials genomics: from CALPHAD to flight[J]. Scripta Materialia, 2014, 70: 25-30.

[13] Duan D, Liu Y, Tian F, et al. Pressure-induced metallization of dense（H_2S）$_2H_2$ with high-T_c superconductivity[J]. Scientific Reports, 2014, 4: 6968.

[14] Drozdov A P, Eremets M I, Troyan I A, et al. Conventional superconductivity at 203 kelvin at high pressures in the sulfur hydride system[J]. Nature, 2015, 525: 73-76.

[15] Sun W, Bartel C J, Arca E, et al. A map of the inorganic ternary metal nitrides[J]. Nature Materials, 2019, 18: 732-739.

[16] 王同涛. 美国材料基因组战略的进展及我国的对策建议 [J]. 全球科技经济瞭望，2020，（2）：16-20, 45.

[17] Gates A J, Gysi D M, Kellis M, et al. A wealth of discovery built on the Human Genome Project-by the numbers[J]. Nature, 2021, 590（7845）：212-215.

5.5 The Scientific Significance and Policy Implications of the American Materials Genome Initiative

Du Peng[1], *Zhao Bingyu*[1,2], *Sha Xiaojing*[1]

（1. Institutes of Science and Development Chinese Academy of Sciences; 2. University of Chinese Academy of Sciences）

After the Materials Genome Initiative was launched in the United States in 2011, it was quickly recognized by materials scientists around the world. Facing the challenges and opportunities brought by the US Material Genome Initiative, the Chinese government and scientists have responded positively. At present, in China, material genetic engineering carries the goal and mission of significantly improving the research and development efficiency of new materials and meeting the growing urgent needs of economic and social development for new materials. In this context, we need to deeply dissect and understand the special implications of the American Materials Genome Initiative. The Materials Genomes Initiative aims to develop an infrastructure to accelerate the discovery and deployment of advanced materials in the United States. In fact，the American Material Genome Initiative points to investment in the future，which means that in the pursuit of new opportunities for economic growth，it becomes the focus and direction of determining the position of competitive advantage. From the evolution of the strategic goals of the American Material Genome Initiative，it can be found that its policy implications are mainly reflected in the coordination of subjects，processes and other aspects，as well as the management and sharing of data.

5.6　拓展开放科学的边界：
从开放获取到开放社会①

赵　超[1]　杨　奎[2]

（1.中国科学院科技战略咨询研究院；2.南开大学周恩来政府管理学院）

　　罗伯特·默顿（Robert Merton）曾针对科学提出了普遍主义（Universalism）、公有主义（Communism）、无私利性（Disinterestedness）和有组织的怀疑主义（Organized skepticism）的规范结构[1]，然而，这种理想的科学模型却日益受到现实科学研究实践的挑战。近些年，随着部分科学组织的研究壁垒加深、科学期刊不能自由访问和获取、科学结论遭遇可重复危机、科研人员行为不端等一系列社会现象的产生，世界各国都开始将开放科学（open science）作为促进未来科学事业发展的主要方向。在新冠疫情期间，不同国家的科研人员通过交流合作、共享成果，对开放科学做出了有力的探索，同时这种实践也提醒着人们，若想应对社会的下一次大流行或任何其他重大挑战，更有效地生产和分享知识尤为必要。

　　① 本文受 2020 年度国家社会科学基金青年项目"制度视角下中国科技治理体系和能力现代化研究"（20CSH005）资助。

一、开放科学：一个不断拓展的概念范畴

关于开放科学所指究竟是什么，学界至今仍说法不一，正如"开放"这一词汇的内涵所揭示的那样，对开放科学的定义也存在着活动、方法、方式、过程、文化、实践、知识生产等多种视角[2]。尽管开放科学的概念并没有被明确使用，但其的确经历了一个逐渐演化的过程。将其追溯至 16 ~ 17 世纪欧洲的宫廷赞助系统、学会和期刊[3]固然可以理解其发展雏形，但就当前世界科学活动的复杂程度而言，开放科学是随着近些年互联网和信息技术的发展才兴起的。

进入 20 世纪 90 年代以来，先是"自由科学运动"倡议的提出让科学成果自由扩散成为可能，随后开放社会研究所（Open Society Institute，OSI）①于 2001 年 12 月在匈牙利首都布达佩斯召开了一场小型会议，旨在研究如何保障各领域的研究论文都能通过互联网开放获取，以促进国际合作研发。会上提出了《布达佩斯开放获取倡议》（Budapest Open Access Initiative，BOAI），并于 2002 年 2 月 14 日正式对外公布了倡议宣言和具体内容。该倡议在当时被称为"自由线上学术"（Free Online Scholarship），后来促成了开放获取运动（open access movement）的兴起，对促进全球自由学术交流，包括学术文献数据库的自由、无偿获取和分享等具有里程碑意义。随着 2003 年 6 月关于开放获取的《贝塞斯达声明》的出版，以及 2003 年 10 月关于开放获取科学和人文知识的《柏林宣言》的发布，开放获取运动正式成为各国科学发展的关注对象。2004 年，Springer 出版社在其出版期刊上向公众提供开放获取的选项，标志着订阅期刊开始向开放获取期刊转变。2005 ~ 2009 年，英国研究理事会和美国国立卫生研究院也不断引入对开放获取和开放存储的政策要求。

如果说，开放获取和开放存储最初只是针对科学论文结果获取的开放，那么开放出版、开放数据等实践则开始转向关注科学的整个过程。以欧盟、法国、荷兰、英国等为代表的开放获取发展进程较快的国家（组织），在意识到开放获取带来的效益之后，积极推动从开放获取向开放科学的转变，将开放对象从学术论文，拓展到科研全链条，包括：实验方案、开放数据、开放软件、开放硬件、开放基础设施、开放教育资源、开放社区等。[4]2012 年，欧洲科学院联盟（ALLEA）发布《面向 21 世纪的开放科学》宣言②，率先要求科研资助机构实施开放科学原则，同年，英国皇家学会发表《科学：开放的事业》研究报告，指出通过开放数据可以实现更加开放的科学研究，

---

① 该研究所由乔治·索罗斯（George Soros）于 1993 年 4 月在美国纽约市创立，名称取自卡尔·波普尔（Karl R. Popper）于 1945 年出版的经典著作《开放社会及其敌人》（The Open Society and Its Enemies），是一家非营利性的财团法人（慈善）组织，于 2010 年更名为开放社会基金会（Open Society Foundations）并沿用至今。

② 此宣言由欧盟委员会在 2012 年 ALLEA 大会的特别会议上提交，参见 https://allea.org/portfolio-item/open-science-for-the-21st-century/。

均引发了社会各界对开放科学的关注。随后，国际经济合作与发展组织（OECD）在2015 年发布的《让开放科学成为现实》中，将开放科学视为传统科学与信息通信技术（ICT）工具相结合的产物，旨在促进科学团体、商业部门或社会大众更多、更好地获取公共资助研究的数字化成果，这一报告将开放科学的概念泛化，后续各国关于开放科学的理解开始演变为一种科学研究的目标或者愿景。例如，欧盟理事会发布的《面向开放科学体系的转型》成为欧洲开放科学发展的标志性事件，荷兰发布的《开放科学国家计划》大力支持打造国家开放科学平台，此外，美国国家科学院的《基于设计的开放科学：实现 21 世纪的科研愿景》、法国的《开放科学国家计划》等都在提倡开放科学的宏大意义。

可见，从开放获取、开放存储、开放数据到开放科学的转变并非简单的概念迭代，而是随着社会实践的不断拓展，逐渐丰富着自身的内涵。正因为如此，联合国教科文组织（UNESCO）于 2021 年公布了《开放科学建议书》草案终稿 ①，为全球开放科学的政策和实践提供了第一个国际标准框架。在建议书中，开放科学被定义为一个集各种运动和实践于一体的包容性架构，旨在实现人人皆可公开使用、获取和重复使用多种语言的科学知识，为了科学和社会的利益，增进科学合作和信息共享，并向传统科学界以外的社会行为者开放科学知识的创造、评估和传播进程。开放科学涵盖所有科学学科与学术实践的各个方面，包括基础科学和应用科学、自然科学和社会科学以及人文科学，并建基于以下主要支柱之上：开放式科学知识、开放科学基础设施、科学传播、社会行为者的开放式参与以及与其他知识体系的开放式对话。[5]

二、当代社会理论视角下的开放科学

需要注意的是，联合国教科文组织关于开放科学的说法或许并不新鲜，因为若从科技史的角度将科学的概念泛化，那么现代科学也可以被认为一直是"开放的"[6]，这种开放一方面是默顿的科学精神气质的直接表现和来源，另一方面也说明了科学与社会不断在互动中发展，正如国际经济合作与发展组织对开放科学的定义一样，即传统科学与信息通信技术的开放结合，因此，考虑到科学自诞生至今就与社会的关系密切——产生于社会的同时也在逐渐成为社会规范建制的一部分，可将开放科学置于信息通信技术所构成的社会背景下来理解。

---

① 此建议书由联合国教科文组织于 2019 年 9 月启动制定，并于 2021 年 11 月召开的第 41 届联合国教科文组织大会上通过终稿。https://www.unesco.org/en/legal-affairs/recommendation-open-science。

（一）开放科学与社会互相建构

在科学建制的社会理论层面，与开放科学相关的是科学发现的优先权问题。默顿通过科学史上的一些案例提出了这一问题，其中优先权是指科学家在对自然界的观察与研究中获得的前所未有的、创新性的新发现的权利，对其争夺原本存于学院科学的共同体内部，但却随着科学在社会中的开放而愈演愈烈。一方面是因为这一过程发生的同时也扩大了科学共同体的自身，这造成了科学的创新发现需要来自更多内部同行业科学家的承认，另一方面则是由于社会在享受科学所带来的红利的同时也给科学引入了更多经济、组织利益等复杂因素。如戴安娜·克兰（Diana Crane）所说，经过审定并已在一份杂志上发表的科学论文，其次要的功能是传递信息，其首要功能是作为一种知识的声明，宣布它已经得到科学家的同行的评价和承认。[7]研究者们迫切需要一种更加开放的机制来保证个人研究成果的优先公开，而信息技术支撑下的开放获取恰好从理念上契合了这种现实需要，科学的社会建制也因此改变。

随之带来的是海量的研究成果、数据，科研论文开始有望成为全社会的知识资源，这也符合默顿对科学所持有的公有主义态度，"科学上的重大发现都是社会协作的产物。因此它们属于社会所有。它们构成了公共的遗产，发现者个人对这类遗产的权利是极其有限的"。[7]然而，社会在开放获取运动的过程中也产生大量的消极影响，如科学研究的结果不可重复让知识应当具有普遍主义的要求成为空谈，科研论文数据造假、实验过程不透明等问题的出现，更是让有组织的怀疑变得不可能。这些开放所带来的难题又反过来敦促科学将开放的领域进一步扩大化。尽管开放科学依然存在一些无法避免的问题，如克服科学奖励制度中的马太效应，但其在开放中不断更新和完善科学建制的开放态度是值得肯定的。不可否认的是，无论是科学还是开放科学，恰恰由于其自身开放才能被建构。

（二）开放科学需要开放社会文化

在科学知识的社会理论层面，与开放科学相关的是科学文化的建构问题。实际上，默顿的科学精神气质已具备科学文化的特征，被世界科学界默认为开放科学的基石[8]。然而对科学进行诸如"开放""包容""向善"之类的形容，则仍属于理论建构的视角，换言之，开放科学的提出是一种对科学的价值追求而非事实判断。因而在科学社会学中，默顿对科学规范的描述受到了广泛的批评，大卫·赫斯（David Hess）回顾了这些批评，并得出结论说，"有可能挽救默顿对科学规范的描述，但只能作为科学家应该如何理想行动的处方"。[9]这同时也意味着，科学家在形成科学精神气质之前就已具备了科学的精神气质，因而关于科学精神气质的形成，仍是当前科学文化研究的主题，但至少诉诸社会文化或者将科学视为一种行动实践则是可能的。从这种意义上讲，开放科学的形成，需要开放的社会文化，并且，是这种开放文化的结果而非源头。

开放社会研究所的创始人乔治·索罗斯提出的开放获取倡议部分受到了其老师卡尔·波普尔关于开放社会理念的影响。波普尔秉持一种批判理性主义的哲学观点，认为没有所谓的终极真理，一切都须保持开放，以便被推倒重来，科学是一项透明的集体事业，也理应是开放的，这与默顿对科学事业的开放观点相一致。但是，索罗斯在现实实践层面发现，开放社会的理念是在动态环境中不断发展与转变的一个过程，甚至会出现原先意想不到的结果，真实的社会既不是完全开放的也并非完全封闭的，而是在开放与封闭中保持了一种张力，这种张力对于理解当前开放科学的文化尤为关键，也是国内有学者认为一味地拥抱开放科学可能会丧失科学和经济自主性的原因所在。[10]

（三）开放科学促进社会治理现代化

在科学治理的社会理论层面，与开放科学相关的是科学治理现代化的问题。史蒂夫·富勒在《科学的统治：开放社会的意识形态与未来》中将科学的治理（governance of science）理解为一种开放社会的科学策略，主要关注科学知识构造本身以及相关的人[11]。这种观点与现有开放科学的实践具有理念上的一致性。随着开放获取、开放数据和开放科学运动从 21 世纪初开始蓬勃兴起，各国已经利用现代科学成果针对开放科学进行了很多尝试，如开放获取期刊（如 PLOS）、开放电子档案（如 arXiv）、集体智慧项目（如 Polymath）、协作研究环境（如开放科学网格）、学术社交网络（如 ResearchGate 和 Academia.edu）以及参考管理器（如 Mendeley 和 Zotero）等成果对科研活动已经产生巨大作用。传统的科学研究模式具有较大的封闭性，严重影响了开放科学的实践，其结果导致不同研究机构和人员之间的交流严重不足，造成了大量重复研究和有限科学研究资源的较大浪费。上述与互联网信息技术相结合的科学研究模式，可以有效增进科学研究的交流与协作，共享和传播科学研究信息与成果，大幅提升科学研究的效率。

同时，开放科学作为一种全新的科学实践，在科学与社会的治理层面具有双重作用。一方面，开放科学可以为科技共同体内部、外部社会以及内外交汇的公共层面的治理问题提供解决机制和途径，如对科研不端行为的防范和治理、对同行评议制度的优化和完善、对科技活动的风险评估和社会影响的安全预警等。然而，在另一方面，开放科学也可能导致上述层面衍生出更多的治理难题，如某些"敏感性知识"被滥用、文化差异下的科研伦理风险加剧、科研活动所引发负面影响因素激增等。基于此，只有改变激励机制并完善科研管理的体制和机制，同时加强对开放科学所带来的新治理问题的研究，建立健全相关的科技治理体系，并通过教育和规范来引导营造理性的科学文化氛围，才能在开放科学的探索过程中，真正促进和实现社会治理的全方位现代化。

三、以开放社会治理容纳开放科学

由《开放科学建议书》可以得知，开放科学框架包含传统科研机构外的多元治理主体，多元治理主体的参与促进了开放科学框架内各知识体系的开放式对话。可根据开放科学框架内各治理主体的职能定位，将多元主体分为科研人员、政府机构、资助机构、高校与科研院所、图书情报机构、出版机构、企业、非营利组织、国际组织等治理主体。同时，《开放科学建议书》建议会员国要从战略角度规划和支持开放科学，因此，我国制定开放科学政策及规划既需紧跟开放科学国际发展态势，瞄准未来世界开放科学发展趋向，也需在参照其他国家成熟的开放科学实施技术路线图的基础上，制定符合我国国情的开放科学长期发展战略，从而在社会治理各层面营造有助于实施开放科学和有效践行开放科学的政策环境。

从国家层面看，我国科学目前正面临着开放科学所带来的转型，而中国自身社会拥有独特的文化优势。其实，只要简单回顾中国科学的发展历程就不难发现，每一次科学发展水平的跃升，都与同期国家的科技发展战略实践有着密不可分的关联。作为科学事业的后发国家，提高我国的科技竞争力关乎全社会的生活福祉，在借鉴其他国家的开放科学经验的情况下，面对国际科技发展严峻的形势和环境，我国实行开放科学要尽量避免成为一种乌托邦的想象，而要以重新思考和培养科学共同体中科学文化的形成为重心，理解和响应开放科学的倡议只是必要非充分的实践探索，切实有效地以开放理念对社会进行科学治理才是主要任务。

从社会层面看，我国与开放科学相关的主体机构众多，要进一步提高这些科学力量在科学治理中的地位，建立由政府、科学共同体、企业、公众等多元主体共同参与的科学治理体系，坚持本国科技发展和产业升级协同一体的开放理念，以中国为代表的后发国家就完全可能通过实施正确的科技和产业政策带动本国综合实力的提升，从而逐渐削弱发达国家垄断知识与技术的基础。同时，包括"人类命运共同体"理念的提出及其在"一带一路"倡议等上的具现，又将赋予开放科学以前所未有的发展助力，毕竟，当前世界正面临着共同的科技发展困境，如全球的数据保护、数据隐私等科学伦理问题仍需要更多的规范保障，开放数据基础设施的标准化、开放科学政策的包容性，以及公众的科学素质提升等问题也日益迫切。因此，开放科学的健康发展需要国家和社会、政策和实践等多方面的共同努力，虽然道路并不是平坦的，但是我们相信，开放科学、共享知识、造福全人类是科学发展的必然趋势。

参考文献

[1] Merton R. The Sociology of Science[M]. Chicago：University of Chicago Press，1973.

[2] 盛小平，毕畅畅，唐筠杰. 国内外开放科学主题研究综述 [J]. 图书情报知识，2022，39（4）：101-113.

[3] David P. The historical origins of "open science"：an essay on patronage，reputation and common agency contracting in the scientific revolution[J]. Capitalism and Society，2008，（3）：30-39.

[4] 赵昆华，刘细文，龙艺璇，等. 从开放获取到开放科学：科研资助机构的理念与实践 [J]. 中国科学基金，2021，35（5）：844-854.

[5] UNESCO. Recommendation on open science[EB/OL]. https://www.unesco.org/en/legal-affairs/recommendation-open-science[2021-10-23].

[6] David P A. Understanding the emergence of "open science" institutions：functionalist economics in historical context[J]. Industrial and Corporate Change，2004，13（4）：571.

[7] 黛安娜·克兰. 无形学院——知识在科学共同体的扩散 [M]. 刘珺珺，顾昕，王德禄译. 北京：华夏出版社，1988：113.

[8] Krishna V V. open science and its enemies：challenges for a sustainable science–society social contract[J]. journal of open innovation：technology，market，and complexity，2020，6：61.

[9] Hess D. Science Studies：An Advanced Introduction[M]. New York：New York University Press，1997：57.

[10] 王悠然. 警惕开放存取沦为经济壁垒 [N]. 中国社会科学报，2021-09-22，2 版.

[11] 史蒂夫·富勒. 科学的统治：开放社会的意识形态与未来 [M]. 刘钝译. 上海：上海科技教育出版社，2006：9-12.

5.6 Expanding the Boundary of Open Science: from Open Access to Open Society

Zhao Chao[1], *Yang Kui*[2]

(1. Institutes of Science and Development, Chinese Academy of Sciences;
2. Zhou Enlai School of Government, Nankai University)

With the development of international open access movement in recent years, open science is developing from open access to data, from open access to knowledge products to knowledge production process, and then to the spread of knowledge to the public. However, whether open science can develop healthily and effectively in China in the future depends on the establishment of an open social governance system that is compatible with open science.

第六章

专家论坛

Expert Forum

6.1　新材料产业发展战略与创新实践

林伟坚[1,2]　黄庆礼[1]　汪卫华[1,2*]

（1.松山湖材料实验室；2.中国科学院物理研究所）

"一代材料，一代技术，一代产业"，新材料产业作为新一轮科技革命和产业变革的先导与基石，已经成为世界经济和科技竞争的战略焦点。我国新材料产业目前正处于爬坡过坎的关键阶段，有效提升新材料研发能力以及产业创新能力成为新材料产业高质量发展的关键所在。本文梳理了国内外新材料产业发展现状、趋势及存在的问题和瓶颈，并结合松山湖材料实验室从新材料研发到产业化市场化的全链条创新模式实践经验，提出了以科技创新及相关体制机制创新引领新材料产业发展的政策建议。

一、新材料产业在全球快速发展

随着新一轮科技革命和产业变革的持续推进，新一代信息技术产业、新能源产业、新能源汽车产业、智能制造产业等新兴产业在全球范围内蓬勃发展，对材料提出了更高要求，主要发达国家和地区均高度重视新材料产业发展，积极抢占新材料产业制高点，全球新材料产业正处于高速发展阶段，产业规模由 2004 年的 3000 亿美元增长至 2020 年的约 3 万亿美元[1]。

1. 全球新材料产业竞争聚焦于三大领域

全球新材料产业已形成以美国、日本和欧洲等发达国家（地区）为第一梯队，中国、韩国、俄罗斯等材料产业大国为第二梯队，巴西、印度等新兴大国为第三梯队的整体格局[2]。第一梯队在新材料产业竞争中占据全面优势，第二梯队的新材料产业正处于快速增长期，对现有格局形成有力冲击。总的来说，新材料产业围绕三大领域展开竞争。

一是以金属、高分子、陶瓷、玻璃等为代表的传统材料领域。金属、陶瓷、玻璃、纤维和高分子等传统材料在人类历史中一直扮演着重要角色，每次发展都会极大地推动人类社会文明和生产力的巨大进步[3]。如今，这些传统材料领域中诞生了非晶

---

*　中国科学院院士。

合金、透明陶瓷、多孔陶瓷、碳纤维、金属／陶瓷复合材料和超高分子量聚乙烯纤维等具有广阔发展前景的新材料，成为新材料产业竞争的主要领域之一。这一领域的特点是产业发展对资源禀赋的依赖程度较高，目前美国、俄罗斯、日本等传统工业强国依托长期积累的技术和设备底蕴，在全球处于领先位置。我国在这些传统材料领域处于产业第一梯队，但产能大而不强。

二是以半导体及集成电路材料、信息存储材料、光通信材料、传感器为代表的信息材料领域。信息材料构成了信息技术与应用的基础，是实现信息感知、计算、发送、传输、接收和存储的物质基础，是人工智能、智能传感、虚拟现实／增强现实、区块链和大数据等信息技术产业发展与进步的先导条件。这一领域正处于技术与设备快速迭代的高速发展期，产业发展对技术和设备的先进程度依赖性很高，目前美国、欧盟、韩国、日本等信息产业强国（组织）仍处于领先地位，我国正在加强该领域核心技术攻关和产业链布局，但光刻胶等部分关键材料、微加工技术仍不成熟[4]，产业化水平不高，成为制约我国信息产业发展的突出短板。

三是以光伏电池、锂离子动力电池、氢燃料电池等为代表的新能源材料领域。能源清洁低碳化趋势已经成为全球共识，变革性能源材料技术是未来发展的关键领域[5]。其中，汽车电动化和智能化变革为大势所趋，新能源汽车大规模发展将大幅度降低燃油的消耗。汽车电动化需要绿色电力才能助力"双碳"目标的实现，光伏发电和储能技术是主要的解决方案，"光—储—配—用"绿色电力全链条一体化是"双碳"目标实现的关键[6]。新能源材料这一领域发展时间相对较短，各条技术路线孰优孰劣尚不明朗，产业未来发展的核心资源与各国自身的资源禀赋的契合程度，对各国在这一产业的发展起着关键作用。目前欧盟、美国等发达国家（组织）处于世界前列，我国在这一领域中处于产业第一梯队，在光伏电池、锂离子动力电池等细分领域处于相对领先位置。

2. 美日等材料强国前瞻布局推进新材料产业发展

近年来，世界主要发达国家围绕新材料产业发展的重点领域纷纷出台了长期精准扶持的相关政策，通过提前开展战略布局，推动本国在关键新材料领域快速发展，以期在新材料产业中夺得技术制高点[7]。例如，美国国家科学基金会（NSF）于 2017 年启动的"十大理念"（10 Big Ideas）大型计划；欧盟通过"研发框架计划"（FP）及"地平线 2020"（Horizon 2020）；美国国防部高级研究计划局设立 LUMOS 项目；日本新能源与工业技术发展组织投入 22.5 亿日元，用于硅基高亮度、高效率激光器的开发。巨额的投入换取的是技术及产业上的突飞猛进，目前发达国家在新材料产业多个细分领域上形成的技术优势也是十余年前提前布局所取得的成果。比如，在非晶材料领域中，在 20 世纪 90 年代，由日本和美国主导的非晶合金材料进入大块合金时代，极大地拓展了其应用范围和领域；在信息材料领域中，台湾积体电路制造股份有限公司、三星集团、英特尔公司等大型跨国公司把控着 5 nm、3 nm 晶圆制程技术，90%以上的高端 MEMS 传感器芯片也由各个发达国家掌握[8]；在新能源材料领域，光伏产业最为热门的是由日本三洋公司所开发的 HJT 电池，具有量产效率高、生产工序短等显著优势。

二、我国新材料产业发展迅速但短板突出

1. 我国近年新材料产业处于高速发展阶段

新材料产业是支撑我国经济发展和产业结构转型升级的基础性、先导性、战略性产业。近年来我国新材料产业在国家一系列政策举措的指引下，产业规模实现跃升，创新能力显著提高。

一是产业规模快速增长。我国新材料产业体系已经初步形成，发展形势良好。《中华人民共和国国民经济和社会发展第十四个五年规划和 2035 年远景目标纲要》《"十四五"信息通信行业发展规划》《"十四五"原材料工业发展规划》《"十四五"智能制造发展规划》等国家层面战略规划的出台，为新材料产业持续向好发展创造了良好的政策环境。新材料产业规模从 2010 年的 6500 亿元增长至 2020 年的 5 万亿元[9]。

二是关键技术不断实现实质突破。通过产学研用结合，许多重要新材料技术指标大幅提升。稀土功能材料、先进储能材料、光伏材料、有机硅、超硬材料、镁合金、特种不锈钢、玻璃纤维及其复合材料等产能居世界前列[10]。关键技术的不断突破和新材料品种的不断增加，使我国高端金属结构材料、新型无机非金属材料、高性能复合材料保障能力明显增强，先进高分子材料、超薄平板玻璃和特种金属功能材料自给水平也在逐步提高。

2. 我国形成了一批特色鲜明的新材料产业集聚区

在中央和各地政府的支持下，各地基于产业基础、科研条件、资源禀赋、市场需求等比较优势，积极发展区域特色新材料产业，推动新材料相关企业集聚化发展。总体来看，我国新材料产业发展集聚在环渤海地区、长三角地区、珠三角地区，同时在中西部还形成了一批有显著区域特色的新材料产业基地[11]。环渤海地区大型企业总部、国内顶尖高校和重点科研院所集聚，科技创新能力全国领先，在新能源材料、生物医用材料等新兴领域形成了高端新材料产业集群，在传统材料领域也有着位居全国

前列的科研能力和产业实力。长三角地区，经济发展水平高，产业配套完善，物流交通网络发达，是我国重要的新材料研发、生产和消费市场，在高端金属、半导体材料、先进高分子材料等领域形成了一批国内外知名的产业基地。珠三角地区，应用市场空间和潜力大，外向型经济发达，新材料产业集中度高，在电子信息材料、化工新材料、先进陶瓷材料等领域培育出具有较强优势的产业集群。中西部地区，内蒙古包头、江西赣州等地依托丰富的稀土资源建设稀土产业集群；中部六省依托在钢铁、有色、建材、化工等传统领域打下的雄厚产业基础，形成了初具规模的产业基地；西部地区四川省和陕西省依托丰富的矿产与能源，通过军民融合、技术创新等，在稀土功能材料、稀有金属材料等领域形成了一批特色鲜明的新材料产业基地。

3. 我国新材料产业存在的突出问题

一是整体发展水平偏低。我国新材料产业起步晚、底子薄，整体发展水平偏低，据统计，我国新材料产业仅有 10% 左右的领域达到国际先进水平[12]。与制造强国建设的要求相比，我国关键材料"卡脖子"问题还广泛存在，大量关键材料和专用装备依赖进口，导致重大装备、重大工程"等米下锅"的现象比较突出，新一代信息技术等战略性新兴产业供应链上游安全稳定性面临潜在风险，最先进的 ArF 和 EUV 工艺光刻胶几乎全部依赖进口，新材料产业还不能很好地支撑我国制造业高质量发展[13]。

二是创新支撑作用不足。从科研侧看，我国材料科学高水平论文数量高居全球第一，且占比近 5 成[14, 15]，但从产业侧看，我国高端制造业仍有诸多关键材料依赖进口，科技产业"两张皮"现象在材料领域表现得尤为明显。一方面，我国产业长期处于全球价值链中低端，过去产业侧先进技术的获取过度依赖国外创新体系；另一方面，受政策、体制、机制等诸多因素的制约，我国新材料研发与应用脱节较为严重。

三是产业生态有待提升。我国材料领域高精尖企业多为初创，抵御风险能力较弱。在发展初期，这些企业需要经过长期的应用考核和大量的资金投入。目前我国仍存在新材料的生产与应用脱节、应用技术发展滞后、市场培育力度不足等问题。例如，电子信息领域下游企业对新材料的准入具有严格的认证制度，存在较高的准入壁垒。

三、松山湖材料实验室支撑新材料产业发展的探索实践

松山湖材料实验室是广东省以打造材料领域国家实验室"预备队"为目标于 2017 年启动建设的省实验室。自成立以来致力于打造"前沿基础研究→应用基础研究→产业技术研究→产业转化"的全链条创新模式，重点攻坚科研成果从样品到产品再到商品的转化的难题，为打通科技成果产业化的"最后一公里"贡献力量，初步形成了支

撑新材料产业发展的"松山湖"模式。

1. 全链条创新模式架起科技成果转化的"铁索桥"

由于管理人才、市场经验、风险资金等资源的缺乏，很多材料科研成果只能搁置在实验室，无法迈出成果转化的第一步，导致基础研究和前沿成果转化过程中存在一个鸿沟，这个鸿沟被称作新材料成果转化的"死亡谷"现象。为突破成果转化难题，松山湖材料实验室通过创新体制机制、构建全链条管理服务体系和聚合全方位资源等多种手段探索科技成果转化新范式。在体制机制方面，综合考虑科学家、原单位、合作企业和实验室的利益，在项目入驻初期，通过与相关方签署多方协议明确各方权益，充分调动原单位、合作企业以及科学家的积极性，以提高转化成功率；在全链条管理服务方面，通过设立创新样板工厂发展部、组建松山湖（东莞）材料科技发展有限公司和广东松湖之材产业育成中心有限公司等部门，从项目征集、引入到最终成果落地，分阶段促进科研成果产业化；在资源聚合方面，以实验室为母体，与国家开发投资集团有限公司、广东省粤科母基金投资管理有限公司等共同成立新材料领域的投资资金，并与中国石油化工集团公司等一批国内龙头企业积极对接，推动科技成果应用落地。截至2022年，实验室多个项目团队成果已实现产业化应用，注册成立新材料产业化公司39家，总注册资本超3亿元。

2. 科技成果落地引导新材料产业集群化发展

培育新材料产业集群是推动新材料产业发展的重要路径。松山湖材料实验室积极致力于以创新资源引导各类产业要素向东莞市集聚，支撑培育新材料产业集群。在项目引入阶段，实验室系统布局全产业链技术攻关，如针对第三代半导体产业链分别在衬底及外延材料、芯片、封装这几个关键节点引入高水平团队，初步形成 SiC 半导体产业链高水平人才及产业化团队的集聚，为产业链上下游战略合作提供了有利条件；待项目团队完成中试研发，将相关核心关键材料和器件转化成产品后，实验室结合地方产业布局，整合优质成熟项目组团落地，打造新兴产业集群内核，并依托实验室优质创新资源，拓展产业链上下游合作渠道，吸引集聚一批行业头部企业和"专精特新"企业，形成产业集聚效应。2022年实验室已依托产业化公司初步形成了节能减碳材料、半导体传感器与芯片、新能源材料、高端制造四个新兴产业集群内核。

3. 创新支撑服务辐射带动区域创新能级提升

松山湖材料实验室集聚了一批一流材料研发和应用的人才队伍，并针对材料的设计、制备、加工、表征、测量、模拟，建设了系统的、国际一流的综合性用户开放平台，包括材料制备与表征平台、微加工与器件平台、中子科学平台、材料计算与数据库平台，以及大湾区显微科学与技术研究中心和先进阿秒激光设施（筹）。平台不仅可提供材料研发和表征等通用性技术服务，还可依托一流的科研人才队伍，通过项目合作、委托研发等多种形式，满足企业材料研制、技术改进、产品升级和开发、中试验证等需求，为企业提供解决技术难题、开发新材料的"设备能力 + 人才智力"高水平、综合性研发服务。截至 2022 年，平台已对外开放超过百台套原值 30 万元以上的仪器设备，扫描隧道显微镜（scanning tunneling microscope，STM）、原子力显微镜（atomic force microscope，AFM）、拉曼光谱、"天工"超算等相继对外开放共享，承接很多企业项目课题。系统化的技术服务有效推动了区域新材料产业自主创新能级提升。

四、以科技创新引领产业发展的政策建议

（1）创新材料科学研究手段，以应用为牵引突破产业关键核心技术。打赢新材料领域关键核心技术攻坚战亟须从基础与应用层面实现突破，需加强创新链产业链融合，从新材料产业应用面临的实际问题中凝练科学问题，并积极运用先进研究方法及工具推动解决。一方面，可依托我国已建和在建的一批大科学装置，对材料领域前沿性、基础性重大科学技术问题开展研究，激发对基本原理的认知突破，探索"卡脖子"技术的基础理论和技术原理，实现更多"从 0 到 1"的突破；另一方面，以材料基因工程等先进材料研发理念为抓手，突破材料科学领域高通量计算、高通量测试、高通量制备以及人工智能赋能等关键技术，构建材料基因工程创新技术体系，形成能够普遍适用的新材料研发路径，大力提高新材料研发和应用的效率，助力新材料实现迭代升级。

（2）布局新型创新平台建设，着力提升新材料科技成果转化效率。支持在新材料产业基础较好、经济发达的地区建设国家级、省级新材料创新平台，积极打造新材料产业发展的战略科技力量。以新型创新平台为主体，集聚创新要素，创新体制机制，打通科技成果转化"死亡谷"，破解科技产业"两张皮"的难题；推动新型创新平台与龙头企业、"专精特新"企业等应用端创新主体共同开展新材料产业基础技术和产业化技术攻关，支撑企业开展产业链源头创新；支持新型创新平台建设新材料测试表征平台、中试验证平台、材料大数据平台等公共能力，推动平台设备向产业开放共享，支撑企业开展技术研发与验证。

（3）深入开展新材料产业集群建设，构建创新要素融通发展的创新生态。发展培育新材料产业集群已经成为各国推动新材料产业发展和产业组织模式创新的主要路

径，建立集群成员横向和纵向密切合作的协同创新网络对集群高质量发展至关重要。一是要推动集群内企业与科研机构的创新合作，将科研创新能力与产业发展的技术需求在空间上无缝衔接，开展产业链原始创新、源头创新；二是要推动产业链上下游创新合作，聚焦产业链供应链薄弱环节，鼓励应用端龙头企业利用人才、技术等资源对集群内供应链企业进行创新赋能，着力培育一条以集群内企业为主的供应链"备胎"；三是要推动新材料产业与集群内其他产业的协同发展，鼓励以符合未来产业变革方向的下游应用为牵引，打造更加具有全局性、更安全可靠的产业链供应链[11]。

（4）围绕产业急需人才需求，打造有竞争力的创新人才发展环境。新材料产业属于知识、技术、资金密集型行业，除了大量资金投入，还需要大量技术创新与产业化人才。2022 年松山湖材料实验室组织的广东省部分重点新材料企业产业链安全稳定调研问卷结果显示，缺乏专业人才是新材料领域企业反映最为集中的问题之一。欧美等西方地区和国家起步早，在信息材料等领域关键核心技术及工艺装备方面集聚了一批高层次的华人科学家和工程师。建议国内有关部门、重点地市在住房、医疗、子女教育、创新创业等方面加快出台具体的支持举措，吸引海外高层次人才回国任职或与国内单位开展合作；鼓励重大创新载体、重点高校等科研机构通过项目合作等方式与企业共同培养高素质的研发人才。

参考文献

[1] 中国新材料产业技术创新战略联盟秘书处 . 全球新材料未来发展重点分析 [J]. 中国科技产业，2015，（8）：42-44.

[2] 谢曼，干勇，王慧 . 面向 2035 的新材料强国战略研究 [J]. 中国工程科学，2020，22（5）：1-9.

[3] 汪卫华 . 非晶合金材料发展趋势及启示 [J]. 中国科学院院刊，2022，37（3）：352-359.

[4] 刘雪峰，刘昌胜，谢建新 . 提升前沿新材料产业基础能力战略研究 [J]. 中国工程科学，2022，24（2）：29-37.

[5] 林伟坚，张博文，汪卫华 . 从全球气候变化、制造业产业升级、国家安全及材料基因工程维度探讨材料科学发展趋势 [J]. 中国科学院院刊，2022，37（3）：336-342.

[6] 邱细妹，王燕，吕海明，等 . "双碳"背景下新能源材料技术发展策略——以松山湖材料实验室为例 [J]. 中国科学院院刊，2022，37（3）：375-383.

[7] 张广宇，龙根，林生晃，等 . 二维材料：从基础到应用 [J]. 中国科学院院刊，2022，37（3）：368-374.

[8] 王子昊，王霆，张建军 . 硅基光电异质集成的发展与思考 [J]. 中国科学院院刊，2022，37（3）：360-367.

[9] 刘文强，肖劲松，曾昆 . 中国新材料产业发展十年（2011—2020）[M]. 北京：电子工业出版

社，2022：20-21.

[10] 干勇. 制造业强国新材料发展战略 [R]. 哈尔滨：第二十一届中国科协年会，2019.

[11] 曾昆，李晓芃，沈紫云，等. 我国新材料产业集群发展战略研究 [J]. 中国科学院院刊，2022，37（3）：343-351.

[12] 唐逸如. 新材料"产业化"之困 [J]. 社会科学文摘，2012，（7）：45-46.

[13] 肖劲松. 新材料产业存在问题及对策 [J]. 经济，2019，（2）：37-40.

[14] 中国科学技术信息研究所. 2021 中国卓越科技论文报告 [R]. 北京，2021.

[15] 中国科学技术信息研究所. 2021 年中国科技论文统计报告 [R]. 北京，2021.

6.1 New Material Industry Development Strategies and Innovation Practice

Lin Weijian[1,2], *Huang Qingli*[1], *Wang Weihua*[1,2]

（1. Songshan Lake Materials Laboratory；2. Institutes of Physics，Chinese Academy of Sciences）

With the acceleration of the new technological and industrial revolution，the global new material industry is entering a stage of high speed development. Strategic areas such as traditional materials，electronic information materials and new energy materials become the main courts of new material industry competition among countries. The scale of new material industry in China expanded rapidly，forming a number of distinctive industrial clusters. Meanwhile，the support for the manufacturing industry has been significantly enhanced. But the industrial development is in a low level and problems such as insufficient innovation support and inadequate industrial ecology still remain. This article analyzed the domestic and overseas development of the new material industry，and introduced the innovative practice of Songshan Lake Materials Laboratory to get through "the last mile" of technology transformation. Based on the experience of Songshan Lake Materials Laboratory，suggestions concerning the innovation of technology and mechanism were put forward to promote the development of the new material industry.

6.2 中国制造业高质量发展现状与政策建议

王昌林 徐建伟

（中国宏观经济研究院）

经过多年持续快速增长，我国制造业在规模增长、结构升级、路径转型、开放合作等方面取得显著成就，成为建设现代产业体系的主导力量、参与国际竞争合作的优势长板。当前，制造业发展进入新阶段、面临新形势、赋有新使命，产业链供应链不稳不强、自主循环不畅、增长动能减弱、转型任务繁重等问题日益突出，成为制造业高质量发展的重大制约因素。制造业需要适应国内外发展形势和阶段条件变化，探索更有动力、更加高效、更可持续的高质量发展路径，在增强自主可控能力、畅通产业循环协作、培育要素支撑新优势、激活数字融合新潜能、探索绿色低碳新路径上下功夫，努力实现由制造向创造、由产品向品牌转变，重塑国际合作和竞争新优势。

一、制造业高质量发展基础条件坚实

（一）规模体系优势更加稳固

我国制造业规模体量不断壮大，世界第一制造大国地位更加稳固。2012～2021年，我国制造业增加值从 2.69 万亿美元增加到 4.87 万亿美元，2014 年和 2021 年分别跨过 3 万亿美元和 4 万亿美元大关，全球占比从 22.3% 提高到 29.8%。2020 年，我国制造业增加值为 3.86 万亿美元，约为美国（2.34 万亿美元）的 1.6 倍、日本（9953 亿美元）的 3.9 倍、德国（6989 亿美元）的 5.5 倍（表 1）。在规模体量扩张的同时，我国建立起门类齐全、较高水平的现代制造业体系，形成装备制造、原材料、消费品等工业门类齐头并进的发展格局[1]。根据工业和信息化部数据，截至 2019 年，我国拥有 41 个工业大类、207 个中类、666 个小类，在 500 种主要工业产品中，有四成以上产品产量居世界第一。庞大齐全的制造业体系增强了我国经济的内生循环力量和抗风险能力，特别是面对疫情冲击和全球供应链震荡，我国各类物资生产和协作能力在短时间内得到恢复和提升，充分展现了制造业体系强大的供给能力、适应能力和修复能力。

表 1 2012～2021 年主要国家及世界制造业增加值

（单位：亿美元）

国家	2012年	2013年	2014年	2015年	2016年	2017年	2018年	2019年	2020年	2021年
中国	26 900.9	29 353.4	31 842.4	32 025.0	31 531.2	34 603.3	38 684.6	38 234.1	38 606.8	48 658.2
美国	19 273.2	19 871.8	20 456.2	21 232.4	20 982.7	21 924.1	23 282.3	23 663.0	23 375.5	—
日本	12 335.7	10 074.9	9 595.0	9 095.4	10 151.5	10 076.6	10 387.9	10 276.7	9 953.1	—
德国	7 109.5	7 439.7	7 865.5	6 832.0	7 169.4	7 525.8	7 969.8	7 558.6	6 989.0	7 722.5
韩国	3 558.1	3 808.9	4 014.0	3 899.8	3 954.0	4 375.7	4 594.7	4 165.3	4 063.7	4 566.0
印度	2 890.8	2 832.1	3 072.1	3 278.2	3 479.4	3 982.0	4 022.4	3 815.1	3 650.3	4 465.0
意大利	2 890.4	2 973.0	3 021.7	2 643.9	2 776.4	2 925.8	3 139.9	2 993.6	2 808.4	3 198.4
法国	2 780.7	2 911.5	2 936.1	2 545.0	2 543.0	2 630.5	2 783.1	2 731.0	2 470.3	2 698.0
英国	2 527.4	2 664.7	2 879.1	2 724.0	2 449.3	2 415.0	2 566.3	2 556.2	2 397.9	2 793.9
印度尼西亚	1 968.9	1 918.9	1 877.4	1 806.6	1 912.5	2 047.5	2 070.3	2 205.0	2 104.0	2 283.2
世界	120 466.4	122 670.9	126 935.8	123 031.9	123 616.9	132 049.3	141 252.5	139 688.2	136 008.8	163 502.1

资料来源：根据世界银行数据库（https://data.worldbank.org.cn）汇总整理。

（二）产业结构升级取得重大进展

制造业产能结构不断优化调整，重点行业供给质量和效率大幅提升。通过采用市场化手段、法治化办法，严格执行环保、质量、安全等方面的法规标准，重点制造业领域总量性去产能任务全面完成，大量落后、低效产能退出市场，先进产能占比不断提高。以钢铁行业为例，"十三五"期间确定的 1.5 亿 t 去产能上限目标提前两年完成，1.4 亿 t "地条钢"产能全面出清，市场竞争有效规范，企业经营效益明显提升。从行业结构来看，高技术产业和战略性新兴产业增长动能强劲，对经济增长的贡献不断增大，对结构优化的支撑作用进一步增强。2012～2020 年，计算机、通信和其他电子设备制造业在制造业中占比增长最快，提高 4.13 个百分点；汽车制造业提高 2.14 个百分点；电气机械和器材制造业、医药制造业占比提高也较明显（表 2）。2012～2021 年，高技术制造业和装备制造业占规模以上工业企业增加值的比重分别从 9.4%、28% 提高到 15.1%、32.4%，2021 年装备制造业对整体工业增长的贡献率超过四成。其中，智能化、升级型新兴产品快速增长，工业机器人、集成电路、新能源汽车、生物医药等领域新兴产品增长尤其迅速，2021 年新能源汽车产销超过 350 万辆，同比增长 1.6 倍，连续 7 年位居全球第一。

表 2   我国规模以上制造业占比结构变化　　　　　　　（%）

行业	2012 年	2020 年	占比变化 *
农副食品加工业	6.47	5.08	−1.40
食品制造业	1.97	2.01	0.04
酒、饮料和精制茶制造业	1.68	1.54	−0.14
烟草制品业	0.94	1.18	0.24
纺织业	4.00	2.44	−1.56
纺织服装、服饰业	2.15	1.44	−0.70
皮革、毛皮、羽毛及其制品和制鞋业	1.40	1.05	−0.35
木材加工和木、竹、藤、棕、草制品业	1.28	0.90	−0.37
家具制造业	0.70	0.74	0.03
造纸和纸制品业	1.55	1.37	−0.18
印刷和记录媒介复制业	0.56	0.69	0.13
文教、工美、体育和娱乐用品制造业	1.28	1.28	0.00
石油加工、炼焦和核燃料加工业	4.89	4.37	−0.53
化学原料和化学制品制造业	8.41	6.64	−1.77

续表

行业	2012 年	2020 年	占比变化 *
医药制造业	2.15	2.61	0.45
化学纤维制造业	0.84	0.83	−0.01
橡胶和塑料制品业	3.00	2.66	−0.34
非金属矿物制品业	5.46	6.03	0.57
黑色金属冶炼和压延加工业	8.88	7.60	−1.29
有色金属冶炼和压延加工业	5.12	5.64	0.52
金属制品业	3.61	4.06	0.45
通用设备制造业	4.72	4.28	−0.44
专用设备制造业	3.56	3.52	−0.04
汽车制造业	6.36	8.50	2.14
铁路、船舶、航空航天和其他运输设备	1.95	1.61	−0.34
电气机械和器材制造业	6.77	7.21	0.44
计算机、通信和其他电子设备制造业	8.74	12.87	4.13
仪器仪表制造业	0.83	0.85	0.03
其他制造业	0.26	0.25	0.00
废弃资源综合利用业	0.36	0.61	0.25
金属制品、机械和设备修理业	0.11	0.15	0.04

注：由于统计口径调整，2012 年为主营业务收入占比，2020 年为营业收入占比。

* 此列数据均为原始数据计算后四舍五入的结果。

资料来源：根据国家统计局相关年份统计年鉴（www.stats.gov.cn/tjsj/ndsj/）计算而得。

（三）智能化、数字化发展不断加快

在技术推动和市场倒逼双重影响下，我国制造业转型发展步伐加快，技术改造和设备更新投入不断加大，数字化、网络化、智能化、品质化水平不断提高，生产效率和质量效益持续提升。随着工业机器人、新一代信息技术、3D 打印等新技术的加速渗透，制造业的生产方式、企业形态、业务模式加速变革，柔性制造、智能制造、离散制造、共享制造等新型制造方式快速兴起，有力地促进了制造业提质、降本、增效、绿色、安全发展。目前，推广应用新技术成为重塑制造业竞争优势的重要支撑，大规模个性化定制在服装、家具等行业深度推广[2]，工业互联网广泛应用于石化、钢铁、家电、电子、服装、机械等行业，工业机器人在 52 个行业大类、143 个行业中类中广泛应用。2020 年我国工业电子商务普及率约为 63%，2021 年底工业企业关键工序数控化率、数字化研发设计工具普及率达到 51.3% 和 74.7%，比 2012 年分别提高 30.7 个和 26.2 个百分点（表 3）。同时，我国持续推进制造业高端化标准体系建设，产品质量和竞争力水平不断提升。2017～2021 年，制造业产品质量合格率连续 5 年达到 93% 以上，部分重大装备产品质量可靠性达到或接近国际先进水平。

表 3　我国制造业智能化、数字化转型情况

项目	2012 年	2021 年
制造业机器人密度 /（台 / 万人）	49（2015 年）	246（2020 年）
关键工序数控化率 /%	20.6	51.3
数字化研发设计工具普及率 /%	48.5	74.7

资料来源："中国这十年"系列主题新闻发布会——党的十八大以来工业和信息化发展成就（工业和信息化部）、《世界机器人 2021 工业机器人》（国际机器人联合会）。

（四）国际分工位势逐步提升

随着新一轮高水平对外开放深入推进，我国制造业积极融入全球产业链，加快迈向国际市场中高端，对外投资并购、整合资源要素、开拓国际市场步伐不断加快，在全球分工体系中的位势不断提升。从出口结构来看，出口贸易结构持续优化，出口产品档次和质量不断提高，具有自主知识产权的高新技术产品出口增长迅速，对外贸易新动能显著增强。世界银行数据显示，2012～2020 年，我国高科技产品出口从 5938.6 亿美元增长至 7576.8 亿美元，占制成品出口的 31.28%。从对外投资合作来看，我国制造业对外投资活跃，国际产能合作不断加深，对全球要素资源的整合利用水平提高。一方面，低端制造业通过对外转移获取廉价要素，开展国际产能合作，延长产业生命周期；另一方面，先进制造企业积极开展海外并购与投资合作，进一步开拓海外市场、获取高端技术和先进管理经验。根据商务部数据，截至 2020 年底，我国对外直接投资存量超过 2.3 万亿美元，比 2015 年底翻一番；根据国家统计局数据，截至 2021 年底，纳入商务部统计的境外经贸合作区分布在 46 个国家，累计投资 507 亿美元，有力促进了国际产能合作和互利共赢发展。

二、制造业转型升级仍存短板

（一）基础领域和关键环节"卡脖子"严重

受工业化路径、全球分工格局等多方面因素影响，我国制造业基础不牢、底子不

稳、"卡脖子"问题突出，成为产业链供应链稳定运行和国民经济安全的隐忧。从硬基础来看，部分重大技术装备质量性能差距明显，核心技术、关键零部件和重要材料自主可控水平偏低。目前，涉及电子信息、航空动力系统、高端数控机床、机器人控制、高端医疗设备、重大科学仪器的很多核心技术我国还没有完全掌握[3]，核心处理器、存储器等高端基础芯片商用化研发处在起步阶段，芯片光刻机、面板真空蒸镀机等核心工艺设备高度依赖国外，半导体材料、先进高分子材料、航空关键钢材、基础电子化学品等领域还存在产品空白和技术短板。2021年，我国电子元件进口额超过3万亿元，自动数据处理设备及其零部件、电工器材等超过3000亿元，计量检测分析自控仪器及器具、汽车零配件、半导体制造设备超过2000亿元（表4）。

表4　2021年我国主要商品进口额及增速情况

商品类别	进口额/亿元	增速/%
电子元件	32 319	15.2
自动数据处理设备及其零部件	4 355	17.4
汽车（包括底盘）	3 489	7.6
电工器材	3 132	5.7
计量检测分析自控仪器及器具	2 883	3.2
汽车零配件	2 437	8.4
半导体制造设备	2 197	25.9
通用机械设备	1 504	12.0
液晶显示板	1 365	3.4
纸浆	1 296	19.5
音视频设备及其零件	1 224	11.1
医疗仪器及器械	1 006	14.8

资料来源：根据海关总署"数说海关－统计月报"（www.customs.gov.cn/customs/302249/zfxxgk/2799825/302274/302277/4185050/index.html）整理计算。

从基础软件看，我国在工业软件、控制系统、核心数据等领域与国际先进水平也有较大差距。工业软件行业壁垒高，国内工业软件市场被国外企业垄断，国产工业软件在绝大多数领域无法与国外软件竞争，只在生产管理类软件的低端市场和生产控制类软件的细分行业占有一定优势，难以突破欧美软件企业构建起来的生态圈，进入企业核心应用领域的难度很大[4]。目前，国外企业在关键核心工业辅助设计、工艺流程控制、模拟测试等软件领域占据主导地位，自主工业操作系统、工业软件开发平台等工业基础软件发展滞后[5]，运行于国产工业操作系统的国产工业控制应用软件尚未实现根本性突破。

（二）国内产业链协作与融合发展不足

一是国内产业链协作不够。由于深度融入全球分工体系，大量国内企业与国外零部件供应商、品牌运营商、终端零售商合作紧密，导致国内产业和企业间协作不畅，"有产业缺关联""有企业弱协作"的现象比较突出[6]。从产业链上下游来看，国内企业对国外零部件和材料供应商依赖度高，国内整零企业在产品供需互动、技术合作开发、新品推广应用等方面存在明显不足。从产业间支撑来看，制造企业在技术装备、软件系统、关联服务等方面倾向于选择高端优质的国外供给，自主创新产品推广应用的市场机会稀缺。由于自主创新产品的性能提升和产品迭代需要一个过程，采用备链方案或国内替代产品，短期内可能会造成一定的效率损失和质量下降。这是产业链重建期的必然过程，也是迈向更高水平国际竞争的涅槃之路。

二是企业同质竞争严重、协同发展不足。由于国内缺少在产业链治理中处于主导地位的"链主型"企业，大量企业发展优势锁定在加工组装环节，且技术水平相近、市场定位趋同、产品同质竞争严重。一些企业习惯于"短平快"的发展路径，通过引进国外技术和进口零部件，密集布局显示度高的下游组装和终端领域，但基础装备、关键材料、零部件等领域发展不足，基础型、配套型企业不稳不强的问题非常突出。近年来，国内一些平台型企业快速成长，在构建产业新生态上起到了积极作用，但在资源整合、业态模式等方面还处在探索之中，存在互相模仿、重复建设问题。

三是制造服务融合发展水平不高。制造业与服务业融合是产业高质量发展的必然趋势，但我国生产性服务业发展滞后，对制造业转型升级的支撑和引领不够。目前，快速切入产业链的领域主要是服务于市场扩张的行业，如物流、金融等，服务于研发创新、工艺流程提升的领域相对滞后，如研发创新、工业设计、系统软件、信息服务等。这也导致我国在技术引进、研发设计、软件信息等服务领域高度依赖进口。根据商务部介绍的 2021 年全年服务贸易发展情况，2021 年，知识密集型服务进口 10 635 亿元，占服务进口总额的比重达到 38.6%，增长较快的领域是金融服务、电信计算机和信息服务、知识产权使用等。品牌也是制造业、服务业融合发展的突出短板。在品牌评估机构 Brand Finance（品牌金融）发布的《2022 年全球品牌价值 500 强》中，我国仅华为 1 家制造企业入选品牌前 30 强，其品牌价值为美国苹果公司的 1/5，在汽车、服装、制药及医疗设备等国外品牌密集入选的领域，我国企业鲜有入选且排名靠后[7]。

（三）高端优质要素支撑存在明显短板

一是劳动力与人力资本优势接续不畅。改革开放以来，通过发挥劳动力成本优势，我国积极承接全球制造业转移，深度嵌入国际分工体系。目前，我国人口结构已经发生重大变化，劳动力总数和劳动年龄人口占比呈现连续减少趋势[8]。在总量和结构双重变化影响下，劳动力供给趋于紧张且成本刚性上涨，支撑我国产业发展的成本优势不断消退，导致制造业特别是劳动密集型产业发展压力加大。根据日本贸易振兴机构（JETRO）发布的《亚洲、大洋洲日资企业实况调查》数据，印度尼西亚、越南、柬埔寨生产工人平均工资约为我国的 54.6%、36.4% 和 23.0%。在劳动力成本优势趋于减弱的情况下，我国高素质人力资本接续不畅，技术技能人才、创新创业人才短缺问题凸显，导致劳动供给的结构性矛盾越加突出。2020 年，我国高等院校入学率只有 58%，分别比美国和韩国低 30 和 40 个百分点，每百万人 R&D 人员数量为 1585 人，只有美国的 1/3，不足韩国的 1/5（表 5）。目前，我国制造业缺少既掌握先进制造技术，又熟悉新一代信息技术的工程技术人员和技能型人才，这已经成为制造业转型发展的紧迫制约因素。

二是技术进步的支撑引领作用未能充分释放。由于企业对科技创新资源的整合使用不充分，再加上长期依靠引进国外技术，我国技术进步偏向于实用性技术开发和集成创新，基础理论研究薄弱，难以产生颠覆式的重大创新或基础、关键及核心技术的重大突破。世界银行数据库显示，2020 年，我国研发经费支出占 GDP 比例为 2.40%，比美国、日本、德国低 0.7～1 个百分点，比韩国低 2.41 个百分点。根据中国工程院的评估[9]，我国制造业研发投入强度为日本的 41.3%、德国的 42.0%，在部分重要或战略产业尚未摆脱关键核心技术追随者的角色。而且，受体制机制多方面因素制约，大量优质的科技资源未能激活，知识链、技术链和产业链严重脱节，企业对于科技创新资源的整合使用不充分，严重削弱了全社会创新发展的动力和潜能[10]。受技术进步贡献偏低的影响，2020 年我国制造业全员劳动生产率仅为日本的 37.2%、德国的 39.0%。

表 5   2020 年部分国家关键生产要素比较

国家	研发经费支出占 GDP 比例 /%	每百万人 R&D 人员 / 个	高等院校入学率 /%
中国	2.40	1585	58
美国	3.45	4821	88
日本	3.26	5455	—
德国	3.14	5393	74
韩国	4.81	8714	98

注：美国研发经费支出占 GDP 比例以及美国、德国和韩国高等院校入学率为 2019 年数据。

资料来源：根据世界银行数据库（https://data.worldbank.org.cn）汇总整理。

（四）推进数字化、绿色化发展任务繁重

一是数字化转型的条件不一、积淀不足、制约因素较多。总体看，我国制造业尚处于工业2.0后期的发展阶段，绝大多数企业还处在从第二次工业革命向数字化制造转型的阶段，必须走工业2.0"补课"、工业3.0普及、工业4.0示范的"并联式"发展道路。根据《中小企业数字化转型分析报告（2021）》，在15 000余家调研企业中，处于初步数字化探索阶段的企业占比为79%，处于应用践行阶段的企业占比为12%，达到深度应用阶段的企业占比为9%，数字化转型之路道阻且长[11]。从行业来看，计算机、通信和其他电子设备制造业、仪器仪表、汽车、家具、医药、电气机械等行业数字化转型较快，纺织、化纤、木材加工、金属冶炼等行业数字化水平较低。从基础支撑来看，制造业信息化基础设施和数字化转型基础相对薄弱。由于工业设备种类繁多，应用场景复杂，数据格式标准不统一，存在大量数据孤岛，难以转化为有用的数据资源。

二是实现"双碳"目标时间紧张、任务艰巨、挑战较大。我国从碳达峰到碳中和约30年的时间窗口期，远短于主要国家50年以上的过渡时间，能耗和排放强度降幅之大、任务之艰巨、影响之深远远超欧美发达地区和国家。作为能源消费和碳排放大户，工业占我国能源总消费的比例保持在65%左右，节能减碳、绿色转型的任务尤其繁重。目前，我国制造业仍处在转型升级进程中，传统产业和高载能产业占比较高，一些企业尚未摆脱高投入、高消耗、高排放的粗放发展路径，技术装备落后，资源节约、集约、循环利用水平低，给生态环境带来巨大压力。随着能源消费总量和强度控制趋严，钢铁、有色、建材、化工等高载能产业的规模扩张和粗放发展将受到严重约束，同时随着产业布局调整和结构优化，大量落后企业和低效产能亟待市场出清。

三、推进制造业高质量发展的对策建议

（一）补短板，增强基础关键领域自主可控能力

一是强化关键核心技术攻关。聚焦国家战略安全和产业稳定运行，探索新型举国体制下的自主创新机制，围绕市场需求迫切、供给风险大的重大装备、关键材料、核心零部件、基础软件等领域，搭建关键核心技术集成攻关大平台，优化产学研深度融合创新体系，提升关键核心技术攻关和成果转移转化能力。二是提高产业链自主保障水平。聚焦产业发展痛点、堵点和难点，突破"技术关""质量关""市场关"，加快质量安全标准与国际标准接轨，不断提高产品的一致性、稳定性、安全性和耐久性，增强产业自主配套能力和循环水平。三是优化自主创新产品推广应用生态。推动供给与需求深度对接，通过市场应用加快技术完善、产品成熟和品牌成长，积极创造自

产品推广应用条件，加快新技术新产品商业化规模化应用，把内需市场优势切实转化为产业发展优势。

（二）优协作，深化国内产业链供应链畅通协作

一是构建梯度合理、高效合作的企业群落。顺应国内大循环日益强劲的发展趋势，鼓励基础条件好的制造业"链主型"企业进一步增强创新优势和发展能级，引领带动本土企业贯通产业链供应链，支持基础部件、基础材料、基础装备、基础软件企业向专精特新发展，夯实产业链根基、缓解配套约束，更好发挥平台企业要素聚合、资源交换和优化配置的作用。二是提高产业间和产业内融合发展水平。顺应产业融合发展趋势，深化产业间、企业间的技术、产品和市场关联，推动机械与电子、整机与部件、装备与材料、制造与服务融合发展，提高产业链上下游、前后侧、内外围的耦合发展水平。三是优化国内外产业协作关系。引导各地发挥比较优势，加强错位发展与分工协作，在汽车装备、电子信息、基础材料、轻工纺织等领域建设一批世界级的标志性产业集群。整合利用国外资源要素和市场，推动优势产业"走出去"嵌入东道国产业链建设，加强在研发创新、技术开发、市场推广等领域深度合作，构筑互利共赢、多元弹性的产业链供应链合作体系。

（三）促升级，构建动能转换要素支撑新优势

一是拓展人力资本优势。加强教育和产业统筹融合发展，建设一批培养技能型人才的应用型大学，实施知识更新工程、技能提升行动，完善面向高水平技术技能人才的教育培训体系，培养造就规模宏大的高水平工程师和高技能人才队伍。加强社会舆论引导与早期兴趣教育，建立完善工龄学历转换制度，建立制造业从业人员国家荣誉体系。二是塑造技术驱动新优势。把技术放在要素配置更加突出的位置，加大对培育创新要素、建设重大科技基础设施、发展新型研发机构的引导支持，全面提高关键共性技术和应用技术创新能力，积极应用数字化、智能化新技术推动劳动密集型产业转型升级，加快高端装备、汽车、电子信息、新材料等产业关键核心技术研发突破，抢占人工智能、量子信息、先进制造、生命健康等新兴技术发展前沿。

（四）建生态，激活数字经济融合发展新潜能

一是强化数字技术基础研发和前瞻布局。集中力量推进数字关键核心技术攻关，推动行业企业、平台企业和数字技术服务企业联合创新，以数字技术与各领域融合应用为导向，优化创新成果快速转化机制，加快创新技术工程化和产业化。二是深入推进制造业数字化转型。深化大中小企业数字化改造升级，提升企业内部和产业链上下

游协同效率，大力发展工业互联网平台，推进重点产业全方位、全链条数字化转型。三是培育跨界融合共享的数字经济发展环境。打造综合性大数据交易服务平台，鼓励数据资产评估、大数据征信、大数据融资等业态发展，完善数字经济领域行业管理规范和监管措施，为制造业数字化转型创造开放共享的良好环境。

（五）转方式，探索产业绿色低碳发展新路径

一是构建稳定高效、绿色低碳的能源供给体系。抓好煤炭清洁高效利用，推进新能源供给消纳体系建设，推动电力系统向适应大规模高比例新能源方向演进，确保到2025年非化石能源消费比重提高到 20% 左右。二是有序推进工业节能减碳转型。顺应清洁化、高效化、减碳化发展趋势，推进节能减碳重大关键技术创新，大力开发低碳技术装备，优化强化能耗标准管理，加快推进钢铁、石化、建材、有色金属等高载能行业节能改造，推进能耗高、效率低的落后企业和低效产能节能减碳改造。加强产品绿色设计和低碳标示，鼓励绿色产品采购和消费，推动绿色低碳产品扩大应用。三是壮大节能环保服务市场。大力发展节能环保和低碳服务业，引导节能减碳领军企业面向全行业全社会提供专业化服务，积极开展第三方节能减碳服务，提高节能减碳专业化水平和市场竞争力。

参考文献

[1] 鲜祖德. 中国制造业迈向中高端 [EB/OL]. http://finance.people.com.cn/n1/2020/0103/c1004-31533883.html[2020-01-03].

[2] 国家统计局. 工业经济跨越发展 制造大国屹立东方——新中国成立 70 周年经济社会发展成就系列报告之三 [EB/OL]. www.stats.gov.cn/tjsj/zxfb/201907/t20190710_1675173.html[2019-07-10].

[3] 余江, 陈凤, 张越, 等. 铸造强国重器：关键核心技术突破的规律探索与体系构建 [J]. 中国科学院院刊, 2019, 34（3）: 339-343.

[4] 黄培, 王阳, 王聪, 等. 从全球视野破解中国工业软件产业发展之道 [EB/OL]. https://m.thepaper.cn/baijiahao_5135632[2019-12-05].

[5] 陆峰. 工业软件是推动制造业由大变强的关键 [EB/OL]. https://baijiahao.baidu.com/s?id=159379 2571731948193&wfr=spider&for=pc [2018-03-02].

[6] 徐建伟. 优化产业链协作是当务之急 [N]. 经济日报, 2021-08-23, 11 版.

[7] Brand Finance. GLOBAL 500 2022[EB/OL]. https://brandirectory.com/rankings/global/[2022-01-10].

[8] 王昌林. 新发展格局 [M]. 北京：中信出版集团, 2021.

[9] 中国工程院战略咨询中心, 中国机械科学研究总院集团有限公司, 国家工业信息安全发展研究中心. 2021 中国制造强国发展指数报告 [R]. 北京, 2021.

[10] 盛朝迅 . 构建现代产业体系的瓶颈制约与破除策略 [J]. 改革，2019，（3）：38-49.

[11] 中国电子技术标准化研究院 . 中小企业数字化转型分析报告（2021）[R]. 北京，2022.

6.2　Status and Policy Suggestions of High-quality Development of China's Manufacturing Industry

Wang Changlin, Xu Jianwei

(Chinese Academy of Macroeconomic Research)

With the changes of economic development stage and advantage condition, China's manufacturing industry has made remarkable progress in terms of scale expansion, structural upgrading, path transformation and open cooperation. Presently, manufacturing industry has become the dominant force in modern industrial system construction and the advantage while participating in international competition and cooperation. Compared with the requirements of high-quality development, lots of problems need to be tackled, such as short board in the key and basic areas, insufficiency of domestic integrated development, lack of high-end elements, and lagging in digital transformation and green transformation. The key to promote high-quality development of manufacturing industry is to make up the short board in independent development, optimize domestic industrial cooperation, accelerate the upgrading of comparative advantage, construct development ecology of digital integration and turn to low-carbon development.

6.3　"双碳"背景下创新政策范式转型与思考

胡志坚　刘　如　陈　志

（中国科学技术发展战略研究院）

技术 - 生态悖论指出技术发展与生态平衡之间具有不可调和的矛盾，生态问题都会找到其技术根源[1]。技术创新不可能脱离社会经济条件的规定和约束，它们之间具有"协同演化"的性质，并存在持续的动态反馈过程。在全球"双碳"大背景下，为应对科技发展的"负外部性"，需要通过构建新的科技创新政策体系，推动技术－经济－社会系统的总体转型和创新。

一、创新政策范式的演变与转型

演化经济学和创新经济学理论均倡导创新政策对创新生态建设及经济高质量发展的重要作用[2]。纵观创新政策的发展历史，其每一次转换范式的根源都要从当时重大的技术革命中去寻找。创新政策作为政府为促进技术创新活动的产生和发展而制定的直接或间接政策总和，其演化逻辑基本符合以约翰·萧特为代表的一批欧洲学者所提出的创新政策发展历程：从"创新政策1.0"，到"创新政策2.0"，再到"创新政策3.0"。

创新政策1.0主要是指第二次世界大战后到20世纪80年代，和平时期的科技发展带来了经济的繁荣。此时的创新政策基本上以科技政策为主，基于线性模型（linear model）关注从基础研究到应用型研究再到技术应用的创新过程，主要解决创新活动中"市场失灵"的问题。第二次世界大战后，技术发展赋能全球工业迅速发展，大量能源消耗及技术发展所带来的"负外部性"基本可以通过进一步的技术创新和相关政策来规制。创新政策主要是鼓励研发、技术选择、人才培养等形式。

创新政策2.0产生于20世纪80年代末期，受石油危机和全球经济衰退的影响，技术创新与经济增长略显乏力，部分国家技术扩散不足以及创新主体之间的协调互动不足等问题显现。以亚洲四小龙、日本为代表的经济奇迹，促使决策者们开始重新审视创新政策。此时的创新政策更加关注创新系统内部的非线性关系，并基于创新体系模型（innovation systems model）的视角，解决创新活动中"系统失灵"的问题。政策工具以构建研发网络、建设产业集群、鼓励创新创业等形式为主。以日本为例，日本通过科技投入结构调整、官产学研合作、专利保护等创新政策推进国家创新体系改革，实现了从"追赶者"到"领跑者"的角色转变。

创新政策3.0与前两类创新政策相比，更具有社会容纳度，也更关注技术－经济－社会系统的转型与变革，是工业文明向生态文明转型过程中的一种激进变革。人类的社会经济活动是一个复杂巨系统，当技术不断发展并带来更多社会问题时，必然要在创新活动中"复活"长期被压制的社会问题[3]。创新政策将技术、经济、社会三者紧密结合起来，在促进经济发展的同时，解决技术变革所带来的社会、伦理问题等，政策领域逐步扩展到社会领域，以满足可持续发展的需求。创新政策从解决"市场失灵""系统失灵"问题向应对系统创新转型，创新政策3.0中的系统观更加宏大，突破了国家的边界，并呈现出可持续性、包容性、多元化的特征。

二、"双碳"背景下创新政策面临的三大"锁定"挑战

纵观历史，历次经济长波的产生分别是由蒸汽机、铁路、电力、汽车等重大产品创新引发"技术－经济－社会"范式的结构性转变带来的。可见，历次技术革命可以视为技术、经济、社会范式系统性转换的最高形式，是科学体系的基本模式和结构发生的革命性变化。上一次技术革命是能源利用范式的变化，也是工业文明发展的自然规律，而当前"双碳"背景下的新技术革命是新能源技术的革命，是人为改变工业文明发展规律，将自然资源与环境纳入整体发展框架，成为可持续发展的关键变量。发展需要权衡对自然资源与环境的消耗，技术、经济、社会范式由"高碳"向"低碳"转型。在这一转型过程中，"高碳"锁定成为创新政策面临的主要挑战。所谓"高碳"锁定，也就是我们被"碳氢技术"这样所谓"低级"的技术制度所固定，是一种路径依赖[4]。

一是技术锁定。"双碳"背景下的技术创新有助于降低经济进展对生态系统碳循环的阻碍，但过去两百年工业化的道路已经形成了一系列的工业化文化，碳氢能源系统在全球形成巨大的产业体系和物质基础，较早出现的技术在长期发展、进步、积累的历史长河中产生巨大的规模效应、学习效应、适应性预期效应以及网络效应，凭借其"动态规模经济"的优势，实现传统"高碳"技术的自我强化，阻碍"低碳"技术进入市场[5]。

二是制度锁定。现代技术系统已经深深嵌入制度结构中，而制度变革是一个渐渐完善的过程，尤其是其制度体系在遭受冲击时，也会进行自身的修补，从而获得更多优越性。现代技术对应的制度体系向新技术对应的制度体系演变，需要花费大量人力、物力，导致低碳技术创新在破除现有制度框架束缚时较为困难，新旧制度体系之间的摩擦和冲突越来越频繁。

三是系统性锁定。"高碳"系统性锁定表现为经济系统中的一种均衡状态[6]。传统的碳氢能源体系已经融入全球产业分工体系，各个国家从生产、消费、基础设施等多个方面相互关联，错综复杂，网络外部性加强了现有技术的统治性。这种系统性锁定在初期有利于维护经济系统的均衡状态，但在后期就会出现固有的次优、低效等局限性。以气候变化的系统性锁定问题为例，在全球产业分工体系下，发达国家形成技术强、排放低、消费高的特征，而发展中国家形成技术弱、排放高、消费低的特征，同一系统内不同的责任主体必然会抵触潜在的低碳技术或技术系统的出现。

三、主要国家近年来应对气候变化的创新政策动向

主要国家和地区为实现"双碳"目标出台了越来越多的创新政策，在解决"高

碳"锁定问题方面做了有益探索。同时，国与国之间在应对气候变化领域的博弈也加速形成，以期在新一轮低碳技术革命和经济社会转型中占得先机。如表1所示，欧盟、美国、日本等西方发达国家（组织）均非常重视低碳技术的创新发展。

表 1　主要国家（组织）近年来应对气候变化的创新政策动向

国家（组织）	主要政策文件	解决系统锁定	解决制度锁定	解决技术锁定
美国	拜登应对气候紧急情况计划（2021 年） 拜登应对气候变化的清洁能源计划（2021 年） 拜登确保环境公正计划（2021 年）	建设现代化气候友好型基础设施（4 年内投入 2 万亿美元） 加快电动汽车部署：2030 年底前部署超过 50 万个新的公共充电站；全部电动车税收抵免，尽最大可能优先购买美国制造汽车	签署行政令要求国会首先颁布立法：建立一个执行机制，以实现长短期目标；对能源、气候研究、创新进行历史性投资；鼓励在整个经济体中快速部署清洁能源 10 年内投资 4000 亿美元用于绿色技术创新	清洁能源技术创新与推广：电网规模的储能，先进的核反应堆，不带来全球变暖的制冷剂制冷和空调；发展净零能源建筑；利用可再生能源，以与页岩气相同的成本，生产无碳氢气；将工业热量脱碳，重新设计碳中性建筑材料，粮食和农业部门脱碳，从发电厂的废气中捕捉 CO_2
欧盟	"2050 年净零排放"政策性文件（2018 年） 2050 欧盟绿色新政（2019 年）	制定了具体时间表、路线图	明确了可再生能源、循环经济等各领域的立法计划 每年新增 2600 亿欧元绿色投资的资金保障机制	部署了能源、产业、建筑、交通、农业等各个领域重点行动
日本	2050 碳中和绿色增长战略（2020 年）	15 年内逐步淘汰燃油车；到 2050 年可再生能源发电占比超过 50%	监管、补贴、碳价机制和税收优惠等 240 亿日元（约合 2.33 万亿美元）	海上风电、核能、氢能、氨燃料、资源循环、碳回收等 14 个领域
英国	绿色工业革命（2020 年）	—	启动 440 亿美元的清洁增长基金，用于绿色技术的研发	海上风能、氢能、核能、电动汽车、公共交通、骑行与步行、绿色航运、建筑、碳捕集利用与封存、自然保护和绿色金融
韩国	2050 年碳中和推进战略（2020 年）	实现经济结构低碳化，构建低碳产业生态系统，向碳中和社会转型	—	节能住宅和公共建筑、电动汽车和可再生能源开发
韩国	绿色新政计划（2020 年）	—	投入 73.4 万亿韩元（约 600 亿美元）	节能住宅和公共建筑、电动汽车和可再生能源开发
韩国	碳中和技术创新推进战略（2021 年）	构建低碳产业生态系统，逐步向碳中和社会转型	加强政府对绿色交通、新能源、碳捕集与封存等低碳技术的创新支持	明确了太阳能、风能、生物能等十项关键的技术创新领域

—表示无资料。

美国拜登政府相继出台应对气候紧急情况计划（2021年）、应对气候变化的清洁能源计划（2021年）等创新政策，通过扩大清洁能源的电网储能规模，发展净零能源建筑，鼓励工业脱碳等措施支持清洁能源技术创新与推广。同时，美国还出台《联邦水污染控制法》《清洁空气法》《美国清洁能源安全法案》《清洁未来法案》等法律法规，以保障低碳技术发展的制度创新、打破制度锁定。

欧盟作为最坚定的气候治理引领者，相继出台了《2030气候与能源政策框架》（2014年）、"2050年净零排放"政策性文件（2018年）、《欧洲绿色新政》（2019年）等七个支撑低碳技术创新的政策，部署了能源、产业、建筑、交通、农业等各个领域重点行动。2020年，欧盟发布了新版《循环经济行动计划》和《欧洲新工业战略》，将循环经济覆盖面由领军国家拓展到欧盟内主要经济体，减少资源消耗和"碳足迹"，提高可循环材料使用率，引领全球循环经济发展[7]。2022年，欧盟通过了《可再生能源发展法案》（Renewable Energy Directive），将2030年可再生能源发展目标提升至45%。

日本政府相继发布《革新的环境创新战略》（2020年）、《2050碳中和绿色增长战略》（2020年）等创新政策，支持海上风电、核能、氢能、氨燃料、资源循环、碳回收等14个领域的技术创新，在能源、工业、交通、建筑等五大领域采取低碳技术创新以加快减排步伐，并计划在15年内逐步淘汰燃油车，到2050年可再生能源发电占比超50%。

韩国政府相继出台"绿色新政"（2020年）、《2050年碳中和推进战略》（2020年）、《碳中和技术创新推进战略》（2021年）等创新政策，加强政府对绿色交通、新能源、碳捕集与封存等低碳技术的创新支持，明确了太阳能、风能、生物能等十项关键技术创新领域，构建低碳产业生态系统，逐步向碳中和社会转型。

在"双碳"背景下，欧盟、美国、日本等西方发达国家（组织）近年来的创新政策都发生了很大变化，呈现出系统性、可持续的转型特点，逐步从重视技术创新向兼顾非技术创新转变，鼓励基于市场机制的包容性创新探索，深刻地改变着全球技术发展方向和创新生态。总体来说，这些创新政策主要包括三方面：第一是利用税收、知识产权、人才激励等政策工具促进低碳技术创新，解决技术锁定的问题；第二是通过制定可再生能源等领域的立法计划、提供创新投资和资金保障机制等，解决制度锁定的问题；第三是通过建设产学研相结合的创新体系、构建低碳产业生态系统、促进经济结构低碳化等，解决系统锁定的问题。根据国际能源署（IEA）预测，到2050年全球超过90%的重工业实现低排放，超过85%的建筑实现零碳，近70%发电量来自光伏发电和风电，可再生能源将成为主导能源[8]。在不久的将来，低碳技术系统性创新将会推动经济社会结构性转型。

四、我国未来创新政策的转型方向和着力点

从各国应对气候变化的战略和政策看，低碳技术领域将是未来全球竞争的新战略高地。又逢我国处在建设创新型国家和实现"双碳"目标的关键叠加期，我国的创新政策需要向应对系统创新转型，以技术、制度、系统等多层次的创新政策有效化解"锁定效应"，推动我国经济、社会实现可持续发展。

一是打破技术锁定，加快关键共性技术攻关，强化低碳技术创新的扩散。通过引导性和激励性政策工具推动低碳技术创新发展，以财政补贴等方式对关键核心低碳技术领域的重大项目、成果转移、创新平台建设等给予支持。组建低碳技术国家战略科技力量，设立重点研发专项。布局一批低碳技术创新平台，配备能源科技工程化研究、验证的设施，强化低碳技术创新的转化和应用。引导各行业开展"零碳示范区"和节能低碳技术试点示范。大力培育低碳、零碳和负碳产业，加快交通、建筑、钢铁、石化、有色等传统行业的节能减排，推动低碳技术与新兴产业的耦合。建立国家级低碳技术交易市场，加强低碳技术成果转化，促进创新快速扩散。

二是打破制度锁定，加快政策工具的创新、协调与多元化治理。坚持政府与市场两手发力，重视市场配置资源在创新活动中的决定性作用，专注创新壁垒清除、新市场创建和创新生态环境营造，特别是要构建针对低碳经济发展的"法规群"和"制度群"，如制定绿色技术应用法、禁止污染转移技术使用法、清洁生产法等一系列法律制度和配套政策。不断完善碳市场制度建设，有效监管碳排放交易，提供多样化碳金融产品，为低碳技术创新主体提供贴息、免息、低息贷款，逐步从"政府引导"向"市场牵引"转变。探索低碳法规的制定和实施，为激励低碳技术创新发展和惩罚高碳企业违规提供法律依据。探索能够引导消费者消费偏好的制度机制和利益机制，制定政策引导、激励为主、惩罚为辅的绿色消费配套措施，不断完善绿色消费治理体系。

三是打破系统锁定，加快体系化布局与全面低碳转型。注重国家创新体系能力建设，加快培育和发展新型研发机构、创新联合体等多元化主体创新载体建设，以国家科技力量助推低碳技术创新发展，提升低碳经济对国家战略需求的支撑力。强化系统性改革、转型、布局，提升创新体系效能，聚焦主要的用能行业、用能领域、用能设备，分业施策、分类推进，引导市场主体投资和绿色消费，系统推进产业低碳转型。提高创新主体协作紧密度，进一步促进专业知识、行业技术与混合技能的互动，激发创新生态系统内企业、大学、科研院所协同创新活力。

参考文献

[1] 丁楠.技术－生态悖论与技术生态化探讨 [J].绿色科技，2019，（24）：260-262.

[2] 陈劲，阳镇.新发展格局下的产业技术政策：理论逻辑、突出问题与优化 [J].经济学家，2021，（2）：33-42.

[3]《经济学家》主编.21 世纪的经济学 [M]，徐诺金译.北京：中国金融出版社，1992：118.

[4] 陈志.应对气候变化的技术创新及政策研究 [J].气候变化研究进展，2010，6（2）：141-146.

[5] 赵莉，王华清.技术锁定的研究述评与未来展望 [J].华东经济管理，2014，28（8）：149-153.

[6] Arthur W B. Competing technologies, increasing returns, and lock in by historical events[J]. The Economic Journal, 1989, 99（394）：161.

[7] 胡志坚，刘如，陈志.中国"碳中和"承诺下技术生态化发展战略思考 [J].中国科技论坛，2021，（5）：14-20.

[8] 国际能源署（IEA）.全球能源部门 2050 净零排放路线图 [R].巴黎，2021.

6.3 Innovation Policy Paradigm Transformation and Thinking under the Background of "Carbon Peaking and Neutrality Goals"

Hu Zhijian，*Liu Ru*，*Chen Zhi*
（Chinese Academy of Science and Technology for Development）

Under the background of "Carbon Peaking and Neutrality Goals", in order to cope with the "negative externalities" of scientific and technological development, the overall transformation and innovation of the technology-economic-social system is required, and a new innovation policy paradigm is gradually taking shape. At present, China is in a critical overlapping period of building an innovative country and realizing "Carbon Peaking and Neutrality Goals". China's innovation policy needs to be transformed to respond to systematic innovation. The innovation policy at the three levels of technology, institution and system can effectively resolve the "lock-in effect" and promote China's economy and society achieve sustainable development.

6.4 打造高能级创新联合体加快科技自立自强的思路与对策[①]

尹西明[1,2] 陈 劲[2,3]

（1.北京理工大学管理与经济学院；2.清华大学技术创新研究中心；
3.清华大学经济管理学院）

一、引 言

创新联合体是促进产学研协同和科技创新成果转化的有效途径和组织模式[1]，但传统的创新联合体以松散耦合、市场化驱动和经济利益导向为主，不仅难以有效解决关键核心技术"卡脖子"问题，更难以承担国家重大使命。习近平总书记在2021年两院院士大会和中国科协全国代表大会上的讲话中指出，要"加快构建龙头企业牵头、高校院所支撑、各创新主体相互协同的创新联合体，发展高效强大的共性技术供给体系，提高科技成果转移转化成效"[②]。2022年4月2日，国务院国有资产监督管理委员会在中央企业创新联合体工作会议上强调要"发挥好创新联合体独特优势，下好科技创新先手棋，集中力量开展关键核心技术攻关"，"要进一步强化企业创新主体地位，采取有力举措，着力打造创新联合体升级版，确保取得更大成效"[③]。因此，亟须强化国家战略科技力量的体系化布局和协同整合，加快建设和培育以国家战略科技力量为核心牵引、多元创新主体高效协同的高能级创新联合体，突破我国当前科技创新面临的对外依赖性高、缺乏有效组织、国家与市场定位不明确、高端自主科研能力弱等瓶颈，实现从"追赶"到"超越追赶"的强国路径根本转型[2,3]。

在此背景下，本文应用整合式创新理论[4,5]和使命驱动型政策设计思想[6,7]，提出打造由国家战略科技力量牵引、多元主体协同整合而成的高能级创新联合体，梳理

---

① 本文系国家自然科学基金青年项目（72104027）、中国博士后科学基金面上项目（2021M690388）、北京社会科学基金重大项目（21LLGLA002）的阶段性研究成果。

② 习近平：在中国科学院第二十次院士大会、中国工程院第十五次院士大会、中国科协第十次全国代表大会上的讲话. http://jhsjk.people.cn/article/32116542[2021-05-28].

③ 国资委召开中央企业创新联合体工作会议. http://www.gov.cn/xinwen/2022-04/04/content_5683426.htm[2022-04-04].

其内涵、构成、突出特征及其与传统创新联合体的异同，讨论高能级创新联合体促进国家战略科技力量高效协同和整合式创新的思路与对策建议。

二、科技自立自强视角下创新联合体的内涵、构成与特征

创新联合体的建设需顺应我国实现高水平科技自立自强目标下全面强化国家战略科技力量的新要求[2, 8]。因此，打造与传统创新联合体有根本区别的"高能级创新联合体"[2]（表1），有组织地推进事关国计民生、国家安全、科技核心竞争力的基础研究和重大科技创新任务，成为原始性创新和突破关键核心技术"卡脖子"问题的重要载体，从而实现国家创新体系建设从"模仿–追赶"模式到引领性创新的根本转型，履行实现高水平科技自立自强的使命。

表 1   科技自立自强视角下的高能级创新联合体与一般创新联合体的异同

比较维度	一般创新联合体	高能级创新联合体
时代背景	创新驱动，追赶模式	超越追赶迈向创新引领，从创新大国迈向创新强国
使命定位	产学研协同，成果转化	承担高水平科技自立自强使命与任务
主要构成	大学、企业、研究院所、金融和中介服务机构等一般主体	主要以国家战略科技力量为核心牵引
企业地位	由大学研究院所或地方政府发起，以企业为主体	中央政府支持，科技领军企业主导，高校科研院所支撑，多元主体协同整合
主要理论	协同创新，国家创新系统	整合式创新，新型国家创新系统
创新机制	市场主导，经济利益驱动，自由探索	新型举国体制，使命驱动，有组织的科研
瞄准领域	以竞争性领域个性化技术需求为主	以国家战略必争领域关键核心共性技术、颠覆性技术和未来技术为主

从历史逻辑、国际竞争逻辑和实践逻辑出发，结合现有研究趋势[9]，本文认为，高水平科技自立自强视角下的创新联合体是指主要由国家战略科技力量牵引、多元主体协同整合而成的高能级创新组织形态，即高能级创新联合体。高能级创新联合体建设必须以习近平总书记关于科技创新重要论述为指导，以新型举国体制为主要制度保障[9]，以使命驱动的新型国家创新体系[4, 10]和整合式创新理论[7, 11]为基础，聚焦国家战略必争领域的关键科学问题和重大产业创新需求，以科技领军企业牵头主导、高校科研院所为支撑、各创新主体协同整合，以有组织的科研[8]为主要组织模式，建设由国家战略科技力量牵引的新型国家创新体系[2]，发展高效强大的共性技术供给体系，

不断催生重大原始性创新，突破关键核心技术"卡脖子"问题，提高重大科技创新成果转移转化成效，加快实现高水平科技自立自强。

三、高能级创新联合体驱动国家战略科技力量整合式创新的思路

打造高能级创新联合体，需要以整合式创新理论[7, 12]和新型国家创新系统新趋势[6, 13]为理论基础，面向国家战略需求与科技自立自强使命与任务，超越松散耦合模式，依托新型举国体制[9]，打破多元主体协同低效、利益争夺、重复研究、成果难转化、收益分配激励不相容等制约国家战略科技力量协同的痛点，建构面向科技自立自强的、从源头创新到成果产业化的"创新循环"。在这一过程中，中央和地方政府发挥新型举国体制优势[9, 14]，建制化、有组织地支持"四个面向"领域的战略性科学计划和科学工程，推进大科学装置、国家实验室和重大科技创新平台建设。

高能级创新联合体通过制度创新和政策体系设计支持科技领军企业牵头主导，战略科学家和战略科技人才牵引，引领大中小企业融通创新。真正做到企业出题，提炼产业关键核心技术和前沿颠覆性技术需求，提供重大创新场景和联合科学研究基金，进而支持高校科研院所和战略科学家凝练科学问题，针对产业关键共性技术"卡脖子"问题开展"有组织的科研"，加强多元主体协同攻关。同时，科技领军企业和政府联合提供创新成果转移转化应用的产业和公共场景，打造面向高水平科技自立自强和新发展格局的"创新公地"[15]，实现重大科技创新的"沿途下蛋"和科技经济的深度融合。

四、打造高能级创新联合体的对策

1. 支持科技领军企业发挥牵头主导作用

科技领军企业作为承担国家科技自立自强使命、新型国家创新体系的主导性力量、现代产业链"链长"和产业龙头，既是高能级创新联合体的主导者[2, 16]，也是承担起重大战略科技问题的"出题者"和科技成果转化的"场景应用平台建设者"。加快打造高能级创新联合体，应尽快完善科技领军企业的认定标准和评价体系，通过组织改革与制度更新激发其创新活力并支持其发挥创新核心主体和主导者作用[16]。针对具备科技领军企业优势的东部沿海地区或行业，由政府支持科技领军企业牵头建设高能级创新联合体。针对拥有高水平研究型大学但缺少科技领军企业的中西部地区或行业，由政府支持高水平研究型大学牵头建设，加快培育科技领军企业并逐渐建设由科技领军企业主导的高能级创新联合体。

2. 强化战略科学家和科技人才核心引领功能

发挥新型举国体制优势，在关键技术领域培养一批高水平科研团队与领军人才，为其在原始创新、关键共性技术研发、基础科学探索等重大课题上提供长期的全方位支持，使其发挥在重大科技问题攻关上的核心引领作用。通过简政放权和科研体制改革减轻对高水平科技人才的约束，通过"赛马""揭榜挂帅"等制度创新鼓励科技领军人才和团队积极投身战略性科技创新活动中，营造敢于担当、讲求能力、宽容失败的创新氛围。完善科技人才引育用留生态，从多渠道保障科研人才和高水平战略科技人才的持续流动、稳定供给和潜能释放。

3. 加强区域科技创新中心资源汇聚支撑能力

加强统一部署和规划，在"全国一盘棋"的战略认知和系统性规划基础上，因地制宜，建设能够支撑高能级创新联合体运行的国际科技创新中心、综合性国家科学中心和区域科技创新中心，合理有序地布局城市分工体系与现代化产业体系。推进"硬件"和"软件"配套，多维度强化区域创新生态系统[2]，促进区域内科技要素和创新资源的流动与合理配置，推动创新主体间的快速对接和高效整合式创新。

4. 推进大科学装置建设以强化"创新公地"支撑能力

大科学装置是产生重大原创性科学突破所必不可少的大型科研基础设施，也是实现国家战略科技发展目标的重要保障[17]。我国在建设科技创新强国的过程中，需重视大科学装置对于高能级创新联合体的支撑作用，以及大科学装置对于创新资源的汇聚作用，适度超前布局国家重大科技基础设施，与综合性国家科学中心、国际科技创新中心等建设深度融合，建成国家创新公地，充分发挥大科学装置兼具科学性与社会性双重属性的溢出效应，为技术、人才、资本等要素的交互提供平台。

5. 强化有组织的科研和使命驱动型创新

在科技发展范式快速迭代和我国高质量发展带来的巨大科技创新需求的背景下，创新亟须摆脱"单打独斗"模式，转向体系化"大兵团作战"，使我国在科技创新上可以持续发力。高能级创新联合体组织形式上的特色在于开展"使命驱动型有组织的科研"[8]。"有组织的科研"的核心是在科研课题选择上实现战略导向与市场需求的有机结合，并在创新过程中注重对于各个创新主体的组织与管理，根据不同科研课题的特性构建合适的组织框架和运行特性，保证科研产出的质量与效率[8]。

6.增强场景驱动型创新与成果转化效能

场景是科技与经济的结合点,围绕场景进行创新探索,能够同时兼顾关键科技问题发掘和科研成果转化[9]。高能级创新联合体的核心是科技领军企业,其中一个重要因素在于科技领军企业能够根据实际应用场景,提炼出基础科学研究方向和关键科技"卡脖子"技术问题,扮演科技创新"出题者"和"应用者"的角色,通过探索推进"揭榜挂帅"等模式推进体制机制创新[18, 19]。同时,科技领军型企业可以联合政府为重大科技创新提供工程化和产业化的场景,加速原始性知识与产业需求深度融合的速度与成效。以产业需求或重大科技应用场景为科技创新的起点实现创新链与产业链的无缝衔接[20],加快数字技术和数据要素对实体经济创新发展的价值释放[21, 22]。

参考文献

[1] 尹西明,陈泰伦,陈劲,等.面向科技自立自强的高能级创新联合体建设 [J].陕西师范大学学报(哲学社会科学版),2022,51(2):51-60.

[2] 尹西明,陈劲,贾宝余.高水平科技自立自强视角下国家战略科技力量的突出特征与强化路径 [J].中国科技论坛,2021,2(9):1-9.

[3] Chen J, Yin X, Fu X, et al. Beyond catch-up: could China become the global innovation powerhouse? China's innovation progress and challenges from a holistic innovation perspective[J]. Industrial and Corporate Change, 2021, 30(4): 1037-1064.

[4] 尹西明,陈劲.科技自立自强与新型国家创新体系建设 [J].群言,2021,(8):15-18.

[5] 尹西明,陈劲,李纪珍,等.科技自立自强视角下国内外学术创业研究进展与展望 [J].信息与管理研究,2021,6(6):40-58.

[6] 张学文,陈劲.使命驱动型创新:源起、依据、政策逻辑与基本标准 [J].科学学与科学技术管理,2019,40(10):3-13.

[7] 陈劲,尹西明,梅亮.整合式创新:基于东方智慧的新兴创新范式 [J].技术经济,2017,36(12):1-10,29.

[8] 万劲波,张凤,潘教峰.开展"有组织的基础研究":任务布局与战略科技力量 [J].中国科学院院刊,2021,36(12):1404-1412.

[9] 陈劲,阳镇,朱子钦.新型举国体制的理论逻辑、落地模式与应用场景 [J].改革,2021,(5):1-17.

[10] 冯泽,陈凯华,陈光.国家创新体系研究在中国:演化与未来展望 [J].科学学研究,2021,39(9):1683-1696.

[11] 尹西明,陈劲,海本禄.新竞争环境下企业如何加快颠覆性技术突破?——基于整合式创新的理论视角 [J].天津社会科学,2019,5(5):112-118.

[12] 陈劲, 尹西明. 建设新型国家创新生态系统加速国企创新发展 [J]. 科学学与科学技术管理, 2018, 39 (11): 19-30.

[13] Deleidi M, Mazzucato M. Directed innovation policies and the supermultiplier: an empirical assessment of mission-oriented policies in the US economy[J]. Research Policy, 2021, 50 (2): 104151.

[14] 蔡跃洲. 中国共产党领导的科技创新治理及其数字化转型——数据驱动的新型举国体制构建完善视角 [J]. 管理世界, 2021, 37 (8): 30-46.

[15] 陈劲. 清华经管陈劲: 发力营建公共卫生创新公地 [EB/OL]. http://m.eeo.com.cn/2020/0221/376693.shtml[2020-02-23].

[16] 尹西明, 陈劲, 刘畅. 科技领军企业: 定义、分类评价与促进对策 [J]. 创新科技, 2021, 21 (6): 1-8.

[17] 王贻芳, 白云翔. 发展国家重大科技基础设施 引领国际科技创新 [J]. 管理世界, 2020, 36 (5): 172-188, 17.

[18] 陈劲, 阳镇, 尹西明. 双循环新发展格局下的中国科技创新战略 [J]. 当代经济科学, 2021, 43 (1): 1-9.

[19] 曾婧婧, 黄桂花. 科技项目揭榜挂帅制度: 运行机制与关键症结 [J]. 科学学研究, 2021, 39 (12): 2191-2200, 2252.

[20] 陈劲. 加强推动场景驱动的企业增长 [J]. 清华管理评论, 2021, (6): 1.

[21] 尹西明, 苏雅欣, 陈劲, 等. 场景驱动的创新: 内涵特征、理论逻辑与实践进路 [J]. 科技进步与对策, 2022, 39 (15): 1-10.

[22] 尹西明, 苏雅欣, 李飞, 等. 共同富裕场景驱动科技成果转化的理论逻辑与路径思考 [J]. 科技中国, 2022, (8): 15-20.

6.4 High-level Innovation Consortium for S & T Self-reliance and Self-improvement

Yin Ximing[1,2], *Chen Jin*[2,3]

(1. School of Management and Economics, Beijing Institute of Technology;
2. Research Center for Technological Innovation, Tsinghua University;
3. School of Economics and Management, Tsinghua University)

The core of accelerating the realization of high-level self-reliance and self-improvement in science and technology（S&T）is to improve national strategic（S&T）strength while few studies focus on how to improve the collaboration efficiency of multiple national strategic S&T strength. Applying the holistic innovation theory and mission-oriented policy design trend，this study puts forward high-level innovation consortium for high-level S&T self-reliance and self-improvement，which led by national strategic S&T strength and formed by the collaborative integration of multiple subjects. To build a high-level innovation consortium，firstly，we should support the S&T enterprises to take the lead through institutional innovation and policy system design. Secondly，we should strengthen the traction of strategic scientists and strategic S&T talents. Thirdly，we should strengthen the construction of regional S&T innovation centers. Fourthly，we should build a national innovation commons by major national S&T infrastructures. Fifthly，we should carry out 'organized scientific research'，and finally we should provide industrial and public scenarios for the transfer，transformation and application of innovation achievements.

6.5 "双碳"背景下氢燃料电池汽车发展现状、挑战与政策建议

赵冬昶　王建建　胡辰树

（中汽数据有限公司）

氢能是一种清洁高效、应用广泛的二次能源，是推动传统能源体系绿色低碳转型的重要方向，开发和利用氢能是当前全球产业创新和能源转型的重大战略方向。在交通领域，目前我国货物运输以公路运输为主，《读懂碳中和：中国 2020—2050 年低碳发展行动路线图》显示，2005～2019 年公路货运周转量年均增长 8.5%，导致公路货运碳排放量增长 2.4 倍，公路货运碳排放总量大且增速较快[1]。氢燃料电池汽车具备零排放、高效率、长续航等显著优势，在中远途、中重型商用车领域具有良好的适用性，是公路货运领域低碳转型的重要技术路径之一。发展氢燃料电池汽车产业，对于

推动能源和汽车产业深度融合、助力汽车行业绿色低碳发展具有重要的战略意义。

近年来，在国家和地方产业政策引导下，国内"制储运加用"全产业链条不断完善，关键零部件技术水平显著提升，氢燃料电池汽车产业面临新的发展机遇。同时，其他低碳技术路线的发展以及氢能源成本下降的不确定性，给氢燃料电池汽车产业的大规模发展带来诸多挑战。

一、发展现状

1. 顶层设计逐步明确，政策体系日趋完善

2021 年 3 月，《中华人民共和国国民经济和社会发展第十四个五年规划和 2035 年远景目标纲要》提出，在氢能与储能等前沿科技和产业变革领域，组织实施未来产业孵化与加速计划，谋划布局一批未来产业。2022 年 3 月，国家发展和改革委员会、国家能源局联合印发了《氢能产业发展中长期规划（2021—2035 年）》，明确了氢能是"未来国家能源体系的重要组成部分""用能终端实现绿色低碳转型的重要载体""战略性新兴产业和未来产业重点发展方向"的三大战略定位[2]，标志着氢能产业正式进入国家顶层设计引导发展的新阶段。

从我国新能源汽车发展历程来看，政策对产业发展和推广应用起到至关重要的推动作用。国家政策方面，2020 年 9 月，国家五部门发布《关于开展燃料电池汽车示范应用的通知》，将燃料电池汽车的购置补贴调整为示范应用支持政策，采取"以奖代补"方式，对符合条件的城市群开展关键技术产业化攻关和示范应用给予奖励[3]，明确指出"重点推动燃料电池汽车在中远途、中重型商用车领域的产业化应用"。各地积极申报示范应用城市群，2021 年下半年，财政部等五部门先后批复了京津冀、上海、广东、河北、郑州五大燃料电池汽车示范应用城市群，国家燃料电池汽车进入发展新阶段。地方政策方面，截至 2022 年 6 月底，北京、上海、广东、天津等 16 个省（直辖市）发布了省级氢能产业专项支持政策，超过 50 个城市发布氢能、燃料电池汽车、加氢站等相关政策 120 余项，为氢燃料电池汽车产业发展和示范应用营造了良好的发展环境。

2. 产品技术水平进步明显，自主可控产业链体系基本成型

近年来，基于中远途、中重型等物流和作业类车辆使用需求，燃料电池零部件企业强化技术创新和产品开发，电堆、空压机、氢气循环系统等关键零部件技术性能明显提升。氢燃料电池汽车技术进步明显，显著特征为燃料电池系统功率大幅提升，根

据中汽数据有限公司新能源汽车销量数据统计，2022 年上半年已销售燃料电池卡车（含专用车）单车系统平均额定功率达到 104 kW（2020 年平均值为 48 kW），18 t 级以上重型卡车普遍装配 110 kW 及以上燃料电池系统。其中，国家电投集团氢能科技发展有限公司、北京亿华通科技股份有限公司等代表性企业都已推出大功率燃料电池系统，多款氢燃料电池商用车续驶里程达到 400 km 以上，系统集成度大幅提升，额定功率密度普遍高于 300 W/kg，电堆设计使用寿命达到 10 000 h 以上，并能在 −30℃ 低温环境下实现快速稳定启动，系统控制策略进一步优化，高动态响应性能大幅改进。目前，我国燃料电池关键零部件技术指标已经能够满足多车型对动力系统的使用需求。

国内企业积极开展氢能及燃料电池汽车产业链布局，截至 2021 年底，据不完全统计，国内已有 1/3 的央企、120 余家上市公司涉足氢能业务，产业链各环节企业共计超过 2000 余家。国内主流燃料电池企业已经掌握从电堆核心零部件开发、电堆集成、燃料电池系统集成到整车动力系统集成的完全正向开发能力，并具备完整的自主知识产权。国产膜电极、双极板已经实现规模化运行，质子交换膜和催化剂核心材料已实现装车应用，并具备批量化供应能力。国产气体扩散层研发取得突破性进展，进入测试验证阶段，目前进入规模化装车应用阶段。以往燃料电池系统关键零部件、膜电极核心材料需要进口的局面得到明显改善，国内较为完整的氢燃料电池汽车产业链基本成型，将为规模化、多场景的车辆示范应用提供重要保障。

3. 示范运行带动市场化应用推进，多个场景成为热点领域

我国燃料电池汽车示范应用带动产业发展，走出中国特色发展路径。2022 年 2 月北京冬残奥会举办期间，为践行"绿色办奥"理念，助力"碳中和"，近 1000 辆燃料电池汽车参与示范运行，为赛事提供运输保障服务，在严苛的可靠性要求和低温运行环境下，燃料电池汽车展示了技术的成熟性和应用潜力，对构建低碳交通体系具有重要的示范意义和带动作用。京津冀、上海、广东、河北、郑州五大燃料电池汽车示范应用城市群已经启动实施，从各个城市群目标任务来看，商用车都是重点方向，城市公交、物流配送、港口物流、短倒运输、渣土运输、冷链运输、市政环卫用车等减排需求迫切的应用场景将成为热点领域。

在示范应用的带动下，我国燃料电池汽车市场快速增长，中汽数据有限公司新能源汽车销量数据显示，截至 2022 年上半年，国内燃料电池汽车累计推广 9000 余辆。然而从市场发展阶段来看，目前燃料电池汽车尚处于产业发展初期，市场规模仍比较小，尚未呈现出明显的或差异化的典型区域市场特征。

二、面临挑战

1. 氢燃料电池汽车在 2035 年前全生命周期成本仍相对较高

氢燃料电池汽车车辆购置成本高，并且较高的氢气成本导致总拥有成本高于传统燃油车。因此，降低购置和使用成本需求迫切。

在购置成本方面，氢燃料电池汽车正在进入应用成本快速下降的成长期，关键零部件国产化率逐年提升和规模化供应，带动了燃料电池产业链的快速降本，主流系统厂商均已降到 4500 元 /kW 以下，示范应用规模效应带来的成本降低将愈发明显[4]，但较传统燃油商用车甚至纯电动车型，氢燃料汽车成本更高。

在使用成本方面，以重型卡车为主的商用车系统功率需求高、用氢量大，对价格敏感性高，降本对于提高终端应用积极性具有重要的现实意义。同时，氢燃料电池汽车仍存在较高的绿色溢价，在多数重型商用车的应用场景下，2035 年前难以实现成本打平。具体分车型来看，如图 1 所示，在重型载货车中，由于较高的燃料成本，氢燃料电池汽车与传统柴油车相比到 2035 年仍存在较高的绿色溢价，在重型载货车的所有应用场景下全生命周期成本都显著高于传统柴油车和纯电动汽车。

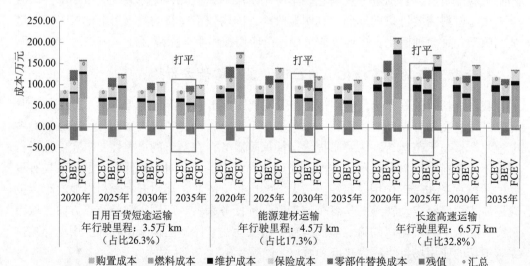

图 1 重型载货车全生命周期成本测算

ICEV（internal combustion engine vehicle）指传统的内燃机车，此处特指传统柴油车；BEV（battery electric vehicle）指纯电动汽车；FCEV（fuel cell electric vehicle）指燃料电池电动汽车，此处特指氢燃料电池汽车。

国际清洁交通委员会（International Council on Clean Transportation，ICCT）、加利

福尼亚州空气资源委员会（California Air Resources Board，CARB）、生态环境部机动车排污监控中心（VECC）等机构的研究结果也表明，新能源重型货车目前的全生命周期成本与传统柴油车仍有差距，氢燃料电池汽车与传统柴油车全生命周期成本的平价时间将在 2035 年后，如表 1 所示。

表 1　各机构重型货车 TCO 平价时间研究结果

机构	BEV 与柴油车平价年份	FCEV 与柴油车平价年份
ICCT	2027 年	2035 年以后
CARB	2020 ～ 2024 年	2035 年以后
CATARC	2025 年	2035 年以后
VECC	2025 ～ 2027 年	—

注：CATARC 为中国汽车技术研究中心有限公司。

2. 2025 年市场将进入示范应用增长期，但产业发展规模仍面临较大压力

到 2025 年，在"双碳"目标、国家氢能规划和示范应用政策引领下，京津冀、上海、广东、河北、郑州五大燃料电池汽车示范应用城市群以及山东"氢进万家""成渝氢走廊""内蒙古氢能经济走廊"等重点示范区域规划将有近 10 万辆燃料电池汽车投入运行，整体市场将进入规模化示范应用增长期，如图 2 所示。

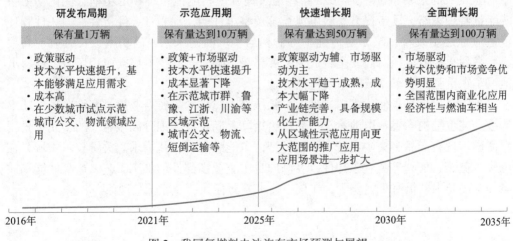

图 2　我国氢燃料电池汽车市场预测与展望

然而对比近年我国氢燃料电池汽车市场与结构走势，如图 3 所示，2022 年 1～6 月我国燃料电池汽车仅销售 1030 辆，以专用车居多，其中物流类专用车品系进一步丰富，覆盖重卡、牵引车、厢式运输车、保温车、冷藏车等车型。作业类专用车具体以洗扫车、洒水车、多功能抑尘车、车厢可卸式垃圾车等少量环卫车测试和验证应用为主[4]。整体市场规模距离 2025 年示范应用期的 10 万辆保有量目标仍有较大差距，产业发展规模面临较大压力。

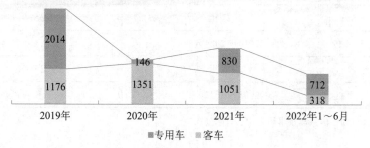

图 3　近年我国氢燃料电池汽车市场与结构走势

资料来源：中汽数据有限公司。

3. 产品供给未满足多元化需求，关键技术环节存在"卡脖子"现象

当前，我国氢燃料电池汽车正在从技术研发向商业化发展阶段快速迈进，以商用车为重点发展方向已成为共识，关键技术指标提升支撑规模化示范应用将成为未来几年产业发展的重要特征。到 2025 年，通过提升燃料电池系统额定功率、优化动力系统能量管理策略，逐步提升燃料电池系统及整车性能，动力性、经济性、耐久性和环境适应性逐步改善，整车与传统车寿命相当[5]。面向未来，高功率、长续航、高集成、高耐久、低氢耗、高安全将成为发展趋势，随着不断挖掘终端应用场景，燃料电池汽车在重型商用车领域的拓展趋势明显。

为应对更多场景使用需求，助力多领域降碳减排，需要企业提供多维车型、功率等级、吨位结构的燃料电池汽车产品供给矩阵，满足终端细分领域客户的多元场景用车需求。现有产品多集中在若干少数类型，未能满足多元化需求。关键技术领域，在隔膜、氢瓶、气阀等关键零部件以及国内自主企业零部件的加工工艺、产品性能和质量等方面与国外仍有一定差距，在核心技术方面存在"卡脖子"现象。

三、政 策 建 议

1.建立商用车积分顶层设计，降低全生命周期成本，促进规模化发展

氢燃料电池汽车具有长续航、零排放、补能快等优势，应用于商用车领域可有效缓解长途运输场景电动产品续航焦虑，且节能减排。商用车领域建立积分顶层设计管理机制，以碳减排为政策主线目标，重点体现对商用车低碳发展关键技术的引导，对全生命周期减排贡献较大的氢燃料电池汽车产品给予更高的激励机制，运用市场化手段弥补其与传统燃油车的成本差异，促进商用车企业加大氢燃料电池产品技术的研发投入力度，加速技术应用，为市场化发展提供产品基础。通过提出具体的积分比例要求，进一步从生产端强制约束新能源商用车的发展目标，有效促进氢燃料电池商用车的规模化发展。

2.挖掘特定场景应用规模，加强示范区域协同合作

重点开展氢燃料电池中重型商用车示范推广应用，扩大氢燃料电池汽车市场规模。推进工业用氢和能源用氢协同发展，在钢厂、炼化厂、化工厂、港口等厂区短倒运输、高频作业等物料转运场景，以氢燃料电池汽车应用促进高能耗、高排放传统化工园区绿色低碳发展。重点挖掘干线物流、冷链运输等纯电动汽车难以应用的场景，开展"柴改氢"示范工程，降低氢燃料电池汽车全生命周期使用成本，结合绿氢优势突出减排效益，助力载重运输车辆深度脱碳。同时在京津冀地区、长三角地区、粤港澳大湾区、山东"济青高速走廊"、河南"郑汴洛濮"高速、成渝高速等重点区域，以高速公路网络为纽带，建设跨省、跨市的加氢走廊，加强区域协同合作以及加氢站的互联互通，构建覆盖"点—线—网"的示范应用车辆与加氢基础设施联动发展的新模式。

3.建设技术创新协作体系，产学研强强联合突破技术难点

从产学研三位一体重点部署燃料电池技术，从基础科学到共性关键技术、系统集成全链条一体化，强化产学研结合和企业强强联合，超前研发下一代技术。从电堆、系统到关键部件技术研发，形成涵盖制氢、储氢、氢安全、燃料电池及整车应用等技术的产学研用体系，培育一批从事燃料电池及关键零部件研发生产的企业，突破"卡脖子"技术难关，为燃料电池汽车示范推广做好科技支撑和技术保障。

参考文献

[1] 中国长期低碳发展战略与转型路径研究课题组，清华大学气候变化与可持续发展研究院. 读懂碳中和：中国 2020—2050 年低碳发展行动路线图 [M]. 北京：中信出版社，2021.

[2] 中华人民共和国国家发展和改革委员会. 氢能产业发展中长期规划（2021—2035 年）[EB/OL]. https://www.ndrc.gov.cn/xxgk/zcfb/ghwb/202203/t20220323_1320038.html?code=&state=123 [2022-03-23].

[3] 中华人民共和国财政部. 关于开展燃料电池汽车示范应用的通知 [EB/OL]. http://jjs.mof.gov.cn/zhengcefagui/202009/t20200918_3591168.htm [2020-09-21].

[4] 王建建，张秀丽，胡辰树."双碳"背景下氢燃料电池专用车发展现状与趋势分析 [J]. 专用汽车，2022，（4）：1-4.

[5] 王贺武，欧阳明高，李建秋，等. 中国氢燃料电池汽车技术路线选择与实践进展 [J] 汽车安全与节能学报，2022，13（2）：211-224.

6.5　Development Status，Challenges and Policy Recommendations of Hydrogen Fuel Cell Vehicles under the Background of "Carbon Peaking and Neutrality Goals"

Zhao Dongchang，*Wang Jianjian*，*Hu Chenshu*
（Automotive Data of China Co.，Ltd.）

Hydrogen energy is an important part of the future energy system，and fuel cell vehicle is one of the three major technologies of new energy vehicles in China. At present，the top-level design of hydrogen and fuel cell vehicle industry development in China is gradually clarified，the policy environment continues to improve，the industrial chain system is basically established，the product technology level continues to improve，and multiple positive factors drive the market growth. However，the life cycle cost of fuel cell vehicles is still high，the scale of industrial development is still facing pressure，and there are numbers of obstacles in key technical links. This paper systematically combs and analyzes the current situation and challenges of hydrogen fuel cell vehicles from the aspects of fuel cell life cycle cost，market size and key technologies. In terms of commercial vehicle integration policy，demonstration area collaboration，technological innovation system and other aspects of the policy proposal，to provide a reference for the future development of China's fuel cell automobile industry.

6.6　战略性新兴产业未来发展与政策建议

张振翼　钟　晨　张立艺

（国家信息中心）

战略性新兴产业经过十余年的持续快速发展，已经成为我国未来发展的决定性力量，是培育经济新动能的关键领域，呈现发展势头不断向上、融合创新不断涌现、集群集聚持续深化的发展特征[1]。但是，我国战略性新兴产业发展也面临诸多挑战，本文就此提出了相应的政策建议。

一、战略性新兴产业发展特征

1. 产业发展势头持续向上

一是产业发展保持较快增速。2021年，我国规模以上工业中，高技术制造业增加值比上年增长18.2%，占规模以上工业增加值的比重为15.1%；装备制造业增加值增长12.9%，占规模以上工业增加值的比重为32.4%。全年规模以上服务业中，战略性新兴服务业企业营业收入比上年增长16.0%。全年新能源汽车产量为367.7万辆，比上年增长152.5%；集成电路产量为3594.3亿块，比上年增长37.5%。全年网上零售额为130 884亿元，按可比口径计算，比上年增长14.1%[2]。在国家有关政策持续大力支持以及产业步入高质量发展阶段等背景下，我国战略性新兴产业规模持续较快增长，增速快于经济总体增速。

二是新兴动能加快培育发展。在信息、生物、高端装备、绿色低碳、航空航天、新兴服务业等领域新技术新业态带动下，新兴产业持续带动形成新的增长动能。在诸多新兴行业的带动下，我国经济发展新动能指数持续高速提升，国家统计局2021年相关数据显示，2015～2020年我国经济发展新动能指数年均增长29.8%。未来，数字经济、人工智能、集成电路、大数据、新能源汽车、新能源装备及发电、生物医药、先进医疗装备、智能机器人、高端空天装备等新兴行业有望保持快速增长，持续支撑新时期经济高质量发展。同时，我国正力争培育发展若干具备良好发展前景的未来前沿产业领域，将为新时期战略性新兴产业发展提供新的增长点。

三是产业发展信心指数回升。国家信息中心战略性新兴产业千家企业景气调查数据显示，2021 年末企业家信心指数和行业景气指数分别达到 143.4 和 140.3，自 2020 年三季度以来已经连续 6 个季度处于"较为景气"以上，2021 年四季度有接近七成的企业对未来发展情况持乐观态度，产业发展景气状况处于持续回升通道。在产业向好的预期带动下，产业投资形势也在不断好转，2021 年高技术产业投资比上年增长 17.1%[2]，快于全部投资 12.2 个百分点，其中，高技术制造业、高技术服务业投资分别增长 22.2%、7.9%。高技术制造业中，电子及通信设备制造业、计算机及办公设备制造业投资分别增长 25.8%、21.1%；高技术服务业中，电子商务服务业、科技成果转化服务业投资分别增长 60.3%、16.0%。

2. 产业融合催生发展新动能

在国家高度重视及有力政策支持下，我国战略性新兴产业内部不断交叉融合，新兴产业技术加速同实体经济融合发展，助力经济和产业转型升级。

一是先进新兴产业技术间加速融合发展。未来，以人工智能、大数据、5G、物联网等为代表的通用融合型新兴产业技术不断发展成熟，将加快同新能源汽车、生物、高端装备、新能源、节能环保等重点战略性新兴产业领域融合发展，推动重点领域跨越式发展。例如，在人工智能、物联网、5G 等数字技术融合带动下，未来新能源汽车将持续向智能化、无人化发展，产品的迭代更替将不断加速，智能化在新能源汽车销售表现上的比重将会越来越大，智能座舱、智能驾驶将成为新能源汽车新的衡量标准；此外，在人工智能、大数据等数字技术融合带动下，智慧医疗、精准健康管理等具有重大应用前景的生物产业领域新技术新业态有望实现新发展。

二是政策支持产业数字化融合发展。国家高度重视数字经济技术同实体经济融合发展。习近平总书记在党的十九届五中全会提出"发展数字经济，推进数字产业化和产业数字化，推动数字经济和实体经济深度融合，打造具有国际竞争力的数字产业集群"。近年来国家各有关部委推出以《关于推进"上云用数赋智"行动培育新经济发展实施方案》等为代表的一系列政策，旨在加快数字产业化和产业数字化，大力培育数字经济新业态，构建新动能主导经济发展的新格局，助力构建现代化产业体系，实现经济高质量发展。

三是实体产业数字化转型效果持续显现。近两年，在国家政策引导以及新冠疫情影响下，企业积极进行数字化转型，国家信息中心战略性新兴产业景气调查显示，半数以上的战略性新兴产业企业加深了生产经营活动中的数字化程度。一方面，工业企业积极把握趋势、聚焦重点、精准发力，充分利用 5G、物联网、大数据、人工智能、云计算等现代信息技术进行全方位、全角度、全链条的改造，加快推进企业数字化转型；另一方面，服务业数字化转型成效突出，数字医疗、数字教育、数字娱乐等蓬勃发展。

3. 集群集聚营造发展新局面

高质量发展要求与国家相关政策正在推动战略性新兴产业集群化发展，并形成千亿级产业集群，激发经济发展新动能，助推经济高质量发展。

一是高质量发展要求将驱动新兴产业集群化发展。我国正在构建新的经济发展格局，进一步培育壮大发展战略性新兴产业，是加快实现高质量发展的重要举措。但是，过去我国战略性新兴产业的创新发展能力同高质量发展要求还存在一定差距，关键核心环节自主能力偏弱、区域发展不平衡、创新效率不足等问题长期困扰着产业的高质量发展。未来，通过集群集聚化发展培育一批极具创新潜能和引领带动作用的特色集群，将不仅能提升战略性新兴产业创新发展质量和效率，也将助推我国经济加快实现高质量发展[3]。

二是政策支持战略性新兴产业集群化发展。在国家相关政策的大力支持下，经过10余年的持续发展，战略性新兴产业从"培育"走向"壮大"，在全国的分布也从"星星之火"渐成"燎原之势"，全国范围内形成了一批各有特色的产业集群，成为引领各地经济增长、实现新旧动能接续转换的重要力量。为了进一步发挥集群集聚化发展对于促进战略性新兴产业高质量发展的重大作用，《"十三五"国家战略性新兴产业发展规划》首次对未来我国战略性新兴产业的区域集聚布局进行了统筹谋划，配合国家区域发展总体战略深入实施，通过推进分级发展，打造多层次产业特色集群，在全国形成点面结合、错位发展、协调共享的产业发展新格局。2019年，国家发展和改革委员会公布首批国家级战略性新兴产业集群名单，并配套一系列分类指导和支持举措，有效推动了首批入选的66个集群实现壮大发展。

三是千亿级产业集群加速形成强劲新动能。自首批国家级战略性新兴产业集群名单公布以来，千亿级产业集群数量实现翻番，千亿级产业集群加速形成经济发展强劲新动能。国家信息中心数据显示，2021年营收规模超过千亿的战略性新兴产业集群数达到22个，较2019年增加10个。其中东、中部地区的千亿级产业集群个数都实现了翻番，分别从2019年的7个和3个增加到2021年的14个和6个，西部持续保持2个千亿集群。与此同时，重点集群发展生态保障体系趋于成熟，有利于集群发展潜能加速释放。例如，各地政府普遍由当地政府主要领导牵头，组建工作专班保障集群发展，推动各项工作任务协同落实；大力推进集群双链保障工作，积极引导资本投向产业链的高端环节和关键缺失环节，不断完善集群产业链条；积极组织开展产融对接活动，多措并举积极帮助集群内企业对接资本市场，有效促进实体和资本深度融合。

二、战略性新兴产业发展面临的挑战

1. 战略性新兴产业需明确新目标

自 2010 年《国务院关于加快培育和发展战略性新兴产业的决定》发布以来，国家对于战略性新兴产业高度重视，持续提出了战略性新兴产业增加值占 GDP 比重的发展目标。目前这一目标已从 2010 年提出的"到 2015 年达到 8% 左右"，更新为在"十四五"规划纲要中提出的"到 2025 年比重超过 17%"。从战略性新兴产业的功能来看，这一产业增加值占 GDP 比重显然是存在上限的。随着体量的不断增大，比重的不断上升，战略性新兴产业也需要考虑除了在体量上做出贡献以外，如何更加强化发挥引领带动作用。尤其是在宏观经济占比达到上限后，未来如何寻找新的定位，继续为增长动力转换、产业结构调整和国际竞争力提升发挥不可替代的作用。

2. 战略性新兴产业需应对国际形势新变化

在全球共同寻找经济增长新动能的过程中，所有发达国家和主要新兴经济体都在加紧布局战略性新兴产业，新兴产业的国际竞争空前激烈。一方面，发达国家为维护现存的产业链优势，并保证其未来的竞争优势，必然会加大对技术转移、跨国投资等方面规制性措施的调整力度，我国战略性新兴产业发展面临的国际发展环境将会趋于不利[4]；另一方面，全球需求走向不明，且我国战略性新兴产业技术水平与世界先进水平的距离不断缩短，导致我国产业发展的后发优势不断减弱，学习成本不断提高，我国战略性新兴产业发展所依托的全球化扩散红利显著弱化。

3. 战略性新兴产业需适应创新新挑战

创新是战略性新兴产业发展的灵魂，随着我国战略性新兴产业发展水平的不断提高，我国众多产业领域的创新水平也逐渐从"跟跑"向"并跑"乃至"领跑"转变。但是，长期以来我国战略性新兴产业的发展路径主要适应"跟跑"，随着我国产业技术水平的不断提高，中国产业与国际产业间的技术代差在快速缩小，要求我国战略性新兴产业的创新必须要向基础性创新、引领性创新转型，而这将对整个产业体系的发展提出一系列的挑战[5]。

三、推动战略性新兴产业发展的政策建议

1. 把握机遇，明确发展定位与方向

把握历史发展新机遇，立足于依托新科技、引领新需求、创造新动力、拓展新空间，率先抢占新技术制高点，为塑造产业竞争优势奠定基础。

一方面，超前布局未来产业，不断培育新兴产业发展新优势。以全球视野前瞻布局前沿技术研发，培育具有战略性、前瞻性、引领性的新产业、新技术、新模式，推动未来产业始终处于新兴产业发展的最前端，始终代表并引领产业技术未来发展走向。高度关注颠覆性技术和商业模式创新，在战略领域形成我国独特优势，掌握未来产业发展主动权，为经济社会持续发展提供战略储备、拓展战略空间。

另一方面，加速推动新兴产业通用技术在更广泛的领域融合渗透。重点聚焦通用技术在不同产业之间以及产业链各环节之间的深度融合与广泛渗透，依托数字技术与生物技术等具备变革性能力的通用型技术，以智能化、数字化、网络化实现新技术的群体性突破，大幅提高产业链各环节之间的生产合作效率，以融合化发展不断催生新业态、新模式，持续提升新兴产业发展能级，释放巨大潜力。

2. 审时度势，不断提高对外开放水平

面对风云变幻的国际环境，我国须积极开展国际交流合作，主动参与并影响国际标准与规则制定，不断提高新兴产业的国际话语权与影响力。

一方面，积极探索制定新兴产业国际通用的标准与规则。从我国战略性新兴产业国际竞争力突出的领域入手，从具备潜在拓展空间的国家出发，积极参与数据流动、数据安全、数字货币、碳税、绿色化发展等国际规则和技术标准制定，尽快提出有利于发展中国家共同发展的新方案，联合有共同诉求的国家加快推动标准普及，在国际治理体系成形前为我国战略性新兴产业全球化发展争取发展空间[6]。

另一方面，持续扩大开放，拓展开放领域，加快新兴产业国际合作步伐。围绕科技创新服务、金融科技应用、制造转型服务、康养服务等新兴领域，进一步加强国内外合作，开展数据交互、业务互通、监管互认、服务共享等方面的国际交流合作。以试点的形式适度开放市场，放宽试点城市与自由贸易区的外资准入标准，国内外产业园区可实现联动发展，引进国外优秀的数字化企业。对于港澳台的服务业投资视同内资对待。探索建立与发达国家、港澳台地区的医师、律师、建筑设计师等职业资格互认制度。

3. 夯实基础，积极提升创新发展能力

为提升创新发展能力，我国须坚持创新驱动产业发展，高度重视基础研究，营造创新资源和要素自由流动的良好环境，推动新兴产业以引领式创新实现新突破。

一方面，加强基础研究投入，为新兴产业新动能积蓄力量。高科技产业的形成往往源于长期的基础研究，战略性新兴产业的发展更需要营造环境，加大基础研究投入。建议进一步加大财政对基础研究的支持力度，探索建立基础研究长期稳定的投入机制。以税收优惠等扶持措施引导企业增加对基础研究的投入，鼓励前沿科技领域企业建立联合创新中心和实验室。改进基础研究领域人才评价体系，形成有利于优秀基础研究人才脱颖而出的良好激励机制，鼓励专项科研人员长期持续输出。

另一方面，推动创新要素自由流动，为新兴产业新动能提供支撑[7]。硅谷能够不断催生引领全球新兴产业发展的动力，主要得益于其所在区域内各类创新资源和要素的自由流动。不同的文化、思想、模式、成果等的碰撞交流，为创新发展提供源源不断的支撑。建议以集聚和扩散人才、资本、企业、技术成果等为重点，探索科技创新全方位开放，不仅向周边开放，更向国际开放，推动各类创新要素内外循环流动，为培育新兴产业新动能提供要素支持。

参考文献

[1] 黄路明，张振翼，张立艺. 经济增长新引擎 [J]. 中国物流与采购，2017，（13）：68-71.

[2] 国家统计局. 中华人民共和国 2021 年国民经济和社会发展统计公报 [R]. 北京：2021.

[3] 国家信息中心战略性新兴产业研究组. 中国战略性新兴产业集群的发展历程及特征 [EB/OL]. https://www.ndrc.gov.cn/xxgk/jd/wsdwhfz/202103/t20210319_1269838.html?code=&state=123[2021-03-19].

[4] 张振翼 张立艺，武玙璠. 我国战略性新兴产业发展环境变化及策略研究 [J]. 中国工程科学，2020，22（2）：15-21.

[5] 张振翼，张立艺，武玙璠. "十四五"战略性新兴产业发展路径浮现后续机会在哪儿？[J]. 中国战略新兴产业，2021，（1）：43-47.

[6] 张丹，崔卫杰，顾学明. 战略性新兴产业对外开放的问题与对策研究 [J]. 国际经济合作，2017，（2）：4-8.

[7] 周全. 协同推动战略性新兴产业发展 [N]. 中国社会科学报，2022-07-06，A03 版.

6.6 Future Development and Policy Suggestions for Strategic Emerging Industries

Zhang Zhenyi，*Zhong Chen*，*Zhang Liyi*
（State Information Center）

Strategic emerging industries represent a new round of technological revolution and the direction of industrial transformation. It is a key area for cultivating and developing new kinetic energy and gaining new advantages in future competition. With the continuous improvement of the role of strategic emerging industries in national economy，it will usher in a golden period of development during the "14th Five-Year Plan" period. This paper summarizes the main characteristics of the current development of strategic emerging industries，and analyzes the new challenges in the future from the aspects of industrial positioning，international situation，and innovative development. On this basis，combined with the future development needs of strategic emerging industries，three policy recommendations are put forward to，which clarify the development direction，improve the level of opening up，and enhance innovation and development capabilities，so as to promote the development of strategic emerging industries to better adapt to new situations and new challenges.

6.7 "链时代"产业发展的战略选择

盛朝迅

（中国宏观经济研究院）

一、全球产业竞争进入"链时代"

当今，新冠疫情加速了世界百年未有之大变局进程，全球产业链供应链进入重塑期，各国更加重视产业政策的作用，主要经济体纷纷出台政策措施加强对产业链供应链的"国家干预"。维护产业链供应链的安全稳定，引导产业回流，推动构建区域产业链和弹性供应链体系成为各国产业政策的"优选项"和"必选项"。国际产业竞争从产品竞争升级到产业链群之间的竞争，产业链成为世界各国战略竞争的主战场。

1. 美国

采取规则、法律、制裁等多种手段，不断强化对产业链供应链的"国家干预"。美国把增强制造业供应链能力作为保障先进制造业领导地位的核心要素和政策重点。2021 年 2 月，白宫发布《美国供应链行政命令》报告，严厉批评了过去效率优先和低成本优先的做法，认为美国全球化布局产业链的做法损坏了美国的繁荣和管理全球资源的能力，必须采取措施重建工业基础和创新引擎。美国政府还建立了多部门高度协同、运行高效的产业链控制机制，包括由国土安全部主导、对总统直接负责的跨部门全球供应链工作小组，邀请关键基础设施、资源的所有者或运营商等会商形成报告，从安全角度对供应链进行总体把控。由商务部牵头，建立能源部、国防部、司法部和中央情报局等共同参与的联席会议协商决策机制。建立由大型跨国公司和企业参与的产业链风险管理工作组，增强政府与企业的互动等。与此同时，美国还投入 4000 亿美元推行"购买美国货"计划，以增强本土制造能力，并强化与欧盟、日本、澳大利亚的供应链合作。美国供应链审查百日报告提出了加强半导体、电动汽车电池、关键矿物和材料、药物和先进药物成分等供应链本土化发展的 6 大类 23 条具体建议[1]。这些建议包括：加强美国关键产品的制造能力建设，提高美国制造业就业质量和工人熟练程度，推动关键产品在美国国内生产；投资研发以减少供应链的脆弱性；严格审查外资对美国"关键技术"领域的投资，对于任何可能获得美国企业特定技术或敏感技术的并购或投资，都需要进行强制申报；严格控制技术人才流动与国际学术合作；加强与美国盟友合作共同提升产业链供应链韧性；等等。由谷歌前任 CEO 埃里克·施密特领导的智库"中国战略组"（CSG）发布的《非对称竞争》报告，明确提出把芯片、稀土、基因工程三大关键技术作为中美战略竞争的焦点，建议采取推动制造业回流、加强新基建、完善平台和标准、联合盟友围堵等措施减少供应链对中国的依赖，必要时可以通过部署强制性经济措施和法律，增加新的不可靠实体清单，完善反垄断法等方式对中国进行精准打击。

2. 欧盟

注重供应链审查和安全立法提升产业链供应链韧性。欧盟宣布多元化供应链审查计划和供应链安全立法，提出《供应链法》草案，希望加强欧盟内部资源整合，力图通过"保护性措施"减少对外依赖，推动欧盟经济竞争力的回归，重构自主弹性供应链。欧盟更新的产业战略也以减少原材料、电池、活性药物成分、氢、半导体、云计算等六个战略领域对中国的依赖为主要目标。欧盟工业 5.0 战略也强调依托数字化、数据驱动和互联工业建立可持续、以人为本、弹性的供应链。欧盟还实施《欧盟外商直接投资审查条例》，强化对敏感领域外商投资监管，通过"出口管制新规"升级军民两用产品出口管制。

3. 日本

设立专项资金推动产业链供应链多元化、本土化。2020 年 4 月，日本出台《新冠病毒传染病紧急经济对策》，宣布从 108 万亿日元的抗疫经济救助计划中，拨出 2435 亿日元用于"供应链改革"项目，其中 2200 亿日元（20 亿美元）用于资助日企将生产线从中国迁回日本，235 亿日元将用于资助日本公司将生产线迁到其他国家"寻求实现生产基地多元化"和供应链多元化。不少外资企业重新评估供应链安全，提出产地多样化、减少供应链过度集中的想法，制药、医疗器械和防疫物资等行业就近或本地化生产成为趋势。在日本政府出台这一政策后，日本东京商事研究公司（Tokyo Shoko Research Ltd.）对 2600 家日本企业进行调查，有 37% 的公司愿意把生产基地搬迁出中国[2]。

二、"链时代"我国实施产业链政策的总体考虑

保障产业链供应链安全稳定，确保产业链供应链在关键时刻不"掉链子"，是大国经济必须具备的重要特征。当前全球产业竞争已经进入"链时代"，必须加快推动产业政策向产业链政策转变，尽快制定更具系统性和更有针对性的产业链政策方案。具体来说，需要处理好以下五个方面的关系。

1. 找到安全与效率的平衡点

在新冠疫情冲击和"断供"威胁等叠加影响之下，产业链安全取代"效率优先"成为全球产业链分工与合作的基本逻辑[3]。我国实施产业链政策的重要出发点是保障产业链安全、维护产业链稳定。与此同时，也要充分认识到，产业链和产业格局的形成具有一定的规律，绝大多数行业的产业链布局都应该以开放条件下的效率和竞争为前提，鼓励通过市场竞争优胜劣汰。为此，如何在不断动态调整和复杂变化的国内国际环境下，找准产业链政策精准发力的关键点，在不影响市场功能发挥和效率提升的情况下保障产业链供应链的安全稳定，实现安全与效率双目标的平衡与统筹协调至为重要。

2. 处理好区域产业链群建设与全国一盘棋的关系

受新冠疫情和外部环境变化影响，部分产业链供应链运转出现卡点、堵点和断点，一些地方主动作为，积极探索"链长制"，通过选择地方经济发展的核心产业龙头企业作为"链主"，由地方政府相关负责人担任产业链"链长"，协调解决产业链上下游、产供销、大中小企业协同发展中的重大问题。但是，一些地方对当地企业生拉硬凑导致"拉郎配"，人为产业分割导致"地方保护主义"，"一哄而上"导致产能过剩，等等。需要把握和处理好中央顶层设计与地方主动作为、政府引导与市场主导、地区布局与区域协同等关系，发挥多方合力，共同推进产业链供应链安全稳定发展，防止出现"小而全"和"同质恶性竞争"。

3. 统筹推进产业基础再造和产业链现代化

应该看到，产业基础和产业链是相互关联、相互支撑的重要概念。产业链现代化为产业基础能力提升提供丰富的应用需求，产业基础高级化则为产业链现代化提供必要的技术保障。产业基础高级化是点的突破，产业链现代化是面的提升，两者相辅相成，共同构成我国产业升级发展的重要基石[4]。特别是，"基础不牢、地动山摇"，产业基础能力是产业发展的根本支撑条件和动力之源，是实现产业链现代化过程中具有基础性和决定性作用的因素，直接决定了产业链水平的高低。如果没有产业基础的高级化，产业链现代化就无从谈起，因此，打好产业链现代化攻坚战必须要以夯实产业基础能力为前提。与此同时，现代产业链演进升级规律不断变化，提升产业链安全不仅仅体现在突破关键核心技术和短板环节，促进全链条的协同和升级也十分重要。特别是在信息技术飞速发展的背景下，单项技术十分重要，但并不足以控制产业。真正最值得重视的是系统级别的控制。比如，美国对信息产业的控制，不仅仅是关键技术控制，更多是对整个产业生态的掌控。为此，要有长远的战略眼光，注重产业生态培育，统筹推进产业基础再造和产业链现代化。

4. 注重"补短板"与"锻长板"的结合

从短期看，产业链政策的重点是"补短板"，在"卡脖子"比较明显的领域以及事关国家安全的领域和经济社会发展亟须突破的重点领域，加大重要产品和关键核心技术攻关力度，力争补齐短板。但是，产业链安全光靠"补"是"补"不完的，一次科技革命奠定一代产业基础。从长远看，我国能否在新一轮科技革命中脱颖而出，必须要着力"锻长板"，打造"撒手锏"，需要瞄准新一轮科技革命和全球科技产业竞争方向，夯实支撑智能经济、数字经济、生物经济、绿色经济和空天海洋经济创新发展的产业基础，重构和再造适应新一轮科技革命和产业变革需要的产业技术基础、人才支撑体系、基础设施体系和政策支持体系，才有可能在未来的大国竞争中把握先机。

5.促进国内国际产业链协同发展

在全球化背景下，我国实施产业链政策不可能闭门造车，必须积极主动深度参与国际产业链供应链合作，用好两个市场、两种资源，继续开放包括制造、服务、信息、研发在内的国内市场，最大限度吸引全球高端要素、先进技术和各类资源为我所用，积极参与相关国际规则的制定，构建稳定可预期的国际化产业链和技术链制度保障，不断提升全球产业链控制力和主导能力。

三、重大举措建议

展望未来，要继续做好产业链供应链安全稳定运行情况监测，立足当前，着眼长远，着力"强基、韧链、优企、提效"，在保障安全稳定的前提下，不断推动产业链供应链现代化，提升竞争力。

1.突出"强基"，着力夯实产业基础能力

针对"十四五"及未来一个时期稳定我国产业链供应链面临的薄弱环节、难点痛点和瓶颈制约，应该加快实施产业基础再造工程，加大产业链核心环节扶持，努力锻造长板和优势环节，夯实构建新发展格局的产业链基础。为此，一是推动"一揽子"技术突破。聚焦新一代信息技术、高端数控机床和机器人、航空航天装备、新材料、生物医药及高性能医疗器械等产业发展需求，梳理产业基础薄弱环节、技术和产品，制定年度攻关清单，逐一解决。二是组织开展"一条龙"链式创新。围绕基础装备、关键零部件、基础工业软件和关键基础材料等重点领域，以重点产品为龙头进行"全产业链持续创新能力建设"，推动产业链上下游产品设计、材料开发、工艺开发、装备制造、示范应用推广等企业和研发机构、高校等单位开展协同攻关，构建国产首台（套）、首批次产品大规模市场应用的生态系统，为国产技术和产品应用打开市场空间。三是强化产业基础再造的体制机制保障。加快建立产业基础能力动态评估机制，健全产业政策长效支持机制，优化产学研一体化攻关机制，建设全产业链协作机制，构建企业对产业基础再造工程的适应机制，完善产业基础领域人才活力激发机制，通过强有力的体制机制保障推动产业基础能力加快提升[5]。

2. 增强"韧链"，提升产业链韧性和现代化水平

韧性，是保产业链供应链安全的重要目标。具体而言，就是增强产业链供应链抗冲击能力，即使在受到冲击以后也能够很快地恢复[6]。为此，一是推动采购来源多元化、运输通道多元化、产业链合作网络化，通过多元化、网络化对冲风险。实施断链断供替代行动，推动龙头企业建立同准备份、降准备份机制。推动开展多元化采购，加强国际技术和贸易合作，加快拓展第二技术来源国。聚焦标志性产业链和关键产品，加快绘制重点产业链精准合作图，建立产业链补链延链项目库，精准招引一批产业带动强、科技含量高、经济效益好的外资重大项目。二是完善产业链上下游配套能力，实施"降成本专项行动"，切实降低土地成本、融资成本、能源电力成本、物流成本、原材料成本和企业实际税费负担，防止产业链过快外迁，稳固产业链。三是实施"反脱钩"战略，积极拓展国际合作。做好产业链供应链韧性与稳定国际论坛工作，争取广泛参与和多方共商对话，聚焦关键零部件供给、国际货运协调、原材料供应等影响产业链供应链稳定的重点问题，提出"中国方案"，贡献"中国力量"，达成"全球共识"，共同维护好全球产业链供应链安全稳定，畅通世界经济运行脉络。四是锻造长板，立足我国强大国内市场、完整产业体系和完善产业配套优势，发挥好高铁、电力装备、通信设备（5G）和原料药等部分领域的先发优势，强化创新引领，力争实现关键技术和标准主导，提升国际产业链供应链对我国的依赖程度，获取反制"卡脖子"约束的非对称制衡能力，打造更具竞争力、更高附加值的产业链。同时，前瞻谋划脑科学、量子科技、深海深空等未来产业，实现对重要技术、核心装备、人才等率先卡位。

3. 聚力"优企"，增强企业主体地位和竞争力

实施产业链政策，要毫不动摇地坚持企业主体，充分发挥市场在资源配置中的决定性作用，注重通过改革的办法激发市场主体活力，增强市场主体主动作为、应对风险的意愿和能力。特别是强化龙头企业的牵引作用，引导社会各界围绕龙头企业发展需求，加大技术、人才、资金、市场等方面的保障力度和集中攻关。与此同时，加大"专精特新"中小企业培育力度。以提升基础产品、关键基础材料、核心零部件的研发制造能力以及基础软件研发、先进基础工艺和尖端设计能力为目标，实施"关键核心技术—材料—零件—部件—整机—系统集成"全链条培育路径，建立分类分级、动态跟踪管理的企业梯队培育清单，给予企业长周期持续稳定的支持，加快培育一大批主营业务突出、竞争力强的"专精特新"中小微企业，打造一批专注于细分市场、技术或服务出色、市场占有率高的"单项冠军"[6]。

4. 注重"提效"，增强产业链质量效益和控制力

一是加快传统产业智能化、数字化、绿色化升级改造，加快发展数字经济，提升产业链数字化、智能化水平，推广绿色生产工艺和技术装备，提高劳动生产率。二是推动生产力布局优化调整，发挥中西部地区承接产业转移的潜力，在中西部符合条件的地区再建设一批国家产业转移示范基地和重要产业链基地，增强我国产业链发展的战略纵深和回旋空间。三是促进创新链与产业链深度融合，加快塑造中国制造业竞争新优势。持续加大研发投入，强化以应用为导向的前瞻性、颠覆性技术战略布局，推动新一代信息技术、生物与健康、先进材料、高端装备等重大技术的群体性突破，加快新一代信息技术、生物医药、航空航天、节能环保、新能源、新材料、新能源汽车等战略性新兴产业发展，推动产业链创新链"双向融合"，培育一批具备产业链控制力的龙头企业和国际竞争力的优势产业链，持续推动产业向价值链高端环节攀升。

参考文献

[1] 张其仔. 产业链供应链现代化新进展、新挑战、新路径 [J]. 山东大学学报（哲学社会科学版），2022，（1）：131-140.

[2] 盛朝迅. 新发展格局下推动产业链供应链安全稳定发展的思路与策略 [J]. 改革，2021，（2）：1-13.

[3] 贺俊. 从效率到安全：疫情冲击下的全球供应链调整及应对 [J]. 学习与探索，2020，（5）：79-89，192.

[4] 盛朝迅. 推进我国产业链现代化的思路与方略 [J]. 改革，2019，（10）：45-56.

[5] 盛朝迅，徐建伟，任继球. 实施产业基础再造工程的总体思路与主要任务研究 [J]. 宏观质量研究，2021，9（4）：64-77.

[6] 董志勇，李成明. "专精特新"中小企业高质量发展态势与路径选择 [J]. 改革，2021，（10）：1-11.

6.7 Strategic Choice of Industrial Development in "Chain Era"

Sheng Chaoxun

（China Academy of Macroeconomic Research）

At present，the reconstruction of the global industrial chain is accelerating，and international industrial competition is escalating from product competition to competition among industrial chain groups. Major economies have introduced policies and measures to strengthen "state intervention" in the supply chain of industrial chains. We need to pay more attention to the implementation of industrial chain policies，strengthen the "chain thinking" and systematic thinking of industrial policy formulation，and formulate more systematic and targeted industrial chain policy plans as soon as possible. "Optimize enterprises and improve efficiency"，continuously improve industrial competitiveness.